普通高等教育“十三五”规划教材
普通高等教育“十二五”规划教材

工程制图

第2版

张淑娟　全腊珍　杨启勇　主编

中国农业大学出版社
·北京·

内 容 简 介

本教材是在普通高等教育“十二五”规划教材《工程制图》的基础上，依据最新的教育部高等学校工程图学分教学指导委员会制定的“普通高等学校工程图学课程教学基本要求”和近年来发布的与机械制图相关的国家标准，以及对高等农林院校工科人才培养的需要，结合作者近年来的教学研究及实践的成果，借鉴国内多所院校近年来教学改革和新形态教材的编写经验编写而成的。

本教材内容共11章，还另加有附录，包括：绪论制图的基本知识，点、直线和平面的投影，立体的投影，组合体，轴测图，机件的表达方法，标准件与常用件，零件图，装配图，计算机绘图，附录。在本版教材中插入了重点、难点内容的知识点视频，使线上线下交互学习更加方便，形成了教材的新形态，读者通过扫描二维码即可观看有关内容。

与本书配套出版的有《工程制图习题集》(第2版)新形态教材，同时由中国农业大学出版社出版。本教材还有配套的多媒体课件，可供选用。

本教材可作为高等院校工科电气工程，以及环境科学工程、制药工程、食品科学与工程等非机类专业工程制图课程的教材，也可供函授大学等相关专业师生及工程技术人员使用。

图书在版编目(CIP)数据

工程制图/张淑娟，全腊珍，杨启勇主编. —2版. —北京：中国农业大学出版社，2020.8
ISBN 978-7-5655-2408-0

Ⅰ.①工… Ⅱ.①张…②全…③杨… Ⅲ.①工程制图-高等学校-教材 Ⅳ.①TB23

中国版本图书馆CIP数据核字(2020)第149683号

书　　名 工程制图　第2版
作　　者 张淑娟　全腊珍　杨启勇　主编

策划编辑 张秀环　　**责任编辑** 张秀环
封面设计 郑　川
出版发行 中国农业大学出版社
社　　址 北京市海淀区圆明园西路2号　　**邮政编码** 100193
电　　话 发行部 010-62733489，1190　　读者服务部 010-62732336
　　　　编辑部 010-62732617，2618　　出　版　部 010-62733440
网　　址 http://www.caupress.cn　　**e-mail** cbsszs@cau.edu.cn
经　　销 新华书店
印　　刷 河北华商印刷有限公司
版　　次 2020年8月第2版　2020年8月第1次印刷
规　　格 787×1092　16开本　18.5印张　459千字
定　　价 55.00元

图书如有质量问题本社发行部负责调换

第2版编委会名单

主　编　张淑娟　全腊珍　杨启勇

副主编　林悦香　李季成　武志明

编　者　（以姓氏拼音为序）

杜宏伟　（青岛农业大学）
冯爱国　（海南大学）
贺俊林　（山西农业大学）
贾友苏　（北京农学院）
李季成　（东北农业大学）
林悦香　（青岛农业大学）
刘冬梅　（东北农业大学）
全腊珍　（湖南农业大学）
武志明　（山西农业大学）
熊　瑛　（湖南农业大学）
薛建新　（山西农业大学）
杨启勇　（山东农业大学）
张淑娟　（山西农业大学）
赵聪慧　（山西农业大学）

第1版编委会名单

主　编　张淑娟　全腊珍　杨启勇

副主编　林悦香　贾友苏　武志明

编　者　（以姓氏拼音为序）

杜宏伟　（青岛农业大学）
冯爱国　（海南大学）
贾友苏　（北京农学院）
李季成　（东北农业大学）
林悦香　（青岛农业大学）
刘冬梅　（东北农业大学）
全腊珍　（湖南农业大学）
武志明　（山西农业大学）
熊　瑛　（湖南农业大学）
杨启勇　（山东农业大学）
张淑娟　（山西农业大学）

第2版前言

本教材根据教育部高等学校工程图学分教学指导委员会2015年制定的“普通高等学校工程图学课程教学基本要求”和近年来发布的与机械制图相关的国家标准，以及高等农林院校工科各专业人才培养的要求，结合作者近年来的教学研究及实践的成果，借鉴国内多所院校近年来教学改革和新形态教材的编写经验编写而成。

本教材是以培养学生绘制、阅读工程图样的能力，提高学生的标准化意识和严谨认真的工作态度，增强学生创新意识为目标编写而成的，其主要有以下特点：

(1)尽量采用最新的技术制图、机械制图等有关国家标准，并根据课程内容的要求穿插于教材，体现了鲜明的时代特征。

(2)投影理论部分内容的选择体现了为图示服务的目的，也兼顾了对学生扎实的投影理论基础的培养。

(3)机械图部分强调零件图与装配图有机结合，通过典型部件识读和绘制零件图与装配图，培养学生读图能力。

(4)采用目前最新版的AutoCAD软件讲解计算机绘图的有关内容，保证了学习内容的新颖性和先进性。

(5)全面贯彻以学生为本的理念，编写新形态教材，利于学生自学。

本教材内容概念清楚，论述严谨，深入浅出，图例典型，绘制规范、清晰，易学易懂，重点内容的新形态展示，使其具有较强的实用性和先进性。

本教材内容包括：绪论、制图的基本知识、基本几何元素的投影、立体的投影、组合体、轴测投影、机件的表达方法、标准件与常用件、零件图、装配图、计算机绘图。

本教材由山西农业大学张淑娟教授、湖南农业大学全腊珍教授、山东农业大学杨启勇教授任主编，参加编写的有全国7所农业院校的14位老师。编写分工如下：湖南农业大学熊瑛编写第1章；海南大学冯爱国编写第2章及附录5、附录6、附录7；山东农业大学杨启勇编写第3章；山西农业大学武志明编写第4章；东北农业大学刘冬梅编写第5章；北京农学院贾友苏编写第6章；青岛农业大学林悦香编写第7章；山西农业大学张淑娟编写绪论、第8章；湖南农业大学全腊珍编写第9章；东北农业大学李季成编写第10章；青岛农业大学杜宏伟编写附录1、附录2、附录3、附录4。山西农业大学张淑娟教授录制了第4章、第8章的视频，薛建新副教授录制了第6章的视频，赵聪慧录制了第7章的视频，贺俊林教授录制了第9章的视频。书中视频可以通过扫描二维码来学习。

与本书配套的《工程制图习题集》(第2版)新形态教材,同时由中国农业大学出版社出版。本教材还有配套的多媒体课件,可供选用。

在本教材编写过程中参考了国内同类教材,从中得到了很多信息和启发,在此表示诚挚的谢意。

由于编者水平有限,书中难免存在问题,敬请各位读者提出宝贵意见和建议。

编 者
2020年3月

第1版前言

本教材根据教育部高等学校工程图学教学指导委员会2005年制定的“普通高等院校工程图学课程基本要求”和近年来颁布的与机械制图相关的国家标准，以及对高等农林院校工科各专业人才培养的需要，结合作者近年来的教学研究及实践的成果，借鉴国内多所院校近年来教学改革的经验编写而成。

本教材以解决形体的图示和表达方法为目标，以培养学生徒手绘图、尺规作图、计算机绘图实践能力为重点。主要有以下特点：

(1)采用国家最新颁布的技术制图、机械制图、计算机绘图等有关国家标准，并根据课程内容的要求穿插于教材中，体现了鲜明的时代特征。

(2)强调基础理论以应用为目的，为图示服务的观念，删减和降低了画法几何部分内容和难度。

(3)机械图部分强调“零装结合”，通过典型部件识读和绘制零件图和装配图，并以培养读图能力为重点。

(4)采用最新的AutoCAD软件，讲解计算机绘图的有关内容，培养学生利用现代工具绘图的技能。

本教材内容概念清楚、论述严谨、深入浅出，图例典型、绘制规范、清晰，易学易懂，具有较强的实用性。

本教材内容包括：制图的基本知识、基本几何元素的投影、立体的投影、组合体、轴测投影、机件的表达方法、标准件与常用件、零件图、装配图、计算机绘图。

本教材由山西农业大学张淑娟教授、湖南农业大学全腊珍教授、山东农业大学杨启勇副教授任主编，参加编写的有全国7所农业院校的11位老师。编写分工如下：湖南农业大学熊瑛编写第1章；海南大学冯爱国编写第2章及附录中第五、六、七部分；山东农业大学杨启勇编写第3章；山西农业大学武志明编写第4章；东北农业大学刘冬梅编写第5章；北京农学院贾友苏编写第6章；青岛农业大学林悦香编写第7章；山西农业大学张淑娟编写第8章；湖南农业大学全腊珍编写第9章；东北农业大学李季成编写第10章，青岛农业大学杜宏伟编写附录第一、二、三、四部分。

与本书配套的习题集也同时由中国农业大学出版社出版。为适应多媒体教学需求，还研制了与本教材配套的多媒体课件，可供选用。

在本教材编写过程中参考了国内同类教材，从中得到了很多信息和启发，在此表示诚挚的谢意。

由于编者水平有限，书中难免存在问题，敬请各位读者提出宝贵意见和建议。

编　者

2010年6月

目　　录

绪　论

一、本课程的研究对象

在工程设计中，为了正确地表达仪器、设备的形状、结构、材料等内容，设计者通常把物体按一定的投影方法并遵守有关的规定绘制出图纸，用以表达设计思想，这种图称为工程图。在现代工业生产中，工程图是设计、制造、使用和维修各种机器、设备的依据。设计者把物体按一定的投影方法并遵守有关的规定绘制出工程图，用以表达自己的设计思想；制造者把工程图样作为产品生产过程中的依据；使用者通过图样来了解产品的结构和性能。因此，工程图样是人们用以表达设计意图、交流技术思想的重要工具，被称为是“工程界的语言”，是工程技术部门的一项重要技术文件。每个工程技术人员都必须具备绘制和阅读工程图样的能力。

在机械工程中常用的工程图样有零件图和装配图。本课程研究绘制和阅读机械图样的理论和方法，是普通高等学校本科工科各专业重要的工程基础课程。本课程的内容包括投影理论、制图基础、机械制图及计算机绘图四部分。通过学习投影理论部分，学会用正投影法表达空间几何形体和图解简单空间几何问题的基本原理和方法。制图基础部分使学生通过学习和贯彻制图国家标准及其他有关标准规定，训练其用仪器和徒手绘图的操作技能，培养其绘制和阅读图样的基本能力。机械图部分培养学生绘制和阅读常见的机器或部件的零件图和装配图的基本能力。计算机绘图部分主要介绍 AutoCAD 2020 软件绘制机械图的基本操作及主要命令的使用方法，培养学生用计算机绘图的基本能力。

二、本课程的主要任务

1. 掌握正投影法的基本理论。
2. 培养尺规绘图、徒手绘图和计算机绘图的综合绘图能力。
3. 培养正确运用国家标准及有关规定绘制机械图样，尤其是阅读机械图样的基本能力。
4. 培养和发展学生的空间想象能力和形象思维能力。
5. 培养工程意识、标准化意识、严谨认真的工作态度和工匠精神。

三、本课程的学习方法

1. 本课程是理论和实践紧密结合的课程。学习本课程的基本理论和方法，需要通过大量的画图和读图实践才能掌握。在学习中，要注意结合生产实际，多观察、多想象、多画图。

2. 按时完成作业。本课程的实践性很强，在学习过程中，要按时完成布置的配套习题集上的作业，这是巩固基本理论和培养绘图、读图能力的保证。

3.遵守国家标准的规定。在学习过程中,要养成严格遵守国家标准的良好习惯,并掌握查阅国家机械制图标准的方法。

4.在学习计算机绘图时,注意加强上机实践,在掌握计算机绘图软件使用方法的前提下,不断地提高应用计算机绘制机械图样的能力。

5.在课程的学习过程中,注意自主学习能力、创新能力的培养。

1 制图的基本知识

图样是工程界的共同语言，为了指导生产、技术管理和进行技术交流，国家发布了国家标准《技术制图》和《机械制图》，对图样的内容、格式和表达方法等都作了统一规定，绘图时必须严格执行。本章学习国家标准《技术制图》和《机械制图》中的图纸幅面、格式、比例、字体、图线和尺寸标注、绘图工具的使用、几何作图、平面图形的绘图步骤及尺寸分析等。

1.1 国家标准《技术制图》与《机械制图》的有关规定

国家统一制定的国家标准，简称“国标”，代号“GB”。要正确地绘制工程图样，必须严格遵守国家标准的各项规定。

1.1.1 图纸的幅面及格式(摘自 GB/T 14689—2008)

1.1.1.1 图纸幅面及格式

绘制技术图样时，应优先采用表 1-1 所规定的基本幅面。基本幅面代号有 A0、A1、A2、A3、A4 5 种。各幅面面积公比为 2∶1。绘图时，用细实线画出表示基本幅面大小的矩形线框。

表 1-1 基本图纸幅面的尺寸 mm

幅面代号	A0	A1	A2	A3	A4
B×L	841×1189	594×841	420×594	297×420	210×297
e	20		10		
c	10			5	
a	25				

1.1.1.2 图框格式

在图纸上必须用粗实线画出图框，图样绘制在图框内部。图框格式分为有装订边格式(图 1-1)和没有装订边格式(图 1-2)。同一产品的图样只能采用一种格式。图纸上的周边尺寸都应符合图 1-1 和图 1-2 的规定，在表 1-1 中选取。使用时，图纸可以横放，也可以竖放。

为了使图样复制和微缩摄影时定位方便，在图纸各边长的中点处分别画出对中符号。它是从周边画入图框内约 5 mm 的一段粗实线，线宽不小于 0.5 mm，如图 1-1(b)所示。

1.1.1.3 标题栏

每张图纸都必须画出标题栏，用来填写图样上的综合信息。标题栏的位置应位于图纸的右下角，国家标准规定的标题栏如图 1-3(a)所示，该标题栏内容较多、复杂，在制图作业中可采用图 1-3(b)所示的简化标题栏。标题栏中的文字方向应为看图的方向，标题栏的外框是粗实线，中间是细实线，其右边线和底边线应与图框线重合。

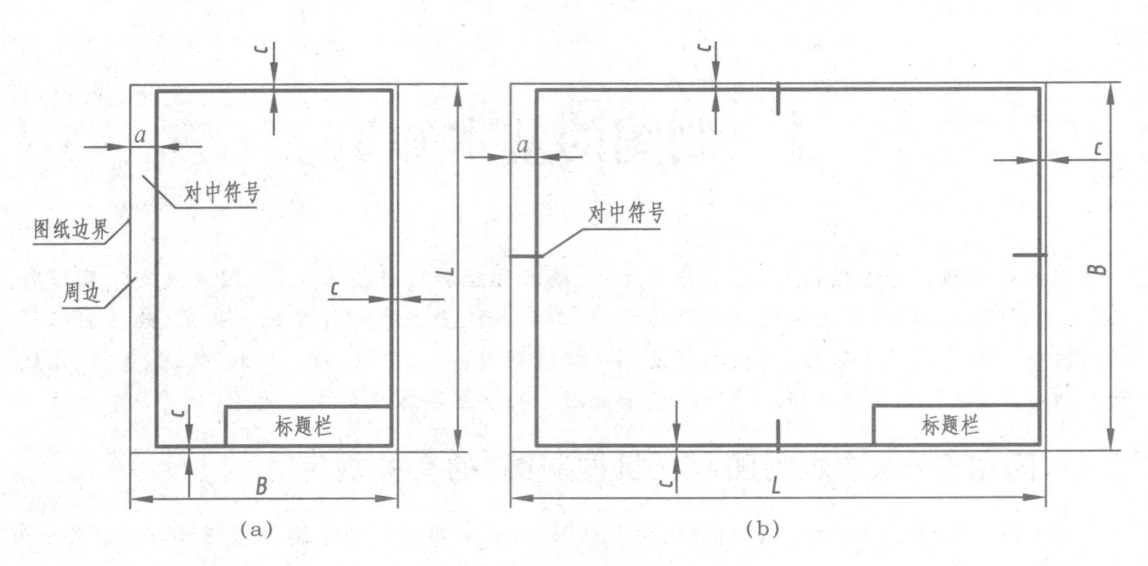

图 1-1 有装订边的图框格式

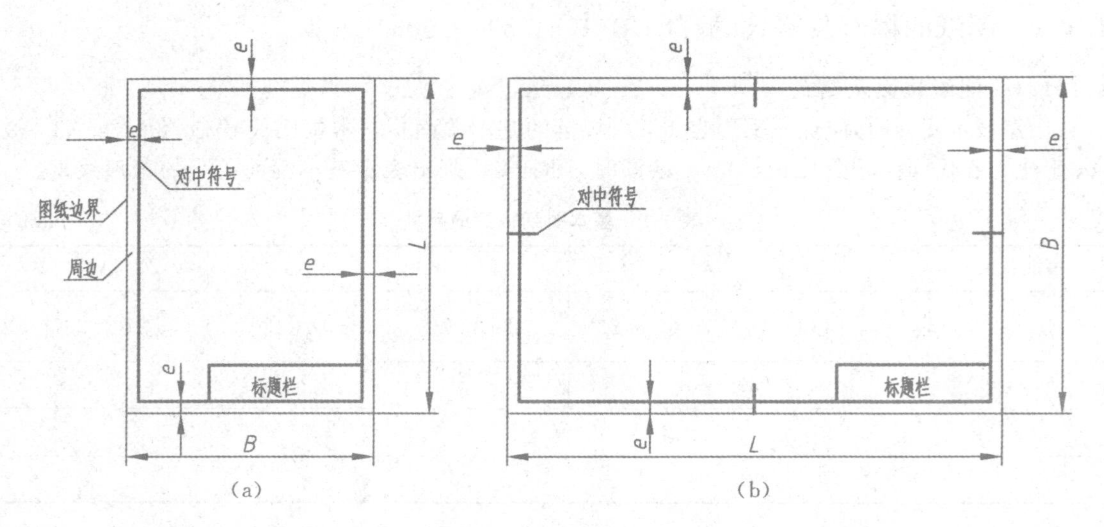

图 1-2 无装订边的图框格式

180

10 10 16 16 12 16

						(材料标记)			(单位名称)
标记	件数	分区	文件名	签名	年 月 日	4X6.5=26	12	12	(图样名称)
设计	(签名)	(年月日)	标准化	(签名)	(年月日)	阶段标记	质量	比例	
制图						6.5			(图样代号)
审核									
工艺			批准			共 张 第 张			

7
8X7=56
10
9
(9)
20
18

12 12 16 12 12 16 50

(a) 标题栏的格式

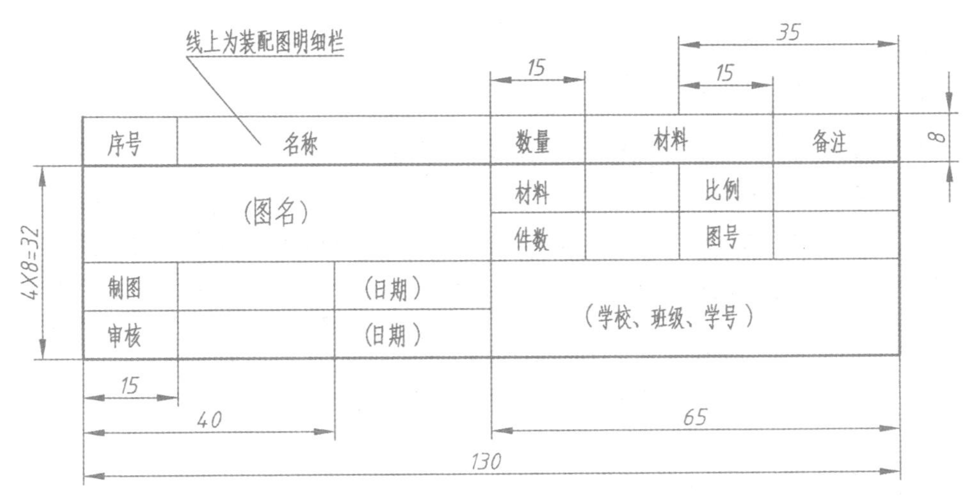

(b) 简化标题栏

图 1-3　简化标题栏(作业中使用)

1.1.2　比例(摘自 GB/T 14690—1993)

比例是图中图形与实物相应要素的线性比。比值为 1 的比例称为原值比例,即 1∶1;比值小于 1 的比例称为缩小比例,比值大于 1 的比例称为放大比例。绘图时,应根据图样的用途与被绘对象的大小和复杂程度在表 1-2 中选择适当的比例。通常情况下,选用原值比例画图。

表 1-2　比例系列

种　　类	优先选用比例	允许选用比例
原值比例	1∶1	
放大比例	5∶1　2∶1 5×10^{n}∶1　2×10^{n}∶1　1×10^{n}∶1	4∶1　2.5∶1 4×10^{n}∶1　2.5×10^{n}∶1
缩小比例	1∶2　1∶5　1∶10　1∶2×10^{n} 1∶5×10^{n}　1∶1×10^{n}	1∶1.5　1∶2.5　1∶3　1∶4　1∶6 1∶1.5×10^{n}　1∶2.5×10^{n}　1∶3×10^{n} 1∶4×10^{n}　1∶6×10^{n}

注:n 为正整数。

比例一般应标注在标题栏的比例栏内。必要时,可在视图名称的下方或右侧标注,应比图名的字高小一号或两号。必须指出,不管图形选取哪种比例,其尺寸一律按机件的实际大小标注,如图 1-4 所示。

1.1.3　字体(摘自 GB/T 14691—1993)

图样中书写的汉字、数字、字母都必须做到:字体工整、笔划清楚、间隔均匀、排列整齐。字体高度(用 h 表示)的公称尺寸系列为 1.8 mm,2.5 mm,3.5 mm,5 mm,7 mm,10 mm,14 mm,20 mm。如书写更大的字,其字体高度应按$\sqrt{2}$的比率递增。字体高度代表字体号数。

1.1.3.1 汉字

汉字应写成长仿宋体，并应采用国家正式公布推行的简化字，汉字高度 h 不应小于 3.5 mm，其字宽一般为 $h/\sqrt{2}$。

长仿宋字的书写要领是：横平竖直，注意起落，结构匀称，填满方格。图 1-4 为 10 号、7 号和 5 号长仿宋体汉字示例。

10号字 字体端正 笔画清楚 排列整齐 间隔均匀

7号字 长仿宋体要领 横平竖直 注意起落 结构均匀 填满方格

5号字 工程制图 机械 电子 汽车 航空 船舶 建筑 矿山 港口 纺织 服装

图 1-4 长仿宋体汉字示例

1.1.3.2 字母和数字

字母和数字分为 A 型和 B 型两种，A 型字体的笔画宽度 d 为字高的 1/14；B 型字体的笔画宽度 d 为字高的 1/10。可书写成直体或斜体，斜体是指字头向右倾斜，与水平成 75°角，同一图样上，只允许选用一种型式的字体，如图 1-5 为字母、数字及字体的示例。

直体 ABCDEFGHIJKLMNOPQRSTUVWXYZ 01234567890

斜体 *ABCDEFGHIJKLMNOPQRSTUVWXYZ 01234567890*

图 1-5 字母和数字

1.1.4 图线(摘自 GB/T 17450—1998,GB/T 4457.4—2002)

1.1.4.1 图线的型式及应用

图线的宽度 d 应按图样的类型和尺寸大小在下列数系中选择：0.13 mm、0.18 mm、0.25 mm、0.35 mm、0.5 mm、0.7 mm、1 mm、1.4 mm、2 mm。线宽 d 数系的公比为 $1:\sqrt{2}$。

机械图样中通常采用粗线和细线两种线宽，其线宽比为 2∶1。表 1-3 为常用的各种图线的名称、型式、线宽以及在图上的应用。图 1-6 为常用几种图线的应用举例。

表 1-3 图线型式及应用

图线名称	图线型式	线宽	主要用途
粗实线	————	d	可见轮廓线、可见相贯线、可见棱边线 螺纹终止线和齿轮的齿顶线 剖切符号线
细实线	————	$d/2$	尺寸线及尺寸界线 剖面线 重合断面图的轮廓线 螺纹的牙底线及齿轮的齿根线 指引线和基准线
细虚线	4~5mm 1mm — — — — —	$d/2$	不可见轮廓线 不可见相贯线 不可见棱边线

续表 1-3

图线名称	图线型式	线宽	主要用途
粗虚线		d	允许表面处理的表示线
细点画线	12~15mm 3mm	$d/2$	轴线、对称线、圆的中心线 齿轮分度圆(线)
粗点画线		d	限定范围表示线
细双点画线	12~15mm 5mm	$d/2$	相邻辅助零件的轮廓线 可动零件极限位置轮廓线
双折线		$d/2$	断裂处的分界线(用于较大的断裂处) 视图与剖视图的分界线
波浪线		$d/2$	断裂处的分界线 视图与剖视图的分界线

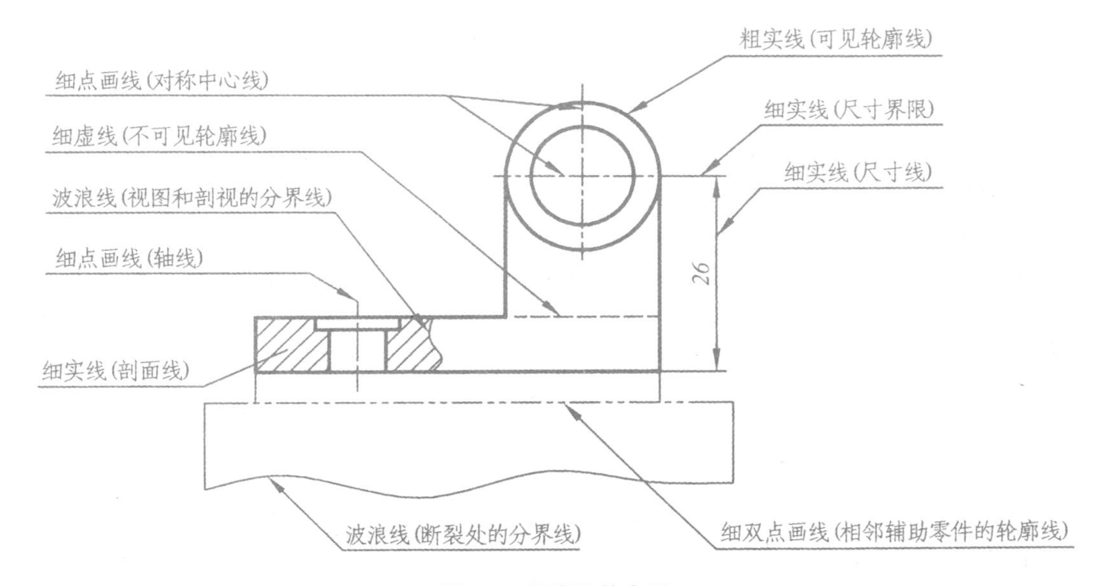

图 1-6　图线及其应用

1.1.4.2　图线的画法

画图线时,应注意以下几个问题:

(1)同一图样中,同类图线的宽度应基本一致。虚线、点画线及双点画线的线段长度和间隔应大致相等。

(2)绘制圆的对称中心线时,圆心应为线段的交点。细点画线中的点是短画,不是圆点;画细点画线的首末应是线段,且应超出图形轮廓线 2~5 mm。在较小的图形上绘制点画线或双点画线有困难时,可用细实线代替,画法如图 1-7 所示。

(3)虚线为粗实线的延长线时,应留有间隙,以示两种不同线型的分界线。当虚线与虚线、或虚线与粗实线相交时,应该是线段相交,画法如图 1-7 所示。

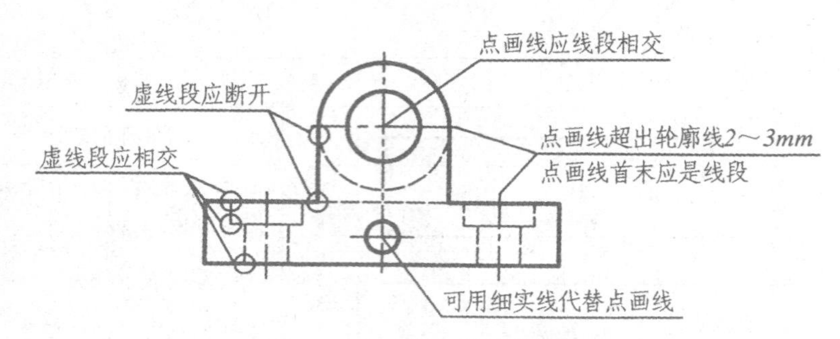

图 1-7　点画线与虚线的画法

(4)当图中的线段重合时,优先次序为粗实线、细虚线、细点画线,只画出排序靠前的图线。

(5)除非另有规定,两平行线之间的最小间隙不得小于 0.7 mm。

1.1.5　尺寸注法(摘自 GB/T 4458.4—2003)

在机械图样中,图形仅能表达机件的结构形状,要确定机件的大小,还需要标注尺寸。标注尺寸时,应符合国家标准有关规定,做到正确、完整、清晰、合理。

1.1.5.1　基本规则

(1)机件的真实大小应该以图样上所注的尺寸数值为依据,与图形的大小及绘图的准确度无关。

(2)图样中(包括技术要求和其他说明)的尺寸,以毫米(mm)为单位时,不需标注计量单位的代号或名称。如采用其他单位,则应注明计量单位的代号或名称,如 30°(度)、cm(厘米)、m(米)等。

(3)图样中所标注的尺寸,为该图样所示机件的最后完工尺寸,否则应另加说明。

(4)机件的每一尺寸,一般只标注一次,并应标注在反映该结构最清晰的图形上。

1.1.5.2　尺寸的组成

如图 1-8 所示,一个完整的尺寸包括尺寸界线、尺寸线、尺寸终端和尺寸数字 4 个要素。

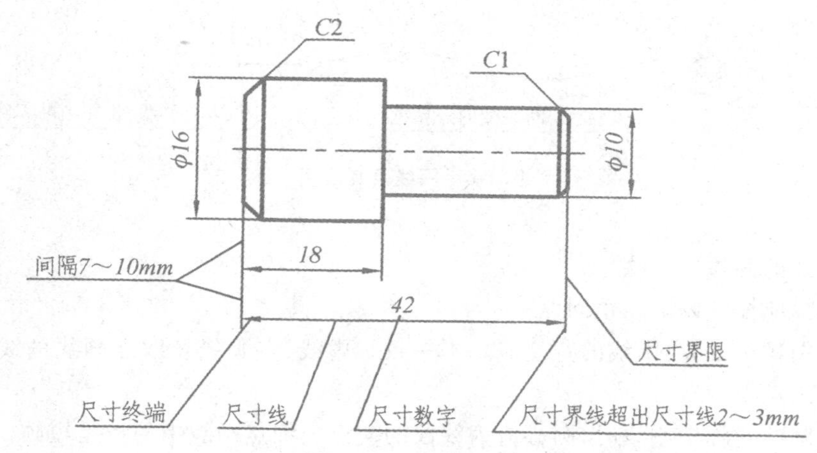

图 1-8　尺寸的组成

(1)尺寸界线　尺寸界线表明所注尺寸的起止位置,用细实线绘制,一般可由图形的轮廓线、轴线或对称中心线处引出,也可以利用图形的轮廓线、轴线或对称中心线作尺寸界限,如图 1-9 所示。

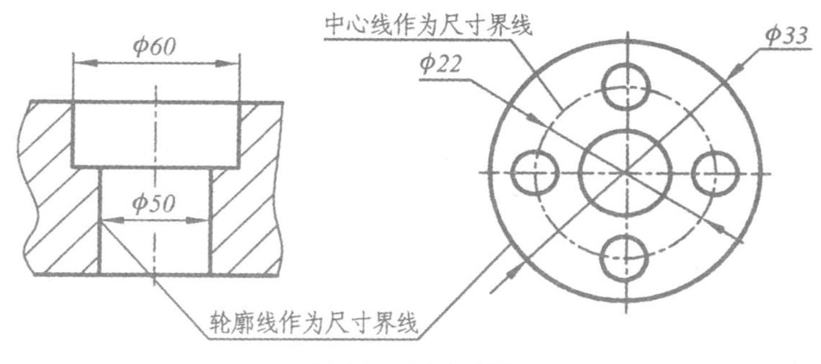

图 1-9　尺寸界限

尺寸界线一般应与尺寸线垂直，并超出尺寸线终端 2～3 mm，如图 1-8 所示。必要时允许倾斜。在光滑过渡处标注尺寸时，必须用细实线将轮廓线延长，从它们的交点处引出尺寸界线，如图 1-10 所示。

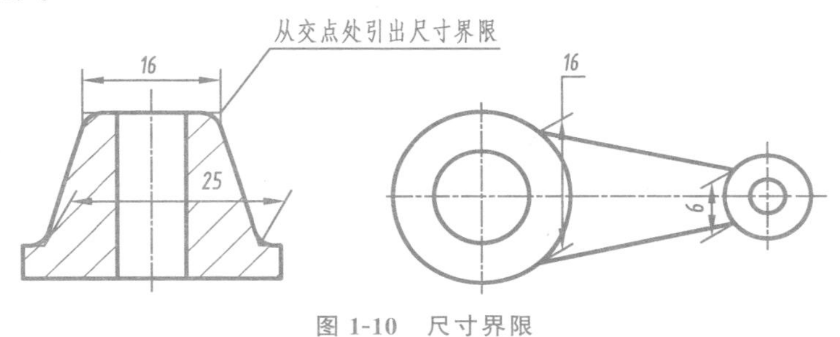

图 1-10　尺寸界限

(2)尺寸线　尺寸线用来表明尺寸的长短，必须用细实线单独画出，不能用其他图线代替。标注线性尺寸时，尺寸线必须与所标注的线段平行；当有几条相互平行的尺寸线时，应使较小的尺寸靠近图形，较大的尺寸依次向外分布，应尽量避免尺寸线与尺寸界线相交。同一图样上，尺寸线与尺寸线、尺寸线与轮廓线之间应保持足够的距离，且应大致相等，一般 7～10 mm 为宜，如图 1-11 所示。

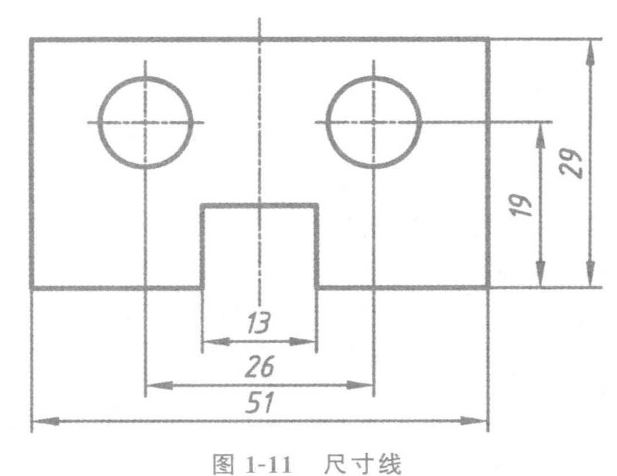

图 1-11　尺寸线

(3)尺寸终端　尺寸终端有两种形式，箭头和 45°斜线，如图 1-12 所示。

箭头形式适用于各种类型的图样，机械制图多用箭头。箭头尽量画在尺寸界线的内侧，尖端应与尺寸界线相接触，不得超出，也不得离开。土建图的尺寸终端通常画斜线，当尺寸终端采用斜线时，尺寸线与尺寸界限必须相互垂直。并且同一图样中只能采用一种尺寸线终端形式。

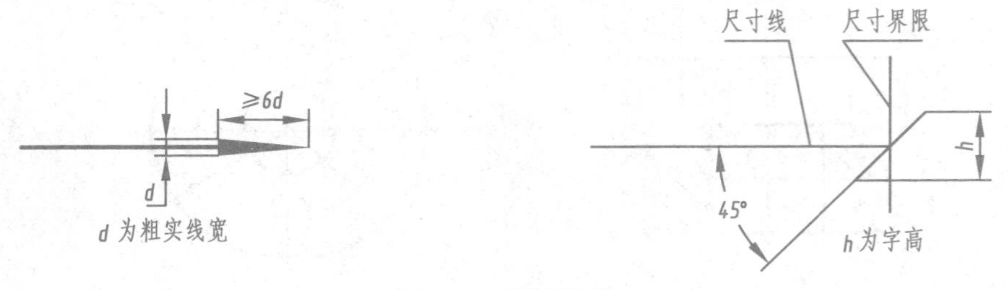

图 1-12 尺寸终端

(4)尺寸数字 尺寸数字按标准字体书写，线性尺寸的数字一般应注写在尺寸线的上方或左方，也允许注写在尺寸线的中断处，同一张图样应尽可能采用同一种注写方法。尺寸数字不允许任何图线通过，否则必须将图线断开。线性尺寸数字应保持字头朝上或朝左，如图 1-13 所示。

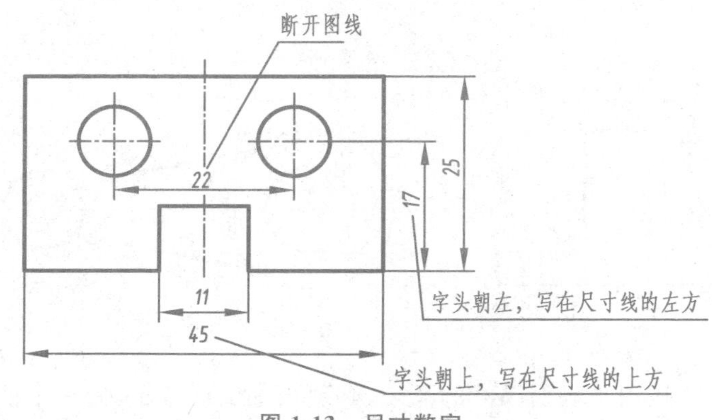

图 1-13 尺寸数字

标注线性尺寸时应尽量避免在图 1-14(a)所示的 30°范围内标注，无法避免时应采用图 1-14(b)所示的形式之一标注。当书写尺寸的位置不够或不便于书写时，也可以引出标注。

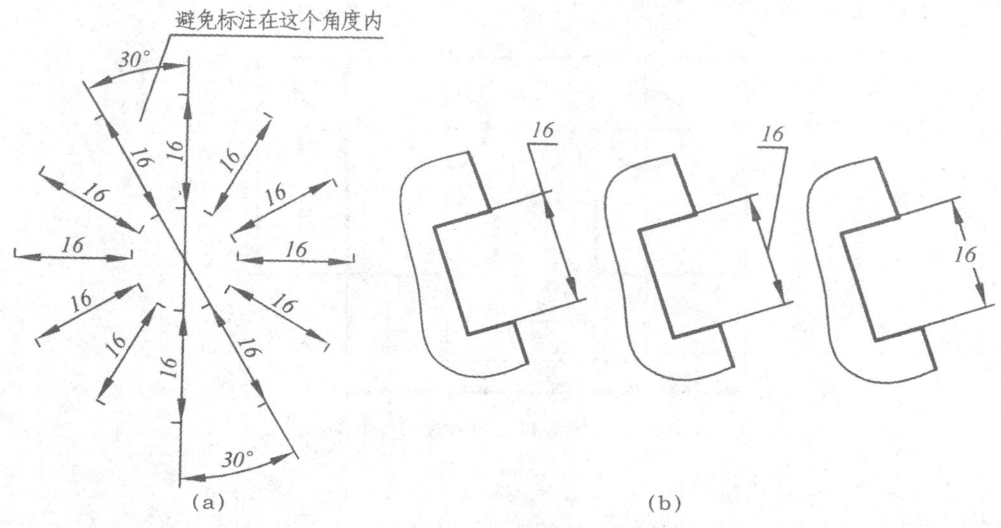

图 1-14 线性尺寸的标注

1.1.5.3　常用尺寸注法示例

(1)线性尺寸的注法　标注线性尺寸时，尺寸线必须与所标注的线段平行。

在不致引起误解时，对于非水平方向的尺寸，其数字可水平地注写在尺寸线的中断处，如图 1-15 所示，但这种标注方法尽量不采用，且在同一张图样中应尽可能采用同一种方法。

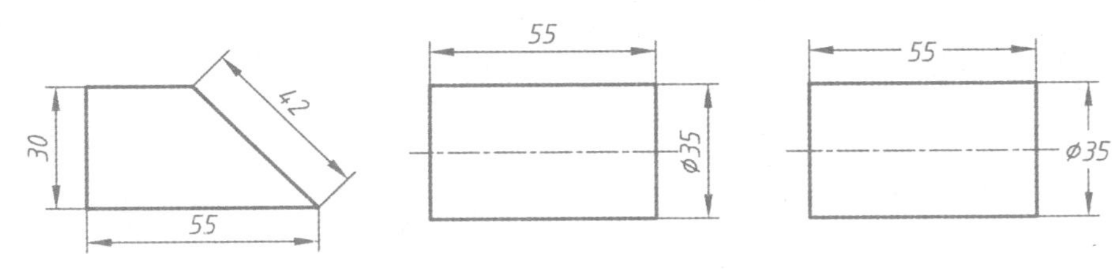

图 1-15　线性尺寸标注

(2)圆、圆弧及球面尺寸的注法

①整圆、大于半圆的圆弧一般标注直径尺寸，并在数字前加注符号"ϕ"。其中大于半圆的圆弧，尺寸线要通过圆心并超过一定距离，只在尺寸线一端画指到圆弧的箭头，如图 1-16(a)所示。

②半圆、小于半圆的圆弧一般标注半径，并在尺寸数字前加注符号"R"，半径尺寸只能注在图形为圆弧的地方，其尺寸线自圆心引出，也只画一个指到圆弧的箭头，如图 1-16(b)所示。

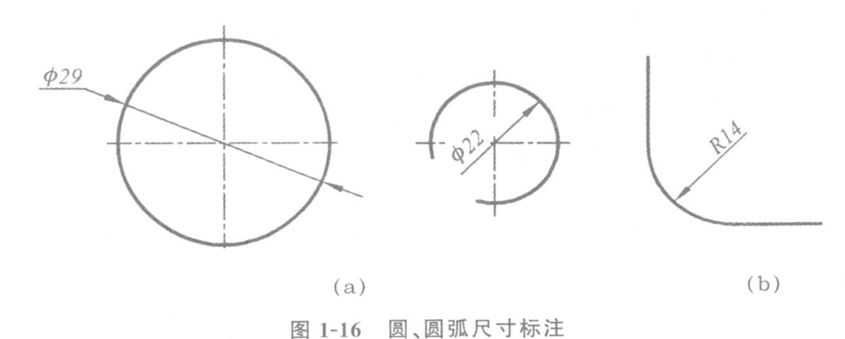

图 1-16　圆、圆弧尺寸标注

③当圆弧半径过大或在图纸范围内无法标注其中心位置时，可采用图示的折线形式标注。若无需标注圆心位置时，半径的尺寸线不必画全。如图 1-17(a)所示。

④标注球面的直径或半径时，应在符号"ϕ"或"R"前再加注符号"S"。如图 1-17(b)所示。尺寸数字的方向同线性尺寸的注法。

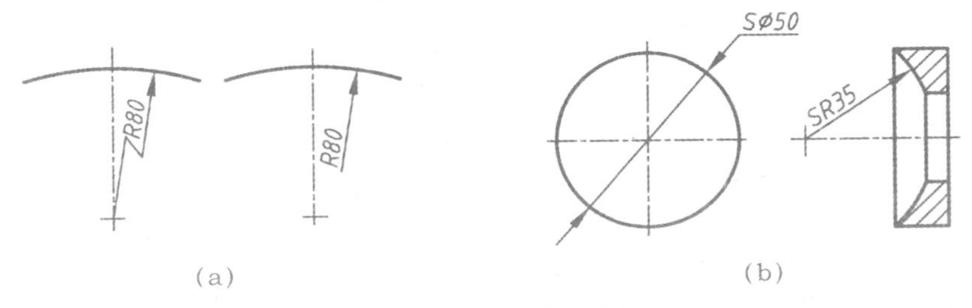

图 1-17　大圆弧、球尺寸标注

(3)角度、弧长及弦长尺寸的注法　标注角度尺寸时，尺寸界线应沿径向引出，尺寸线是以该角顶点为圆心的一段圆弧。尺寸数字字头朝上，一律水平书写，一般注写在尺寸线中断处，必要时也可引出标注或写在尺寸线的旁边,如图 1-18 所示。

弧长及弦长的尺寸界线应平行于该弦的垂直平分线。标注弧长时,尺寸线用圆弧,并应在尺寸数字上方加注符号“⌒”,当弧长较大时,尺寸界线可改用沿径向引出,如图 1-19 所示。

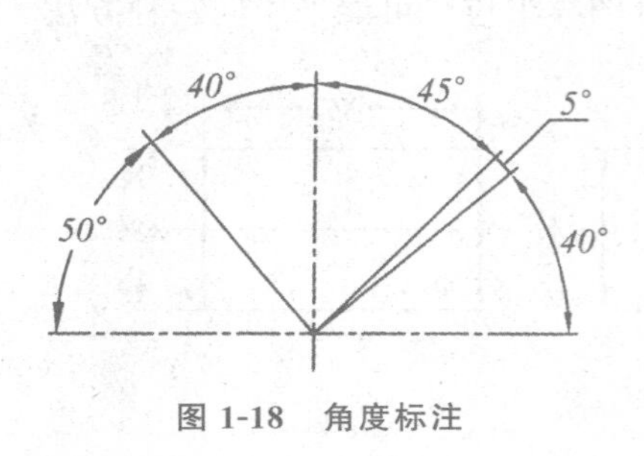

图 1-18 角度标注

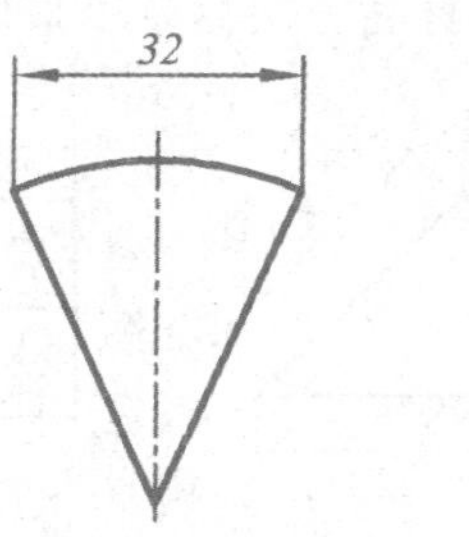

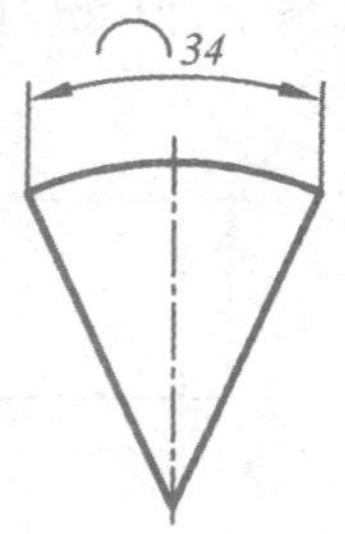

图 1-19 弧长及弦长尺寸的注法

(4)小尺寸的注法 当尺寸线太短没有足够的位置画箭头时,允许将箭头画在尺寸线外边,中间连接处可用圆点代替。当圆弧过小没有足够的地方画箭头和写尺寸数字时,尺寸数字可写在外侧或引出标注,如图 1-20 所示。

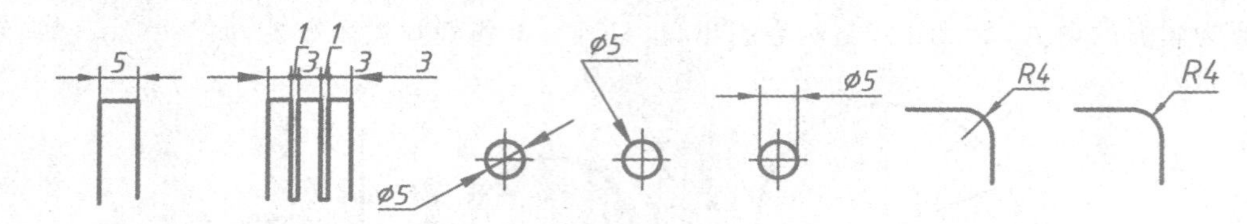

图 1-20 小尺寸标注

(5)对称图形的标注 当对称机件的图形只画出一半或略大于一半时,尺寸线应略超过对称中心线或断裂处的边界线,此时仅在尺寸线一端画出箭头,如图 1-21 所示。

(6)相同要素的标注 在同一图形中,相同结构的孔、槽等可只要标注一个结构的尺寸,并在尺寸前加注“个数”。图中 *EQS* 表示孔是均匀布置,如图 1-22 所示。

(7)板状零件标注 标注板状零件的尺寸时,在厚度的尺寸数字面前加注符号“*t*”,如图 1-23 所示。

图 1-21 对称图形的标注图

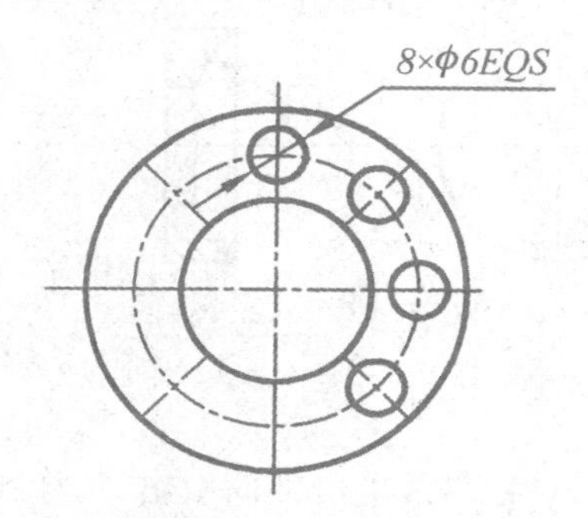

图 1-22 相同要素的标注

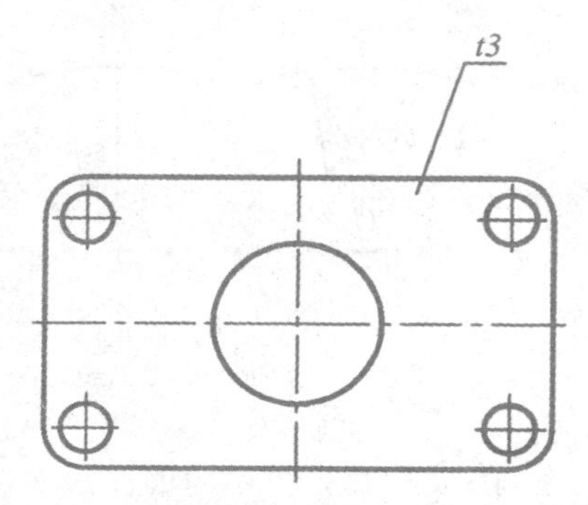

图 1-23 板状零件的标注

1.2 绘图工具及使用方法

正确地使用绘图工具,能提高绘图的质量和速度,熟练掌握绘图工具的使用方法是每一个工程技术人员的基本素质。常用的绘图工具和仪器有图板、丁字尺、三角板、分规、圆规、铅笔等。下面介绍几种常用的绘图工具及仪器的使用方法。

1.2.1 图板和丁字尺

图板是作图的垫板,绘图时必须用胶带将图纸固定在图板上。图板板面必须平整、光滑,工作边必须平直,以保证与丁字尺尺头的内侧边准确接触。使用时应注意保护板面和工作边不受损伤,并要防止受潮和暴晒。

丁字尺用来画水平线,并与三角板配合使用。使用时,左手扶住尺头,使丁字尺头部内侧紧贴图板左边上下移边,右手执笔,沿尺身上部工作边从左至右画线。画较长的水平线时,左手应按紧尺身,防止产生误差。画线的尺边要很好地保护,不能用来裁纸,并避免磕碰,以免损坏。用完后应将丁字尺挂在墙上,以免尺身弯曲变形,如图 1-24 所示。

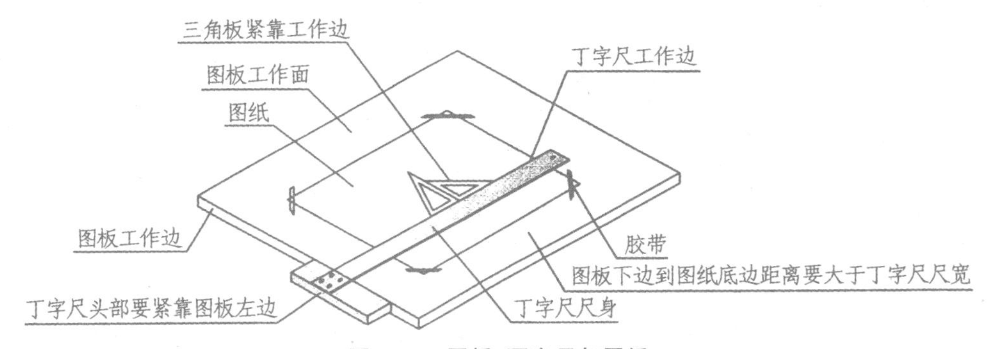

图 1-24 图板、丁字尺与图纸

1.2.2 三角板

三角板分 45°角和 30°、60°角各一块,三角板与丁字尺配合使用,可画出垂直线和 15°、30°、45°、60°、75°等角度的倾斜线,还可用两个三角板作已知直线的平行线和垂线。三角板的使用方法如图 1-25 所示。

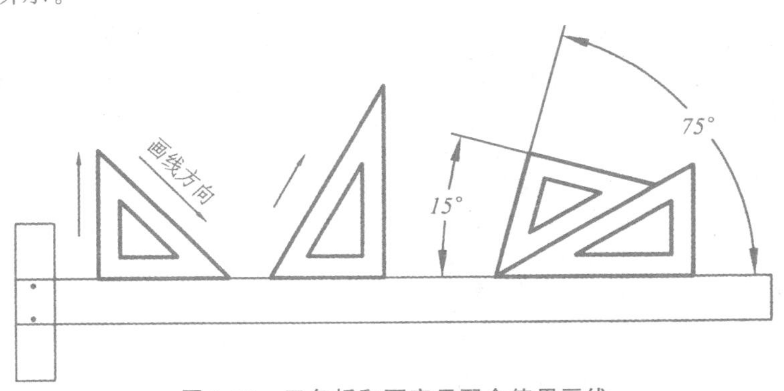

图 1-25 三角板和丁字尺配合使用画线

1.2.3 分规和圆规

1.2.3.1 分规

分规是量取线段、等分线段以及从尺上量取尺寸的工具。如图1-26所示，分规两腿均装有锥形钢针，为了量取尺寸准确，分规的两针尖应平齐。

1.2.3.2 圆规

圆规是用来画圆及圆弧的工具。圆规的一条腿上装有铅芯，另一条腿上装有钢针。

钢针两端形状不同，一端为台阶状，一端为锥状，当画底稿时用锥状针一端，描深时换用台阶状一端。铅芯一般要比画直线的铅芯软一号，画粗实线圆时铅芯应磨成矩形，画细线圆时铅芯应磨成锥状。圆规的两腿合拢时，针尖应比铅芯的尖端稍长。画大圆时可用加长杆来扩大所画圆的半径，其用法如图1-27(a)、(b)所示。画圆时应当匀速前进，并注意用力均匀。

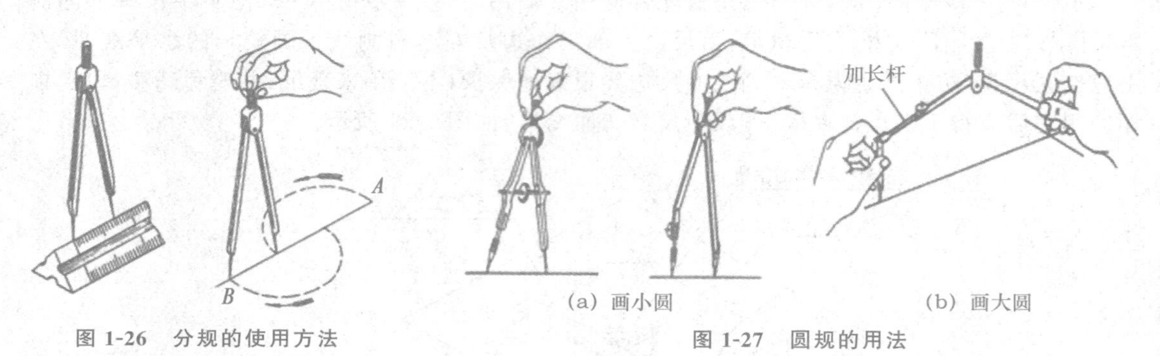

(a) 画小圆　(b) 画大圆

图1-26 分规的使用方法　图1-27 圆规的用法

1.2.4 铅笔

要使用“绘图铅笔”。铅笔铅芯的软硬用字母B和H表示，B前面的数字越大表示铅芯越软，H前的数字越大则铅芯越硬。根据不同的使用要求，应准备几种硬度不同的铅笔。H或2H的铅笔适于画细线和写字；HB或B适于画粗实线。用于画粗实线的铅芯应磨成矩形，其余的磨成圆锥形，如图1-28所示。

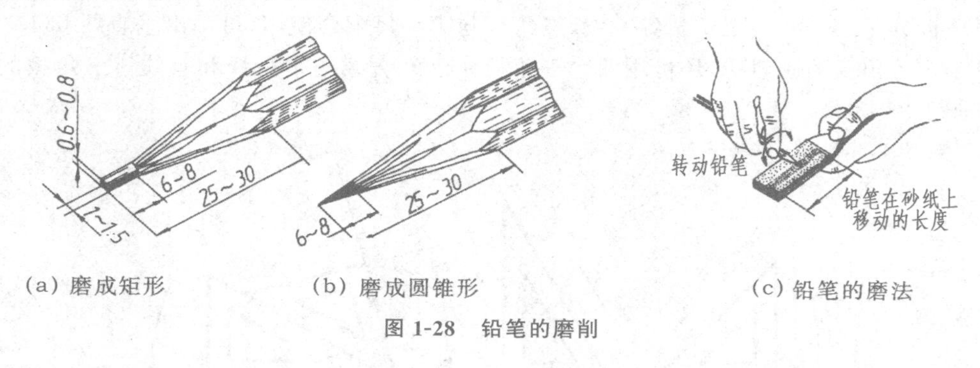

(a) 磨成矩形　(b) 磨成圆锥形　(c) 铅笔的磨法

图1-28 铅笔的磨削

画线时，铅笔在前后方向应与纸面垂直，而向画线前进方向倾斜约30°。当画粗实线时让矩形铅芯的棱和纸面均匀接触，运笔时手指和手腕不动，手臂靠在丁字尺上，通过肘和臂的运动画出粗细相等、深浅一致、边界整齐的线条。

1.3　几何作图

虽然机件图样的轮廓形状是多种多样的，但这些图样基本上都是由一些直线、圆弧或其他曲线所组成的。因此，熟练掌握这些几何图形的画法，是绘制好机械图的基础。

1.3.1　圆的等分和正多边形

1.3.1.1　六等分圆周和正六边形

六等分圆周和作正六边形有以下两种方法。

(1)如图 1-29 所示，根据正六边形外接圆半径画圆，以 *A*(或 *B*)为圆心，以所画圆的半径为半径，截取圆于 *1*、*2*、*3*、*4* 点，即将圆周六等分。用三角板顺次连接 *1A*、*A2*、*24*、*4B*、*B3*、*31*，就可得到正六边形。

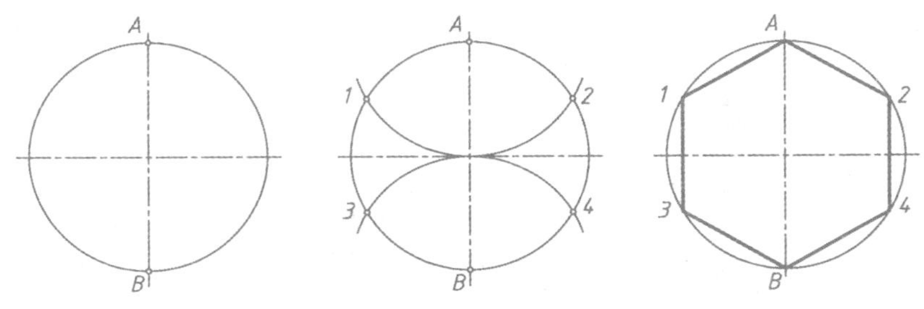

图 1-29　用圆规画正六边形

(2)如图 1-30 所示，用 60°三角板与丁字尺配合，过 *A* 点作圆的弦 *A1*，右移三角板过 *B* 点作弦 *2B*。旋转三角板作 *3B*、*A4* 弦。用丁字尺连接 *13*、*42*，即完成圆周的六等分和正六边形。

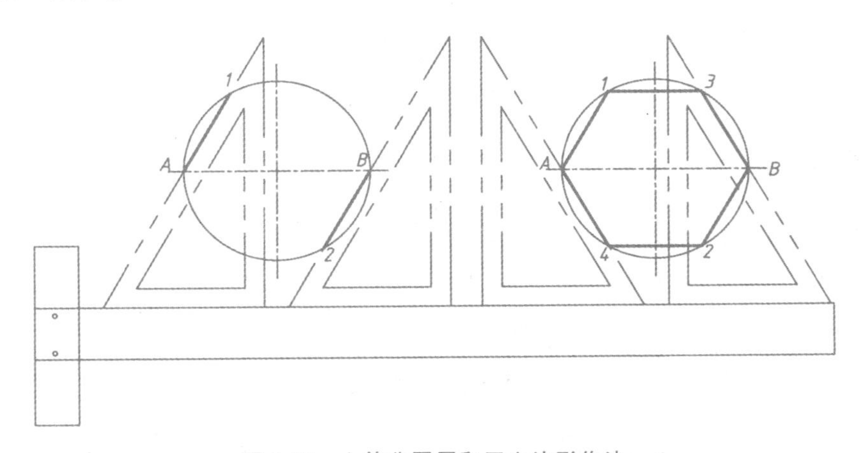

图 1-30　六等分圆周和正六边形作法

1.3.1.2　五等分圆周和正五边形

如图 1-31 所示，以 *A* 为圆心，*OA* 为半径，画弧交于 *B*、*C*，连接 *BC*，得 *OA* 中点 *M*。以 *M* 为圆心，*M1* 为半径画弧，得交点 *N*，*1N* 线段为所求五边形的边长。用 *1N* 长自 *1* 起截圆周得点 *1*、*2*、*3*、*4*、*5*，即将圆周五等分。依次连接各等分点得正五边形。

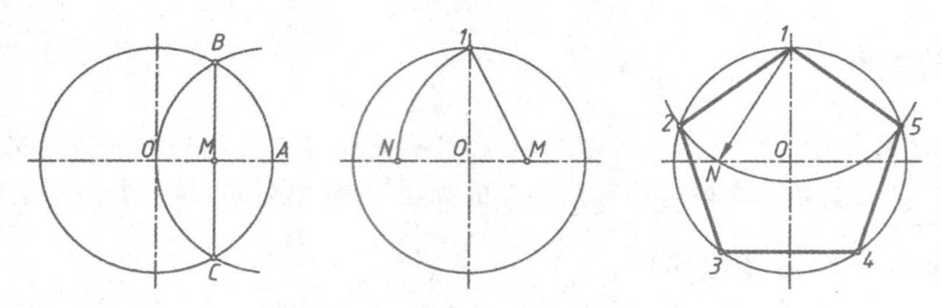

图 1-31 五等分圆周和五边形的作法

1.3.2 斜度和锥度

1.3.2.1 斜度

斜度是指一直线(或平面)对另一直线(或平面)的倾斜程度。其大小为该两直线(或平面)间夹角的正切值,在图中标注时,一般将其值化为 $1:n$ 的形式,即:斜度 $=H/L=\tan\alpha=1:n$,如图 1-32(a)所示。斜度的标注方法和斜度符号的画法如图 1-32(b)、(c)所示。图中 h 为尺寸数字的字高,符号的线宽为 $h/10$。标注斜度时,斜度符号开口方向要与倾斜方向保持一致。

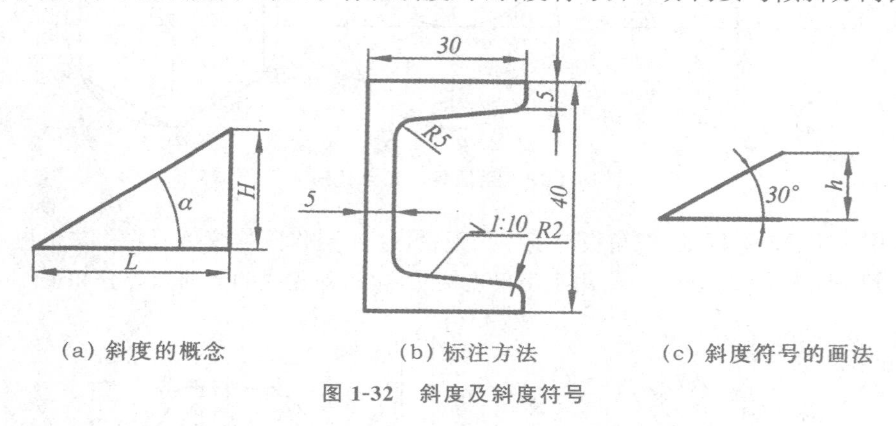

(a) 斜度的概念 (b) 标注方法 (c) 斜度符号的画法

图 1-32 斜度及斜度符号

1.3.2.2 锥度

锥度是指正圆锥体的底圆直径与其高度之比。圆台的锥度为其上、下两圆直径差与圆台高度之比,在图上标注时,一般将其值化为 $1:n$ 的形式,即:锥度 $=D/L=(D-d)/l=2\tan\alpha/2=1:n$,如图 1-33(a)所示。锥度的标注和锥度符号画法如图 1-33(b)、(c)所示。

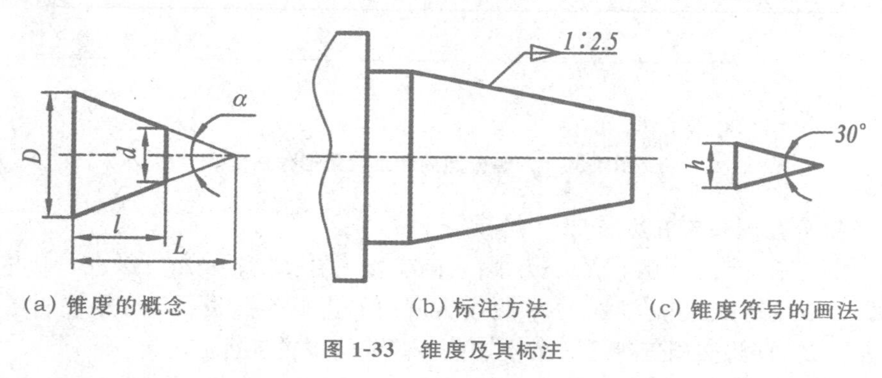

(a) 锥度的概念 (b) 标注方法 (c) 锥度符号的画法

图 1-33 锥度及其标注

求作图 1-34(a)所示图形的锥度部分,作图方法见图 1-34(b)。

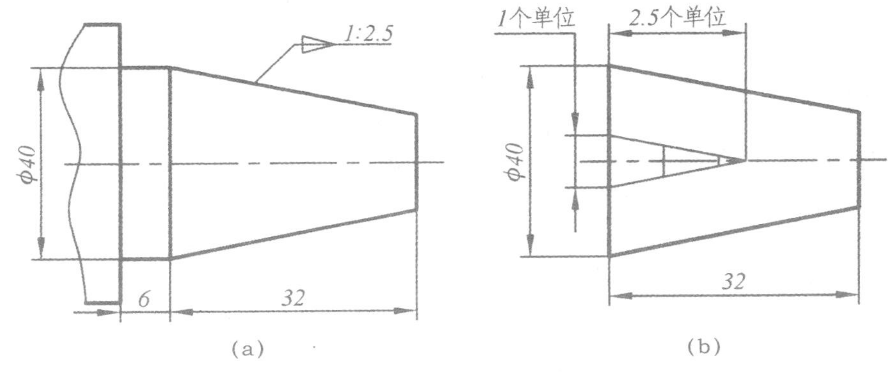

图 1-34　锥度的画法

1.3.3　圆的切线

1.3.3.1　过圆外一点作圆的切线

已知圆 O 和圆外一点 A,作圆的切线的作图步骤,如图 1-35 所示。

(1)作点 A 与圆心 O 的连线。

(2)以 OA 的中点 B 为圆心,BO 为半径作弧,与已知圆相交于点 M、N,即为切点。

(3)分别连接点 A、M 和点 A、N,AM 和 AN 即为所求切线。

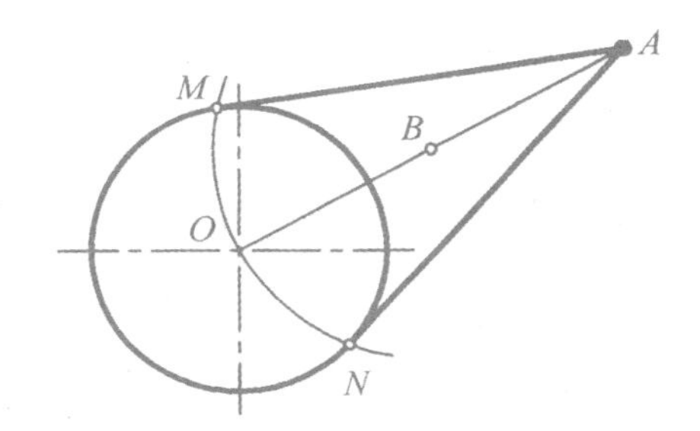

图 1-35　过圆外一点作圆的切线

1.3.3.2　作两圆外公切线

已知两圆 O_1、O_2,求作两已知圆的外公切线的步骤,如图 1-36 所示。

(1)以 O_2 为圆心,R_2-R_1 为半径作辅助圆。

(2)过 O_1 作辅助圆的切线 O_1A。

(3)连接 O_2A 并延长,与 O_2 圆交于 M,作 $O_1N/\!/O_2M$,M、N 即为切点,连接 MN 即所求的公切线。

1.3.3.3　作两圆内公切线

已知两圆 O_1、O_2,求作两已知圆的内公切线的步骤,如图 1-37 所示:

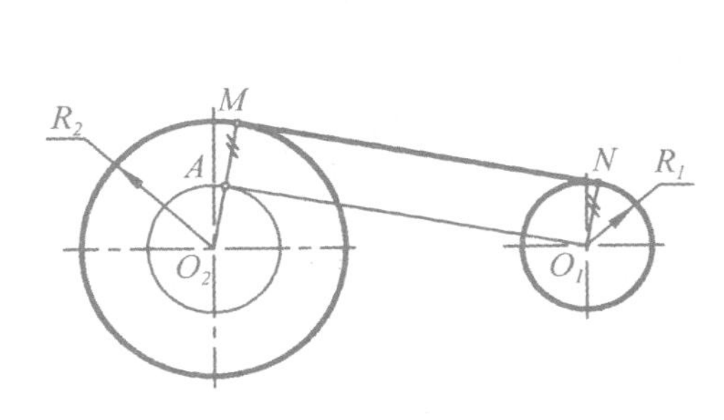

图 1-36　作两圆外公切线

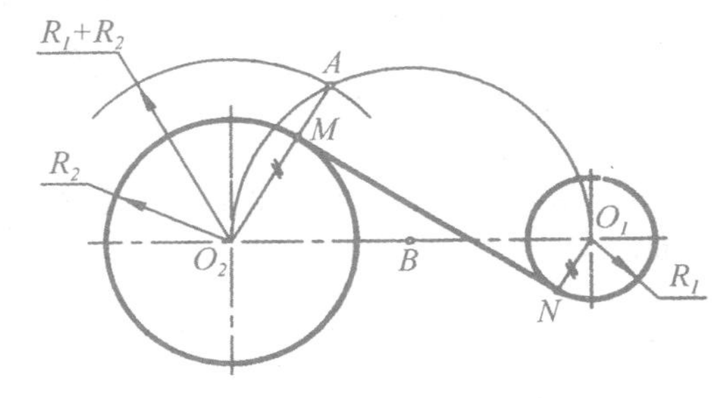

图 1-37　作两圆内公切线

(1)以 O_1O_2 为直径作辅助圆,以 O_2 为圆心,R_2+R_1 为半径作弧,与辅助圆相交于点 A。

(2)连接 O_2A,与圆相交于 M。

(3)作 $O_1N /\!/ O_2M$,M、N 即为切点,连接 MN 即为所求的公切线。

1.3.4 圆弧连接

用已经半径 R 的圆弧光滑连接(即相切)两已知圆弧或直线,称之为圆弧连接,要使圆弧或直线光滑连接主要就是使圆弧与直线或圆弧与圆弧相切,连接点就是切点。圆弧连接作图方法可归结为:求连接圆弧的圆心和找出连接点即切点的位置,如图 1-38 所示。

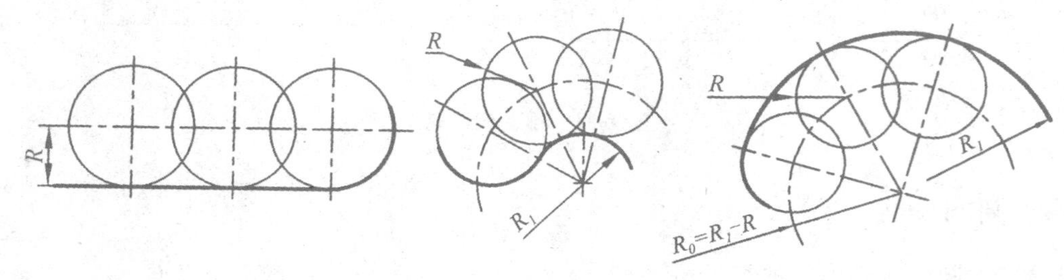

图 1-38 圆弧连接的方法

下面介绍圆弧连接三种情况的作图方法:用已知半径 R 的圆弧连接两条直线;用已知半径 R 的圆弧连接一圆弧和一直线;用已知半径 R 的圆弧连接两个圆弧,如图 1-39 所示。

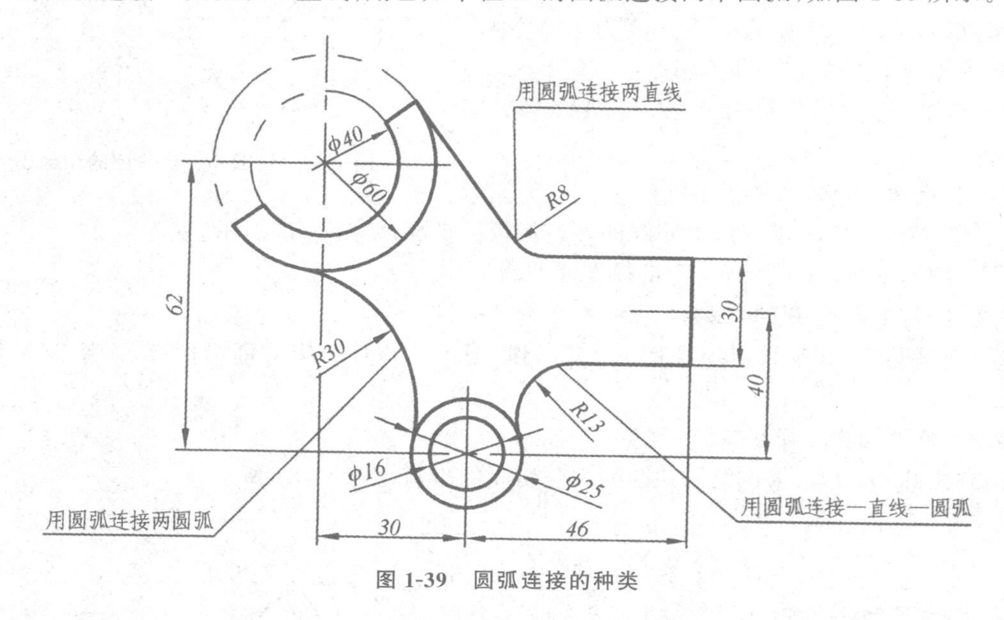

图 1-39 圆弧连接的种类

1.3.4.1 用半径为 R 的圆弧连接两条已知直线

如图 1-40(a)所示,作图步骤如下:

(1)求圆心:分别作两条已知直线的平行线,使平行线与已知直线的距离为 R,两线交点为连接弧的圆心,如图 1-40(b)所示。

(2)求切点:过圆心 O 分别向两条已知直线作垂线,垂足 A、B 即是切点,如图 1-40(c)所示。

(3)连接圆弧:以 O 为圆心,以 A 为圆弧的起点,B 为圆弧的止点画弧,如图 1-40(d)所示。

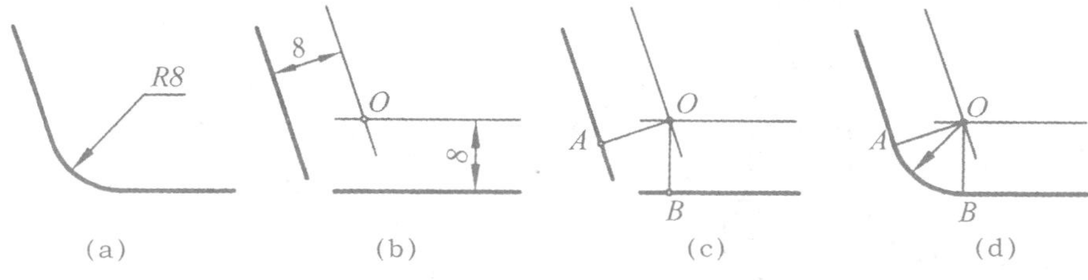

图 1-40　圆弧与两直线连接

1.3.4.2　用半径为 R 的圆弧连接两已知圆弧

连接圆弧与已知圆弧可分为外切和内切两种情况。

(1)与已知圆弧外切时作图步骤如下。

①求圆心:分别以两已知圆弧的圆心为圆心,以 $R+R_1$,$R+R_2$ 为半径画圆弧,两段圆弧的交点是连接弧的圆心,如图 1-41(b)所示。

②求切点:分别连接已知弧和连接弧的圆心,与已知弧的交点 A、B 即为切点,如图 1-41(c)所示。

③连接圆弧:以 O 为圆心,以 A 为圆弧的起点 B 为圆弧的止点画弧,如图 1-41(c)所示。

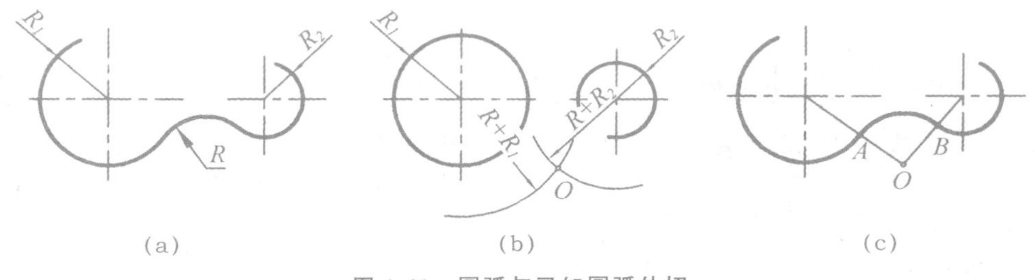

图 1-41　圆弧与已知圆弧外切

(2)如图 1-42(a)与已知圆弧内切时作图步骤如下。

①求圆心:分别以两已知圆弧的圆心为圆心,以 $R-R_1$,$R-R_2$ 为半径画圆弧,两段圆弧的交点是连接弧的圆心,如图 1-42(b)所示。

②求切点:分别连接已知弧和连接弧的圆心并延长,与已知弧的交点 A、B 即为切点,如图 1-42(c)所示。

③连接圆弧:以 O 为圆心,以 A 为圆弧的起点 B 为圆弧的止点画弧,如图 1-42(c)所示。

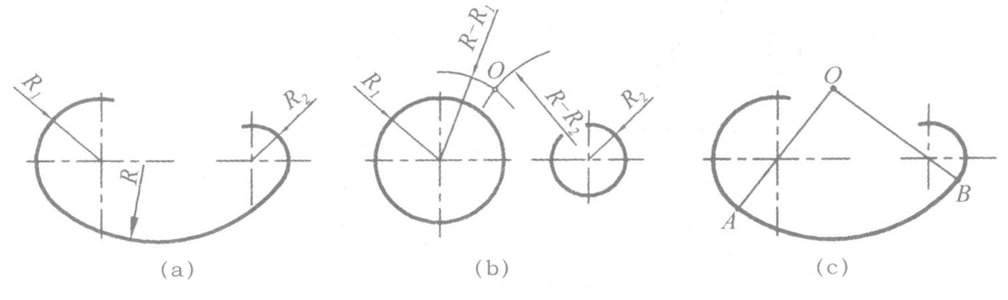

图 1-42　圆弧连接两圆弧

1.3.4.3 用半径为 R 的圆弧连接已知直线和圆弧

可分为两种情况：外切圆弧和一直线，如图 1-43(a)所示；内切圆弧和一直线，如图 1-43(b)所示。

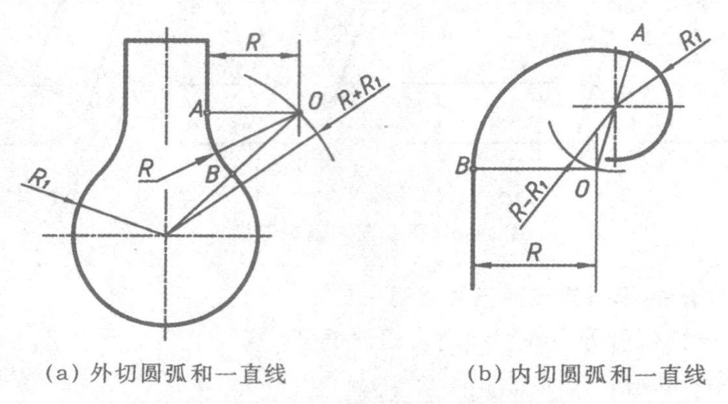

(a) 外切圆弧和一直线　　(b) 内切圆弧和一直线

图 1-43　圆弧连接直线和圆弧

1.4 平面图形的画法

任何机件的视图都是平面图形，而平面图形又是由各种不同的线段组成，其中包括直线段、圆弧、圆等。因此，掌握平面图形的分析方法和画图步骤，对于正确、迅速地绘制平面图形起着决定性的作用。

1.4.1 平面图形的尺寸分析

平面图形的大小及其各要素之间的相对位置由图中尺寸确定。按尺寸在平面图形中所起的作用，分为定形尺寸和定位尺寸。要想确定平面图形中各线段的相对位置关系，必须要先了解尺寸基准。

1.4.1.1 尺寸基准

确定尺寸位置的点、线或面称为尺寸基准，平面图形中，一般在水平和垂直方向上各有一个主要基准，还可能有一个或几个辅助基准。通常用对称图形的对称线、较大圆的中心线、较长的直线等作为尺寸基准。

如图 1-44(a)所示，圆心是半径方向的尺寸基准；如图 1-44(b)所示，对称线是水平方向的尺寸基准，最上面那条直线是垂直方向的尺寸基准。

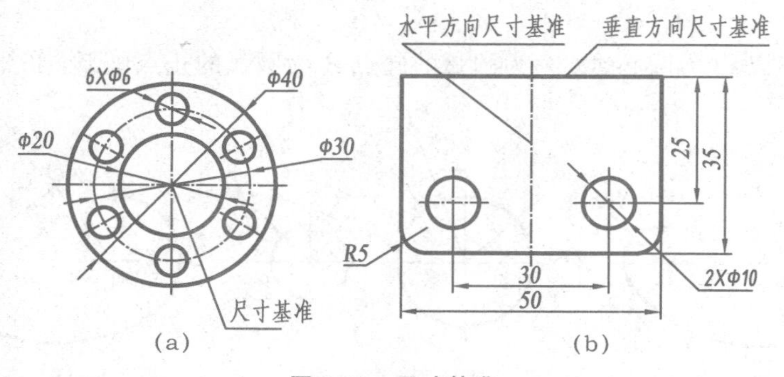

(a)　　(b)

图 1-44　尺寸基准

1.4.1.2　定形尺寸

确定平面图形上各线段或线框的形状及其大小的尺寸称为定形尺寸，如直线的长短、圆及圆弧的直径或半径、角度大小等。如图 1-44(a)中的 6×ϕ6、ϕ40、ϕ30、ϕ20 均为定形尺寸；图 1-44(b)中的 50、35、R5、2×ϕ10 也均为定形尺寸。

1.4.1.3　定位尺寸

确定平面图形上各线段或线框之间相对位置的尺寸称为定位尺寸。如图 1-44(a)中 ϕ30 和图 1-44(b)中的 25、30 均为定位尺寸。

以图 1-45 所示吊钩为例，对其进行尺寸分析，吊钩平面图形是以 ϕ27 圆弧的水平中心线作为高度方向的尺寸基准，以 ϕ27 的竖直方向的对称中心线作为长度方向的尺寸基准。图 1-45 中 ϕ15、ϕ20、ϕ27、R40、R28、R32、R27、R15、R3 等均为定形尺寸，6、10、60 均为定位尺寸。

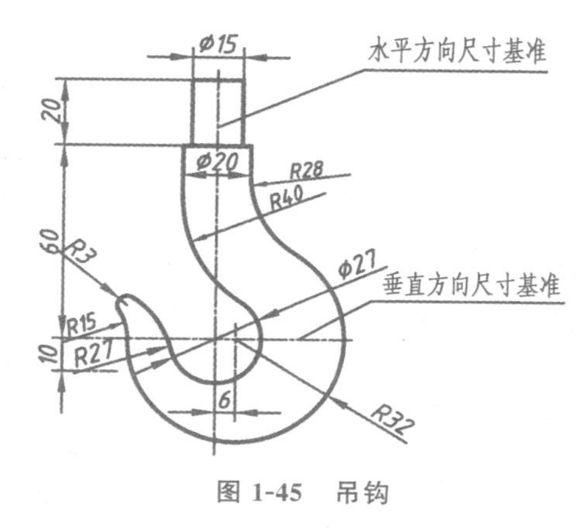

图 1-45　吊钩

1.4.2　平面图形的线段分析

平面图形中的线段常见的有直线、圆和圆弧，按照标注尺寸的数量可分为以下 3 种。

(1)已知线段　定形尺寸和定位尺寸齐全的线段称为已知线段。如图 1-45 中 ϕ15、ϕ20、ϕ27、R32 均是已知线段。

(2)中间线段　具有定形尺寸但定位尺寸不全的线段称为中间线段。中间线段需依靠其与一端相邻线段的连接关系才能画出。图 1-45 中 R15、R27 均是中间线段。

(3)连接线段　只有定形尺寸而无定位尺寸的线段称之为连接线段。画图时一般要根据与其相邻的两个线段的连接关系，用几何作图的方法将它们画出。图 1-45 中 R3、R28、R40 圆弧就属于连接线段。

1.4.3　平面图形的画图步骤

现以图 1-46 的吊钩为例，将平面图形的画图步骤归纳如下，如图 1-46 所示。

(1)画出图形的基准线，如图 1-46(a)所示。

(2)画已知线段，如图 1-46(b)所示。

(3)画中间线段，如图 1-46(c)所示。

(4)画连接线段，如图 1-46(d)所示。

(5)擦去多余的作图线，按线型要求加深图线，如图 1-46(e)所示。

(6)标注尺寸，完成全图，如图 1-46(f)所示。

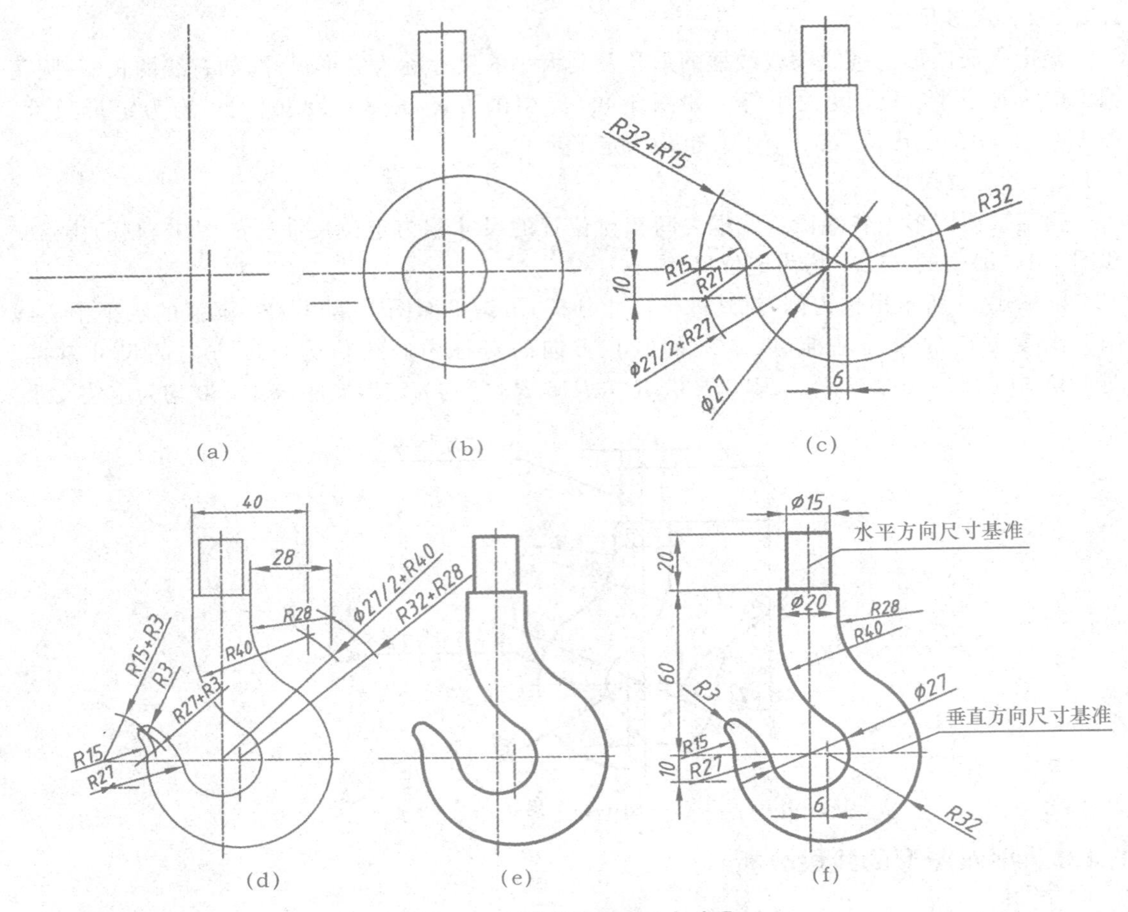

图 1-46 吊钩的作图方法与步骤

1.4.4 平面图形的尺寸标注

平面图形尺寸标注的方法和步骤如下：

(1)分析平面图形的形状和结构，确定长度方向和高度方向的尺寸基准。一般选用图形中的主要中心线和轮廓线作为基准线。

(2)分析并确定图形中各线段的性质，即区分已知线段、中间线段和连接线段。

(3)按照先已知线段，再中间线段，最后连接线段的顺序逐个标注尺寸。

1.5 绘图的方法与步骤

1.5.1 仪器绘图

为了提高图样质量和绘图速度，除了正确地使用绘图工具和仪器外，还应有比较合理的工作程序，具体归纳如下：

(1)准备工作　准备好所有的绘图工具和仪器，磨削好铅笔及圆规上的笔芯。

(2)定比例，选择图幅，固定图纸　根据图样的大小和复杂程度，选择合适的比例和图纸幅面。用丁字尺辅助摆正图纸后用胶带将其固定在图板的左下方，但要使图板的底边与图纸下边的距离大于丁字尺的宽度。

(3)画图框和标题栏　按国家标准规定的幅面、周边和标题栏位置，用粗实线画出图框和标题栏。

(4)布置图形的位置　图形在图纸上的布局应均匀、美观。根据每个图形的总长、总宽来确定其位置，并考虑到标题栏和尺寸的占位。位置确定后，画出各图形的基准线。

(5)轻画底稿　用较硬的铅笔(如 2H)轻、细、准地画出底稿线，先画主要轮廓，再画细节。底稿画好后应仔细检查并清理作图线。

(6)描深　描深时应做到线型正确、粗细分明，浓淡一致、连接光滑、图画整洁。描深不同类型的图线应选择不同型号的铅笔。尽可能将同一类型、同样粗细的图形一起描深。先描深圆及圆弧，后描深直线。先按从左向右的顺序描深垂直线，再从图的左上方开始顺次向下描深水平线，最后描深斜线。

(7)绘制尺寸界线、尺寸线及箭头、注写尺寸数字、书写其他文字符号、填写标题栏。

(8)全面检查，修正错误，完成全图。

1.5.2　徒手画图

作为工程技术人员来说，除了要学会用仪器绘图和使用计算机绘图之外，还必须具备徒手绘制草图的能力。徒手图又叫草图，它是以目测估计图形与实物的比例，按一定画法要求来徒手绘制图形。讨论设计方案、技术交流、现场参观时，受现场条件或时间的限制，经常要绘制草图。

1.5.2.1　画草图的要求

(1)画线要稳、图线要清晰。

(2)各部分比例应匀称，目测尺寸尽可能接近实物大小。

(3)标注尺寸准确、齐全，字体工整。

(4)绘图速度要快。

1.5.2.2　徒手画线的方法

一个物体的图形都是由直线、圆、圆弧和曲线所组成。因此要画好草图，必须掌握徒手画各种线条的手法。

(1)握笔的方法　画草图时应选用 HB 或 B 的铅笔，并削成圆锥状。手握笔的位置要比尺规作图高些，以利于运笔和观察画线方向，笔杆与纸面应倾斜，握笔稳而有力。

(2)徒手画直线　徒手画图时，手指应握在铅笔上离笔尖约 35 mm 处，手腕和手指对纸面的压力不要太大。在画直线时，手腕不要转动，使铅笔与所画的线始终保持约 90°，眼睛看着画线的终点，轻轻移动手腕和手臂，使笔尖向着要画的方向作近似直线运动，如图 1-47 所示。

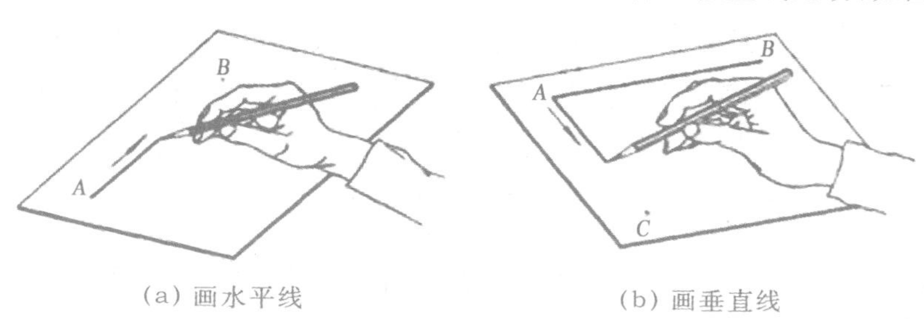

(a) 画水平线　　(b) 画垂直线

图 1-47　直线的画法

画长斜线时,为了运笔方便,可以将图线旋转一适当角度,使它转成水平方向再画。

(3)徒手画圆、圆弧　圆及圆弧的画法应先定圆心并画中心线,再根据半径用目测在中心线上定4点,然后过这4点画圆,如图1-48(a)所示。当圆的直径较大时,可通过圆心增画两条45°的斜线,在斜线上再定4个点,然后过这8个点画圆,如图1-48(b)所示。也可用图1-49所示的两种方法画大圆。

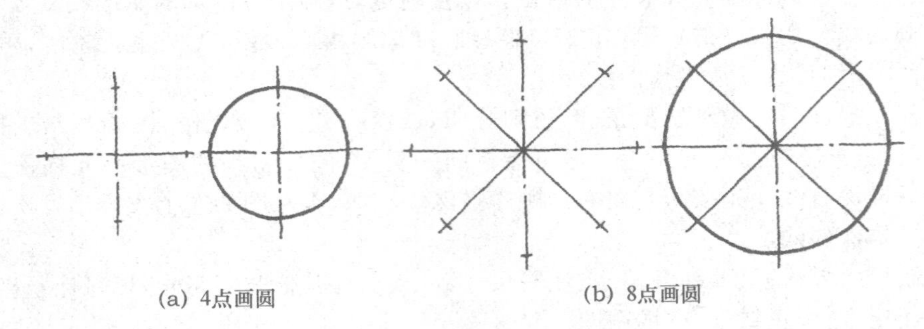
(a) 4点画圆　(b) 8点画圆

图 1-48　圆的徒手画法

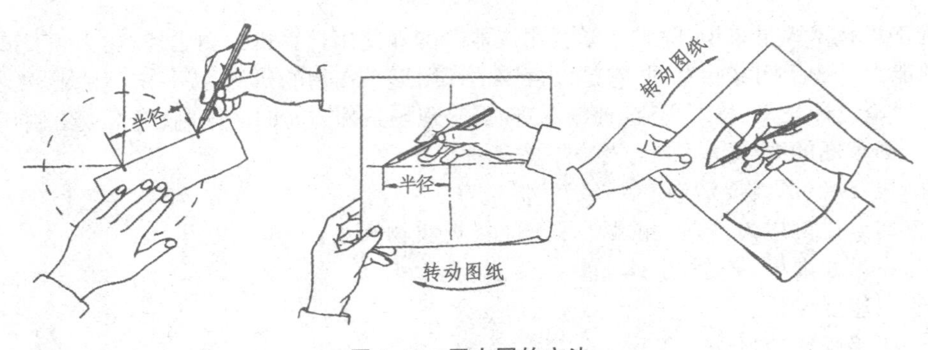

图 1-49　画大圆的方法

画圆弧的方法是先用目测画出分角线,然后在分角线上选取圆心位置,使它与角的两边的距离等于圆角的半径。过圆心向两边引垂线定出圆弧的起点和终点,并在分角线上也定出圆弧上的一点,然后徒手把这三点连接起来作圆弧,如图1-50所示。

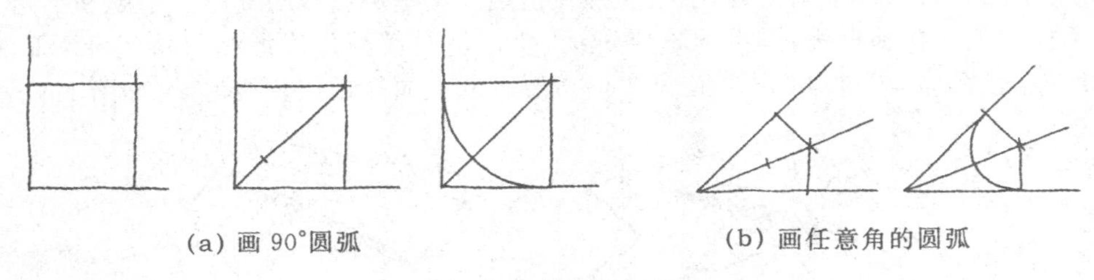
(a) 画90°圆弧　(b) 画任意角的圆弧

图 1-50　圆弧的画法

(4)徒手画椭圆　如图1-51所示,可先根据椭圆长、短轴的大小定出4个端点的位置,过4个点画一矩形,然后徒手作椭圆与此矩形相切。

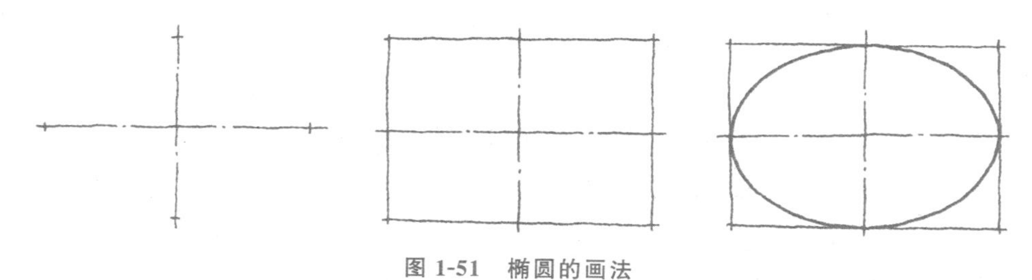

图 1-51　椭圆的画法

复习思考题

1. A3 号图纸的幅面多大？A3 与 A2 号图纸幅面的比例关系如何？图纸周边的尺寸如何确定？

2. 试述比例的意义和如何选择合适的比例。

3. 常用线型有几种？线宽系列值为多少？简述各种线型的画法和用途。

4. 图样上尺寸的单位是什么？各类尺寸标注的基本规则是什么？

5. 试述斜度、锥度的意义、画法和标注方式。

6. 圆弧连接怎样做到光滑？连接圆弧的圆心和切点如何确定？

7. 平面图形的尺寸分哪几类？标注尺寸的步骤如何？

8. 分析平面图形线段的目的何在？平面图形的画图步骤是怎样的？

2 点、直线和平面的投影

点、直线和平面的投影是正投影理论的基础部分，也是学习立体的投影及组合体视图的基础，掌握它们的投影规律和特性十分重要。本章将学习点、直线和平面的投影。

2.1 投影法及其分类

2.1.1 投影法

物体在阳光或灯光下会在地面或墙壁上产生影子，这是日常生活中经常见到的投影现象。人们将这种自然现象加以科学抽象和归纳，就形成了投影的概念。如图 2-1 所示，光源称为投射中心 S，平面 ABC 称为空间物体，平面 H 称为投影面，把各条光线 SA、SB、SC 称为投射线，三条投射线与投影面 H 的交点分别为 a、b 和 c，它们即是空间点 A、B、C 在 H 面上的投影，连线 ab、bc、ca 即得△abc 称为平面 ABC 在 H 面上的投影。可见，投影中心 S、空间物体（平面 ABC）、投影面 H 是形成投影的三个要素。因此，投射线通过空间物体，向选定的投影面投射，在该投影面上得到物体投影的方法就称为投影法。

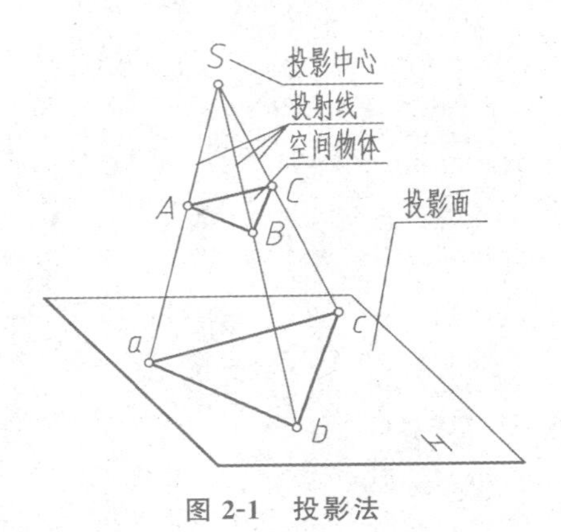

图 2-1 投影法

2.1.2 投影法的分类

投影法分为中心投影法和平行投影法两种。

2.1.2.1 中心投影法

如图 2-1 所示，所有投射线都汇交于一点的投影法称为中心投影法。用中心投影法得到的投影，其大小和形状与物体到投影面的距离、位置有关，当平面 ABC 靠近或远离投影面时，它的投影△abc 就会变小或变大，且一般不能反映空间平面 ABC 的真实大小和形状。

2.1.2.2 平行投影法

当投射中心 S 距离投影面无限远时，投射线趋于相互平行，这种投射线相互平行的投影法称为平行投影法，如图 2-2 所示。在平行投影法中，若平行移动空间物体，其投影的大小和形状都不会改变。

按照投射线与投影面是否垂直，平行投影法又分为以下两种。

(1)斜投影法　投射线倾斜于投影面的平行投影法，如图 2-2(a)所示。

(2)正投影法　投射线垂直于投影面的平行投影法，如图 2-2(b)所示。

由于正投影法能真实地表达出物体的形状和大小，作图也比较简单，因此，国家标准 GB/T 14692—2008《技术制图投影法》中明确规定，机件的图样采用正投影法绘制。

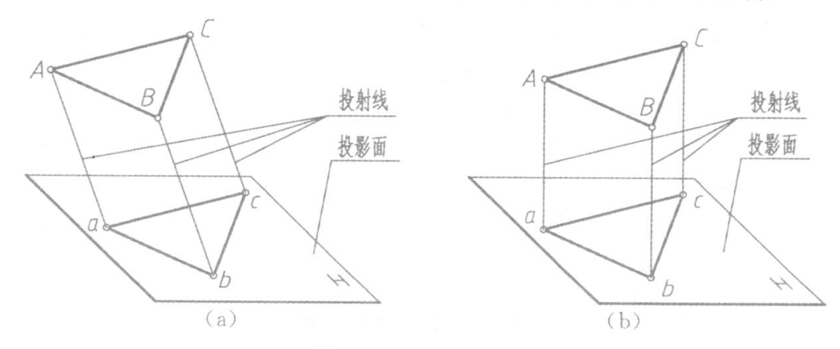

图 2-2　平行投影法

2.2 点的投影

点是构成物体的最基本的空间几何元素，研究和掌握点的投影规律是掌握所有几何元素投影的基础。

如图 2-3 所示，过空间点 A 垂直于投影面 H 的投射线与平面 H 的交点 a 为点 A 在 H 平面上的投影。点 A 的空间位置确定后，其投影 a 是唯一确定的。但仅已知点 A 的一个投影 a 是不能唯一确定其空间位置的(如图 2-3 所示，点 A、A_1、A_2、… 的投影都是 a)。因此，需要研究点的多面投影。

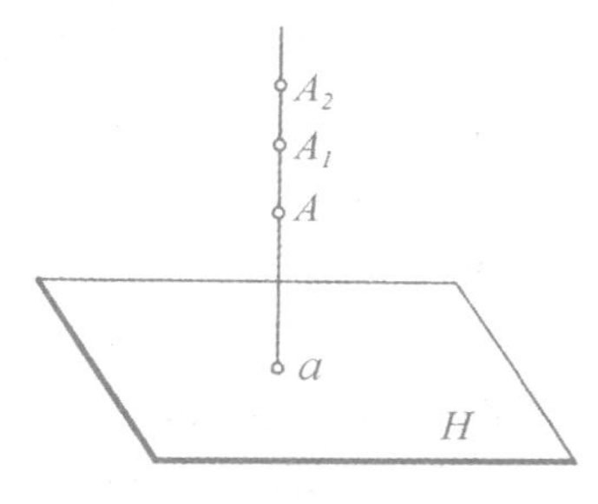

图 2-3　同一投射线上点的投影

2.2.1 点在三投影面体系中的投影

点的两个投影虽已能确定点在空间的位置，但对于复杂形体，常需采用三个或更多的投影来表达。

2.2.1.1 三投影面体系

三投影面体系是由三个相互垂直的投影面组成，如图 2-4(a)所示。其中正立放置的投影面称为正立投影面，也称 V 面；水平放置的投影面称为水平投影面，也称 H 面；侧立放置的投影面称为侧立投影面，也称 W 面。H、V 和 W 三个投影面之间的交线称为投影轴。H 面与 V 面的交线称为 OX 轴；H 面与 W 面的交线称为 OY 轴；V 面与 W 面的交线称为 OZ 轴。三投影轴垂直相交于 O 点，称为原点。

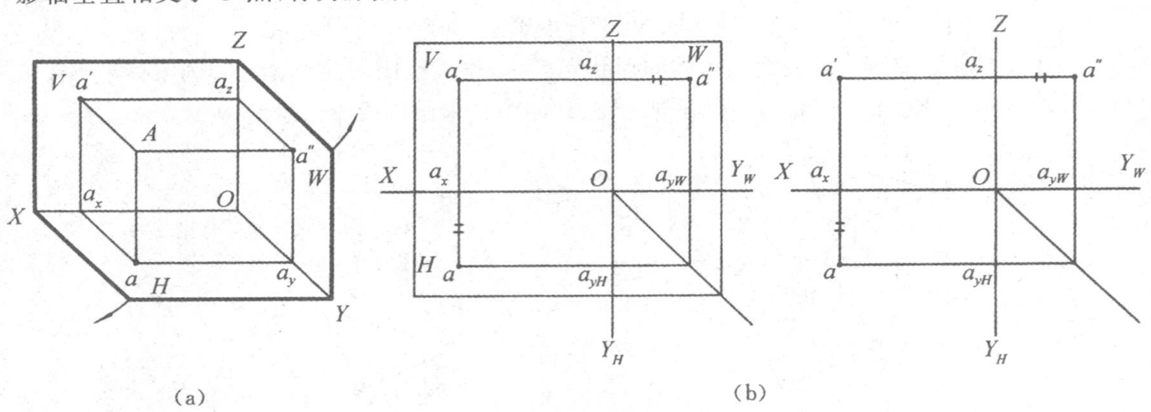

图 2-4 点的三面投影图

2.2.1.2 点的三面投影图

在图 2-4(a)所示的三投影面体系中，过空间点 A 分别向 H、V、W 面作垂线，便可得到点 A 在三个投影面上的投影 a、a' 和 a''。称 a 为水平投影(H 面投影)，a' 为正面投影(V 面投影)，a'' 为侧面投影(W 面投影)。

为了使点的三个投影 a、a' 和 a'' 共面，规定 V 面不动，而将 H 面和 W 面分别按图 2-4(a)所示的箭头方向绕投影轴旋转 90°与 V 面重合，便得点 A 的三面投影图，如图 2-4(b)所示。应当指出，在投影图上由于投影面的展开，投影轴 OY 被分为两部分，随 H 面旋转后的 OY 轴标记为 OY_H；随 W 面旋转后的 OY 轴标记为 OY_W。在画点的投影图时通常去掉了三个投影面的边框和 H、V、W 代号。

研究由空间点得到其三面投影图的过程，可总结出点的投影规律：

(1)点 A 的正面投影和水平投影的连线垂直于 OX 轴，即 $a'a \perp OX$。

(2)点 A 的正面投影和侧面投影的连线垂直于 OZ 轴，即 $a'a'' \perp OZ$。

(3)点 A 的水平投影到 OX 轴的距离，等于该点的侧面投影到 OZ 轴的距离。即 $aa_x = a''a_z$，作图时可以用圆弧或 45°线反映它们的关系。

在图 2-4 中还可以看出：正面投影 a' 到 OX 轴和 OZ 轴的距离分别表示点 A 到 H 面和 W 面的距离；水平投影 a 到 OX 轴和 OY 轴的距离分别表示点 A 到 V 面和 W 面的距离；侧面投影 a'' 到 OZ 轴和 OY 轴的距离分别表示点 A 到 V 面和 H 面的距离。因此，只要已知点 A 的任何两个投影，便可得到点 A 到三个投影面的距离，从而确定点 A 在三投影面体系中的空间位置。因此，在投影图上已知点的两个投影就可以根据点的投影规律作出其第三个投影。

例 2-1 已知点 A 的正面投影 a' 和水平投影 a，求作侧面投影 a''(图 2-5(a))。

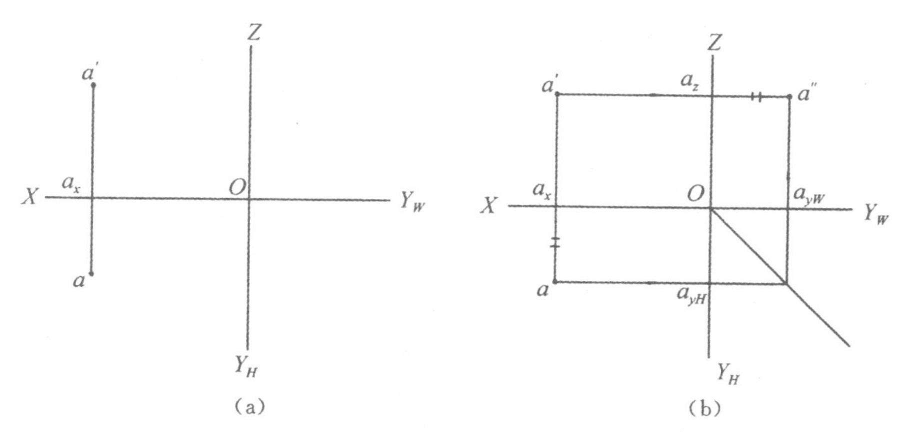

图 2-5　已知点的二面投影求第三投影

作图步骤(图 2-5)：

过 a' 作 OZ 轴的垂线，与 OZ 轴交于 a_z，并在该线上量取 $a''a_z=aa_x$；也可过 a 作 OX 轴的平行线，交 OY_H 于 a_{yH}，与过原点 O 的 45°辅助线相交，过交点作 OZ 轴的平行线使得 $a''a_z=aa_x$[图 2-5(b)]。

2.2.1.3　点的投影和坐标

如图 2-6(a)所示，在三投影面体系中，把投影面当作坐标平面，投影轴当作坐标轴，原点 O 作为坐标原点，则构成一个空间直角坐标系。这样，空间一点 A 的位置便可用它的三个直角坐标值 x、y、z 表示。在投影图上，点 A 的三个投影 a、a' 和 a'' 也完全可由坐标确定，即水平投影 a 可由坐标 x、y 确定，正面投影 a' 可由坐标 x、z 确定，侧面投影 a'' 可由坐标 y、z 确定，如图 2-6(b)所示。

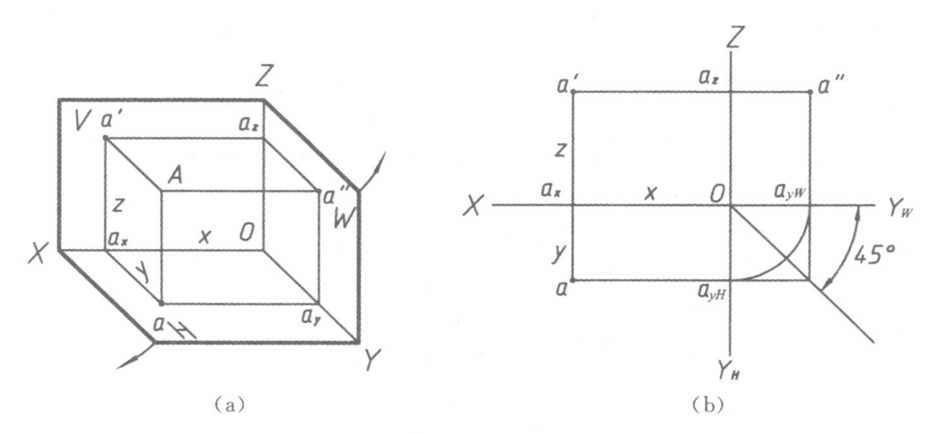

图 2-6　点的投影与坐标

例 2-2　已知点 $A(10,15,12)$，求作点 A 的三面投影(图 2-7)。

作图步骤：

(1)画投影轴并标记(X、Y_H、Y_W、Z、O)。

(2)在 OX 轴上从点 O 向左量取 10，得 a_x；在 OZ 轴上，从点 O 向上量取 12 得 a_z，在 OY 轴上，从点 O 向下量取 15 得 a_{yH}[图 2-7(a)]。

(3)分别过 a_x 作 OX 轴的垂直线、过 a_z 作 OZ 轴的垂直线，两垂直线的交点即为点 A 的正面投影 a'；过 a_{yH} 作 OY 轴的垂直线与 $a'a_x$ 的延长线相交得点 A 的水平投影 a[图 2-7(b)]。

(4)依据 a、a'两投影作出 a''[图 2-7(c)]。

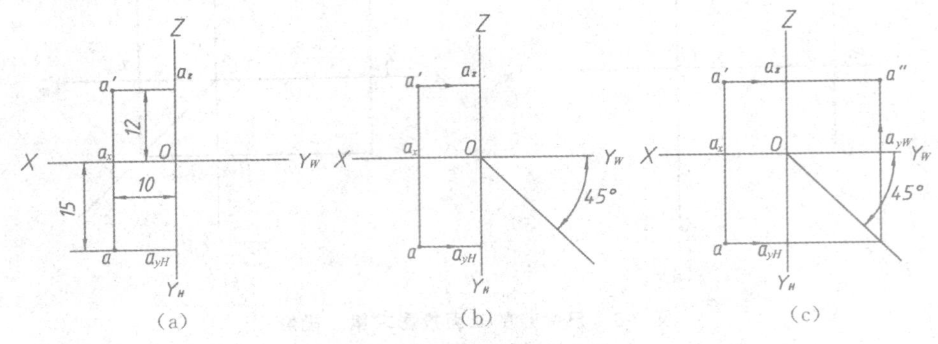

图 2-7 已知坐标作投影图

2.2.2 两点的相对位置

如图 2-8(a)所示，两点的相对位置指空间任意两点之间存在着的上下、左右、前后相对位置关系。两点的上下位置关系可以通过它们的正面投影(或侧面投影)判断，也可通过它们的 Z 坐标的大小判断。如图 2-8(b)所示，a'在 b'之上；即 $Z_A>Z_B$，所以可判断点 A 在点 B 之上。同样，水平投影(或正面投影)反映空间两点的左右位置关系，因 a 在 b 之右，即 $X_A>X_B$，所以可判断点 A 在点 B 之右。而空间两点的前后位置关系是由水平投影(或侧面投影)决定的，因为 a 在 b 之前，即 $Y_A>Y_B$，所以可判断点 A 在点 B 之前。

由上所述，根据两点的三面投影判断其相对位置，可由正面投影或侧面投影判断其上下位置，由正面投影或水平投影判断其左右位置，由水平投影或侧面投影判断其前后位置。

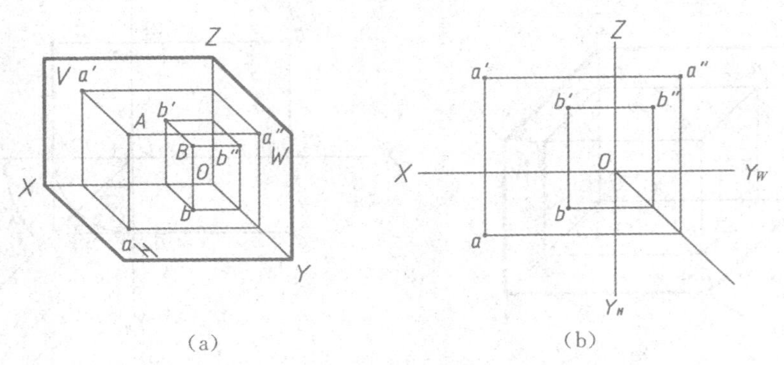

图 2-8 两点的相对位置

例 2-3 已知点 A 的三面投影，并已知点 B 在点 A 的右方 10 mm，前方 6 mm，下方 8 mm，求作点 B 的三面投影(图 2-9)。

作图步骤：

(1)在 a'右方 10 mm，下方 8 mm 处确定 b' [图 2-9(a)]。

(2)作 $b'b\perp OX$，且在 a 前 6 mm 处确定 b[图 2-9(b)]。

(3)按点的投影规律求得 b''[图 2-9(c)]。

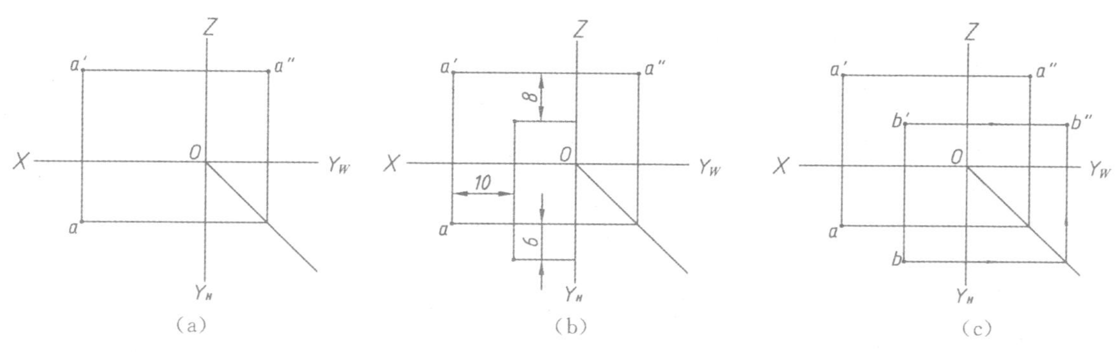

图 2-9 求作点 B 的三面投影

2.2.3 重影点

当空间两点位于某投影面的同一条投射线上时，则它们在该投影面上的投影重合，这两点称为对该投影面的重影点。如图 2-10 所示，点 A、B 位于垂直 H 面的同一条投射线上，它们的水平投影重合。因此，点 A、点 B 是对 H 面的重影点。同理，点 C、点 D 为对 V 面的重影点。

当两点为某投影面的重影点时，规定距该投影面较远的一点可见，即坐标值大的点可见，坐标值小的点不可见，并将不可见的点的投影加圆括号表示。如图 2-10 所示，点 A 相对点 B 距 H 面较远（$Z_A>Z_B$），故点 A 的水平投影 a 可见，点 B 的水平投影 b 不可见。同理，点 C 相对点 D 距 V 面较远（$Y_C>Y_D$），其正面投影 c' 可见，点 D 的正面投影 d' 不可见。

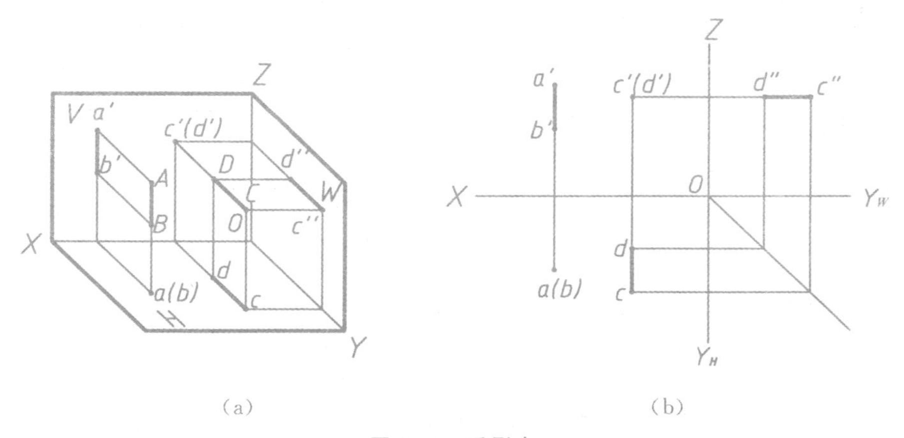

图 2-10 重影点

2.3 直线的投影

一般情况下，直线的投影仍为直线。其投影可由直线上任意两点的同面投影来确定。如图 2-11(b)所示，分别连线属于直线 AB 上两点 A、B 的同面投影即得到该直线的三面投影 ab、$a''b''$ 和 $a'b'$。规定直线的投影用粗实线绘制。

2.3.1 各种位置直线的投影特性

在三投影面体系中，按照直线相对于投影面的位置可以分为三类：一般位置直线、投影面平行线和投影面垂直线，后两类直线又称为特殊位置直线，下面分别讨论这三类直线的投影特性。

2.3.1.1 一般位置直线

对各个投影面都倾斜的直线称为一般位置直线。如图 2-11 所示，一般位置直线 AB 与三个投影面都倾斜，它的三个投影都倾斜于投影轴。反之，若某一直线的三个投影都倾斜于投影轴，我们便可以断定该直线为一般位置直线。

如图 2-11(a)所示，用 α、β、γ 分别表示线段 AB 与三个投影面的倾角，则由初等几何定理可知：

$ab=AB\cos\alpha$；$a'b'=AB\cos\beta$；$a''b''=AB\cos\gamma$。

由此可见，一般位置直线的投影特性为：三个投影的长度都小于线段的实长(因为 α、β、γ 都不等于零)；从图 2-11(b)中看出，直线的三个投影与投影轴的夹角均不反映三个倾角 α、β、γ 的真实大小。

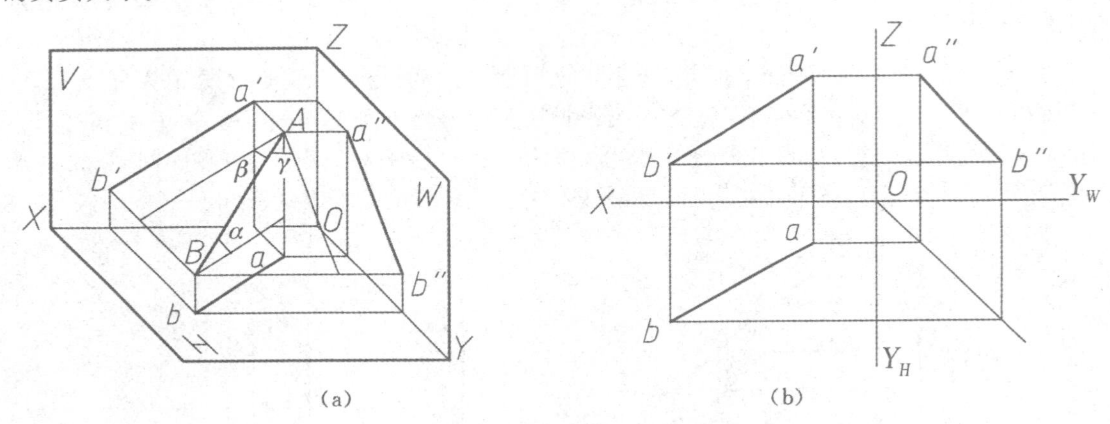

(a) (b)

图 2-11 一般位置直线的投影特性

2.3.1.2 投影面平行线

平行于一个投影面，倾斜于另外两个投影面的直线称为投影面平行线。投影面平行线有三种：

正平线——平行于 V 面，倾斜于 H、W 面的直线；

水平线——平行于 H 面，倾斜于 V、W 面的直线；

侧平线——平行于 W 面，倾斜于 H、V 面的直线。

三种投影面平行线的投影及其特性见表 2-1。

现以水平线为例说明其投影特性。由于水平线平行于 H 面，所以水平线 AB 上的所有点到 H 面的距离相等(即 Z 坐标相等)，因此，它的 V、W 两投影分别平行于相应的投影轴，即 $a'b'/\!/OX$，$a''b''/\!/OY$。水平线的 H 面投影反映线段的实长，即 $ab=AB$(因 $AB/\!/H$，$\alpha=0$)，且 ab 与 OX 的夹角，反映该直线与 V 面的倾角 β，与 OZ 的夹角，反映该直线与 W 面的倾角 γ。正平线和侧平线也有类似的投影特性(表 2-1)。

表 2-1 投影面平行线的投影特性

名称	水平线	正平线	侧平线
立体图	V Z a' b' a'' A β γ W B b'' X O a γ β b H Y	V Z d' γ D d'' W c' α C α D c'' X c d H Y	V Z e' E e'' f' β α β α W O e F f'' X H f Y
投影图	Z a' b' a'' b'' X o Y_W a β γ b Y_H	d' Z d'' γ c' α c'' o Y_W c d Y_H	e' Z e'' β α f' f'' X o Y_W e f
实例立体图及投影图	A B a' b' a'' b'' a b	D C d' d'' c' c'' c d	E F e' e'' f' f'' e f
投影特性	(1)$a'b'$//OX，$a''b''$//OY_W； (2)$ab=AB$； (3)反映夹角 β、γ 真实大小。	(1)cd//OX，$c''d''$//OZ； (2)$c'd'=CD$； (3)反映夹角 α、γ 真实大小。	(1)ef //OY_H，$e'f'$//OZ； (2)$e''f''=EF$； (3)反映夹角 α、β 真实大小。

由表 2-1 可以看出，投影面平行线具有如下投影特性：

(1)直线在其所平行的投影面上的投影，反映该线段的实长，且其与投影轴的夹角，反映直线与其他两个投影面的倾角。

(2)直线在另外两个投影面上的投影，分别平行于相应的投影轴。

2.3.1.3 投影面垂直线

垂直于一个投影面，平行于其他两个投影面的直线称为投影面垂直线。投影面垂直线有三种：正垂线(⊥V 面)、铅垂线(⊥H 面)、侧垂线(⊥W 面)。

表 2-2 给出了三种投影面垂直线的投影及其特性。现以铅垂线为例说明其投影特性。由于铅垂线垂直于 H 面，则必平行于 V 面和 W 面，因此，H 面投影积聚为一点，V、W 面两投影

分别垂直于相应的投影轴，即 $a'b' \perp OX$，$a''b'' \perp OY$，且反映线段实长，即 $a'b'=a''b''=AB$。正垂线和侧垂线也有类似的投影特性(表 2-2)。

表 2-2　投影面垂直线的投影特性

名称	铅垂线	正垂线	侧垂线
立体图	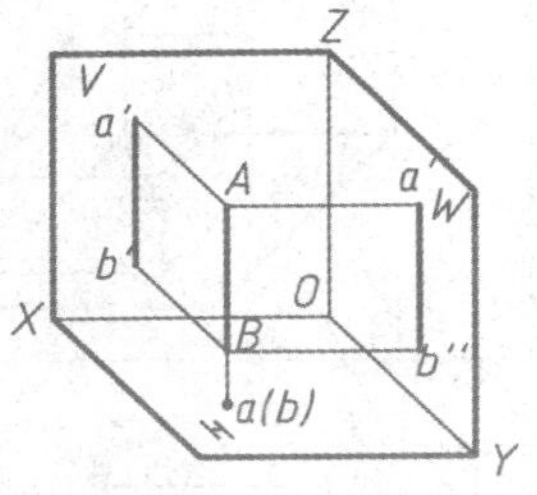	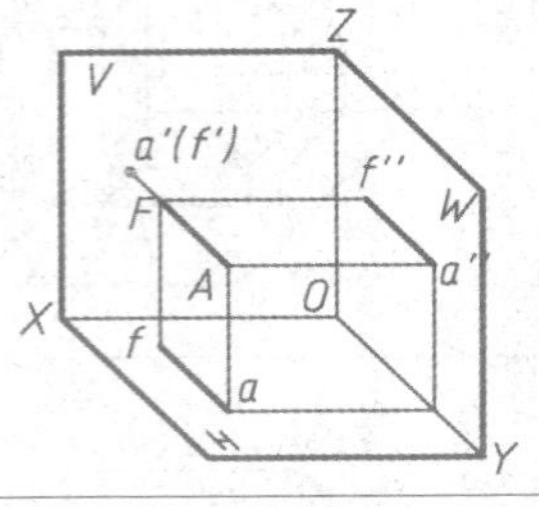	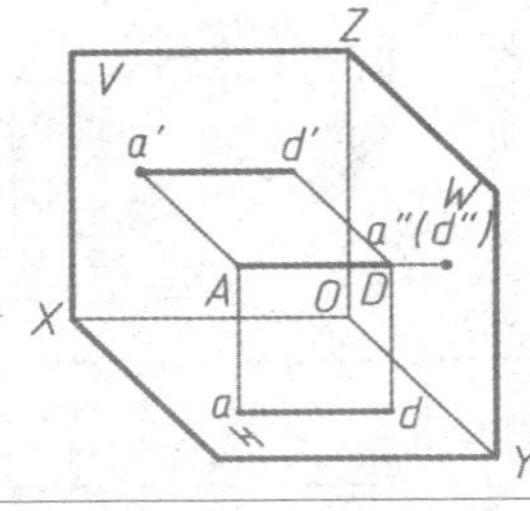
投影图	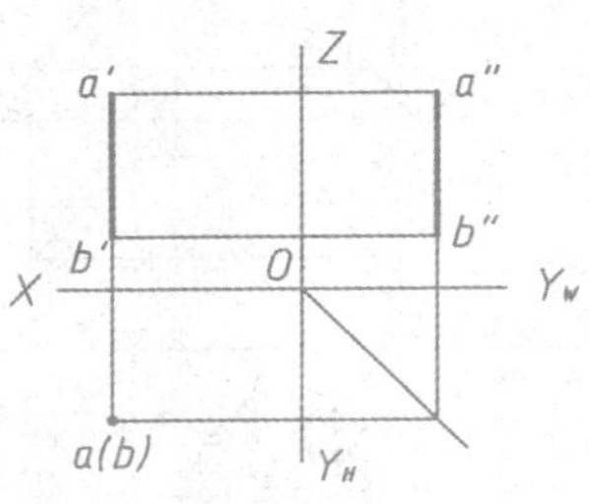	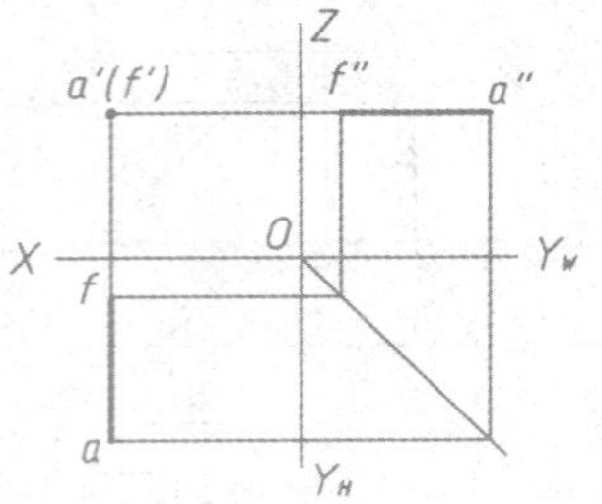	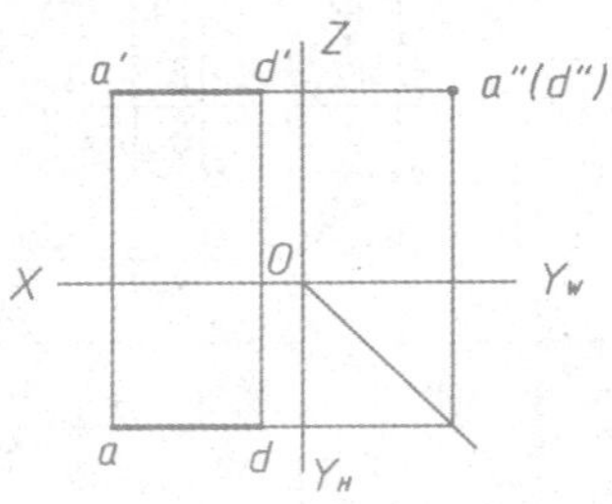
实例立体图及投影图	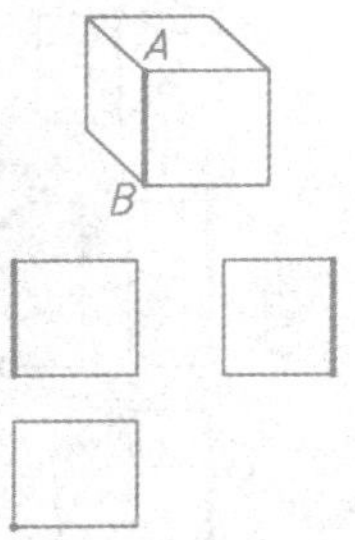	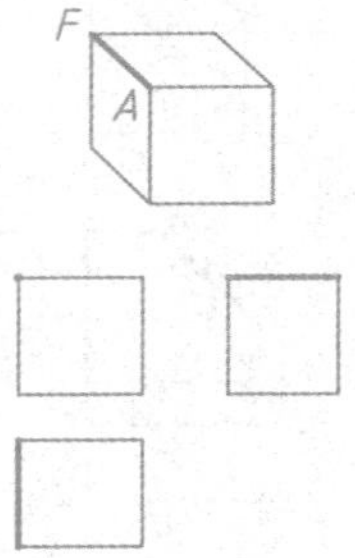	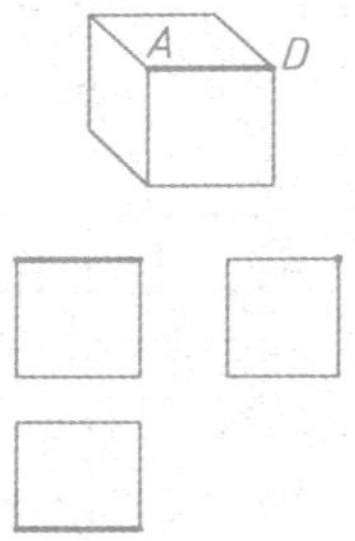
投影特性	(1)ab 积聚为一点； (2)$a'b' \perp OX$，$a''b'' \perp OYw$； (3)$a'b'=a''b''=AB$。	(1)$a'f'$ 积聚性为一点； (2)$af \perp OX$，$a''f'' \perp OZ$； (3)$af=a''f''=AF$。	(1)$a''d''$ 积聚为一点； (2)$a''d'' \perp OY_H$，$a'd' \perp OZ$； (3)$ad=a'd'=AD$。

由表 2-2 可以看出，投影面垂直线具有如下投影特性：

(1)直线在其所垂直的投影面上的投影积聚成一点。

(2)直线在另外两个投影面上的投影，分别垂直于相应的投影轴，且反映线段的实长。

2.3.2　求一般位置直线的实长及其对投影面的倾角

在图 2-12(a)中，有一般位置直线 AB，过点 B 作 $BE /\!/ ab$，则构成直角三角形 ABE。其中 $BE=ab$，$\angle ABE$ 等于线段 AB 对 H 面的倾角 α，AE 等于点 A 和点 B 的 Z 坐标差 Δz，即 $\Delta z=Z_A-Z_B$。在投影图中，可用线段的水平投影和两端点的 Z 坐标差为两直角边，画出直角三角形 ABE，也就可以在其中求出线段 AB 的实长和 α 角了。因此，求线段 AB 的实长及其对投影面倾角的方法，可归结为直角三角形法。

按上述分析，在投影图中求线段的实长和与 H 面的倾角的作图方法如下[图 2-12(b)]：

(1)自点 a 作直线 aE 垂直 ab，并取 $aE=Z_A-Z_B$。

(2)连 bE 即得线段的实长 AB，此时 $\angle abE$ 即为 α 角。

若欲求 AB 线段对 V 面的倾角 β，则可利用正面投影 $a'b'$ 和两端点的 Y 坐标差为两直角边，构成直角三角形 $a'b'F$[图 2-12(c)]来求解。所构建的直角三角形可以画在投影图上，也可以画在投影图外空白的地方。

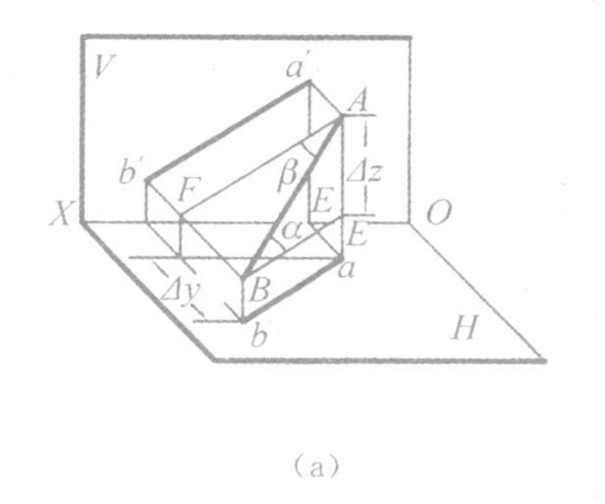

(a)

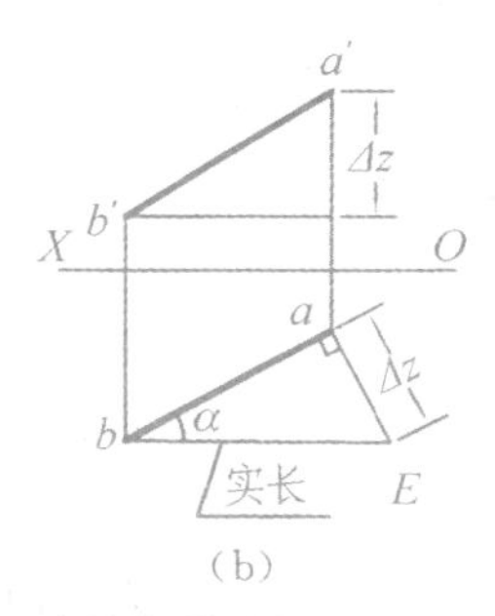

(b)

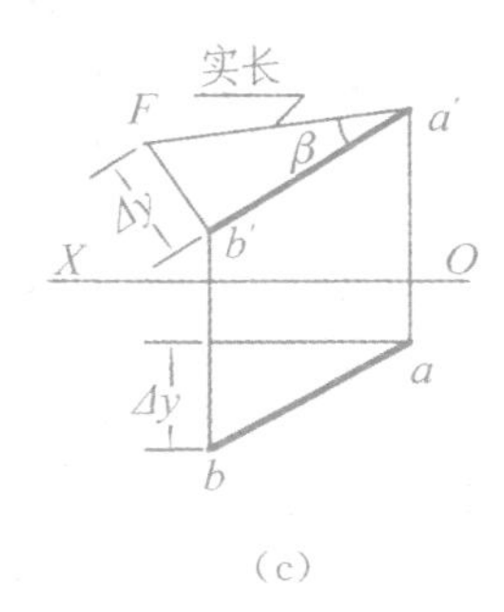

(c)

图 2-12 求线段的实长及倾角

2.3.3 直线上点的投影

(1)点在直线上，则点的各投影必在该直线的同面投影上，且符合点的投影规律；反之，若点的各个投影都在直线的同面投影上，且符合点的投影规律，则点必在该直线上。

(2)直线上的点分割线段之比，等于该点的投影分割线段的同面投影之比。

如图 2-13 所示，点 C 在直线 AB 上，则 c' 必在 $a'b'$ 上，c 必在 ab 上，c'' 必在 $a''b''$ 上，且 c'、c、c'' 符合点的投影规律；并有 $AC:CB=ac:cb=a'c':c'b'=a''c'':c''b''$。

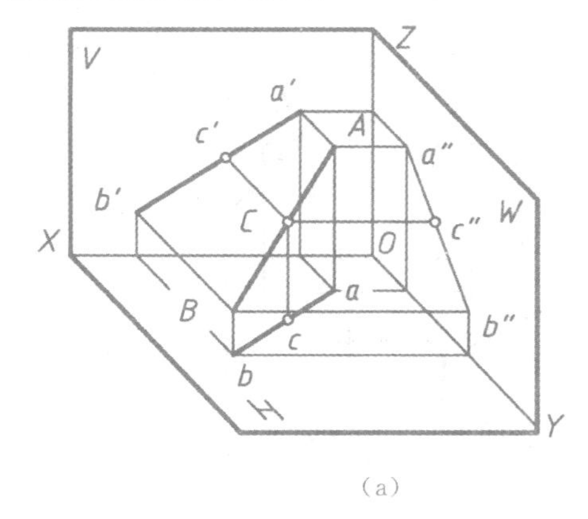

(a)

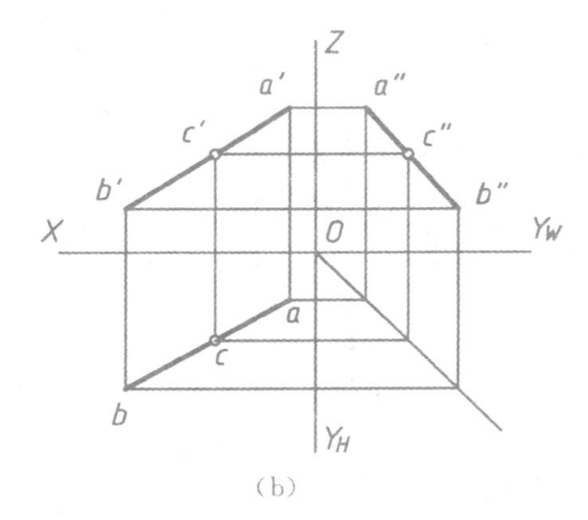

(b)

图 2-13 直线上的点

例 2-4 已知线段 AB 的投影，试在其上找一点 C，使 $AC:CB=1:3$，求点 C 的投影[图 2-14(a)]。

分析：根据直线上点的投影特性，可先将直线的任一投影分成 1∶3，得到点 C 的一个投影，再利用从属性，求出点 C 的另一投影。

作图步骤[图 2-14(b)]：

(1)过 a(或 b)任意作一直线,并在其上量取 4 个单位长度。

(2)连接 $4b$,过 1 分点作 $4b$ 的平行线,交 ab 于 c。

(3)过 c 作 OX 轴的垂线,交 $a'b'$ 于 c',c、c' 即为点 C 的投影。

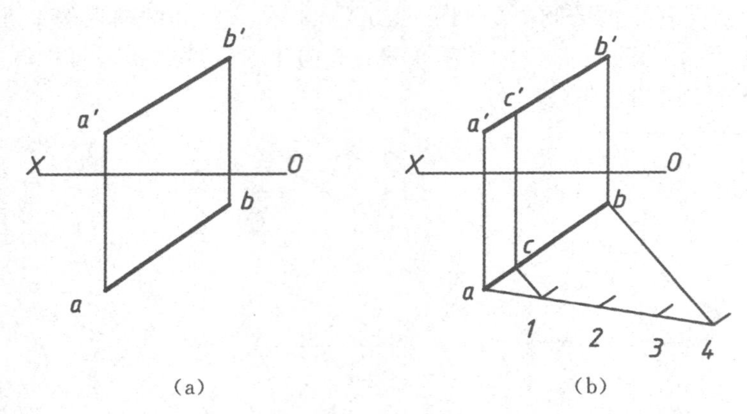

图 2-14 求点 *C* 的投影

例 2-5 已知线段 AB 及点 C 的投影,试判断点 C 是否在直线 AB 上(图 2-15)。

分析:线段 AB 是侧平线,点 C 的两个投影都在直线的同面投影上,但还需判断点 C 分线段的投影是否符合定比性,用定比法作图判断[也可通过作出 W 面投影判断,如图 2-15(b)所示]。

作图步骤[图 2-15(a)]:

(1)在 V 面投影上,过 a'(或 b')任意作一直线 $a'b_1$。

(2)在 $a'b_1$ 上取 $a'c_1=ac$,$c_1b_1=cb$。

(3)连接 b_1b',过 c_1 作 b_1b'的平行线,交 $a'b'$于该点;显然该点与 c'不重合,因此点 C 不在直线 AB 上。

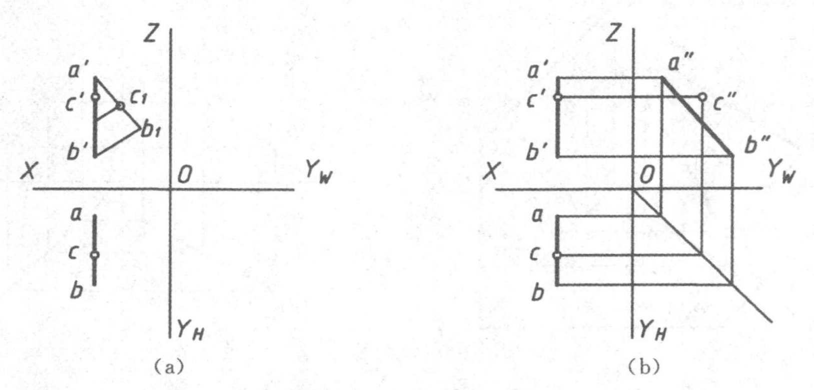

图 2-15 判断点 *K* 是否在 *AB* 线上

2.3.4 两直线的相对位置

空间两直线的相对位置可分为三种情况:平行、相交、交叉。其中平行、相交的两直线称为共面直线,交叉两直线既不平行又不相交,称为异面直线。另外,相交和交叉又可分为垂直与不垂直两类。

2.3.4.1 平行两直线

若两直线在空间相互平行，则两直线的同面投影仍相互平行。反之，若两直线的三面投影都分别相互平行，则此两直线在空间相互平行。

在投影图上判断两直线是否平行时，若直线处于一般位置，则只需检查两直线的两个投影便可确定。如图 2-16 所示，两直线 AB、CD 均为一般位置直线，且其两组同面投影平行，就可以断定这两直线平行。

特别注意，当两直线同时平行某一投影面时，要检查两直线所平行的投影面上的投影是否平行来判断两直线在空间是否平行。如图 2-17 所示，AB、CD 是两条侧平线，虽然 $ab/\!/cd$，$a'b'/\!/c'd'$，但因侧面投影 $a''b''$ 与 $c''d''$ 不平行，故 AB、CD 是两条交叉直线。

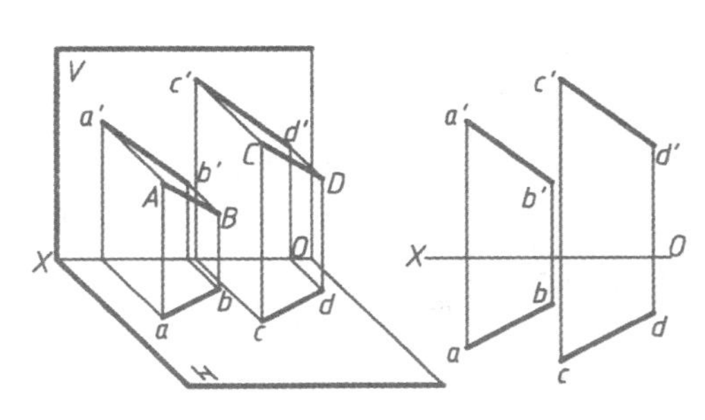

图 2-16 平行两直线

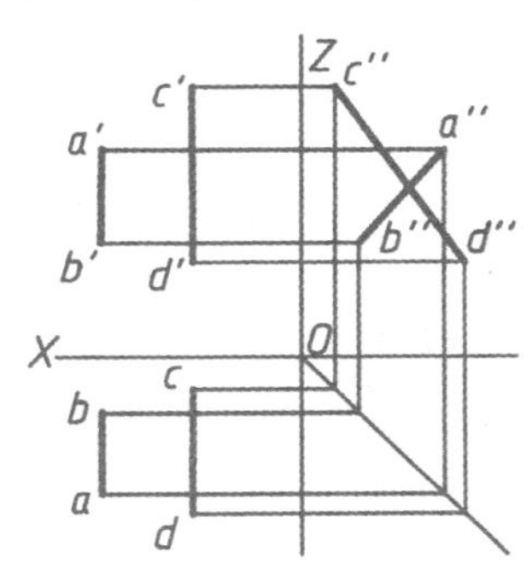

图 2-17 两侧平线不平行

2.3.4.2 相交两直线

如图 2-18 所示，若两直线在空间相交，则其各同面投影必相交，且交点符合点的投影规律。反之，若两直线的各同面投影相交，且交点符合点的投影规律，则其在空间一定相交。一般只要根据两条直线的两面投影就可判断两条直线是否相交。

特别注意，若有一直线为某一投影面的平行线时，如图 2-19(a)所示，虽然 ab 与 cd、$a'b'$ 与 $c'd'$ 均相交，但作出其侧面投影后发现其交点不符合点的投影规律，因此判定两直线不相交。也可采用直线上的点分割直线段的定比性作出判断，如图 2-19(b)所示。

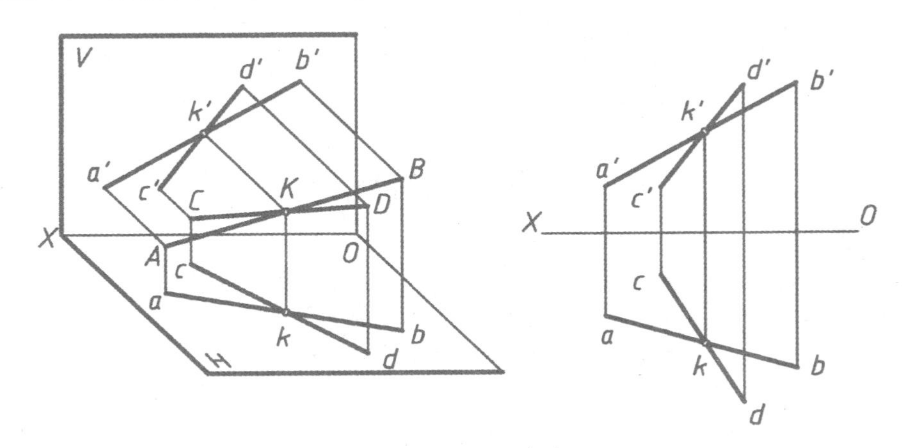

图 2-18 相交两直线

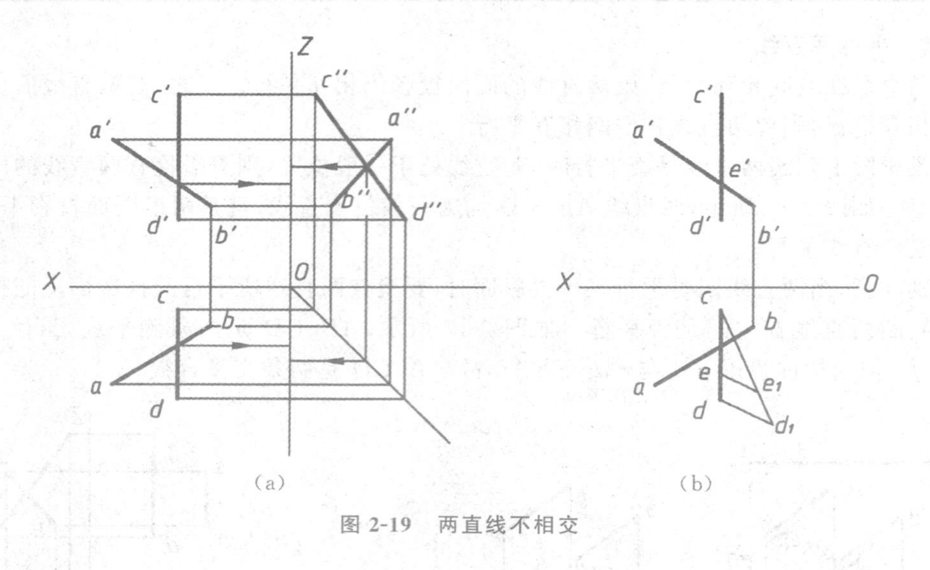

图 2-19　两直线不相交

2.3.4.3　交叉两直线

如图 2-20(a)所示，若两直线的投影既不符合两平行直线的投影特性，又不符合两相交直线的投影特性，则可判断这两条直线为空间交叉两直线。

如图 2-20(b)所示，$a'b'$ 与 $c'd'$ 相交，ab 与 cd 也相交，但是交点不符合点的投影规律，因此，直线 AB 与 CD 为交叉两直线，H 面投影的交点是 AB、CD 两直线上对 H 面的重影点的投影，该点可见性的判别依据 V 面投影 AB 上的 E 点在上，CD 上的 F 点在下，因此水平投影 e 可见，f 不可见，标记为 $e(f)$。

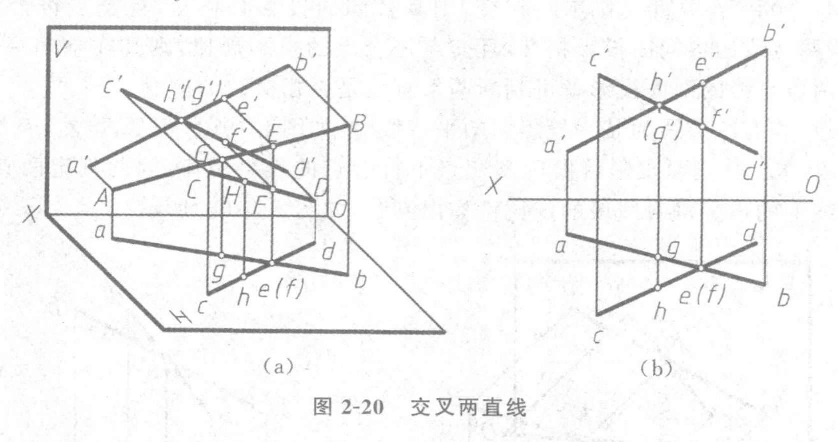

图 2-20　交叉两直线

2.3.4.4　垂直两直线

两直线在空间相互垂直(相交或交叉)，若其中一直线为某一投影面的平行线时，则两直线在该投影面上的投影仍然垂直，此投影特性称为直角投影定理。图 2-21 所示为两直线 AB、BC 垂直相交情况；图 2-22 所示为两直线交叉垂直的情况。

如图 2-21 所示，已知 $AB \perp BC$，$AB /\!/ H$ 面，BC 倾斜于 H 面。因 $AB \perp BC$，$AB \perp Bb$，所以 $AB \perp$ 平面 $CBbc$。又因为 $AB /\!/ H$ 面，则 $AB /\!/ ab$，因此 $ab \perp CBbc$，所以 $ab \perp bc$。

反之，如果两直线在某一投影面上的投影相互垂直，其中有一直线是该投影面的平行线时，则这两直线在空间一定相互垂直。

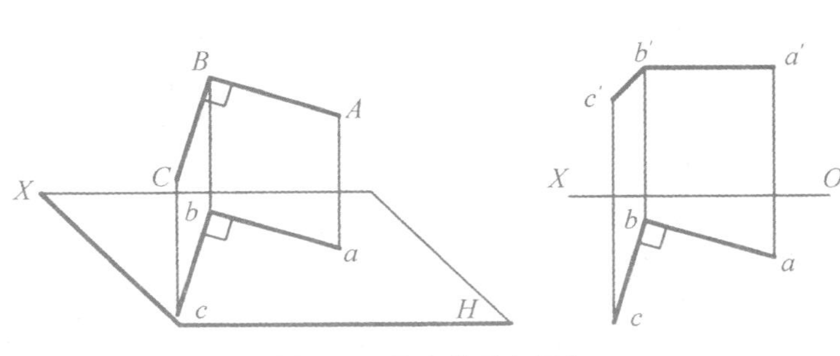

图 2-21 两直线垂直相交

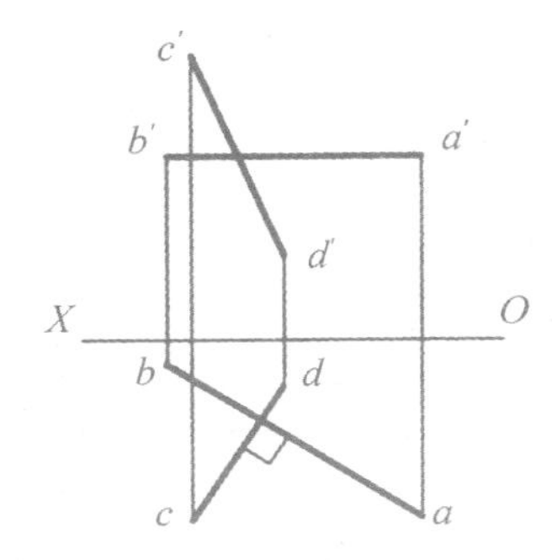

图 2-22 两直线交叉垂直

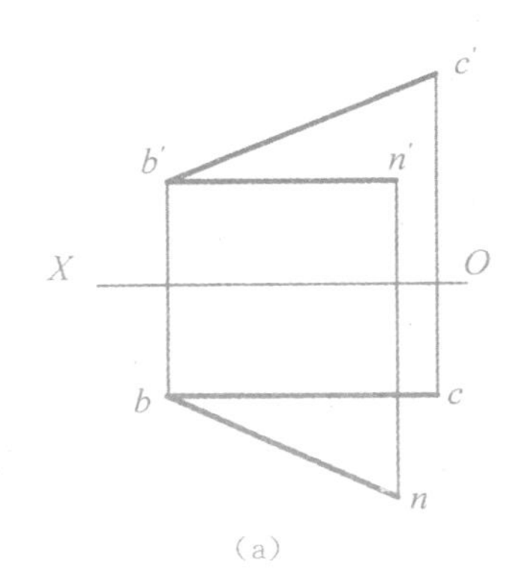

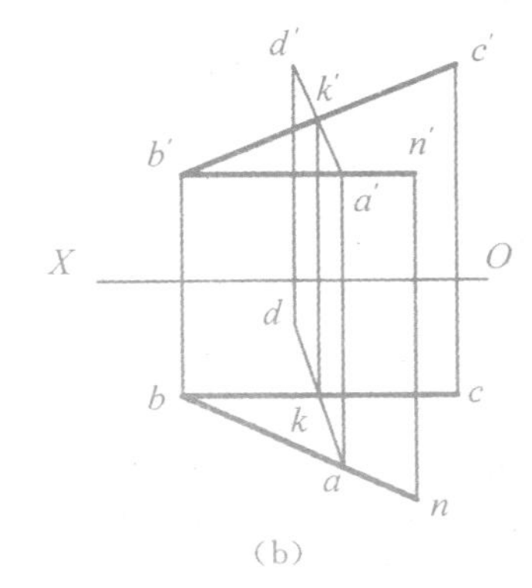

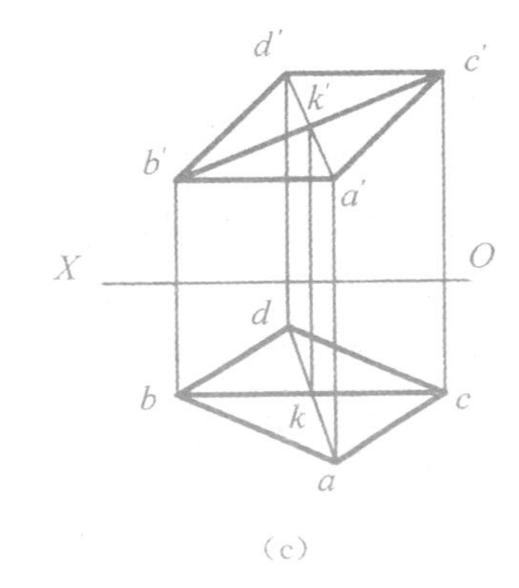

图 2-23 求菱形 *ABCD* 的投影

例 2-6 已知菱形 $ABCD$ 的一条对角线 BC 为一正平线，菱形的一边 AB 位于直线 BN 上，求该菱形的投影(图 2-23)。

分析：菱形的两对角线互相垂直且平分，其对边互相平行。

作图步骤：

(1)在对角线 BC 上取中点 K，即 $b'k'=k'c'$，$bk=kc$。

(2)因 BC 是正平线，故另一对角线的正面投影必定垂直于 $b'c'$。过 k' 作 $b'c'$ 的垂线，且与 $b'n'$ 交于 a'，由 $k'a'$ 求出 ka；依据菱形的对角线互相平分，有 $k'd'=k'a'$，$kd=ka$，确定 $D(d,d')$。

(3)连接各顶点的同面投影，即得所求菱形的投影。

2.4 平面的投影

2.4.1 平面的表示方法

2.4.1.1 平面的几何元素表示法

一个平面在空间的位置，可用下列任一组几何元素来确定：

(1)不在同一直线上的三点，见图 2-24(a)。

(2)一直线和直线外的一点，见图 2-24(b)。

(3)相交两直线，见图 2-24(c)。

(4)平行两直线，见图 2-24(d)。

(5)任意平面图形，如三角形、圆及其他封闭的平面图形，见图 2-24(e)。

上述各种表示方法是可以相互转化的，如图 2-24(a)中，连接 a'、c'和 a、c 则转化成图 2-24(b)。平面经过转化，虽然表现的形式已经不同，但平面在空间的位置始终不变。

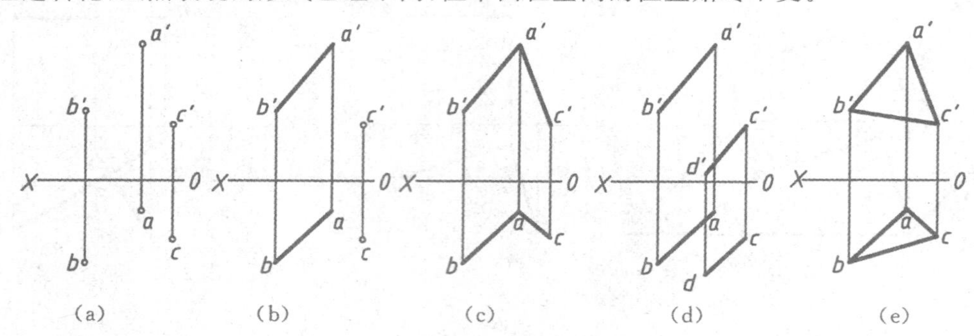

图 2-24 平面的几何元素表示法

2.4.1.2 平面的迹线表示法

空间的平面和投影面的交线，称为平面的迹线。平面与 H 面的交线，称为水平迹线；平面与 V 面的交线，称为正面迹线；平面与 W 面的交线，称为侧面迹线。如图 2-25(a)所示，如果平面用 P 标记，则其三条迹线分别用 P_H、P_V、P_W 标记。

由于平面的迹线是投影面上的直线，所以它的一个投影和其本身重合，另外两个投影与相应的投影轴重合。如 P_V，其 V 面投影 P_V 与它本身重合，H、W 面投影分别与 OX、OZ 轴重合。如图 2-25(b)所示，为了简化起见，在投影图上，通常只画出与迹线自身重合的那个投影，并进行标记，而和投影轴重合的投影不加标记。

平面的迹线表示法与几何元素表示法本质是一样的。

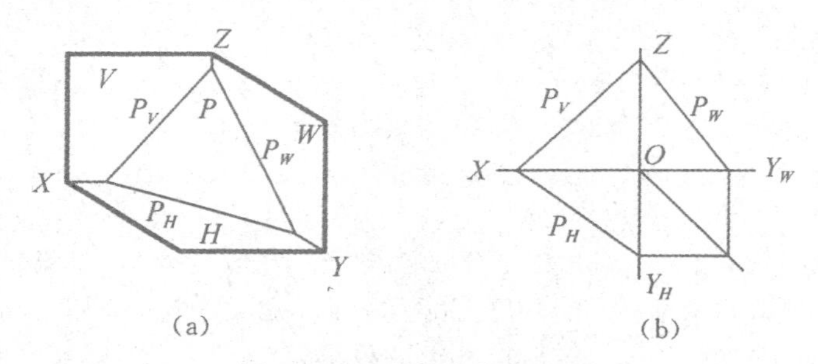

图 2-25 平面的迹线表示法

用迹线表示特殊位置的平面在作图中经常用到，如图 2-26 所示，正垂面 P 的正面迹线 P_V 与 OX 轴倾斜($P_H \perp OX$，$P_W \perp OZ$，一般 P_H 和 P_W 省略不画)；正平面 Q 的水平迹线 Q_H 平行 OX 轴，侧面迹线 Q_W 平行 OZ 轴，如图 2-27 所示。

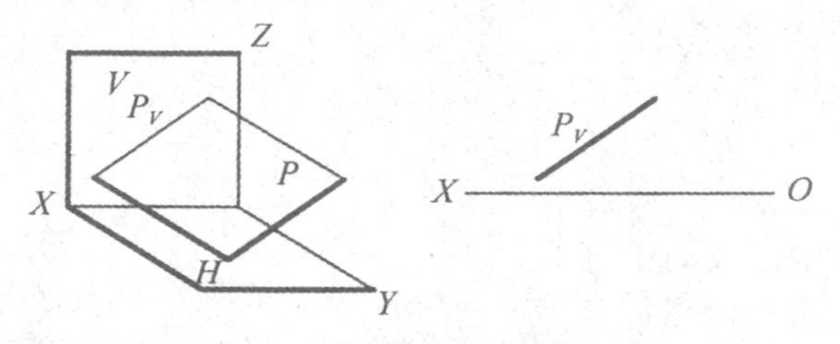

图 2-26 正垂面的迹线表示法

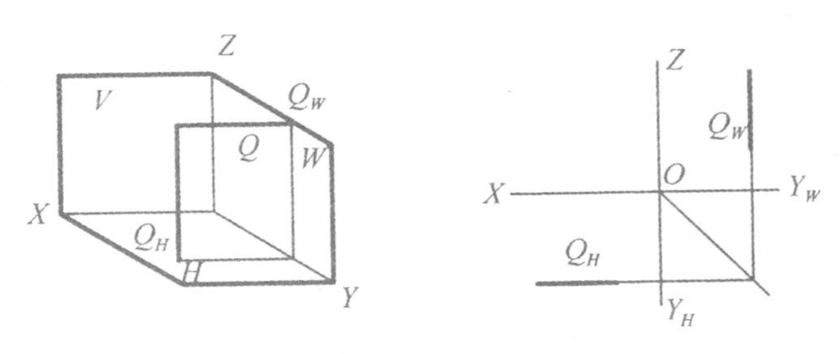

图 2-27 正平面的迹线表示法

2.4.2 各种位置平面的投影特性

在三投影面体系中，按照平面相对于投影面的位置可以分为三类：一般位置平面、投影面平行面、投影面垂直面。后两类平面统称为特殊位置平面，下面分别讨论这三类平面的投影特性。

2.4.2.1 一般位置平面

对三个投影面都倾斜的平面称为一般位置平面。它与 H、V、W 三个投影面的夹角分别用 α、β、γ 表示。如图 2-28 所示△ABC 为一般位置平面，它的三个投影都是三角形，即为空间平面的类似形，面积均比实形小。由此可见，一般位置平面的投影特性为：三个投影面上的投影都是空间平面的类似形，面积均缩小。

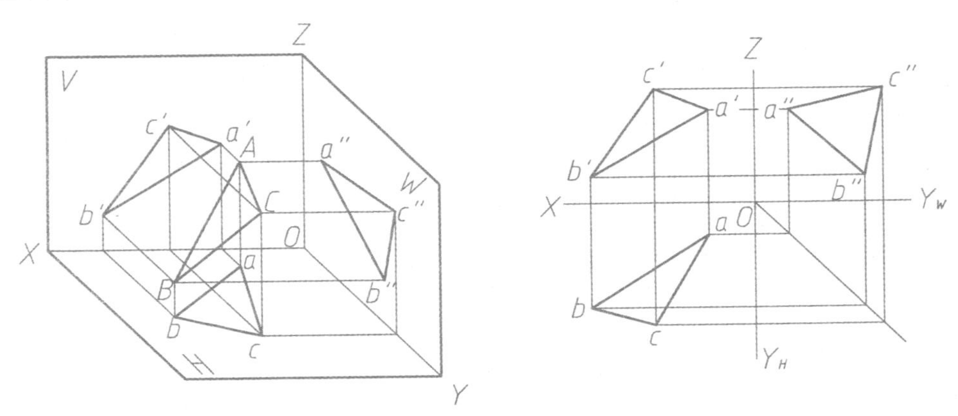

图 2-28 一般位置平面的投影

2.4.2.2 投影面垂直面

垂直于一个投影面，同时倾斜于另外两个投影面的平面称为投影面垂直面。投影面垂直面有三种：

铅垂面——垂直于 H 面，倾斜于 V、W 面的平面

正垂面——垂直于 V 面，倾斜于 H、W 面的平面。

侧垂面——垂直于 W 面，倾斜于 H、V 面的平面。

表 2-3 给出了三种投影面垂直面(用四边形表示)的投影及其特性。

现以铅垂面为例说明其投影特性。铅垂面 $ABCD$ 垂直于 H 面，倾斜于 V、W 面，所以它的水平投影 $abcd$ 积聚成直线，且与 X 轴的夹角反映该平面对 V 面的倾角 β，与 Y 轴的夹角反

映该平面对 W 面的倾角 γ。正面投影 $a'b'c'd'$ 和侧面投影 $a''b''c''d''$ 都是类似的四边形。正垂面和侧垂面有类似的投影特性。

由表 2-3 可知，投影面垂直面具有如下投影特性：

(1)平面在其所垂直的投影面上的投影积聚成一条倾斜直线，并反映该平面对其他两个投影面的倾角。

(2)平面的其他两个投影都是面积小于原平面图形的类似形。

表 2-3　投影面垂直面的投影特性

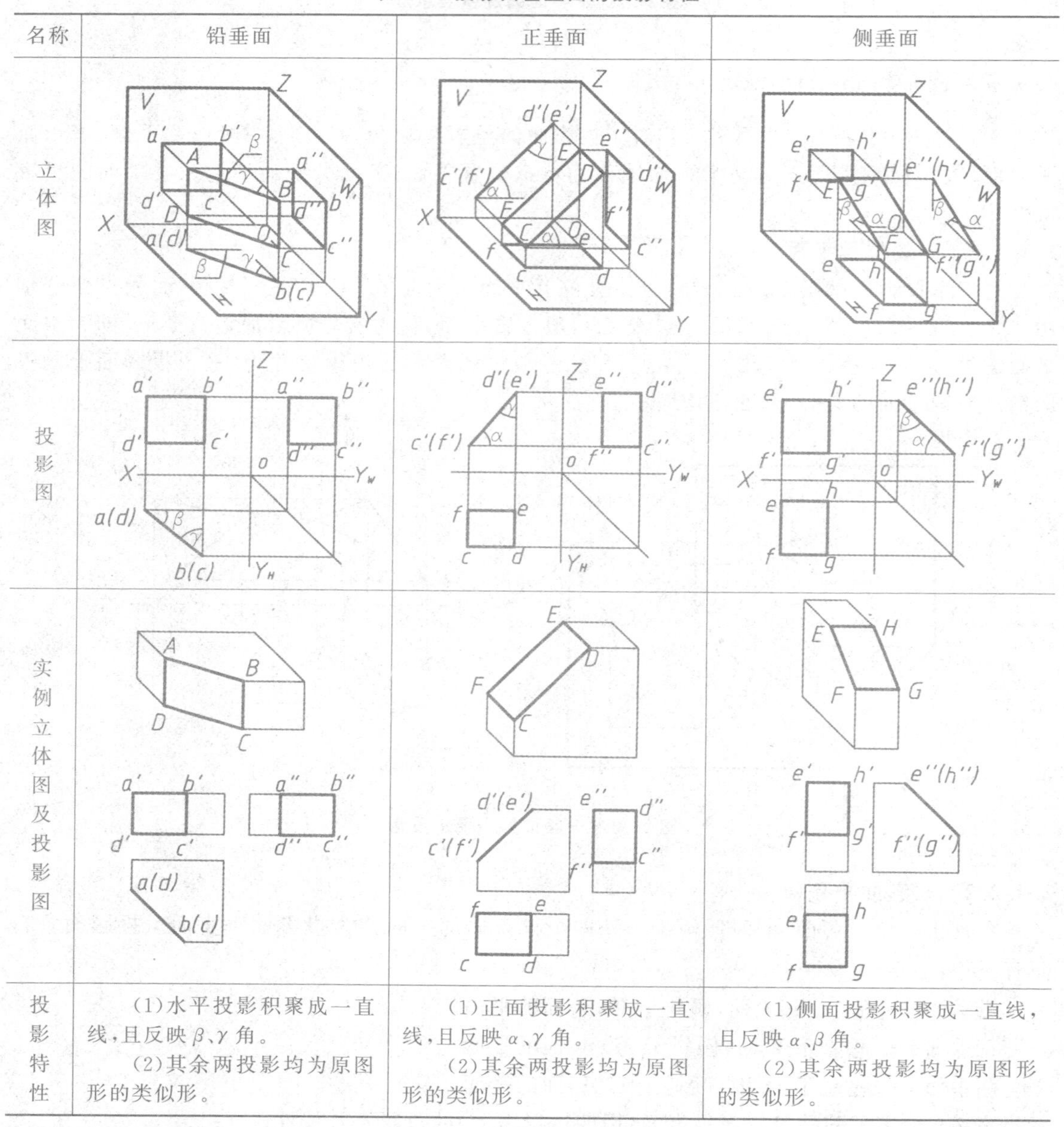

名称	铅垂面	正垂面	侧垂面
立体图			
投影图			
实例立体图及投影图			
投影特性	(1)水平投影积聚成一直线，且反映 β、γ 角。 (2)其余两投影均为原图形的类似形。	(1)正面投影积聚成一直线，且反映 α、γ 角。 (2)其余两投影均为原图形的类似形。	(1)侧面投影积聚成一直线，且反映 α、β 角。 (2)其余两投影均为原图形的类似形。

2.4.2.3　投影面平行面

平行于一个投影面，同时垂直于另外两个投影面的平面，称为投影面平行面。投影面平行面也有三种：

正平面——平行于 V 面，垂直于 H、W 面的平面。

水平面——平行于 H 面，垂直于 V、W 面的平面。

侧平面——平行于 W 面，垂直于 H、V 面的平面。

表 2-4 给出了三种投影面平行面(用四边形表示)的投影及其特性。

现以正平面为例说明其投影特性。正平面 $ABCD$ 平行于 V 面，垂直于 H 和 W 面，其正面投影 $a'b'c'd'$ 反映实形，水平投影和侧面投影都积聚成了直线，且平行于相应的投影轴。水平面和正平面有类似的投影特性。

表 2-4 投影面平行面的投影特性

名称	正平面	水平面	侧平面
立体图	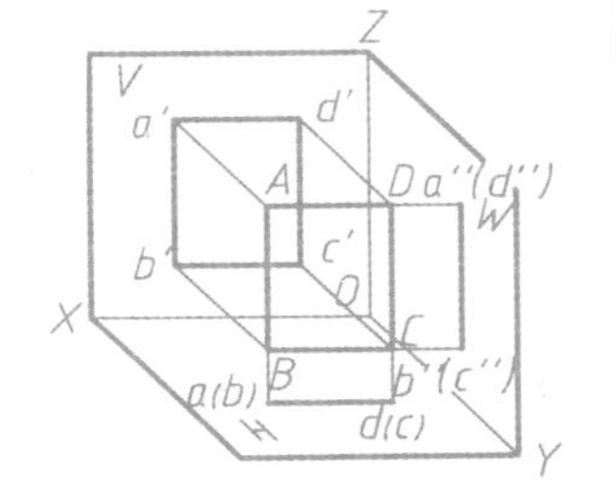	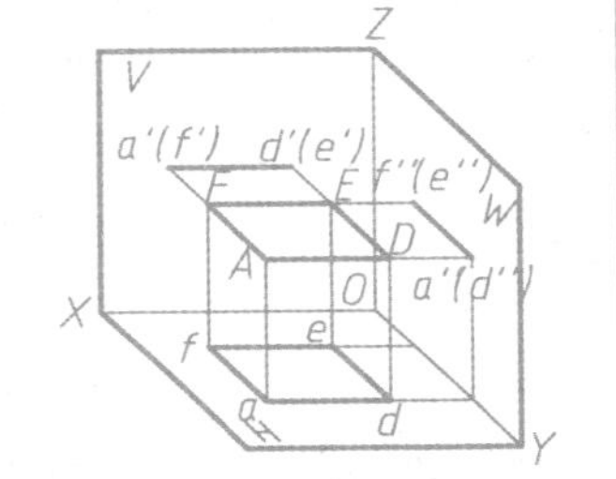	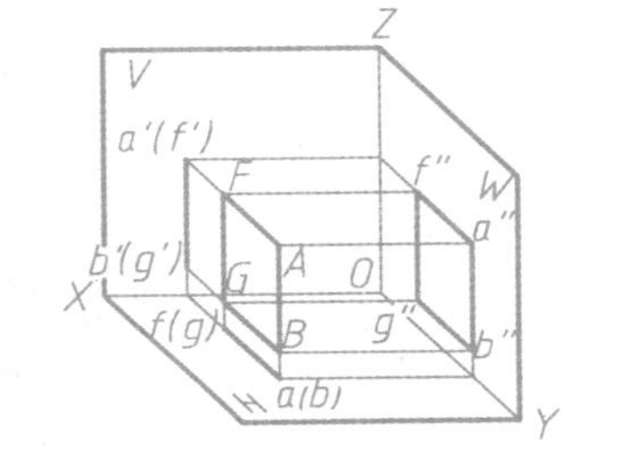
投影图	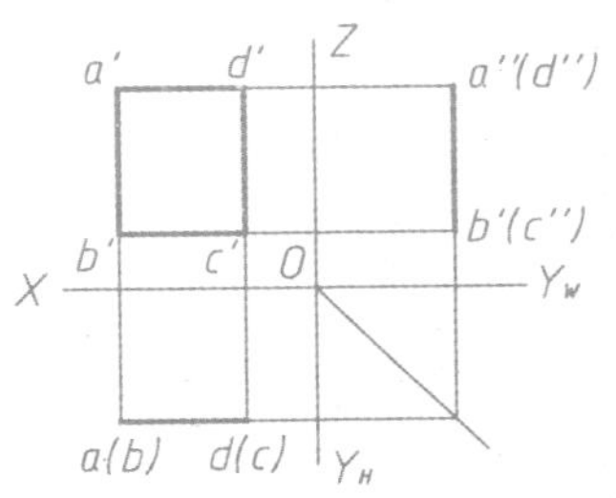	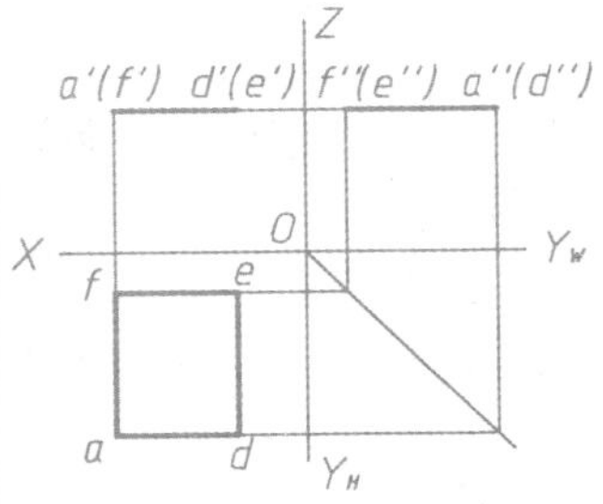	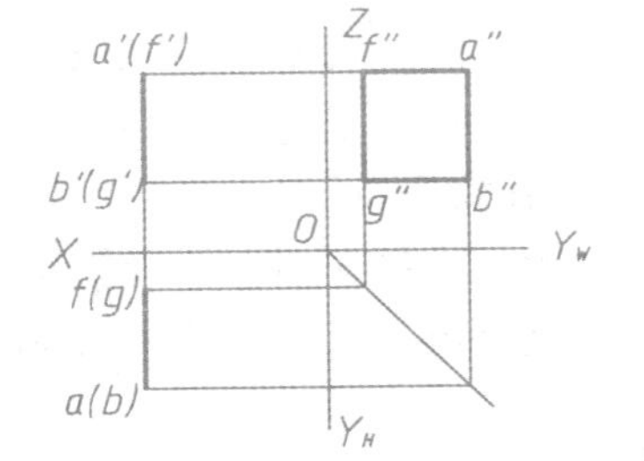
实例立体图及投影图	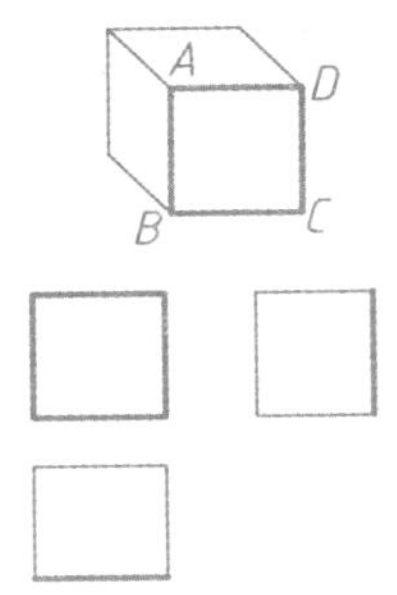	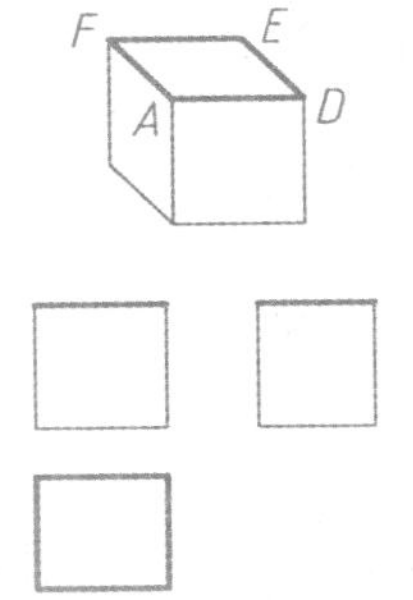	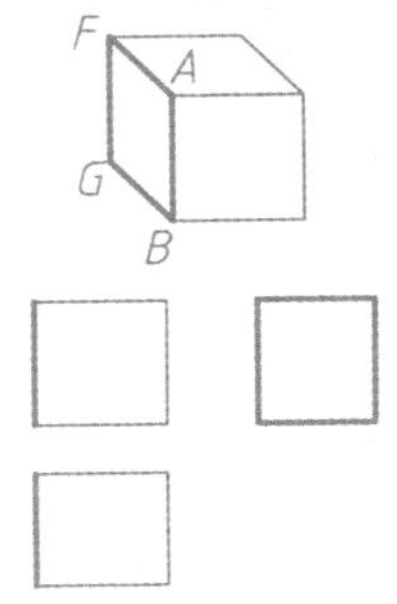
投影特性	(1)正面投影反映实形。 (2)水平投影积聚为一直线，且平行 OX；侧面投影积聚为一直线，且平行 OZ。	(1)水平投影反映实形。 (2)正面投影积聚为一直线，且平行 OX；侧面投影积聚为一直线，且平行 OY_W。	(1)侧面投影反映实形。 (2)正面投影积聚为一直线，且平行 OZ；水平投影积聚为一直线，且平行 OY_H。

由表 2-4 可知，投影面平行面具有如下投影特性：

(1)平面在其平行的投影面上的投影反映实形。

(2)平面在其他两个投影面上的投影均积聚成平行于相应投影轴的直线。

2.4.3 平面上的点和直线

点和直线在平面上的几何条件是:平面上的点必在该平面的某条直线上。平面上的直线必通过平面上的两个点;或通过平面上的一个点,且平行于平面上的另一条直线。

在图 2-29 中,平面 Q 由 AB 和 AC 两相交直线来确定。点 M 在直线 AB 上,点 N 在直线 AC 上,则点 M、N 在平面 Q 上,直线 MN 也在 Q 面上;过点 C 作 CD 平行于 AB,则直线 CD 必在平面 Q 上。

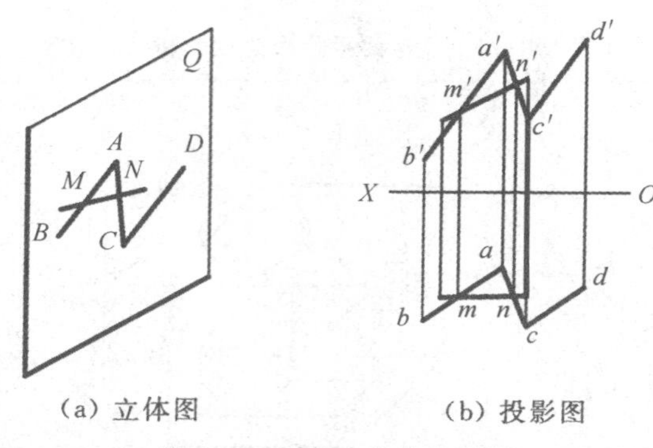

(a) 立体图　　(b) 投影图

图 2-29　平面上的点和直线

例 2-7　已知平面 ABC 内点 K 的正面投影 k',求作水平投影 k[图 2-30(a)]。

分析:点 K 在平面 ABC 内,则一定在该平面的一条直线上,依此即可完成作图。

作图步骤[图 2-30(b)]:

(1)连接 b'、k',并延长与 $a'c'$ 相交于 d'。

(2)由 d' 作出其水平投影 d 并连接 b、d,过 k' 作 OX 轴的垂线交 bd 于一点 k,即为所求。

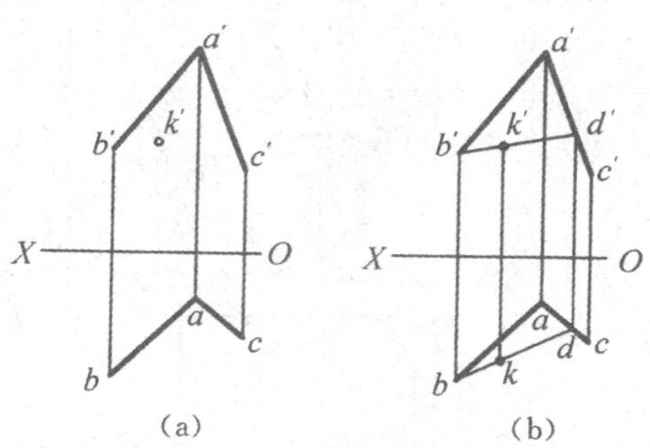

(a)　　(b)

图 2-30　判断点是否在平面上

例 2-8　已知平面四边形 $ABCD$ 的水平投影 $abcd$ 和点 A、B 的正面投影 $a'b'$,且 AD 为水平线,试完成四边形 $ABCD$ 的正面投影[图 2-31(a)]。

分析:AD 为水平线,因此其正面投影一定平行 OX 轴,由此即可确定点 D 的正面投影。A、B、D 三点确定一平面,它们的 H、V 面投影均已知,因此,完成平面四边形的投影问题,实际上就是求 ABD 平面内一点 C 的 V 面投影 c'的问题。

作图步骤[图 2-31(b)]:

(1)过 a' 作 $a'd'$ // OX 轴，与过 d 所作的 OX 轴垂线交于一点，即得 d'。

(2)连接 b、d 和 b'、d'。

(3)连接 a、c 和 b、d 相交于 e，在 $b'd'$ 上求出 e'。

(4)连接 a'、e'，与过 c 所作的 OX 轴垂线交于一点，即为所求 c'。

(5)连接 $b'c'$、$c'd'$，完成平面 $ABCD$ 的正面投影。

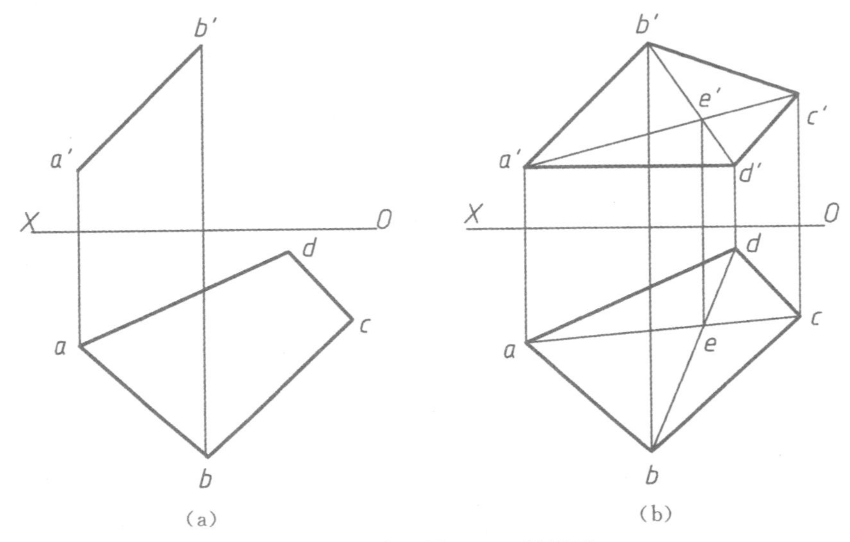

图 2-31　求平面 *ABCD* 的投影

复习思考题

1. 试述点的投影特性。
2. 试述各种位置直线的投影特性。
3. 如何在投影图中利用直角三角形法求一般位置直线的实长和倾角？
4. 试述各种位置平面的投影特性。
5. 如何在给定的平面内作点和直线？

3 立体的投影

在上一章学习点、直线和平面投影的基础上，本章学习立体的投影，包括常见立体的投影、立体表面上点的投影、截切立体的投影、相贯体的投影等。通过本章的学习，重点掌握立体的投影及其表面上点的投影的作图方法、立体截交线的作图方法和相贯体的相贯线的作图方法，为进一步学习组合体视图的画图和读图打下基础。

3.1 立体及其表面上点的投影

立体可以分为两类，表面全部是平面的平面立体和表面全部是曲面或既有曲面又有平面的曲面立体。图 3-1 中，(a)是平面立体，(b)、(c)是曲面立体。

(a)

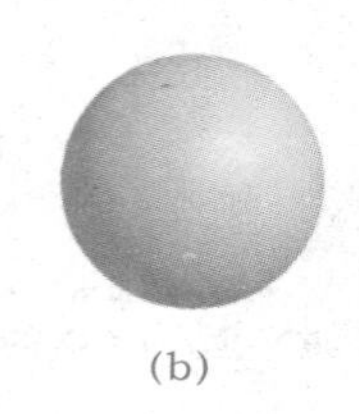
(b)

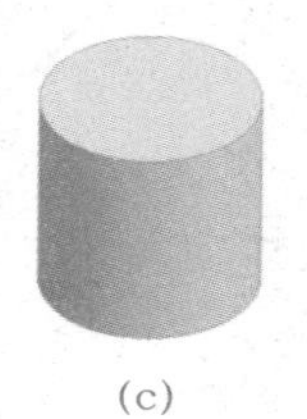
(c)

图 3-1 空间立体示例

3.1.1 平面立体

平面立体表面由若干个平面多边形所围成，因此，平面立体的投影就是它表面上所有多边形的投影，绘制平面立体的投影也就是绘制这些多边形的边和顶点的投影，这些多边形的边是立体上面与面的交线，是立体的轮廓线。当轮廓线的投影可见时，画粗实线；不可见时，画虚线；当粗实线与虚线重合时，画粗实线。

工程上常用的平面立体是棱柱和棱锥。

3.1.1.1 棱柱

棱柱由两个底面和几个棱面组成，两个底面是全等多边形且相互平行，棱面与棱面的交线称为棱线，棱线相互平行，棱面与底面的交线称为底边线，如图 3-2(a)所示。

(1)棱柱的投影　图 3-2(a)是表示正六棱柱三面投影形成的直观图。图中把正六棱柱的顶面和底面放置成水平面，前后两个棱面放置成正平面，这时正六棱柱的投影图如图 3-2(b)所示。由于空间立体的每一面投影都是一个完整的图形，所以在立体的投影图中一般不画出投影轴，画图时只要做到图中点的三面投影符合投影规律即可。

在正六棱柱的三面投影中，水平投影的正六边形线框是六棱柱顶面和底面投影的重合，反映实形，是六棱柱的特征投影(或称特征视图)，顶面和底面是六棱柱的形状特征面。正六边形的边和顶点是立体上六个棱面和六条棱线的积聚性投影。

正面投影的三个矩形线框是六棱柱六个棱面的投影，中间的矩形线框为前、后棱面的重合

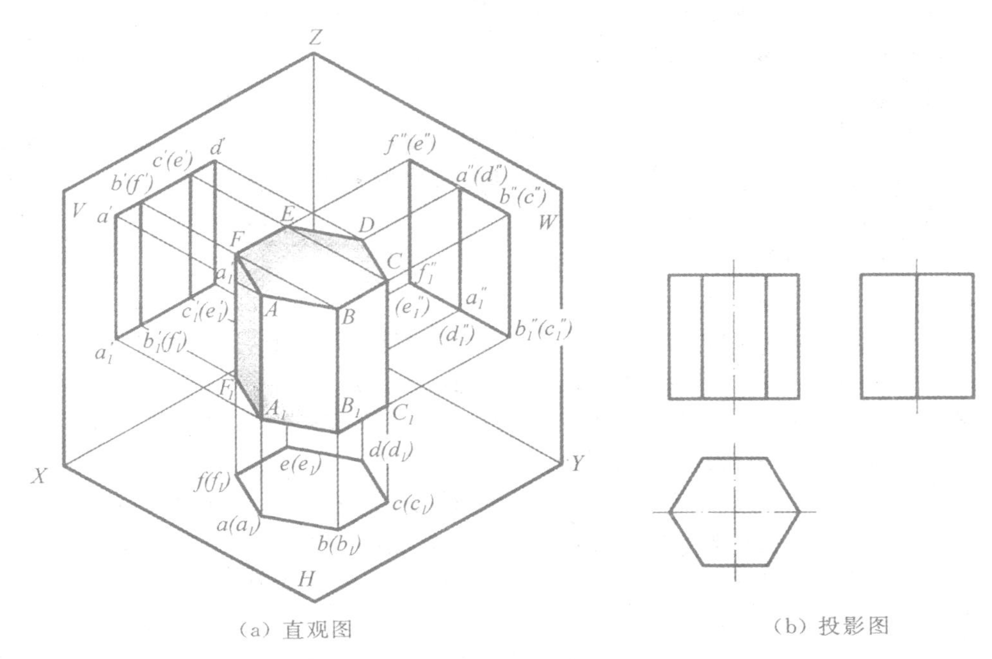

(a) 直观图　　(b) 投影图

图 3-2　正六棱柱的投影

投影,反映实形。左、右两矩形线框为其余四个棱面的重合投影,是类似形。而正面投影中上、下两条图线是顶面和底面的积聚性投影,另外四条图线是六条棱线的投影。

侧面投影的投影分析与正面投影类似,在此不再赘述,请读者自行分析。

(2)棱柱表面上点的投影　如图 3-3(a)所示,已知正五棱柱棱面上点 G、F 的正面投影 (g')、f',求作它们的水平投影和侧面投影。

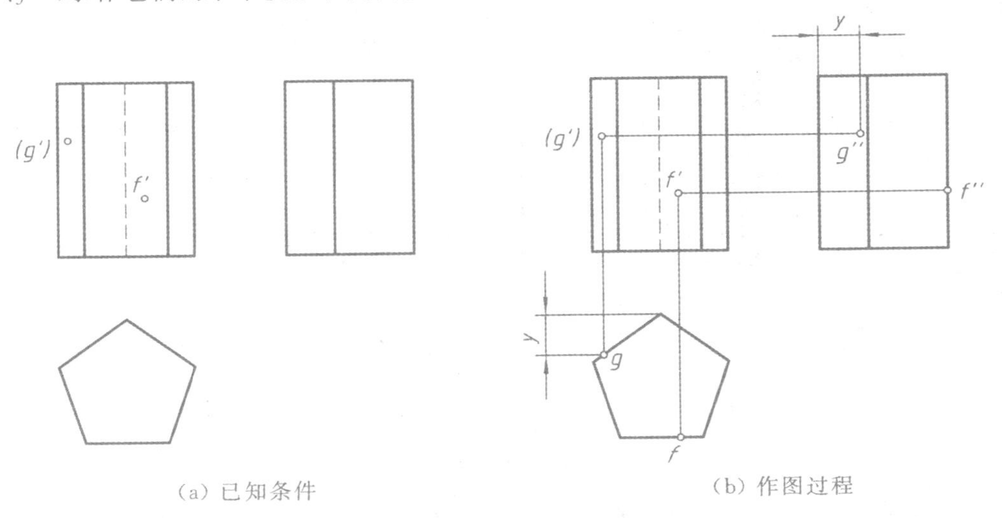

(a) 已知条件　　(b) 作图过程

图 3-3　正五棱柱表面上取点

如图 3-3(a)所示,当正五棱柱的顶面和底面为水平面时,棱柱的所有表面都处于特殊位置,所以表面上点的投影均可以根据已知条件利用平面投影的积聚性来求得。在判别可见性时，若平面投影可见，则该面上点的投影也是可见的，反之，为不可见。

根据已知条件求点的未知投影时，应首先弄清楚点在立体上的位置，然后作图。根据 G、F 的已知投影 (g')、f' 可知，点 G 在正五棱柱左后棱面上，点 F 在前棱面上。由于点 G 所属棱面为铅垂面，因此点 G 的水平投影必在该棱面有积聚性的水平投影上，如图 3-3(b)所示，由 (g') 向下引投影连线求得 g，再根据 (g') 和 g 求出 G 点的侧面投影 g''。由于该棱面的侧面投影为可见，故 g'' 也可见。F 点所属的前棱面为正平面，它的水平投影和侧面投影都有积聚性，所以由 f' 向下引投影连线求得 f，向右引投影连线求得 f''。

3.1.1.2 棱锥

棱锥由一个底面和几个棱面组成。棱锥的底面为多边形，棱锥的各棱面为若干具有公共顶点的三角形，这个公共顶点叫做棱锥的顶点，从棱锥顶点到底面的距离叫做锥高。

(1)棱锥的投影　图 3-4(a)所示为形成三棱锥三面投影的直观图，图中将三棱锥的底面放置成水平面，并且有一条底边线垂直于 W 面。

图 3-4(b)为该三棱锥的投影图。由于底面 $\triangle ABC$ 为水平面，所以三棱锥的水平投影 $\triangle abc$ 反映底面的实形，正面投影和侧面投影分别积聚成平行 X 轴和 Y 轴的直线段 $a'b'c'$ 和 $a''(c'')b''$。由于底边 AC 放置成侧垂线，所以锥体的后棱面 $\triangle SAC$ 为侧垂面，它的侧面投影积聚为直线 $s''a''(c'')$，它的正面投影和水平投影分别为类似形 $\triangle s'a'c'$ 和 $\triangle sac$，前者为不可见，后者为可见。左、右两个棱面为一般位置平面，它们的三个投影均是类似形，右棱面的侧面投影不可见。

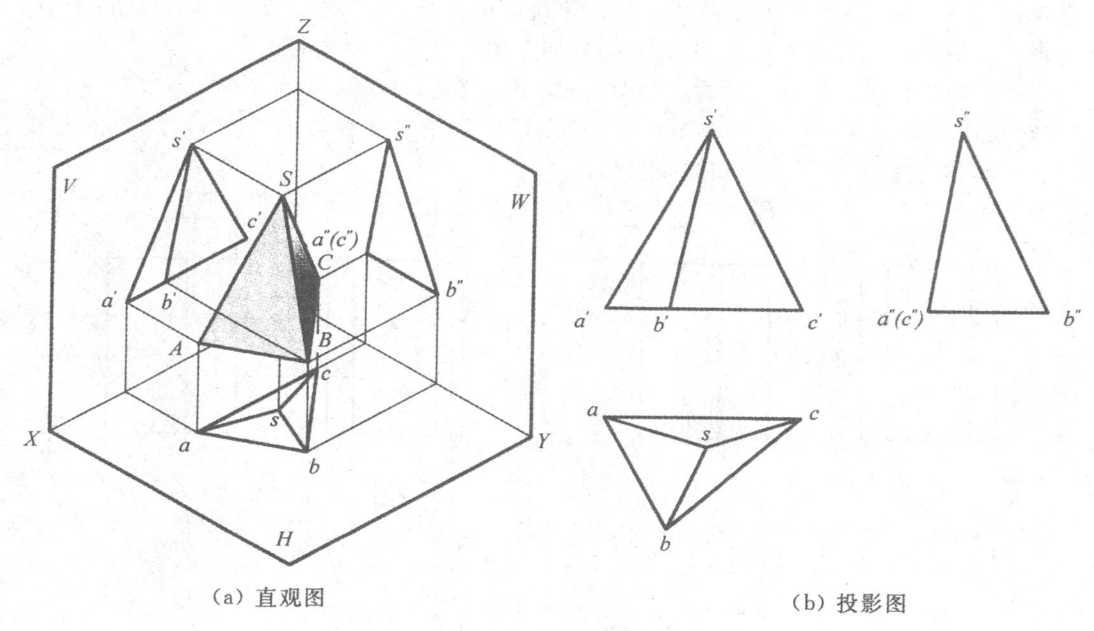

(a) 直观图　　(b) 投影图

图 3-4　三棱锥的投影

画棱锥投影时，一般先画底面的各个投影，然后确定锥顶 S 的各投影，再将它与底面多边形的各顶点的同名投影连接起来，即可完成。

(2)棱锥表面上点的投影　棱锥上凡属于特殊位置表面上的点，可利用投影的积聚性直接求得其投影，而属于一般位置表面上的点可通过在该面上作辅助线的方法求得其投影。

如图 3-5(a)所示，已知棱面△SAB 上点 E 的水平投影 e 和棱面△SBC 上点 F 的正面投影 f'，求作 E、F 的其余投影。

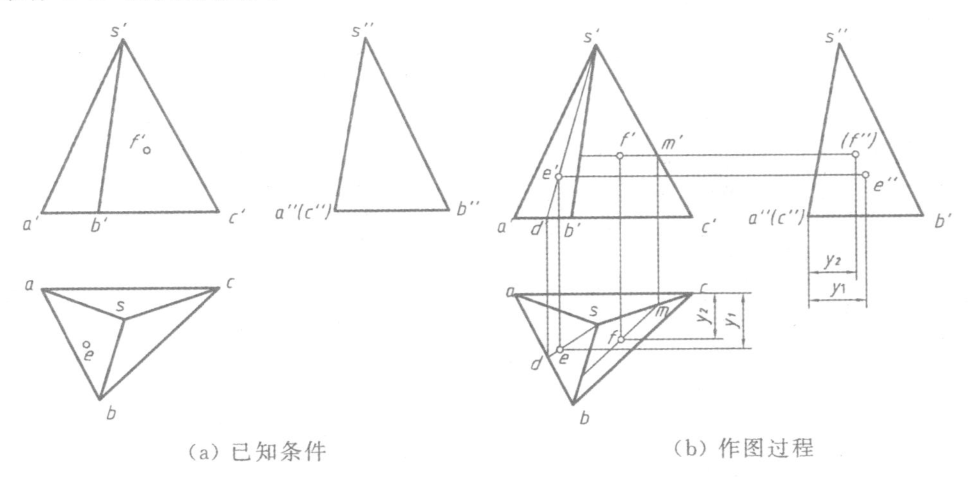

(a) 已知条件　　　　(b) 作图过程

图 3-5　三棱锥表面上取点

由于点 E、F 所在棱面△SAB、△SBC 均为一般位置平面，所以求点 E、F 的其他投影需要通过作辅助线求得。作图过程如图 3-5(b)所示。

求点 E 的投影：在水平投影中连接 s、e 并延长，与底边交于 d，由 sd 求作辅助线 SD 的正面投影 $s'd'$，再由 e 作投影连线求得 e'，最后由 e 和 e' 求得 e''。由于点 E 所属棱面△SAB 的正面投影和侧面投影都可见，所以 e' 和 e'' 也是可见的。

求点 F 的投影，可以作与求点 E 的投影类似的辅助线，也可以作如图所示的辅助线，该辅助线的作图过程是：过点 f' 作直线平行于 $b'c'$，与一条棱线的投影交于 m'，辅助线 FM 是平行于底边线 BC 的直线，由 m' 向下作投影连线求得 m，过 m 作 bc 的平行线，再由 f' 作投影连线求得 f，最后由 f' 和 f 求得(f'')。由于点 F 所属棱面△SBC 的水平投影是可见的，所以 f 可见，△SBC 的侧面投影不可见，f'' 也不可见。

3.1.2　回转体

曲面立体的表面由曲面或曲面和平面所围成。工程上常用的曲面立体是回转体，如圆柱、圆锥、圆球等。

曲面是直线或曲线在空间运动所形成的轨迹。该动线称为母线，曲面上任一位置的母线称为素线。回转体表面上的曲面是由一母线绕定轴旋转而成的，称为回转面。由于回转面是光滑曲面，因此，画投影图时，仅画回转面上可见部分与不可见部分的分界线的投影，这样的分界线称为曲面的转向轮廓线。相对不同的投影面，转向轮廓线的位置不同。

3.1.2.1　圆柱

(1)圆柱的投影　圆柱的表面包括圆柱面和两个底面，如图 3-6(a)所示。圆柱面是直线 $AA1$ 绕与它平行的轴线 $OO1$ 旋转而成，因此 A $A1$ 是圆柱面的母线，圆柱面的素线都与轴线平行。

如图 3-6(a)所示，当圆柱轴线为铅垂线时，圆柱面上所有素线都是铅垂线，圆柱面的水平投影积聚为一个圆，圆柱面上点的水平投影都积聚在该圆上。圆柱的上、下底面是水平面，其水平投影反映实形。

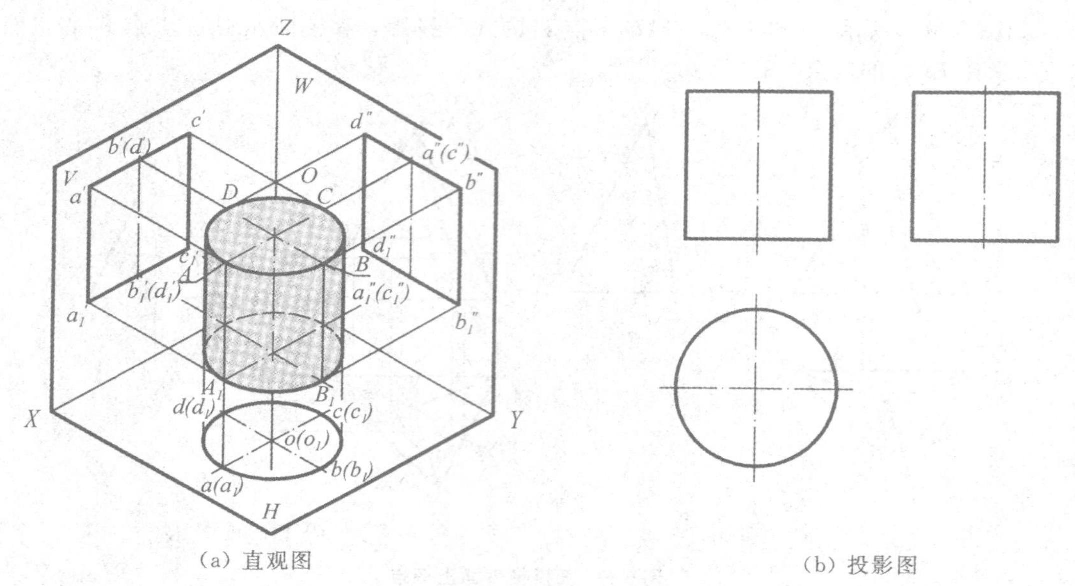

(a) 直观图　　　　(b) 投影图

图 3-6　圆柱的投影

如图 3-6(b)所示,圆柱的正面投影和侧面投影是两个矩形,两个矩形中的上、下直线,分别是圆柱的上、下底面的投影,正面投影的左右直线是圆柱面对 V 面转向轮廓线的投影,侧面投影中左右直线是圆柱面对 W 面转向轮廓线的投影。不难看出,圆柱面对 V 面转向轮廓线是圆柱面上的最左素线和最右素线,对 W 面的转向轮廓线是圆柱面上的最前素线和最后素线,这些素线又称为轮廓素线。分析回转体投影时还要弄清这些转向轮廓线的其他投影,如最左素线和最右素线的侧面投影在圆柱投影的中心线上,但不画出。画回转体投影图时要注意:在任何投影中,必须用细点画线画出中心线或对称线。

(2)圆柱面上点的投影　如图 3-7(a)所示,已知圆柱面上两点 A 和 B 的正面投影 a' 和 (b),求作其余两面投影。

由于圆柱面的水平投影积聚为圆,因此,A、B 两点的水平投影也积聚在该圆上,如图 3-7(b)所示,从 a' 和 (b') 向下引投影连线可求出 A、B 的水平投影 a、b,因为 A 点在前半圆柱面上,所以 a 在前半圆柱面的投影上,B 点在后半圆柱面上,b 在后半圆柱面投影上。根据点的正面投影和水平投影,再求得侧面投影 a'' 和 (b'')。由于点 B 在右半圆柱面上,所以 b'' 不可见。

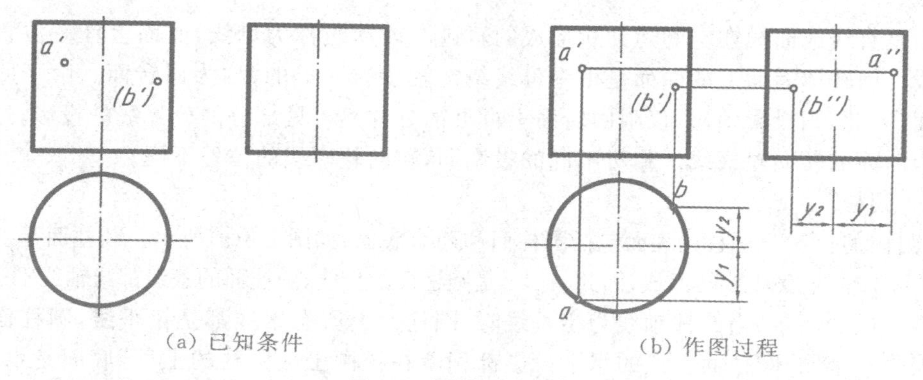

(a) 已知条件　　　　(b) 作图过程

图 3-7　圆柱面上取点

3.1.2.2　圆锥

(1)圆锥的投影　圆锥体的表面由圆锥面和底面所围成,圆锥面是直母线 SA 绕与它相交的轴线 SO 旋转而成,圆锥面的素线都是过锥顶的直线。

图 3-8(a)是形成圆锥体三面投影的直观图,图中把圆锥体的轴线放成铅垂线。圆锥体的三面投影如图 3-8(b)所示,其正面投影和侧面投影是相同的等腰三角形,水平投影为圆。

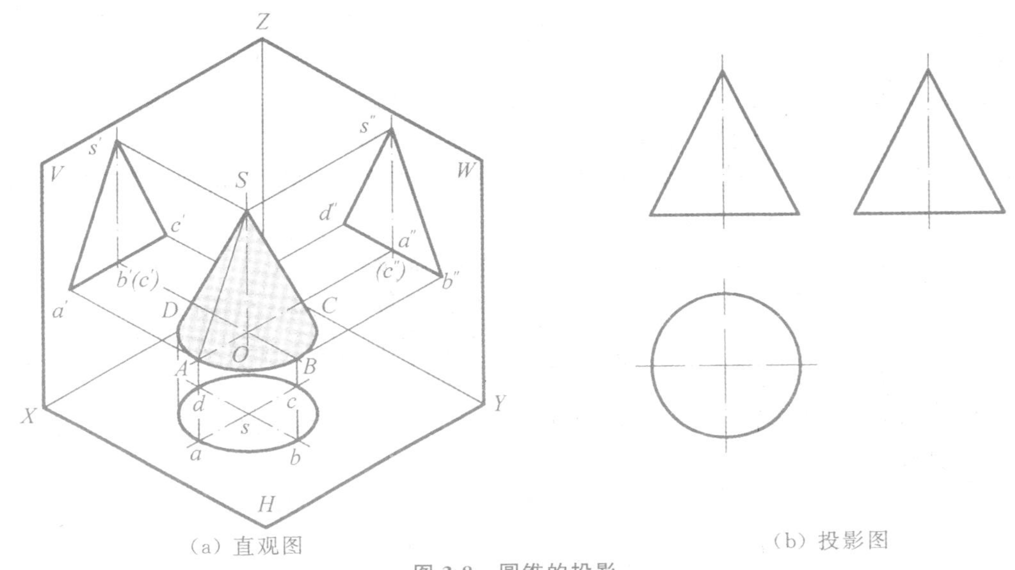

(a) 直观图　　(b) 投影图

图 3-8　圆锥的投影

在正面投影中,等腰三角形的两腰是圆锥面对 V 面转向轮廓线的投影,也就是圆锥面上最左和最右两条素线的投影,它们的侧面投影在圆锥体侧面投影的对称中心线上。圆锥体的侧面投影,请读者自行分析。

(2)圆锥面上点的投影　如图 3-9(a)所示,已知圆锥面上点 A 的正面投影 a',求作它的水平投影和侧面投影。

由于圆锥面的各个投影都不具有积聚性,因此,求圆锥面上点的投影需要作辅助线,这与在平面内取点的作图方法类似。圆锥面上取点,辅助线可以是圆锥面上的素线或纬圆。

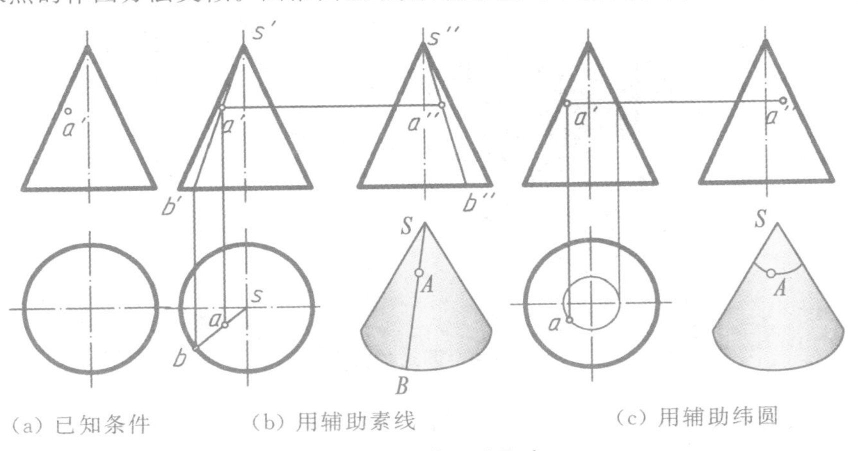

(a) 已知条件　　(b) 用辅助素线　　(c) 用辅助纬圆

图 3-9　圆锥面上取点

由圆锥面的形成可知，过圆锥面上任意一点，都存在一条过锥顶的直线，即圆锥面的素线，如图 3-9(b)中的右下图所示。圆锥面上用辅助素线取点的作图方法见图 3-9(b)：

(1)连接 s'、a' 并延长交底圆的正面投影于 b'，得素线 SB 的正面投影 $s'b'$。

(2)由 b' 向下引投影连线交底圆的水平投影于 b，连 sb 得 SB 的水平投影，由 a' 向下引投影连线求得 a。

(3)按投影关系由 a'、a 求得 a''。由于圆锥面的水平投影可见，所以 a 可见；又由于点 A 在左半圆锥面上，所以 a'' 亦可见。

同理，由圆锥面的形成可知，过圆锥面上任意一点，也存在一个垂直于轴线的纬圆，如图 3-9(c)中的右下图所示。当轴线为铅垂线时，圆锥面上的纬圆为水平圆，它的正面投影、侧面投影均积聚为垂直于中心线的直线，线段长度就是圆的直径，水平投影反映实形。圆锥面上用纬圆取点的作图方法见图 3-9(c)：

(1)过 a' 作水平线，轮廓线内的线段为辅助纬圆的正面投影。

(2)以该线段长度的 1/2 为半径，以圆锥水平投影的圆心为圆心画圆。

(3)由于 a' 可见，所以点 A 在前半圆锥面上，由 a' 向下引投影连线，在辅助纬圆的水平投影上交得 a；再由 a'、a 求得 a''。

对于圆锥面转向轮廓线上的点不需作辅助线，可以直接作投影连线求出点的其他投影。

3.1.2.3 圆球

(1)圆球的投影　圆球的表面是球面，如图 3-10(a)所示。球面可以看成由圆绕其直径回转而成。圆球的三面投影都是大小相同的圆，直径等于球的直径，如图 3-10(b)所示。

球面对三个投影面的转向轮廓线是球面上平行于相应投影面的最大的圆，它们的圆心就是球心，圆球投影中的三个圆是这三个最大圆在与其平行的投影面上的投影。例如，如图 3-10(a) 所示，圆球对 V 面的转向轮廓线是球面上平行于 V 面的最大圆 A，其正面投影 a' 是圆球的正面投影圆，水平投影 a 与圆球水平投影的一条中心线重合，侧面投影 a'' 与圆球侧面投影的一条中心线重合，但 a 、a'' 在图中不画。

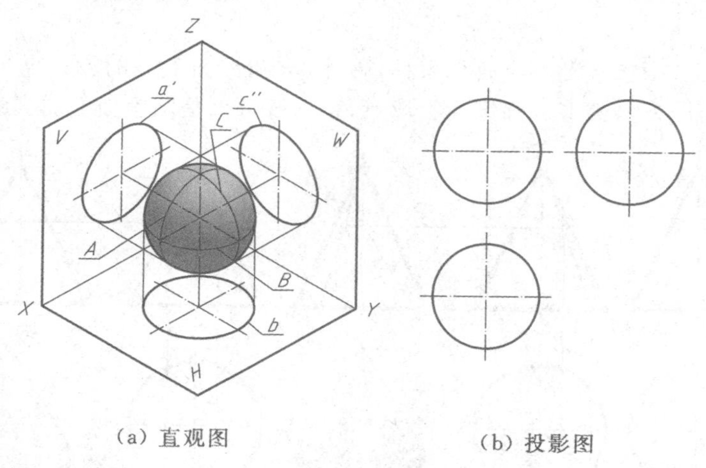

(a) 直观图　　(b) 投影图

图 3-10　圆球的投影

(2)球面上点的投影　图 3-11 表示已知球面上点 A 的正面投影 a'，求水平投影 a 和侧面投影 a'' 的方法。

过球面上一点可在球面上作任意位置平面的圆，为了画图的方便，一般用球面上平行于投影面的圆作为球面上取点的辅助线。图 3-11(a)、(b)、(c)分别表示用水平圆、正平圆、侧平圆求作球面上点的投影。用水平圆的作图过程如下：如图 3-11(a)所示，首先过 a'作水平线，在轮廓线内的线段长度是球面上过 A 点的水平圆的直径，根据该直径作反映辅助圆实形的水平投影，由 a'向下引投影连线，求得 a，再由 a'、a 求得 a''，用正平圆、侧平圆的作图方法，请读者自行分析。

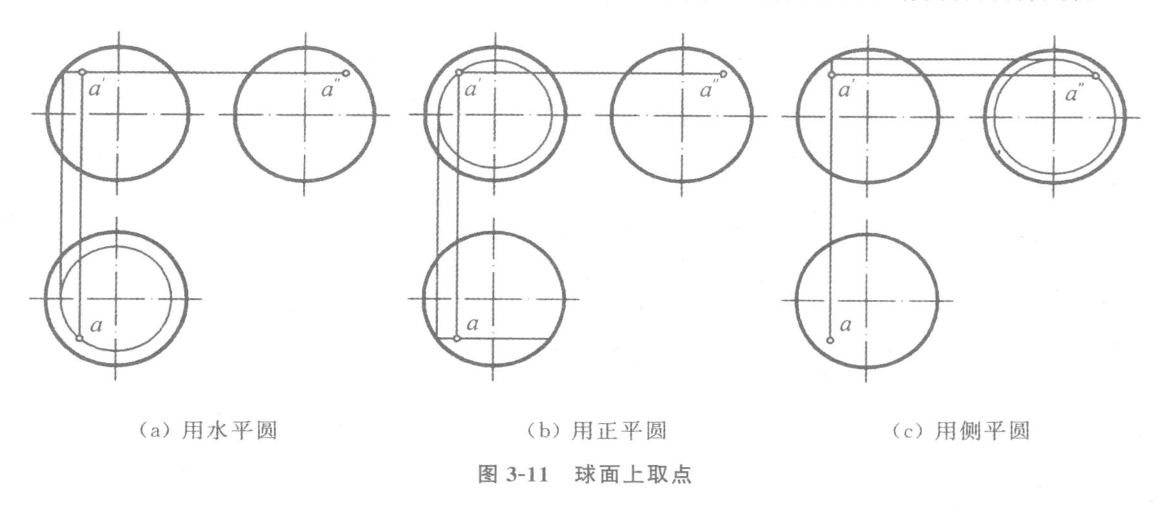

(a) 用水平圆　　(b) 用正平圆　　(c) 用侧平圆

图 3-11　球面上取点

3.2　截切体的投影

立体被平面截切，截切后的立体称为截切体，用于截切的平面称为截平面，截平面与立体表面的交线称为截交线，因截切在立体上形成的平面称为断面，如图 3-12 中(a)是六棱柱被平面截切；(b)是圆柱体被平面截切。画图时，为了清楚地表达零件的结构，必须正确地画出截交线的投影。

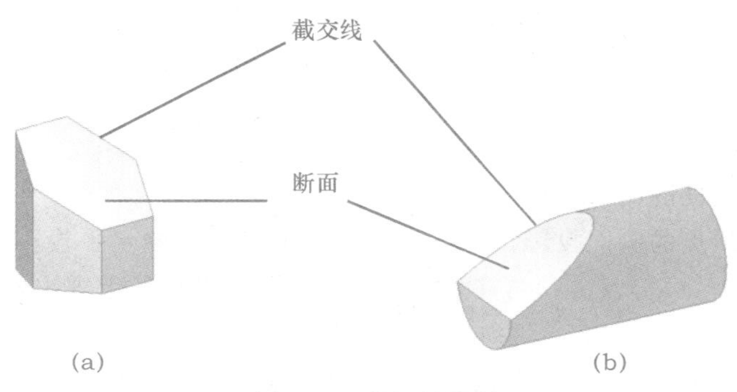

图 3-12　截切体示例

截交线的形状与立体表面的性质以及截平面的位置有关，但在任何情况下截交线都具有下列两个基本性质：

(1)截交线是截平面与立体表面的共有线。

(2)截交线是一个封闭的平面图形。

求画截交线的实质就是求出截平面与立体表面的共有线。

3.2.1　截切平面体的投影

由于平面立体的表面都是平面，又由于平面与平面的交线一定是直线，所以平面立体的截交线一定是一个平面多边形。多边形的边是截平面与平面立体表面的交线，多边形的顶点是截平面与平面立体棱线或底边线的交点，如图 3-12(a)所示。因此，求平面立体的截交线时，先求出截平面与立体上各棱线或底边的交点，然后依次连接。

例 3-1　如图 3-13(a)所示，求作正六棱柱被正垂面 P 截切后的侧面投影。

分析：对切割体的分析包括空间分析和投影分析，空间分析是分析截平面与立体的相对位置，从而弄清截交线的形状；投影分析是分析截平面与投影面的相对位置，从而弄清截交线的投影特性。在本例中，由图 3-13(a)可以看出，六棱柱的轴线是铅垂线，被一正垂面斜截去上面一部分。由截平面与六棱柱的相对位置可知，截平面与六个棱相交，所以截交线应是六边形，六边形的六个顶点是截平面与六棱柱各棱线的交点，如图 3-13(b)所示。因为截平面是正垂面，所以截交线的正面投影有积聚性，积聚在截平面的正面投影 p_v 上。截交线的水平投影是正六边形。画截切六棱柱的侧面投影时，既要画出截交线的侧面投影，又要画出六棱柱各轮廓线的投影。

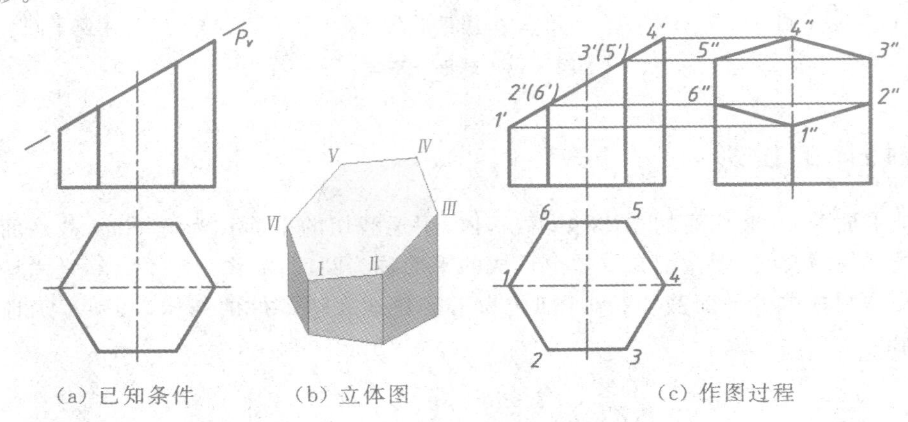

(a) 已知条件　　(b) 立体图　　(c) 作图过程

图 3-13　截切六棱柱的投影

作图步骤[图 3-13(c)]：

(1)画出完整六棱柱的侧面投影。

(2)求截交线各顶点的侧面投影。先标出截交线上各顶点的水平投影 *1*、*2*、*3*、*4*、*5*、*6* 和正面投影 *1'*、*2'*、*3'*、*4'*、(*5'*)、(*6'*)，再在六棱柱侧面投影的各棱线上求出各点的侧面投影 *1''*、*2''*、*3''*、*4''*、*5''*、*6''*。

(3)画出截交线的侧面投影。根据截交线上各顶点的水平投影的顺序，依次连接 *1''*、*2''*、*3''*、*4''*、*5''*、*6''*，得截交线的侧面投影，它与截交线的水平投影成类似形。

(4)画出各轮廓线的侧面投影，并判别可见性。截交线的侧面投影均可见。各棱线的侧面投影依据其可见性，画至截平面为止。注意：最右边棱线的上边一部分应画成虚线。

(5)检查、加深图线，完成全图。

例 3-2　如图 3-14(a)所示，已知一个切口三棱锥的正面投影和部分水平投影，补全它的水平投影，作出侧面投影。

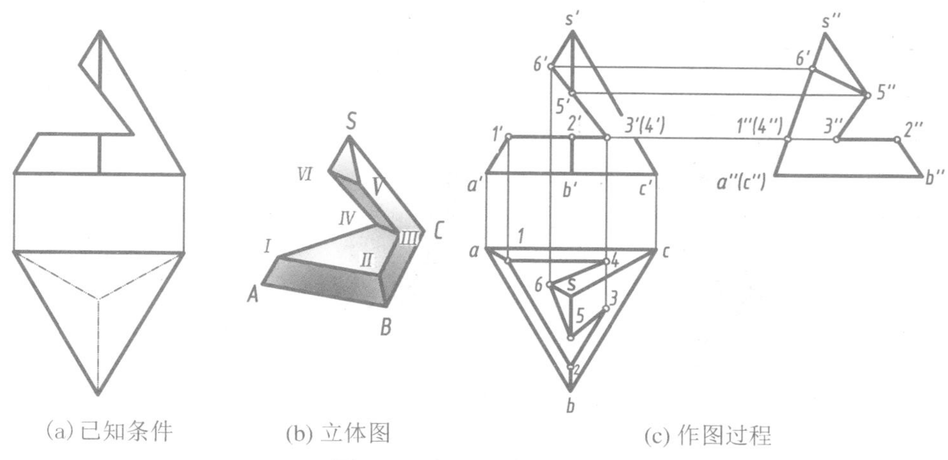

(a) 已知条件　　(b) 立体图　　(c) 作图过程

图 3-14　切口三棱锥的投影

分析：从已给出的正面投影可以看出，切口是由一个水平面和一个正垂面切割三棱锥而形成，左棱线 SA 和前棱线 SB 有一段被切割掉了。

可以想象：因为水平截平面平行于底面，所以它与三个棱面的交线分别平行于底边线 AB、BC 和 AC。正垂截面与三个棱面也都相交。由于两个截平面都垂直于正面，所以它们的交线一定是正垂线。想象的结果如图 3-14(b)所示，水平截面与三个棱面的交线分别是 *Ⅰ Ⅱ*、*Ⅱ Ⅲ*、*Ⅰ Ⅳ*，正垂截面与三个棱面交线分别是 *Ⅲ Ⅴ*、*Ⅴ Ⅵ*、*Ⅵ Ⅳ*，两个截平面的交线是 *Ⅲ Ⅳ*。画出这些交线的投影，也就画出了切口的投影。

作图步骤[图 3-14(c)]：

(1)画出完整三棱锥的侧面投影。

(2)在三棱锥的正面投影中标出各点的正面投影 $1'$、$2'$、$3'(4')$、$5'$、$6'$。

(3)作水平截平面截切棱锥的截交线。由水平截平面的正面投影 $1'2'3'(4')$ 作图，应用直线上点的投影特性先作出点 *Ⅰ* 的水平投影 1，由 $12 /\!/ ab$、$23 /\!/ bc$、$14 /\!/ ac$ 求出水平投影 2、3、4，再求出侧面投影 $1''(4'')$、$2''$、$3''$，依次连接，截交线可得。

(4)作正垂面截切棱锥的截交线。由正垂面的正面投影 $3'(4')6'5'$ 作图，前面已求出 3、4 和 $3''$、$(4'')$，此处只需求出 5、6 和 $5''$、$6''$，水平投影 5 最好由 $5'$ 和 $5''$ 求出，求出点的投影后依次连接，可得截交线投影。

(5)判断截交线投影的可见性，补全轮廓线的投影。*Ⅲ Ⅳ* 的水平投影 34 不可见，画成虚线，其余投影可见，画粗实线。由此就补全了切口三棱锥的水平投影和侧面投影。

3.2.2　截切回转体的投影

回转体的表面是曲面或曲面加平面，它们的截交线一般是封闭的平面曲线或曲线与直线段围成的平面图形。

3.2.2.1　截切圆柱体

根据截平面与圆柱轴线的相对位置不同，圆柱面的截交线有三种不同的形状，如表 3-1 所示。当截平面与圆柱轴线垂直时，其截交线为圆；当截平面与圆柱轴线倾斜时，其截交线为椭圆；当截平面与圆柱轴线平行时，其截交线为矩形(其中两对边为圆柱面的素线)。

表 3-1 平面与圆柱面的交线

截平面位置	与轴线垂直	与轴线倾斜	与轴线平行
立体图	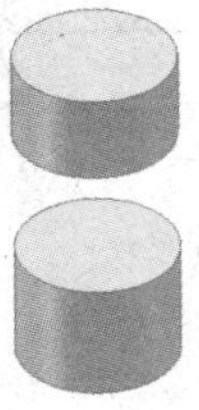		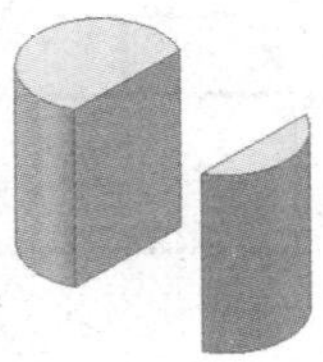
投影图	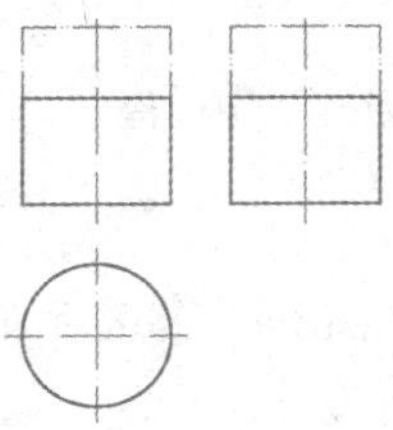	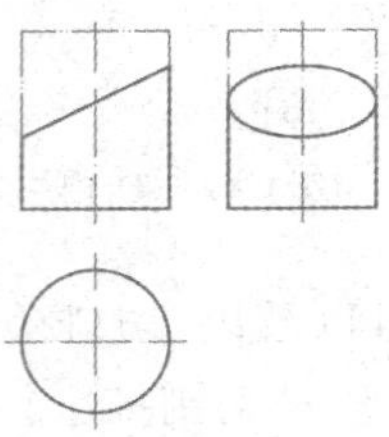	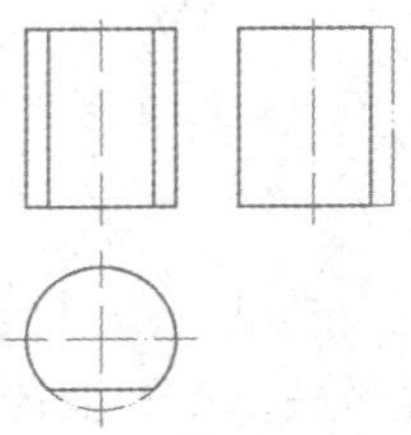
交线情况	圆	椭圆	两条直线

例 3-3 如图 3-15(a)所示,已知圆柱被一正垂面截切,完成截切圆柱体的三面投影。

分析:圆柱被正垂面 P 截断,由于截平面 P 与圆柱轴线倾斜,故截交线是一椭圆,它既位于截平面 P 上,又位于圆柱面上。因截平面 P 在 V 面上的投影有积聚性,故截交线的 V 面投影积聚在 p_v 上,圆柱面的 H 面投影有积聚性,故截交线的 H 面投影积聚在圆柱面的 H 面投影上,所以,只需求出截交线的侧面投影。该截交线的侧面投影一般情况下还是椭圆,如图 3-15(b)所示。

求曲面立体截交线的一般方法是:求出截交线上一系列点的投影,然后把这些点光滑连接起来,得到截交线的投影。画图时把截交线上的点分为两类:特殊位置点和一般位置点。特殊位置点指截交线上那些处于特殊位置的点,包括截交线上的最高、最低、最前、最后、最左、最右点和处于转向轮廓线上的点,特殊点的投影规定了截交线投影的范围和形状,因此画图时先求特殊点,然后再补充一些一般点,补充一般点是为了使截交线的投影更准确。

作图步骤:

(1)画出完整圆柱的侧面投影,如图 3-15(c)所示。

(2)求特殊点。如图 3-15(c)所示,在正面投影中标出截交线上最高、最低点同时也是最左、最右点的正面投影是 $1'$、$2'$,Ⅰ、Ⅱ 点的水平投影是 1、2,由 $1'$、$2'$向右引投影连线,在圆柱侧面投影对称线上交得 $1''$、$2''$。在水平投影中标出截交线上最前点和最后点的水平投影 3、4,Ⅲ、Ⅳ 点的正面投影是 $3'(4')$,由 $3'(4')$向右引投影连线与圆柱轮廓线交得 $3''$、$4''$。$3''$、$4''$、$1''$、$2''$分别是侧面投影椭圆的长轴端点和短轴端点。

(3)补充一般点。如图 3-15(d)所示,为了作图简便,在水平投影上取对称的 4 个点 5、6、7、8,由 5、6、7、8 向上引投影连线作出 $5'(6')$、$7'(8')$,然后作出 $5''$、$6''$、$7''$、$8''$。

(4)依次光滑连接各点侧面投影,即得截交线的侧面投影。

(5)补全圆柱面转向轮廓线的投影,加深。作图结果如图 3-15(e)所示。

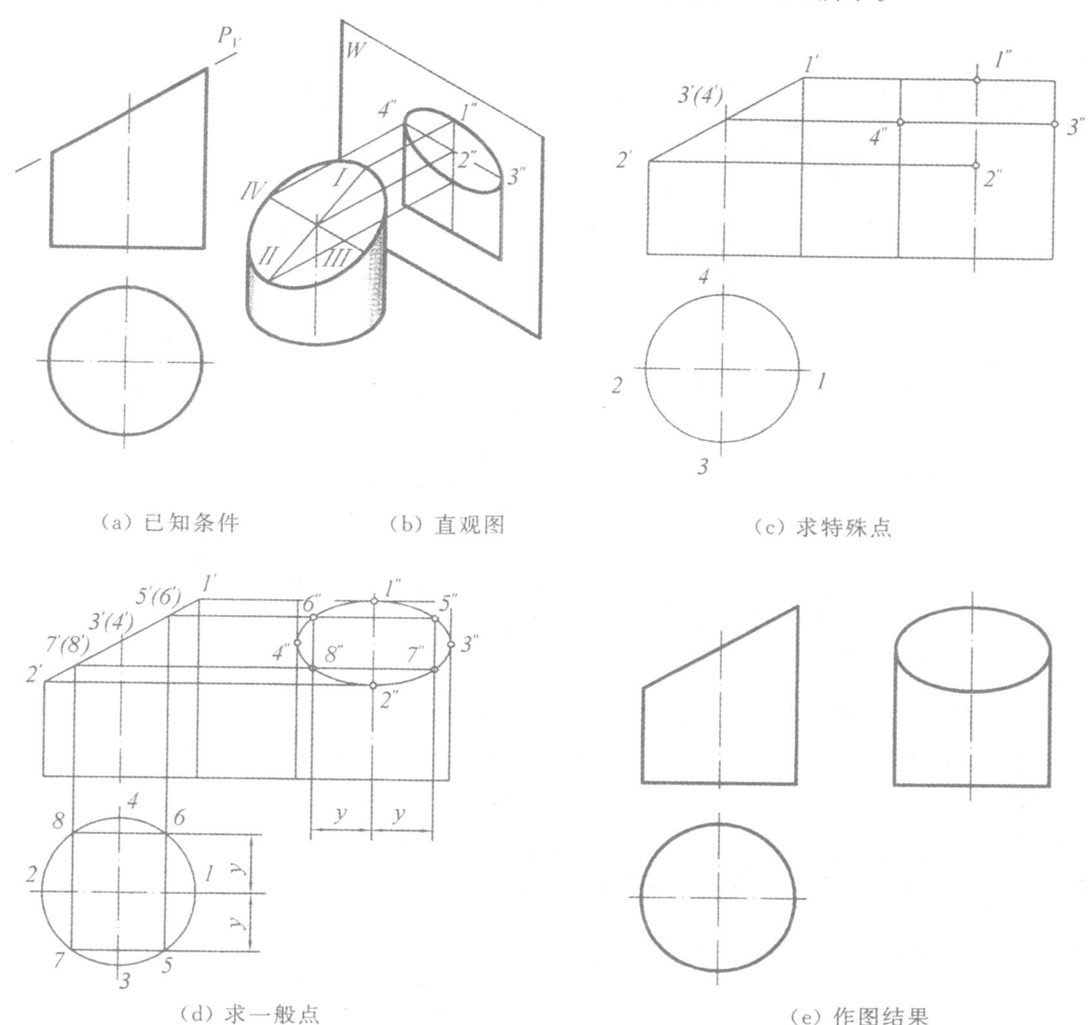

(a) 已知条件　(b) 直观图　(c) 求特殊点

(d) 求一般点　(e) 作图结果

图 3-15　截切圆柱体的投影

例 3-4　如图 3-16 所示,求作轴块的投影。

分析:如图 3-16(a)所示,轴块可以看作由圆柱体截切而成,左端由平行于轴线的平面和垂直于轴线的平面切去Ⅰ、Ⅱ两部分所形成,右端由两个对称于圆柱轴线的平面和一个垂直于轴线的平面切去部分Ⅲ而形成。由于截平面都平行或垂直于圆柱的轴线,因此,截交线或者是直线或者是圆弧。

作图步骤:

(1)绘制完整圆柱的三面投影,并切去Ⅰ、Ⅱ部分,如图 3-16(b)所示。

(2)画切去部分Ⅲ后的投影,如图 3-16(c)所示。

(3)检查,按规定线型加深。作图结果如图 3-16(d)所示。

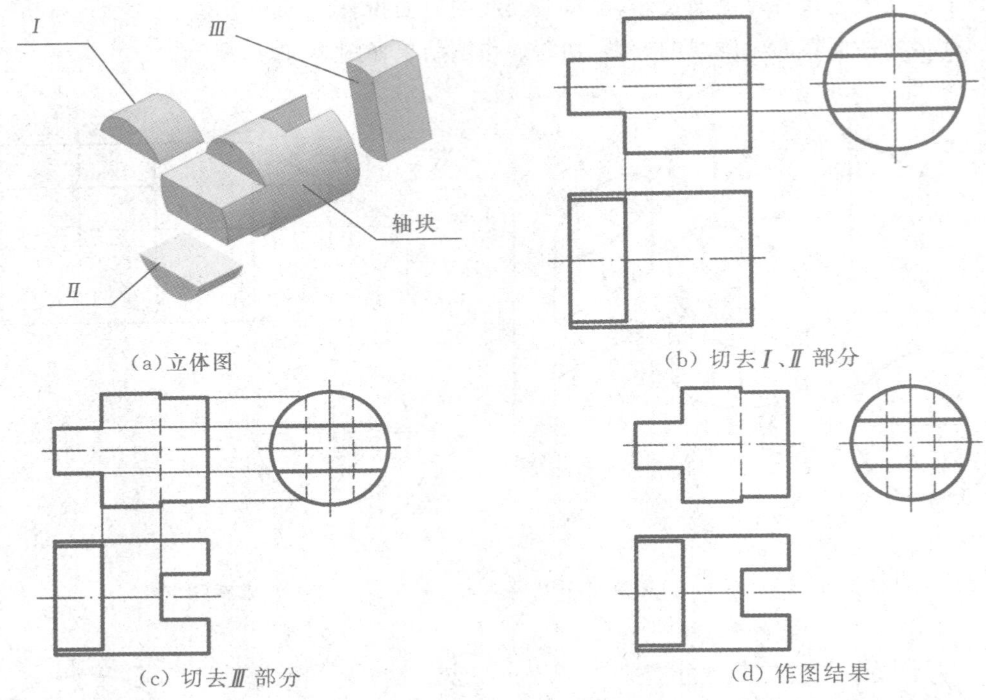

图 3-16 轴块的投影

3.2.2.2 截切圆锥体

截平面切割圆锥时，根据截平面与圆锥轴线位置的不同，圆锥面的截交线有五种情形，如表 3-2 所示。

表 3-2 平面与圆锥面的交线

截平面位置	与轴线垂直 ($\theta=90°$)	与轴线倾斜 ($\theta>\varphi$)	与一条素线平行 ($\theta=\varphi$)	与轴线平行 ($\theta=0$)	过锥顶
立体图					
投影图					
交线情况	圆	椭圆	抛物线	双曲线	相交于锥顶的两直线

例 3-5 如图 3-17(a)所示，圆锥被正垂面截去左上端，补全截切圆锥体的水平投影和侧面投影。

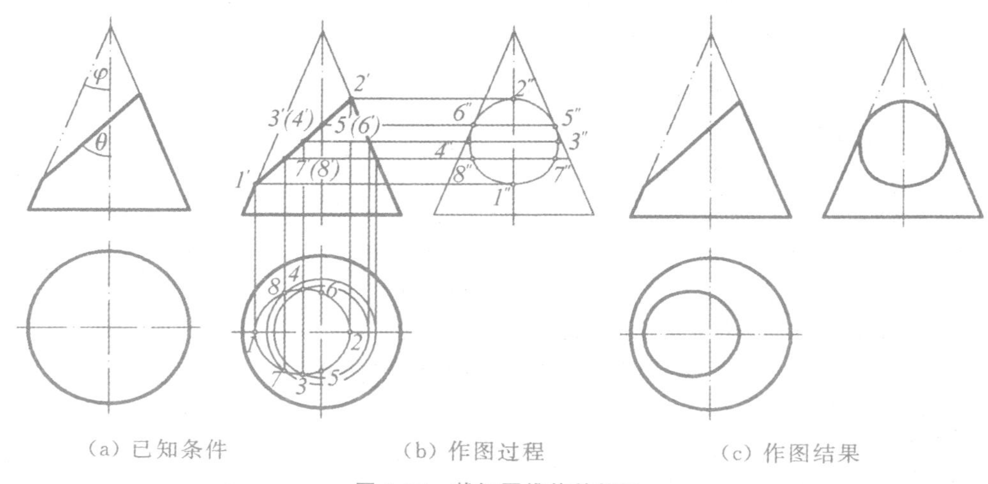

(a) 已知条件　　(b) 作图过程　　(c) 作图结果

图 3-17 截切圆锥体的投影

分析：因为截平面倾斜于圆锥的轴线，且 $\theta>\varphi$，所以截交线是椭圆，其正面投影积聚成直线，另外两面投影是类似形。由于圆锥前后对称，所以截交线也前后对称。

作图步骤[图 3-17(b)]：

(1)画出完整圆锥的侧面投影。

(2)求特殊点。截交线上最低、最高点同时也是最左、最右点的正面投影是 $1'$ 和 $2'$，根据投影关系作出水平投影 1、2 和侧面投影 $1''$、$2''$；取 $1'2'$ 的中点，即为截交线椭圆短轴的积聚性投影 $3'(4')$，短轴两个端点Ⅲ、Ⅳ是截交线上的最前点和最后点，用纬圆法求出Ⅲ、Ⅳ点的水平投影 3、4，然后求出 $3''$、$4''$。

为了较准确地作出截切圆锥体的侧面投影，必须作出截交线处于对 W 面转向轮廓线上的点的侧面投影，也就是截交线在最前、最后素线上的点的投影，该两点的正面投影是 $5'(6')$，过 $5'(6')$ 向右引投影连线求出 $5''$、$6''$，然后作出它们的水平投影 5、6。

(3)补充一般点。如图中的Ⅶ、Ⅷ点，先在截交线的正面投影上定出前后对称的Ⅶ、Ⅷ点的正面投影 $7'(8')$，然后用辅助圆法作出水平投影 7、8，然后作出侧面投影 $7''$、$8''$。

(4)按顺序连接各点，作出截交线的水平投影和侧面投影。补全圆锥面侧面投影的轮廓线，按规定的线型加深图线，完成作图，作图结果如图 3-17(c)所示。

例 3-6 如图 3-18(a)所示，圆锥被正平面截切，补全截切圆锥体的正面投影。

分析：截平面与圆锥的轴线平行，截交线是双曲线的一支，它的水平投影重合在截平面的水平投影上，正面投影反映实形，左右对称。

作图步骤：

(1)求特殊点。如图 3-18(b)所示，水平投影中直线段的两个端点 a、e 是截交线上的最左、最右点，也是最低点的投影，中点 c 是截交线上最高点的投影，截交线上的最低点应在圆锥的底圆上，由 a、e 向上引投影连线求得 A、E 的正面投影 a'、e'。用纬圆法求得 C 点的正面投影 c'。

(2)补充一般点。如图 3-18(c)所示，在水平投影中确定两个一般点的投影 b、d，用辅助素

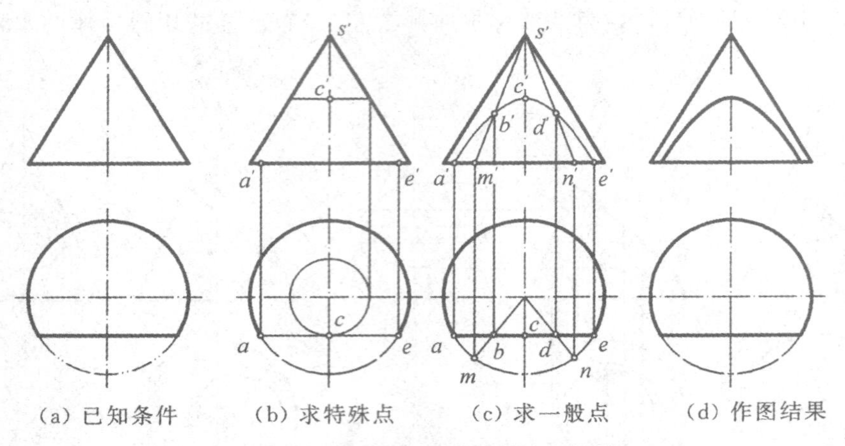

图 3-18 补全截切圆锥体的正面投影

线法求得 b'、d'。

(3)光滑连接正面投影中所求各点，得截交线的投影。按规定线型加深图线，作图结果如图 3-18(d)所示。

3.2.2.3 截切圆球

平面截切圆球，截交线一定为圆，如图 3-19 所示。当截平面平行于投影面时，截交线在该投影面上的投影反映实形为圆，当截平面与投影面垂直时，截交线的投影为直线，直线段长度等于截交线圆的直径；当截平面倾斜于投影面时，截交线的投影为椭圆。

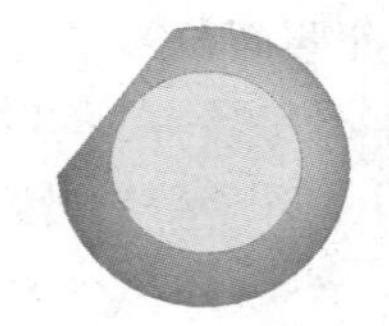

图 3-19 平面截切圆球

例 3-7 如图 3-20(a)所示，补全截切圆球的水平投影。

分析：如图 3-20(a)所示，因为截平面是正垂面，截交线圆是正垂圆，正垂圆的正面投影为直线，直线段长度等于截交线圆的直径，正垂圆的水平投影为椭圆，正垂圆上处于正平位置的直径的水平投影是椭圆的短轴，处于正垂位置直径的水平投影反映实长，是椭圆的长轴。球面对 H 面的转向轮廓线被截去一部分，不再完整。圆球被截后前后仍对称。

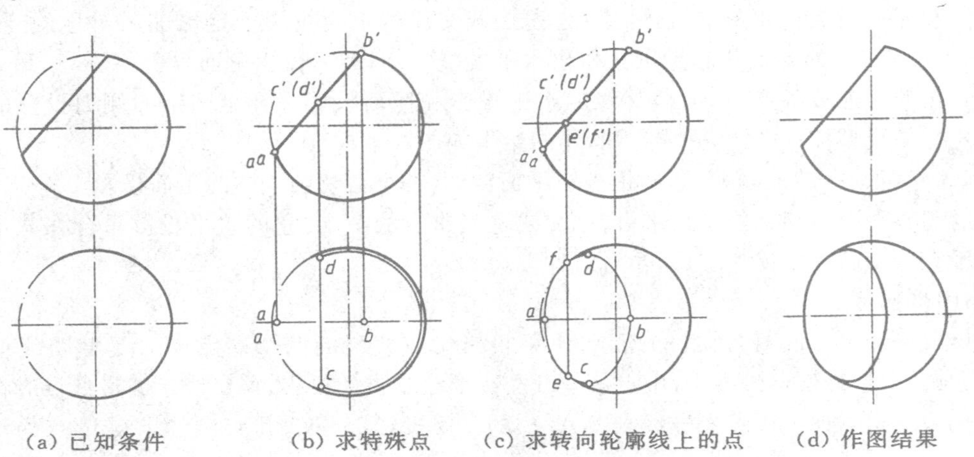

图 3-20 补全截切圆球的水平投影

作图步骤：

(1)求特殊点。如图 3-20(b)所示，截交线圆上最低、最高点的正面投影是 a'、b'，由 a'、b' 向下引投影连线，作出 a、b。$a'b'$的中点为截交线圆处于正垂位置直径的投影 $c'(d')$，用水平辅助圆作出 C、D 点的水平投影 c、d。a、b 为截交线水平投影—椭圆的短轴端点，c、d 为长轴端点。

如图 3-20(c)所示，截交线圆上处于球面对 H 面转向轮廓线上点的正面投影是 $e'(f')$，由 $e'(f')$ 向下引投影连线，在球面水平投影圆上作出 E、F 的水平投影 e、f。E、F 是最大水平圆被截去部分与剩余部分的分界点。

(2)取截交线上的一些一般点(为了使题图清晰，图中未取)。依次连接各点，补全 e、f 两点右侧的轮廓线投影，按规定线型加深。作图结果如图 3-20(d)所示。

实际上，e、f 不仅是圆球被截后球面对 H 面转向轮廓线端点的投影，也是截交线水平投影和球面对 H 面转向轮廓线投影的切点，绘图时应注意保持这一特征。

例 3-8 画开槽半球的投影。

分析：如图 3-21(a)所示，半球上的槽有三个面，左右对称的两个侧平面 P 和一个水平面 Q，它们与球面的交线都是平行于投影面的圆弧，P 和 Q 彼此相交。

作图步骤[图 3-21(b)]：

(1)画出完整半球的三面投影，再根据槽的尺寸画出槽的正面投影。

(2)画侧平面 P 的侧面投影。侧平面 P 的边界由平行于侧面的圆弧和直线组成。由正面投影作出平面 P 的侧面投影。画图时一要注意圆弧半径的求法，二要注意直线段的侧面投影不可见，应画成虚线。

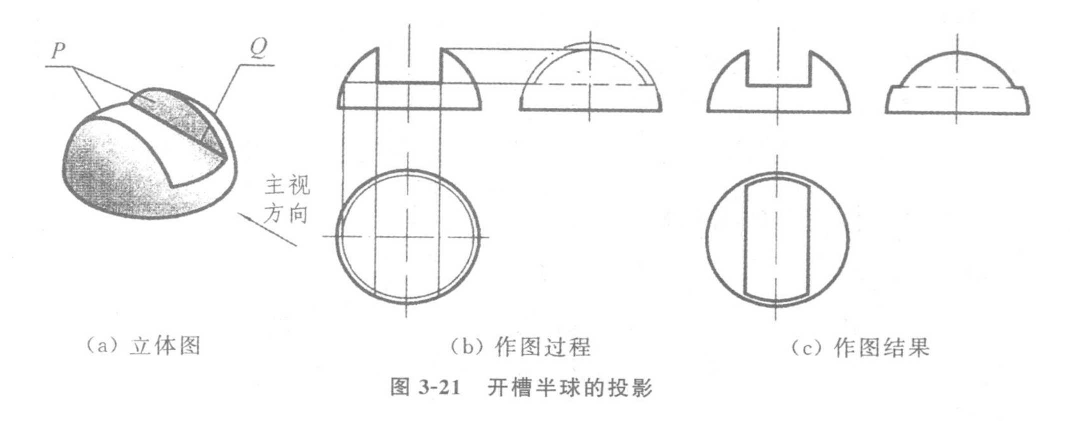

(a) 立体图　　(b) 作图过程　　(c) 作图结果

图 3-21 开槽半球的投影

(3)画水平面 Q 的水平投影。由分析可知，平面 Q 的边界由相同的两段圆弧和两段直线组成，Q 面的水平投影反映实形。画 Q 面水平投影的圆弧时，也要注意圆弧半径的求法，画两直线段时，从槽的正面投影的角点向下引投影连线，处于两圆弧内的线段是两直线段的投影。Q 的侧面投影是处于半球轮廓线内含有虚线的直线段。

(4)检查，按规定线型加深。作图结果如图 3-21(c)所示。

注意：Q 面的水平投影中的两段直线也是两个 P 平面的水平投影，球面对 W 面的转向轮廓线，在开槽范围内已不存在。

3.3 相贯体的投影

两个立体相交称为两立体相贯,相贯两立体表面的交线称为相贯线。根据两立体表面的性质,两立体相贯有三种情况,如图 3-22 所示,图(a)是两个平面立体相贯;图(b)是一个平面立体和一个曲面立体相贯;图(c)是两个曲面立体相贯。无论哪种情况,相贯线都具有下列两个基本性质:

(1)相贯线为封闭的空间折线或空间曲线。

(2)相贯线是两立体表面的共有线,相贯线上的点是两立体表面上的共有点。

求画相贯线的实质,就是求出两立体表面的共有线、共有点。

对于图 3-22 中(a)、(b)两种情况,相贯线中的每一线段都是平面与立体表面的交线,即截交线,可用求截交线的方法一一求得,即得到两立体的相贯线。因此本节仅介绍两曲面立体(回转体)相贯线的画法。

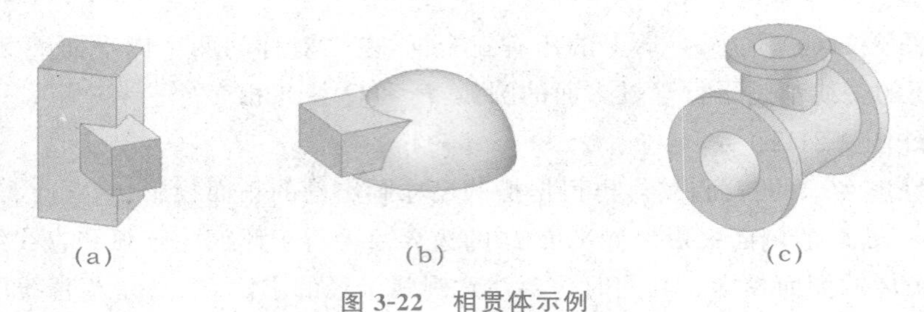

(a) (b) (c)

图 3-22 相贯体示例

两回转体相贯线一般是空间曲线,求两回转体的相贯线一般是求出两立体表面一系列的共有点,然后圆滑连接。常用的方法有:利用投影积聚性求相贯线、辅助平面法求相贯线和辅助球面法求相贯线,这里只介绍前两种方法。

与求回转体的截交线类似,作图时先求相贯线上的特殊点,然后补充一些一般点。

3.3.1 利用投影积聚性求相贯线

当相交两回转体中有一个是圆柱体,且其轴线垂直于投影面时,则圆柱面在该投影面上的投影具有积聚性,根据相贯线的性质可知,相贯线在该投影面上的投影应积聚在圆柱面的投影上,相贯线的其余投影可以通过在另一立体表面上取点的方法求得。这种求相贯线的方法称为利用投影积聚性法。

例 3-9 如图 3-23(a)所示,求作正交两圆柱的相贯线。

分析:两圆柱的轴线垂直相交,称为正交,其相贯线为一条封闭的空间曲线,如图 3-23(b)所示。根据已知条件,在本例中两圆柱的轴线分别垂直于 H 面和 W 面,因此,相贯线的水平投影必然积聚在小圆柱面的水平投影上,侧面投影则积聚在大圆柱面的侧面投影上。由相贯线的性质可知,相贯线在任何投影面上的投影都不应超出小圆柱的投影范围。根据以上分析,相贯线的水平投影应是相贯体水平投影中的圆,相贯线的侧面投影应是相贯体侧面投影中小圆柱轮廓线内的圆弧。

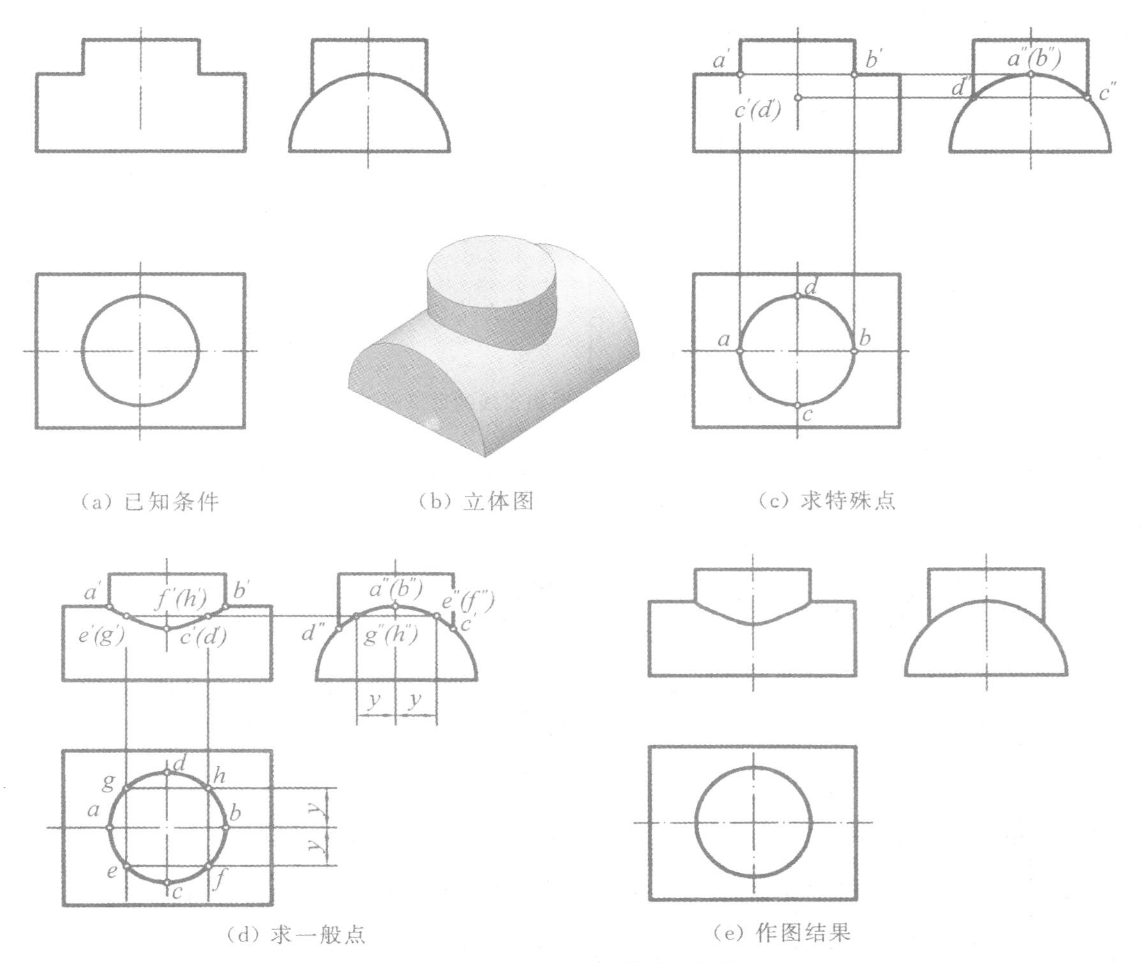

(a) 已知条件　(b) 立体图　(c) 求特殊点

(d) 求一般点　(e) 作图结果

图 3-23　求正交两圆柱的相贯线

作图步骤：

(1)求特殊点。如图 3-23(c)所示，正面投影中 a'、b'是相贯线上最高点的投影，同时点 A、B 也是相贯线上的最左、最右点，A、B 的水平投影是 a、b，侧面投影是 $a''(b'')$。侧面投影中的 c''、d''是相贯线上的最低点同时也是最前、最后点的投影，C、D 的水平投影是 c、d，由 c、d 和 c''、d''作出 $c'(d')$。

(2)求一般点。如图 3-23(d)所示，为了作图简便，在水平投影中取对称于圆心的四个点 e、f、g、h，由 e、f、g、h 在大圆柱面侧面投影上作出 $e''(f'')$、$g''(h'')$，最后由 e、f、g、h 和 $e''(f'')$、$g''(h'')$作出 $e'(g')$、$f'(h')$。

(3)按顺序连接各点的正面投影，即得相贯线的正面投影，由于相贯体前后对称，所以相贯线的前后部分的正面投影重合。按规定线型加深，作图结果如图 3-23(e)所示。

当正交两圆柱直径差别较大，并对相贯线投影的准确度要求不高时，相贯线的投影允许采用如图 3-24 所示的近似画法。即用圆心位于小圆柱的轴线上，半径等于大圆柱半径的圆弧代替相贯线的投影。

当两圆柱正交，直径相对变化时，相贯线的形状也随之变化，如图 3-25 所示，当 $d<D$ 时，

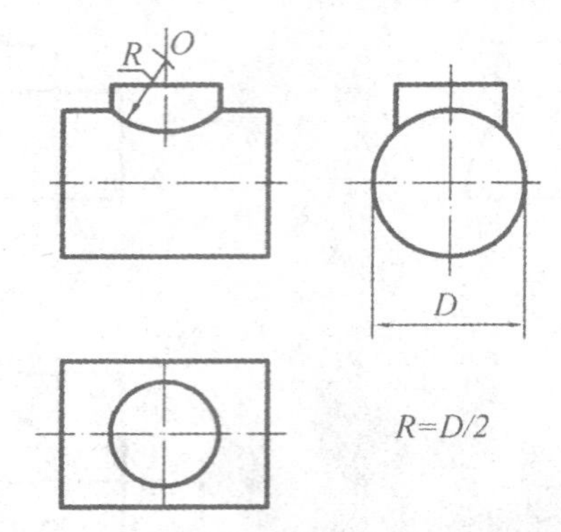

图 3-24 两圆柱正交时相贯线的近似画法

相贯线如图(a)所示；当 $d=D$ 时，相贯线为两支平面曲线（椭圆），如图(b)所示；当 $d>D$ 时，相贯线如图(c)所示。图中的投影图是相贯体在与两相交轴线所确定的平面平行的投影面上的投影。

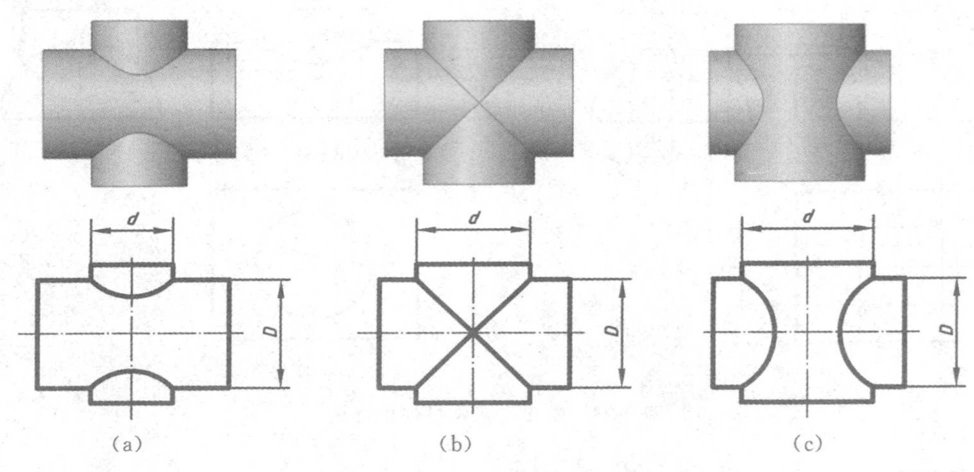

图 3-25 两圆柱正交，其直径相对变化时对相贯线的影响

两圆柱面相交可以是两圆柱体的外表面相交，也可以是立体上的两圆孔相交，或者一外圆柱面与一圆孔相交。图 3-26 是两圆柱面相交的三种形式，(a)是两外圆柱面相交；(b)是外圆柱面与圆孔相交；(c)是立体上的两圆孔相交。可以看出这三种情况相贯线的性质、形状均相同。因此，求相贯线投影的作图方法没有差别，只是投影的可见性有所不同。

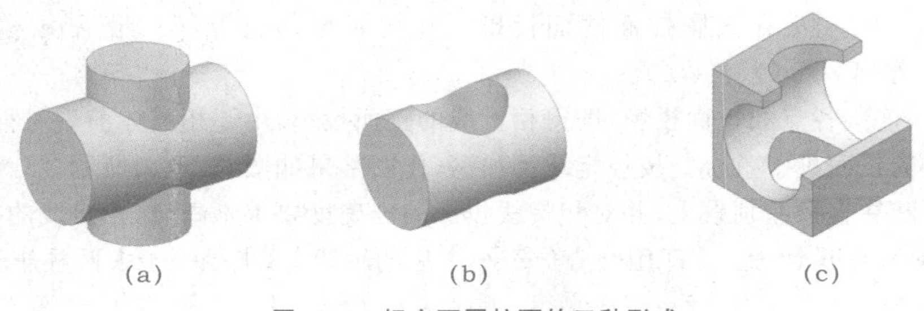

图 3-26 相交两圆柱面的三种形式

3.3.2 用辅助平面法求相贯线

作两个立体的相贯线时，可以用与两个立体都相交的平面截切这两个立体，所产生的两截交线的交点，是两立体表面和截平面的三面共点，是相贯线上的点，这种求相贯线的方法称为辅助平面法。

需要指出，为了能方便地作出两立体的截交线，选择辅助平面时要使截交线的投影简单易画，如截交线为直线或平行于投影面的圆。如图 3-27 所示。

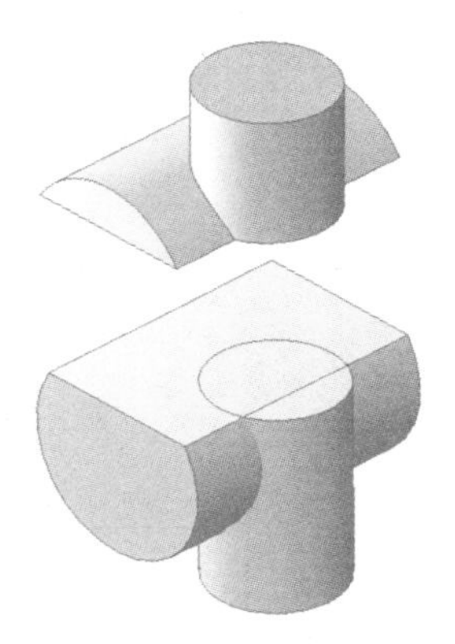

图 3-27 辅助平面法求相贯线的原理

例 3-10 如图 3-28(a)所示，已知圆柱与圆锥正交，试完成相贯线的投影。

分析：如图 3-18(b)所示，相贯线为一封闭的空间曲线。由于圆柱面的轴线垂直于侧面，它的侧面投影积聚成圆，因此，相贯线的侧面投影也积聚在该圆上，是处于圆锥面侧面投影轮廓线内的一段圆弧。相贯线的正面投影和水平投影没有积聚性，应分别求出。

作图步骤：

(1)求特殊点。如图 3-28(c)所示，在正面投影中 1′、2′是相贯线上最高点的投影，Ⅰ、Ⅱ点的侧面投影是 1″(2″)，由 1′、2′向下引投影连线，求得 1、2。在侧面投影中，圆锥面侧面投影轮廓线与圆的交点 3″、4″是相贯线上的最低点的投影，Ⅲ、Ⅳ点也是相贯线的最前点和最后点，由 3″、4″向左引投影连线，与圆锥正面投影对称线的交点是Ⅲ、Ⅳ点的投影 3′(4′)，然后按点的投影规律求出Ⅲ、Ⅳ点的水平投影 3、4。

(2)用辅助平面法求一般点。如图 3-28(d)右下角的立体图所示，用水平面 *P* 作为辅助平面去截相贯体，它与圆柱面的交线为两平行直线，与圆锥面的交线为圆。它们相交于四点Ⅴ、Ⅵ、Ⅶ、Ⅷ，先根据平面 *P* 的位置定出它们的侧面投影 *5″*(*6″*)、*8″*(*7″*)，然后画出平面与圆柱和圆锥的截交线的水平投影，两截交线的交点就是四点的水平投影 *5*、*6*、*7*、*8*，然后作出四点的正面投影 *5′*(*8′*)、*6′*(*7′*)。

(3)将所求得点的水平投影和正面投影光滑连接，即得相贯线的投影。按规定线型加深，作图结果如图 3-28(e)所示。

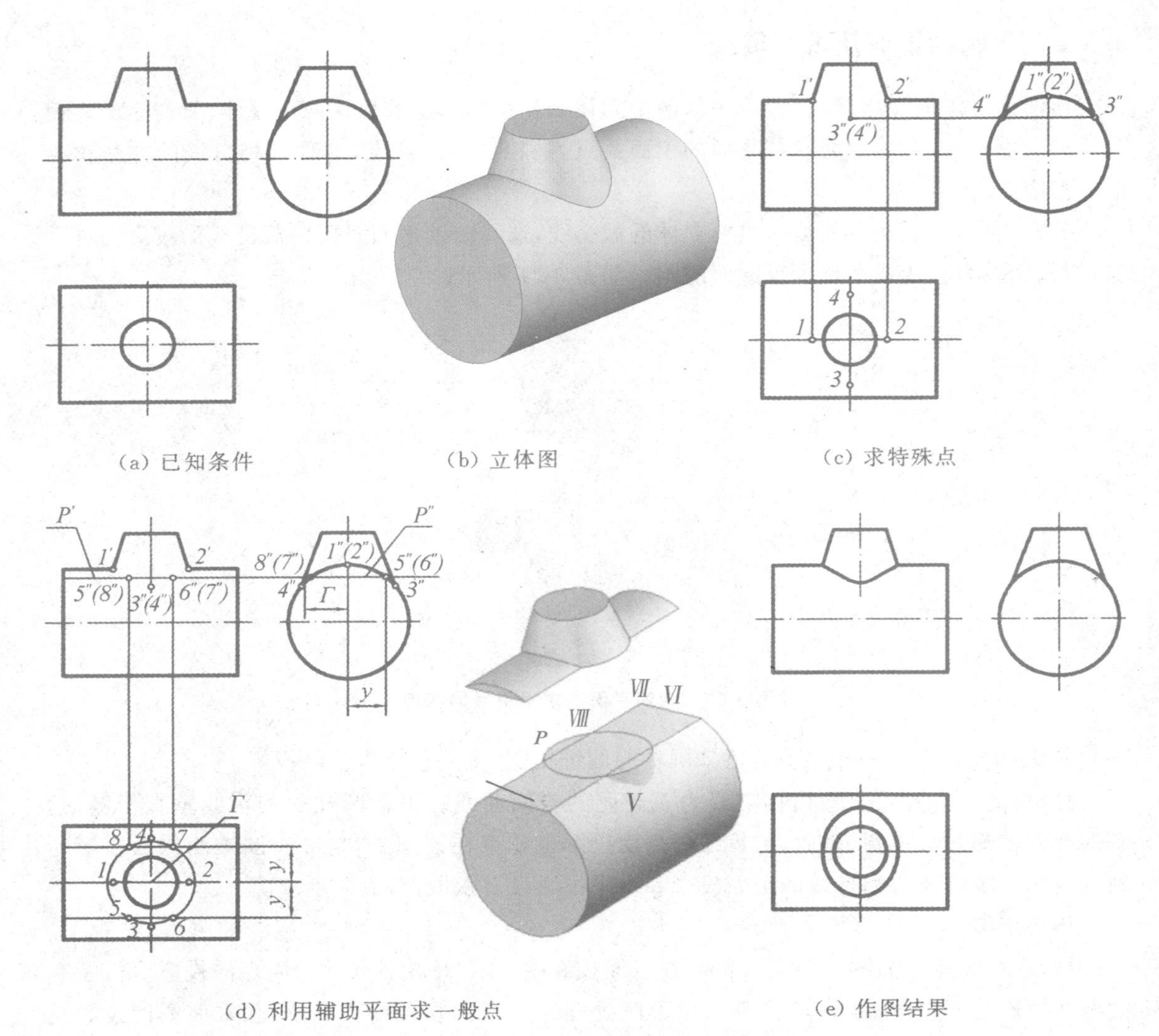

(a) 已知条件　(b) 立体图　(c) 求特殊点

(d) 利用辅助平面求一般点　(e) 作图结果

图 3-28　垂直相交的圆柱与圆锥面相贯线的画法

3.3.3　相贯线的特殊情况

在一般情况下，两曲面立体的相贯线是空间曲线，但在某些特殊情况下，也可能是平面曲线或直线。

3.3.3.1　相贯线是圆

两个同轴回转体的相贯线是垂直于公共轴线的圆。如图 3-29(a)所示，圆柱与球是同轴回转体，它们的相贯线是圆，当轴线为铅垂线时，相贯线是水平圆。如图 3-29(b)所示的手柄，它的两端是圆球，中间是圆锥，三者同轴，它们之间的相贯线是圆，当轴线为正平线时，相贯线是正垂圆。

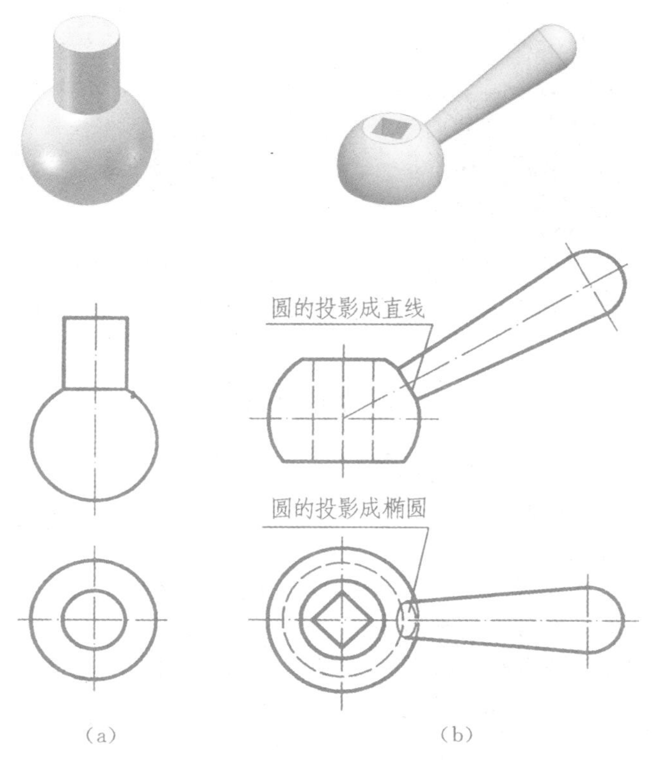

图 3-29　两个同轴回转体相交的相贯线

3.3.3.2　相贯线是椭圆

当两回转体相交且表面公切于一个球面时，相贯线为椭圆，椭圆所在的平面垂直于两轴线所决定的平面，如图 3-30 所示。图 3-30(a)为圆柱与圆柱相交，(b)为圆锥与圆柱相交，(c)为圆锥与圆锥相交。

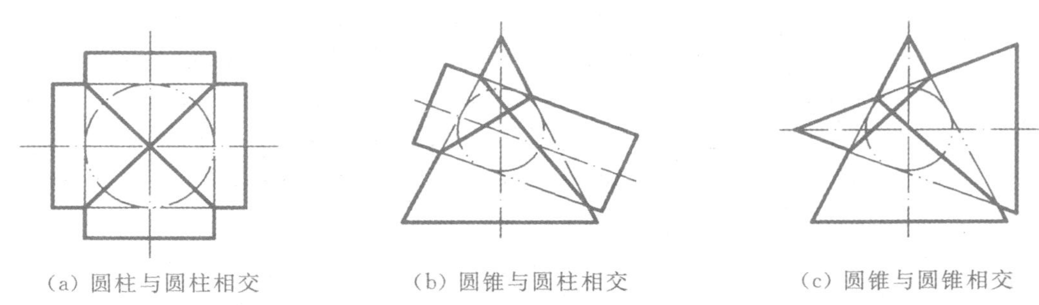

图 3-30　两个回转体相交，表面公切于一个球面时的相贯线

3.3.3.3　相贯线是直线

两个轴线平行的圆柱相交及共顶两圆锥相交，其相贯线为直线，如图 3-31 中(a)表示了轴线平行的两圆柱相交时，相贯线为直线，(b)表示了共顶两圆锥相交时，相贯线为直线的情况。

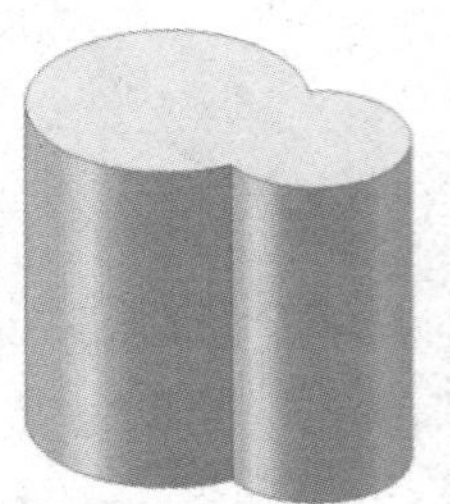

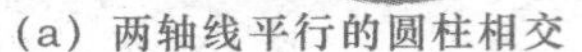

(a) 两轴线平行的圆柱相交

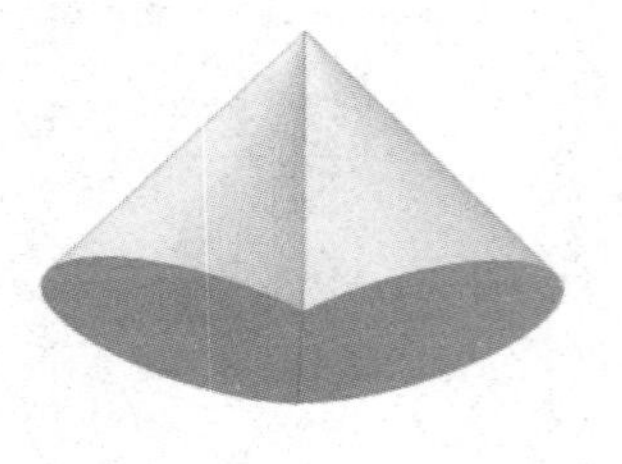

(b) 共顶两圆锥相交

图 3-31 轴线平行的两圆柱相交及共顶两圆锥相交的相贯线

复习思考题

1.常见的平面立体和曲面立体各有哪些?

2.在圆锥面上取点,有哪几种方法?

3.截交线的性质是什么?

4.简述截切平面立体截交线的求解方法。

5.平面与圆柱面的交线有哪几种形式?

6.平面与圆锥面的交线有哪几种形式?

7.求相贯线时,用辅助平面法应注意什么?

4 组合体

工程中的各种物体，都可以看作是由若干基本立体经过叠加或切割而形成的立体，称其为组合体。组合体不同于机器零件：组合体不考虑材料、加工工艺和局部的细小工艺结构(如圆角、倒角和坑槽等)，只考虑其主体几何形状和结构，因此，组合体可以看作理想化的零件。为了正确地表达它们，本章重点学习组合体投影图的画法、组合体尺寸的标注及组合体投影图的读图方法等，为进一步学习零件图的绘制与阅读打下基础。

4.1 物体三视图的形成及投影特性

由立体的投影可知，若将一物体置于三面投影体系中进行投射，可以得到它的三面投影，如图 4-1(a)。在国家标准 GB4458.1—2002《机械制图—图样画法—视图》中规定：将物体向投影面正投影所得到的图形称为视图，因此，物体的正面投影称为主视图，水平投影称为俯视图，侧面投影称为左视图，统称其为三视图。以主视图为基准，俯视图在其正下方，左视图在其正右方。按此配置关系配置时，不必标注视图名称，如图 4-1(b)所示。

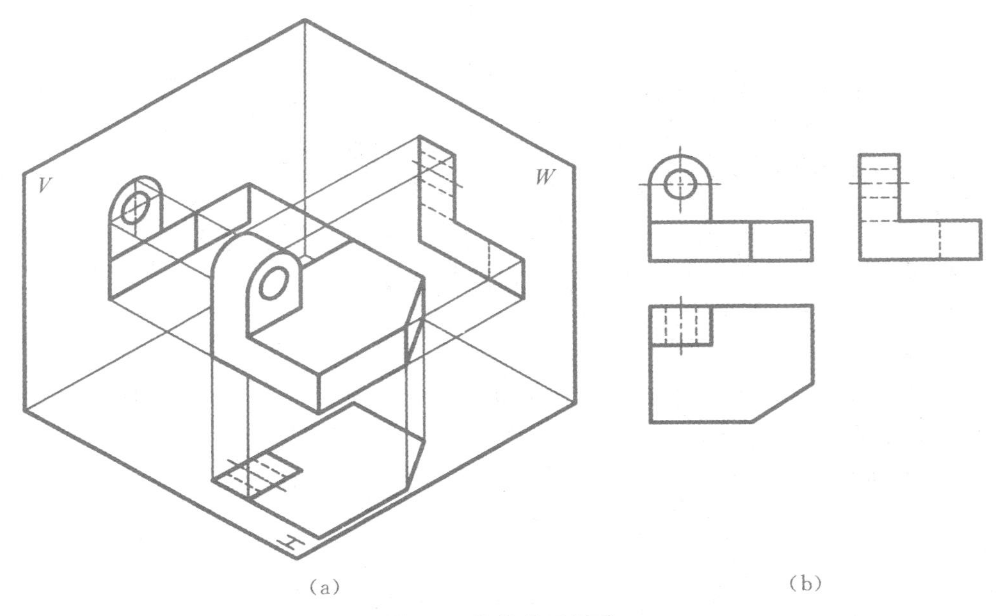

图 4-1 物体的三视图

由于三视图主要是表达立体的形状与大小，无需表达立体与投影面之间的距离，在画三视图时，不必画出投影轴，也不必画出视图之间的连线。在三面投影体系中的投影规律与方法仍然适用于三视图。

物体有长、宽、高三个方向的尺寸，设定：物体上下之间的距离为高，左右之间的距离为长，前后之间的距离为宽。如图 4-1(b)所示，主视图反应了物体的高度与宽度，俯视图反应了物体的长度与宽度，左视图反应了物体的宽度与高度，同时也反应出位置的对应关系，把三视图的投影与位置关系归纳起来，可以得到如下投影规律：

主、俯视图——长对正；

主、左视图——高平齐；

俯、左视图——宽相等。

需要强调的是，在画图或者读图的过程中，要特别注意各个视图之间的投影对应关系。

4.2 组合体的组合方式、表面连接关系及其分析方法

4.2.1 组合体的组合形式

组合体是由若干基本体按照一定的方式组合而成，按照组合方式不同，可分为叠加式、切割式和综合式三种。

4.2.1.1 叠加式

叠加式组合体是由若干简单几何立体按照一定的相对位置叠加而成的复杂立体。图 4-2(a)所示的组合体是由一个正六棱柱和一个圆柱叠加而成，图 4-2(b)所示的组合体是由一个四棱柱底板、一个四棱柱立板、一个半圆柱立板和一个三棱柱肋板叠加而成。

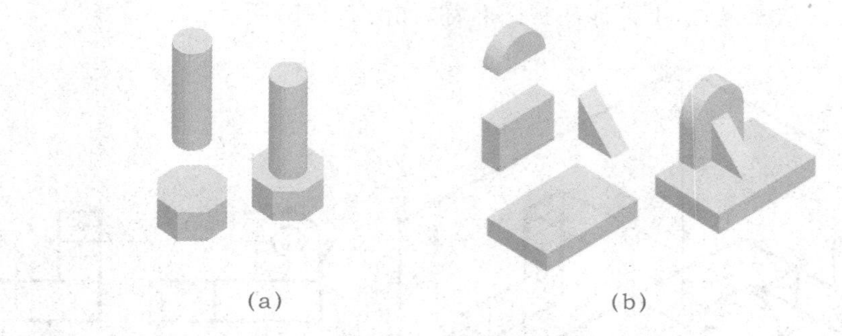

(a) (b)

图 4-2 叠加式组合体

4.2.1.2 切割式

切割式组合体是由一个基本的几何立体，根据其功能需要经过多次挖切而成的复杂立体。图 4-3(a)所示的组合体就可以看作是一个四棱柱经过两次切割形成。图 4-3(b)所示的组合体就是首先将圆柱挖切为空心立体，然后左右对称切割而形成的。

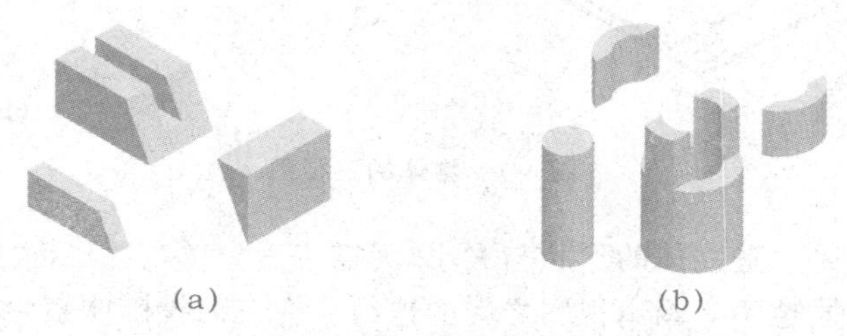

(a) (b)

图 4-3 切割式组合体

4.2.1.3 综合式

综合式组合体是既有叠加又有切割的复合立体，它是最常见的组合体，如图 4-4 所示的组合体可以看作是由一个四棱柱底板、一个四棱柱和两个三棱柱叠加而成，又被切去一个半圆柱、一个四棱柱和两个圆柱之后形成的。

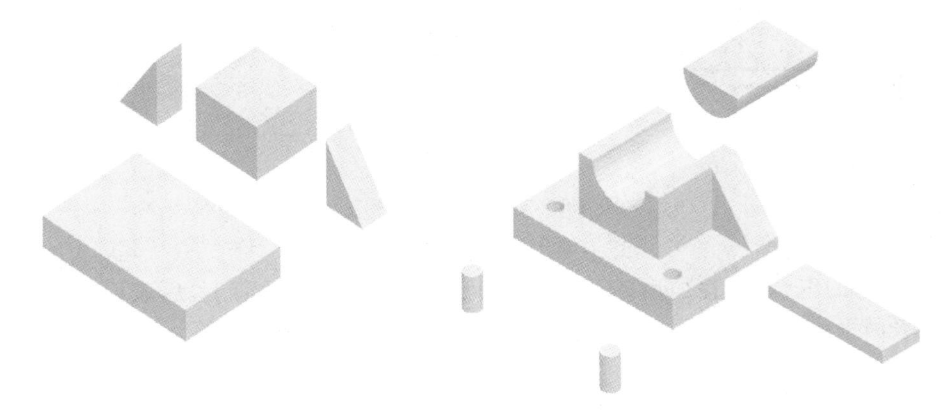

图 4-4 综合式组合体

4.2.2 组合体的表面连接关系

组成组合体的各形体邻接表面之间存在着一定的连接关系，可分为：平齐、不平齐、相切与相交。

4.2.2.1 平齐

当两个基本体具有相互连接的一个面（共平面或者共曲面）时，它们之间不存在分界线，视图上不应有线隔开。如图 4-5 所示的组合体，可以看作是上下两个四棱柱叠加而成，叠加后的两四棱柱前后表面都在一个平面上，称为前后表面平齐，因此，主视图上不应用线隔开。

图 4-5 表面平齐

4.2.2.2 不平齐

当两个基本立体相互叠加时，除叠加处表面重合外，没有公共表面，在投影图中两个基本实体之间有分界线。如图 4-6 所示的组合体，叠加后的两四棱柱前后表面都不在一个平面上，称为前后表面不平齐，因此，主视图上应用实线隔开。

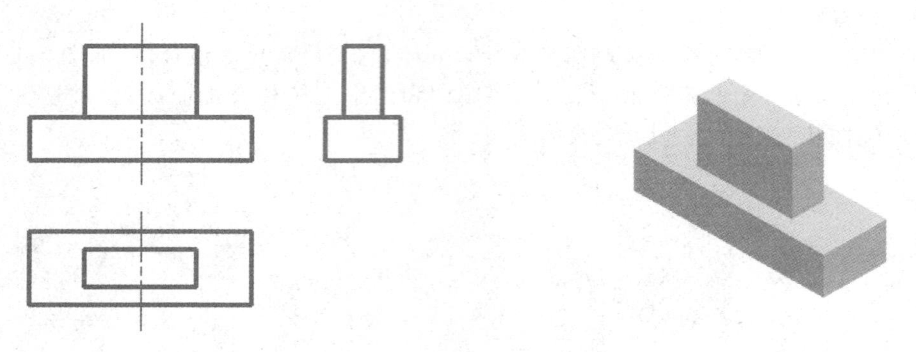

图 4-6 前后表面都不平齐

图 4-7 所示的组合体，叠加后的两四棱柱前表面都在一个平面上，后表面不在一个平面上，称为前表面平齐后表面不平齐，这种情况下，正面投影应用虚线隔开。

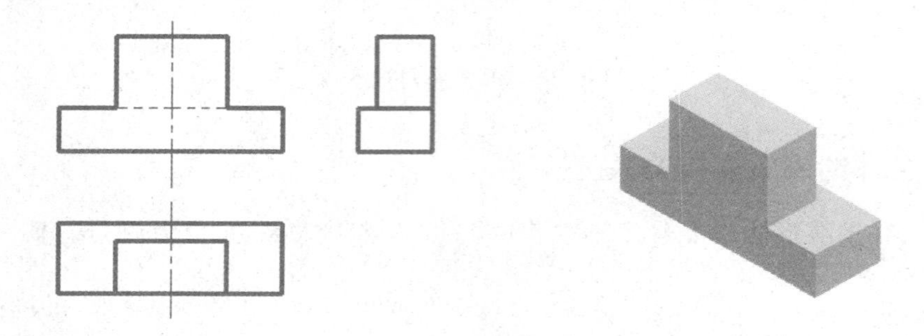

图 4-7 前表面平齐后表面不平齐

图 4-8 所示的组合体，叠加后的两四棱柱后表面都在一个平面上，前表面不在一个平面上，称为后表面平齐前表面不平齐，这种情况下，主视图上应用实线隔开。

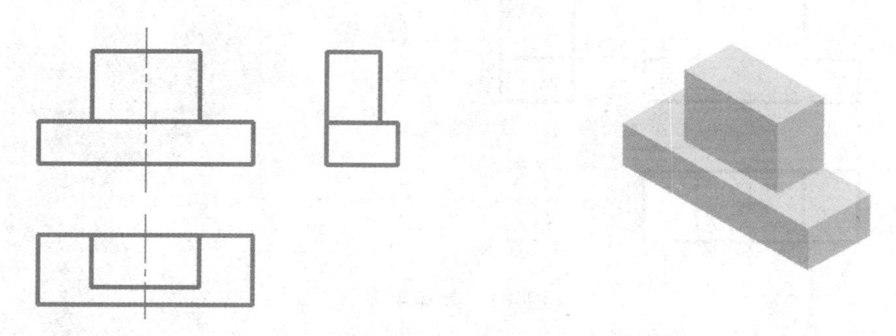

图 4-8 后表面平齐前表面不平齐

4.2.2.3 相切

当两立体的表面相切时，由于相切处两表面是平滑过渡的，因此，在相切处应该不画线，如图 4-9 所示。

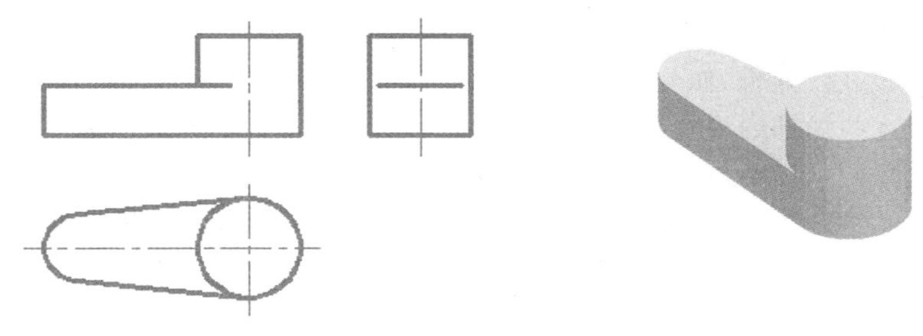

图 4-9 表面相切

4.2.2.4 相交

当两立体表面相交时，表面交线是它们的分界线，图上必须画出，如图 4-10 所示。

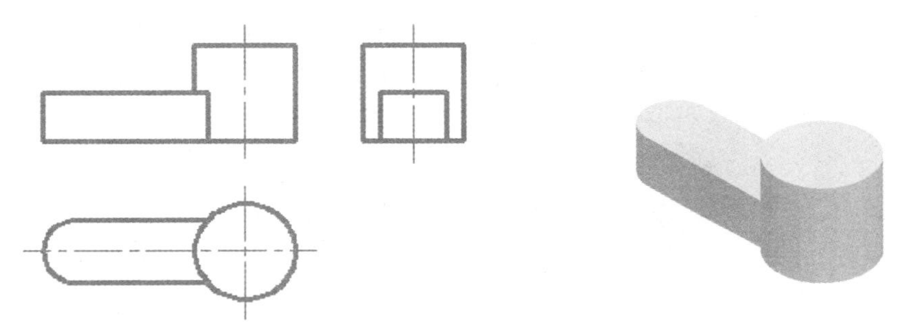

图 4-10 表面相交

图 4-11 所示的组合体，是下表面相切上表面相交，这种情况下需要独立考虑它们的表面连接关系，如图 4-11 所示。

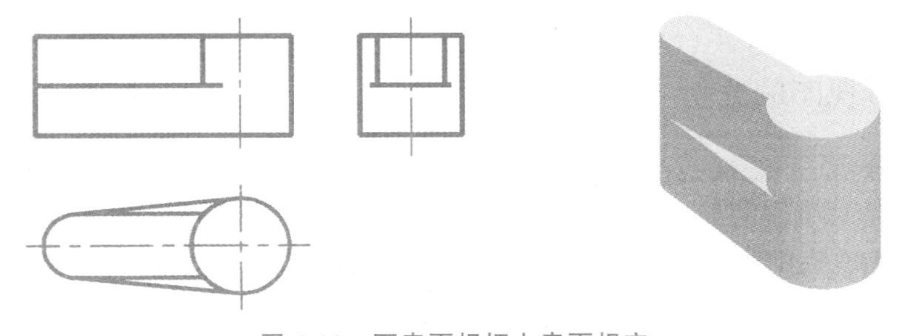

图 4-11 下表面相切上表面相交

4.2.3 组合体的分析方法

4.2.3.1 形体分析法

在对组合体进行绘制、读图和标注尺寸的过程中，将复杂的组合体假想分解为若干基本形体，弄清它们的形状、大小，确定它们的相对位置及其连接方式，以利于顺利地进行绘制和阅读组合体的视图，这种思考和分析问题的方法称为形体分析法。

4.2.3.2 线面分析法

立体的视图实质上就是各个立体表面的投影。线面分析法是在形体分析法的基础上，运用线、面的投影特性和投影规律来分析视图中图线和线框的含义，进行画图和读图的一种方法。在阅读比较复杂组合体的视图时，通常在运用形体分析法的基础上，对不易看懂的局部，还要结合线面投影进行分析，如分析立体的表面形状、表面交线、面与面之间的相对位置等，来帮助看懂和想象这些局部的形状。

在画图和读图的过程中，一般首先采用形体分析法，把组合体分解为若干个基本立体，这样就可以把复杂的组合体转换为简单的基本立体，如果立体表面为投影面的垂直面和一般位置平面时，再结合线面分析方法进行投影分析。

4.3 组合体的画法

组合体的画法

画组合体视图之前，首先应对组合体进行形体分析，了解组合体中各基本形体的状态、表面连接关系、相对位置以及是否在某个方向上对称，从而对该组合体形成一个整体的概念，这是阅读和绘制组合图视图的基础。下面以图 4-12 的轴承座为例来学习组合体视图的画法。

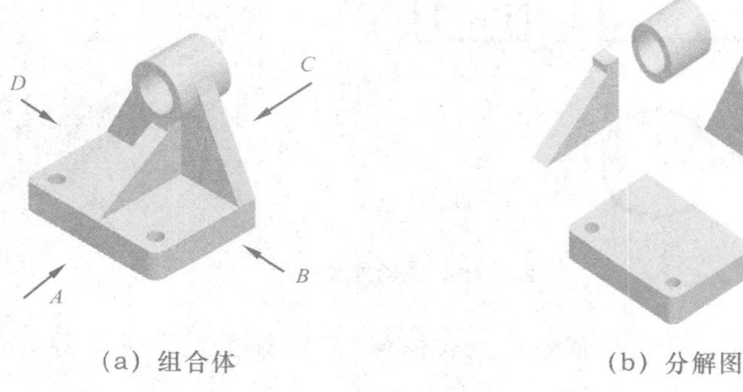

(a) 组合体 (b) 分解图

图 4-12 轴承座

4.3.1 组合体视图的分析方法与步骤

4.3.1.1 形体分析

图 4-12(b)是轴承座的形体分解图，该组合体可以看作是由底板、轴承套筒、支撑板和肋板组成，支撑板左右与圆筒的外表面相切，底板的后端面和支撑板的后端面平齐，圆筒、肋板和底板叠加。

4.3.1.2 视图绘制

(1)确定组合体的摆放位置　组合体摆放位置以方便读图为原则，一般是按照组合体的自然安放位置放置，并尽量使组合体的表面与投影面处于平行或者垂直的位置，也就是从其稳定性与实形性来考虑，确定摆放位置，如图 4-12 所示的轴承座，应将底板水平自然放置。

(2)选择主视图　在三视图中，主视图是最主要的视图，因为主视图通常最能反映组合体的形状特征。在确定投射方向时，应将组合体放正，使组合体的主要平面或者轴线平行或垂直于投影面，一般选取最能反映形状特征的方向作为主视图的投射方向，并考虑其他视图尽可能少的出现虚线。

如图 4-13 所示，以 A 向和 C 向进行比较，C 向的虚线较多，因此，A 向比 C 向好；以 B 向和 D 向进行比较，若以 D 向作为主视图，则对应的左视图的虚线较多，因此，B 向比 D 向好；

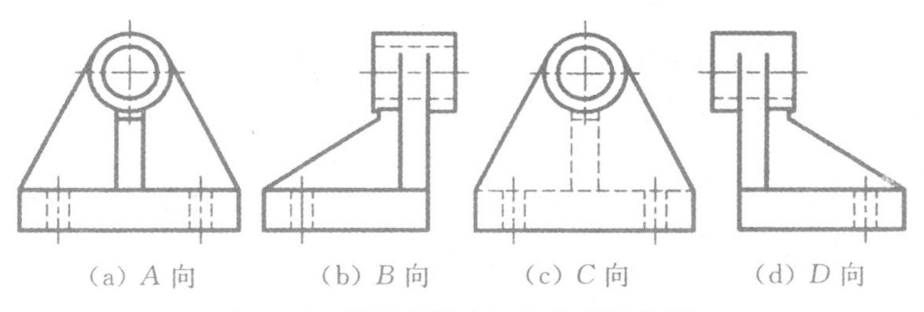

图 4-13 轴承座四个方向的视图比较

以 A 向和 B 向进行比较，A 向更能清晰的反应轴承座各部分的形状特征，因此选择 A 向作为主视图的投射方向。

(3)确定其他视图 主视图确定以后，俯视图和左视图也随之确定。一般来说，完整、清晰地表达一个组合体需要三个视图，但是一些简单形状的立体有时候只需要两个视图，如果考虑标注尺寸，有的立体甚至只需要一个视图。因此，视图的数量在完整、清晰地表达组合体内外形状的前提下尽量要少。

(4)定比例、选图幅 按照所画组合体的大小和复杂程度，先确定绘图比例(优先选择 1∶1 的比例)，然后再选择合适的图纸幅面。

(5)布置视图 选定图纸幅面后，首先画出各视图的对称中心线、回转轴线，在布置视图时要注意图纸空间不要太拥挤或者太分散，并且要留出尺寸标注的位置。要注意的是，对称的形体要画出对称的中心线，回转体要画出轴线，圆与大于或等于半圆弧的图形要画出中心线，它们在视图中用点画线来表示，见图 4-14。

(6)画底稿 按照图 4-14 中的顺序，逐个作出各个基本形体的三视图，一般先画大的形体，主要的轮廓，后画小的形体及细节部分；先画实心部分，后画空心部分。画图时要对每个形体同时画出它的三个视图，这样既能保证各个形体之间的相对位置和对应的投影关系，又能提高绘图速度。

(7)检查、修改和加深 底稿画完后，要仔细检查，改正错误。根据组合体的结构情况及点、线与面的投影规律，检查校核，检查结束后，擦去多余图线。按规定的线型画出图线，可见的轮廓线用粗实线绘制，不可见的轮廓线画虚线，完成各图的绘制。具体步骤如图 4-14 所示。

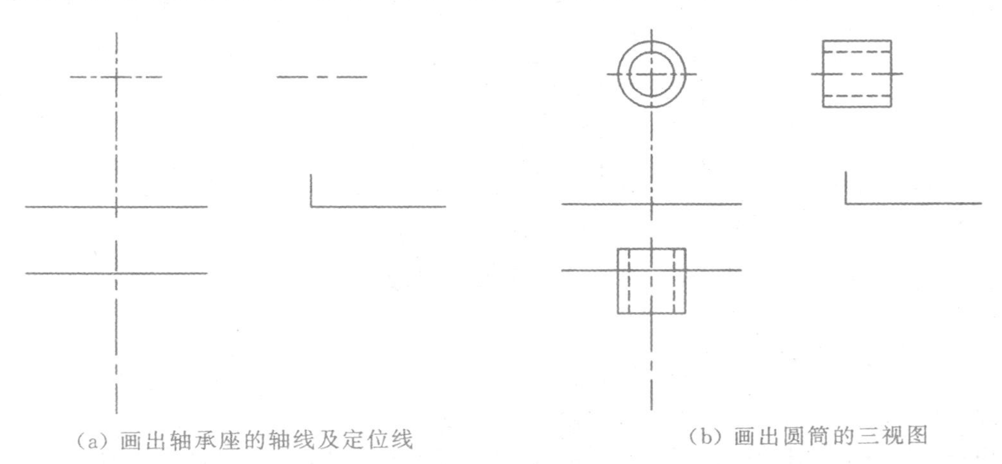

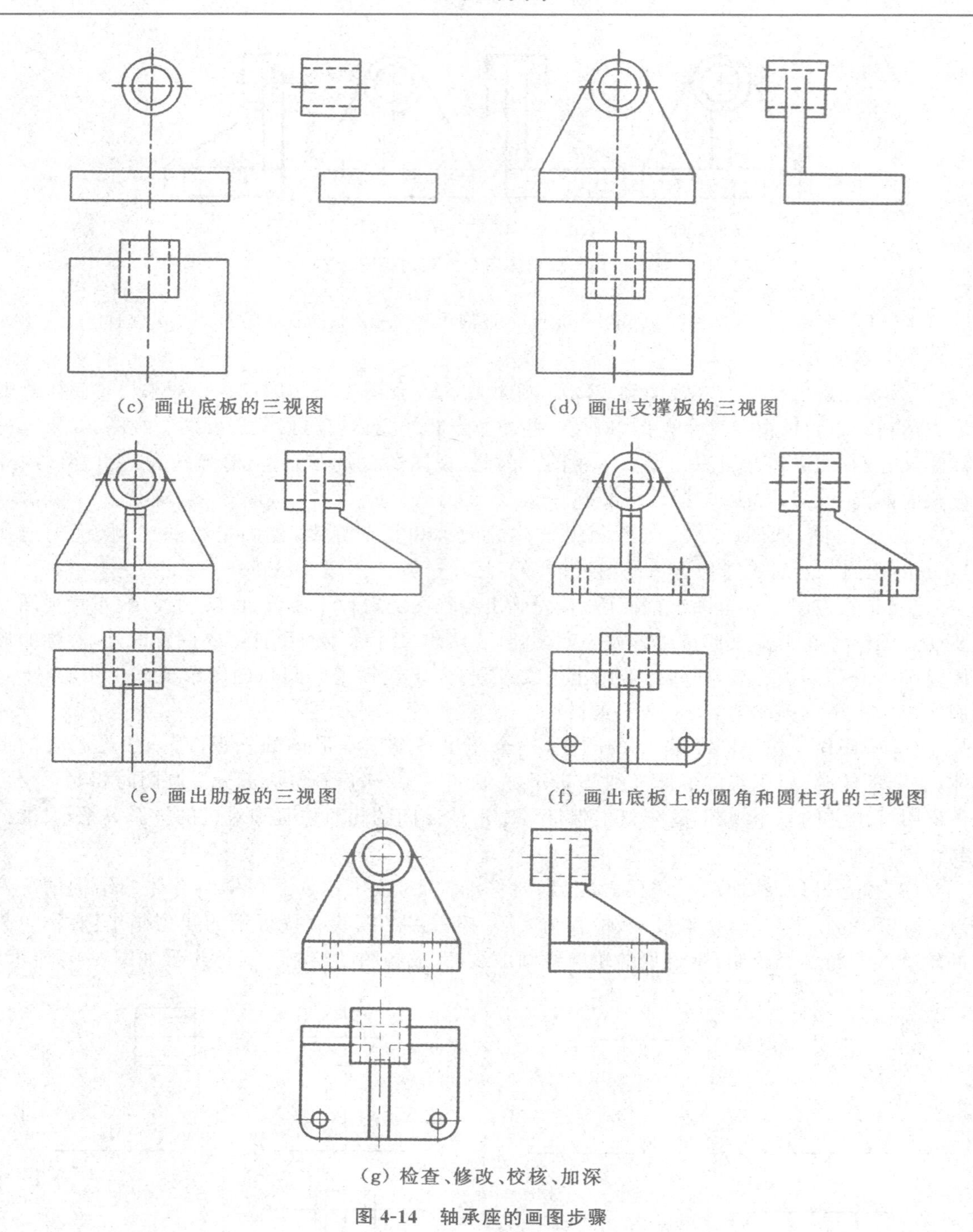

(c) 画出底板的三视图

(d) 画出支撑板的三视图

(e) 画出肋板的三视图

(f) 画出底板上的圆角和圆柱孔的三视图

(g) 检查、修改、校核、加深

图 4-14 轴承座的画图步骤

4.3.2 组合体画图举例

例 4-1 画出图 4-15 所示支座的三视图。

分析:图 4-15 所示的组合体为综合式组合体,可以看作是由一个四棱柱底版、二个四棱柱和一个半圆柱体叠加而成,后再切割去掉一个四棱柱和一个圆柱后形成的,对于切割式组合体，一般先画出原始图线的主视图，然后再根据投影关系画出另外两个视图。

图 4-15 支座

作图步骤：

支座三视图的作图步骤如图 4-16(a)～(f)所示。

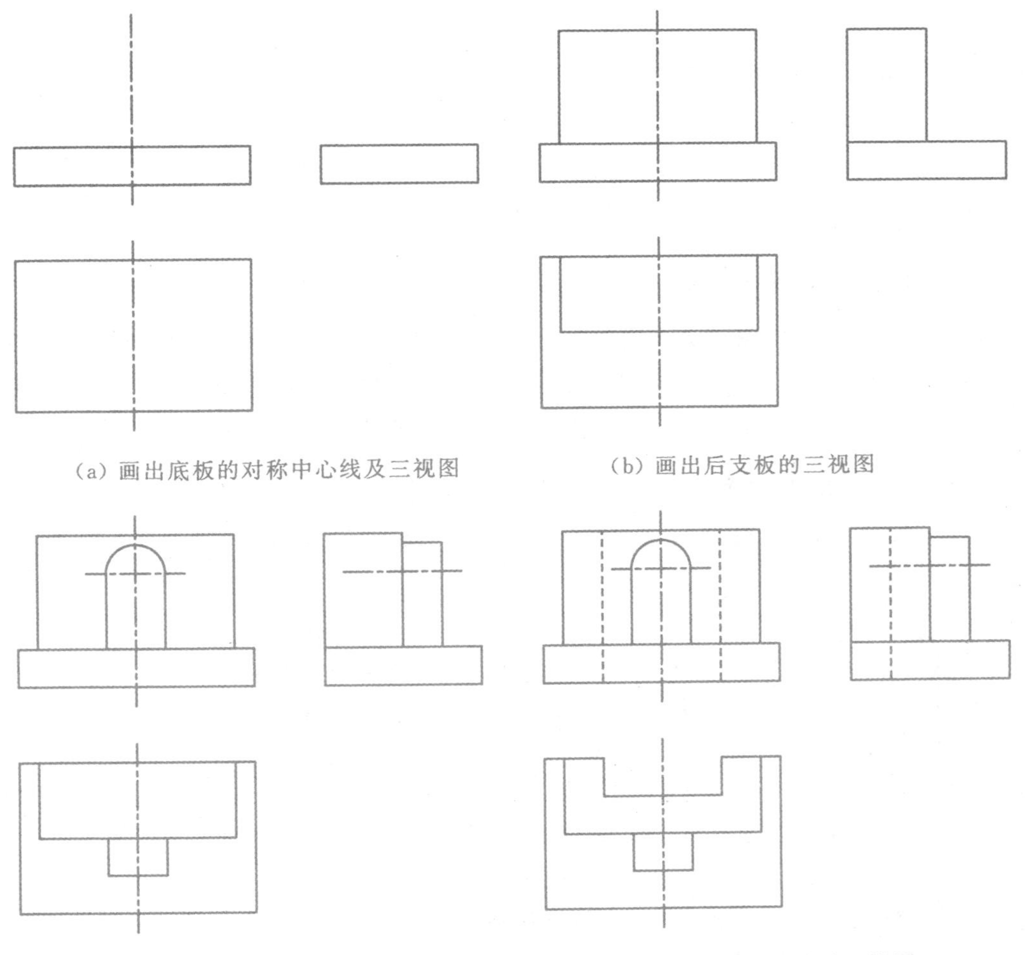

(a) 画出底板的对称中心线及三视图

(b) 画出后支板的三视图

(c) 画出前支板与凸台的三视图

(d) 画出切割后四棱柱的三视图

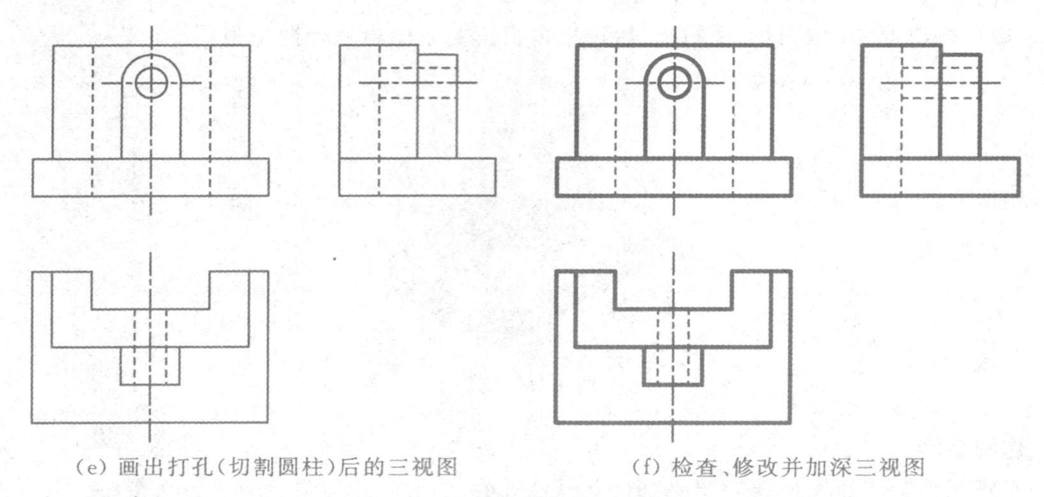

(e) 画出打孔(切割圆柱)后的三视图　　(f) 检查、修改并加深三视图

图 4-16　支座三视图的画图步骤

4.4　组合体视图的尺寸标注

在工程图样中,视图只能表示组合体的形状,其大小是由视图中所标注的尺寸确定的,组合体的真实大小以图样上的尺寸数值为依据,与图形的大小和准确度无关,因此,正确清晰地标注尺寸非常重要。

4.4.1　尺寸标注的基本要求

(1)正确　所标注的尺寸要符合国家标准《技术制图》和《机械制图》中有关尺寸标注的规定。

(2)完整　所标注的尺寸能够完全确定组合体各形体的大小及相对位置,不遗漏,不重复。

(3)清晰　每个尺寸要标注在反映立体形体特征的视图上,排列整齐,便于读图。

4.4.2　常见薄板的尺寸标注

薄板是机件中的底板、竖板和法兰盘的常见形式。图 4-17 列举了几种薄板的尺寸注法,必须熟练掌握其尺寸标注方法。

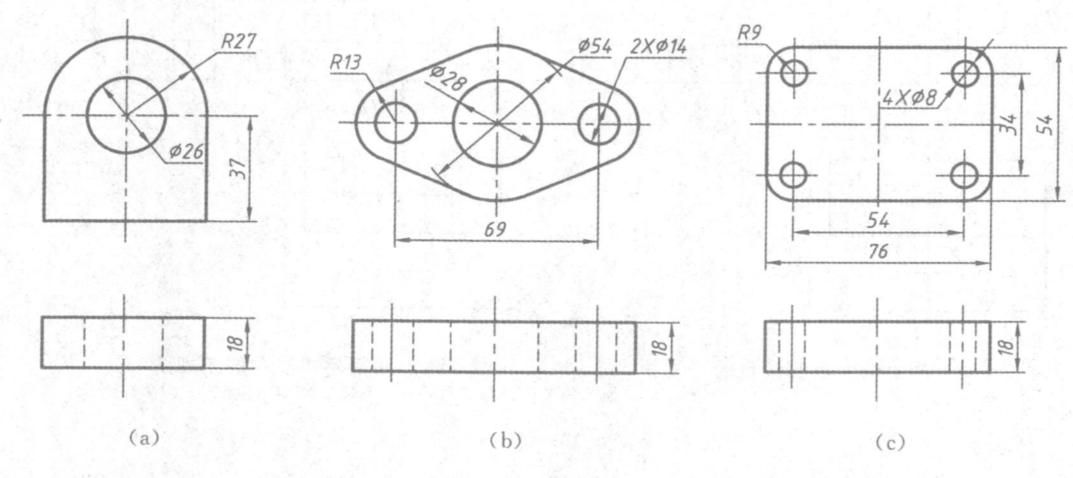

(a)　(b)　(c)

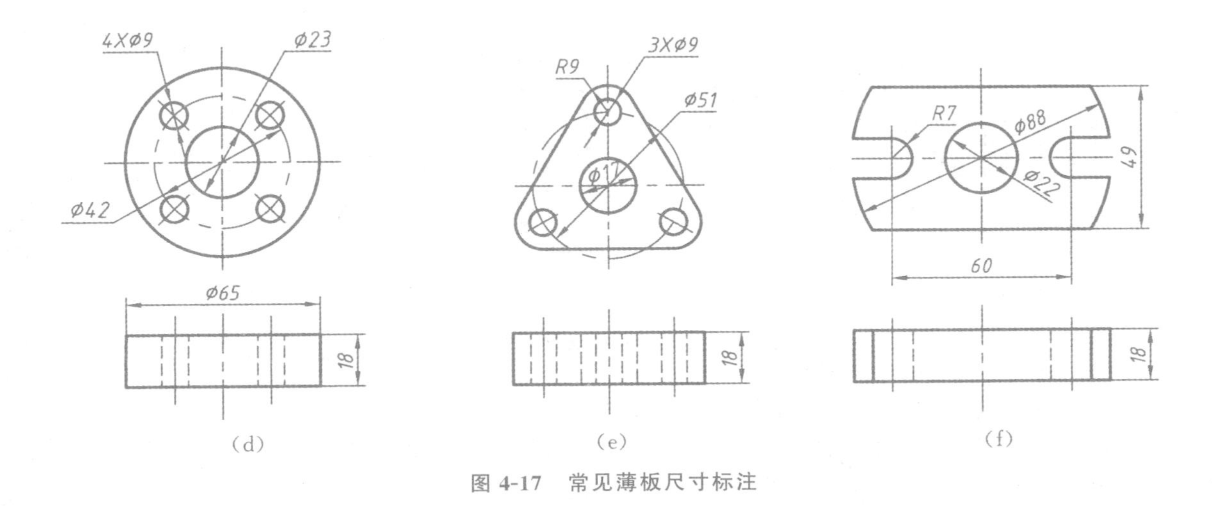

图 4-17 常见薄板尺寸标注

4.4.3 简单立体的尺寸标注

组合体一般都可以认为是由简单立体通过叠加或切割得到的，因此要掌握组合体尺寸标注，必须先熟悉和掌握一些简单立体的尺寸标注方法，这些尺寸注法已经规范化，一般不能随意改变。

4.4.3.1 基本几何体的尺寸标注

对于基本的几何体，一般应注出它的长、宽、高三个方向的尺寸，但并不是每一个基本体都需要完整标注这三个方向的尺寸。例如标注圆柱、圆锥的尺寸时，在其投影为非圆的视图上注出直径尺寸"ϕ"，标出两个尺寸就可以，同时也可省略一个俯视图。图 4-18 给出了一些常见基本体的尺寸标注，应该熟练掌握其尺寸标注方法。

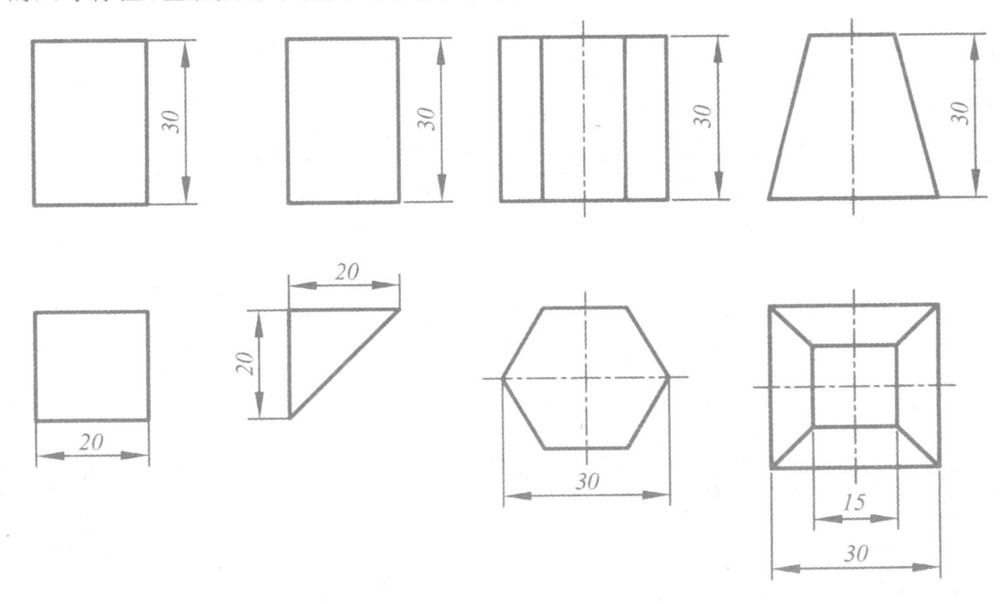

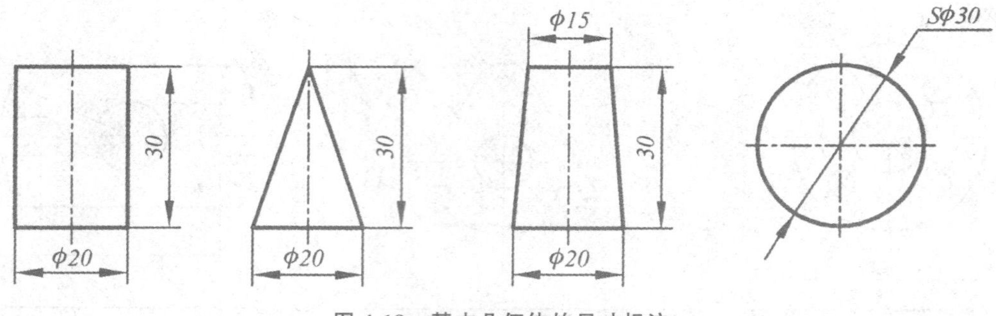

图 4-18 基本几何体的尺寸标注

4.4.3.2 具有切口的基本体和相贯体的尺寸标注

在标注具有切口的基本体和相贯体的尺寸时，应首先注出基本体的尺寸，然后再注出确定截平面位置的尺寸和相贯两基本体相对位置的尺寸，而截交线和相贯线本身不允许标注尺寸，图 4-19 给出了一些常见切口的基本体和相贯体的尺寸注法。

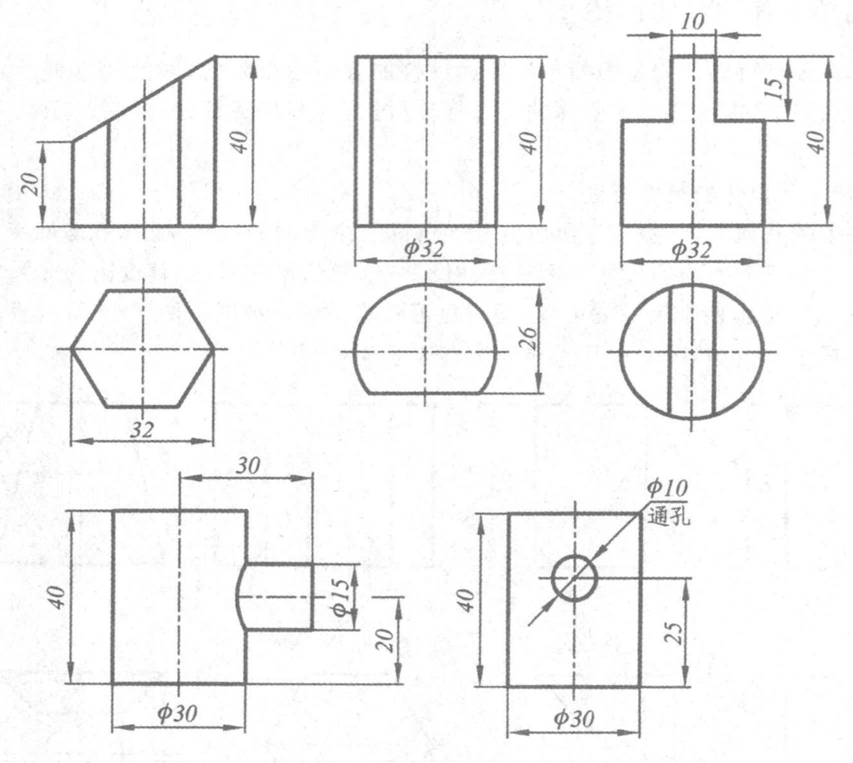

图 4-19 具有切口的基本体和相贯体的尺寸标注

4.4.4 组合体的尺寸标注

按照形体分析法及每个尺寸的作用，组合体的尺寸可以分为定形尺寸、定位尺寸、总体尺寸三类。在标注组合体尺寸时，应当明确组合体长、宽、高三个方向上的尺寸基准，以确定各个基本形体的空间位置。

组合体的尺寸标注

（1）确定尺寸基准　标注尺寸的起点就是尺寸基准，一般选择组合体的对称平面、轴线或重要的平面作为尺寸基准，如回转体的轴线、较大的端面或侧面等常被选作尺寸基准。在标注组合体尺寸时，应当首先明确长、宽、高三个方向的尺寸基准，如图 4-20 所示的组合体，高度方向的尺寸基准是底板所在的平面，长度方向的尺寸基准是左侧面，宽度方向的尺寸基准是组合体的后侧平面。

（2）标注定形尺寸　确定组合体各基本立体形状和大小的尺寸，在三维空间中，定形尺寸一般包括长、宽、高三个方向上的尺寸。如图 4-20 所示的组合体：底板的尺寸：长 42，宽 30，高 12；立板上圆孔的直径 $\Phi15$，圆弧半径 $R15$ 和立板宽度尺寸 12。

（3）标注定位尺寸　确定各基本形体之间的相对位置尺寸。如图 4-20 所示的组合体，标注的定位尺寸有：决定底板上右前方斜角的长度方向定位尺寸 30 和宽度方向定位尺寸 18；立板上圆孔中心高度方向的定位尺寸 24。每个基本立体的相对位置，一般来说在长、宽、高三个方向上均需定位，若两个立体之间的相对位置为叠加、平齐或处于组合体的对称面上时，在相应方向不需要有定位尺寸。

（4）标注总体尺寸　总体尺寸是表示组合体所占空间的大小，就是组合体的总长、总宽、总高尺寸，将组合体尺寸分为定形尺寸、定位尺寸和总体尺寸是尺寸标注的一种分析问题的方法。如图 4-20 所示的组合体：总长为 42，总宽为 30，总高为 39，已由标注出的定形尺寸和定位尺寸确定，不再需要标注。总体尺寸有时兼有定形尺寸或定位尺寸的作用，如图 4-20 所示的组合体中，42 和 30 既是组合体的总长与总宽，又是底板的长和宽。

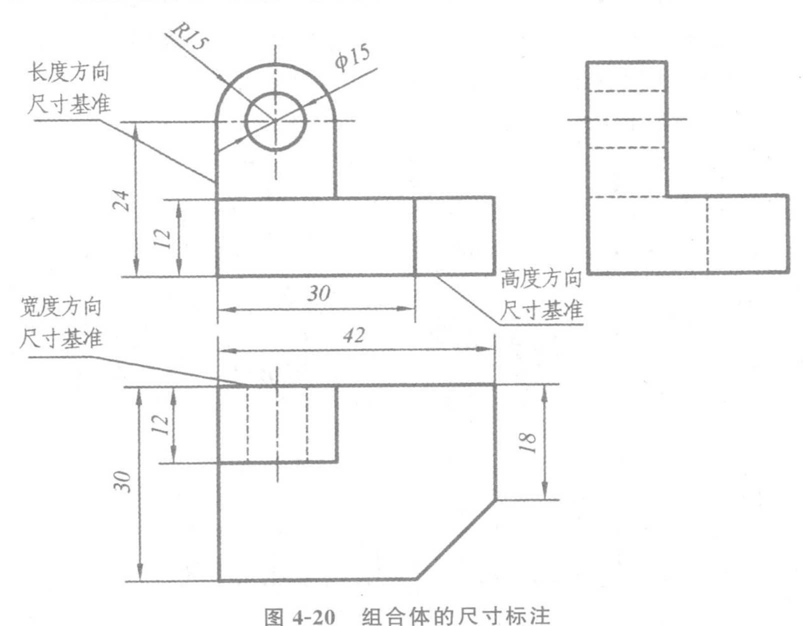

图 4-20　组合体的尺寸标注

4.4.5　清晰标注尺寸的注意事项

所注尺寸要达到清晰的要求，需注意以下几点：

（1）尺寸应尽量标注在视图外面，与两个视图有关的尺寸最好布置在两个视图之间。

（2）定形、定位尺寸尽量标注在反映形状和位置特征的视图上。

(3)同一基本形体的定形、定位尺寸应尽量集中标注。

(4)直径尺寸尽量标注在投影为非圆的视图上。

(5)尺寸尽量不标注在虚线上。

(6)尺寸线、尺寸界线与轮廓线尽量不要相交。同方向的并联尺寸,应使小尺寸注在里边,大尺寸注在外边。同方向的串联尺寸,箭头应互相对齐并排列在一条线上。

(7)不允许形成封闭尺寸链。

以上各点并非标注尺寸的固定模式,在实际标注尺寸时,有时会出现不能完全兼顾的情况,应在保证尺寸标注正确、完整的基础上,根据尺寸布置的需要灵活运用和进行适当的调整。

4.5 读组合体视图

4.5.1 读组合体视图的基本知识

4.5.1.1 视图中图线、图框的含义

组合体三视图中的图线主要有粗实线、虚线和细点画线。读图时应根据点、线、面的投影特性和三视图之间的投影规律,正确分析视图中的每条图线、每个线框所表示的投影含义。

4.5.1.2 读图要点

(1)几个视图联系起来读　在一般情况下,一个视图不能完全确定物体形状,如图 4-21 所示的四个组合体,它们的主视图完全相同,但它们的形状各异。有时,两个视图也不能完全确定物体的形状,如图 4-21 中(a)和(b)、(c)和(d)的主、左视图完全相同,但由于俯视图不同,所以,这四组三视图表达了四个不同的形体。由此可见,读图时必须把所给出的几个视图联系起来看,才能准确地想象出物体的形状。

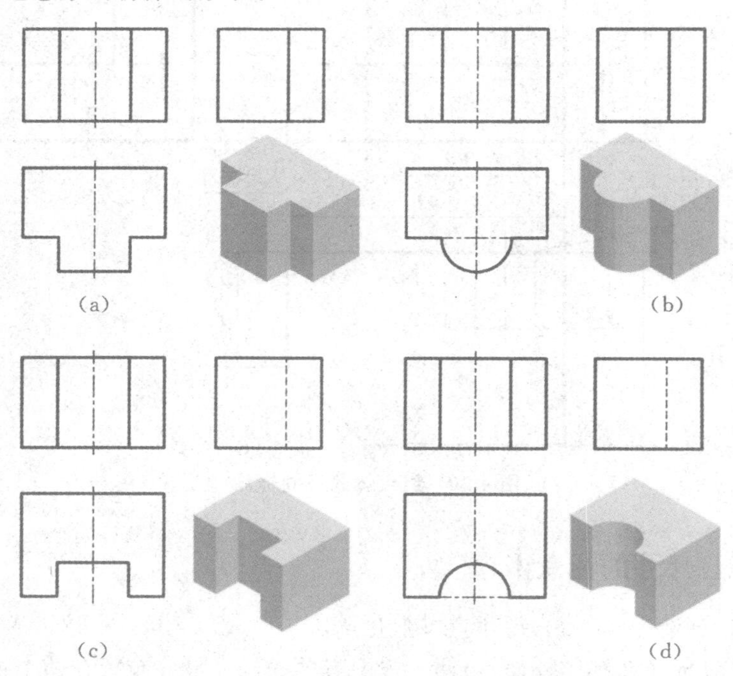

图 4-21　两个视图相同确定不同形状的组合体

(2)从反映形体特征明显的视图入手读　读组合体视图时,要先从反映形体特征明显的视图(通常为主视图)看起,再与其他视图联系起来,形体的形状才能识别出来。

所谓反映形体特征是指反映形体的形状特征和位置特征较明显,如图4-22(a)所示组合体的主视图上的1和2两个线框所表示的形体,是凸出,还是凹进,单由主视图无法确定,再结合俯视图也无法确定,依据这两个视图来分析该组合体的形状,可能是图4-22(b)或4-22(c)所示的情况。如果结合左视图来分析,就可以明显确定1和2两个线框所表示的形体及其位置特征,因此,该组合体的左视图就是特征视图,读图时,从该视图入手,将主、左两个视图结合起来看,就可唯一判定该组合体的形状见图4-22(b)。

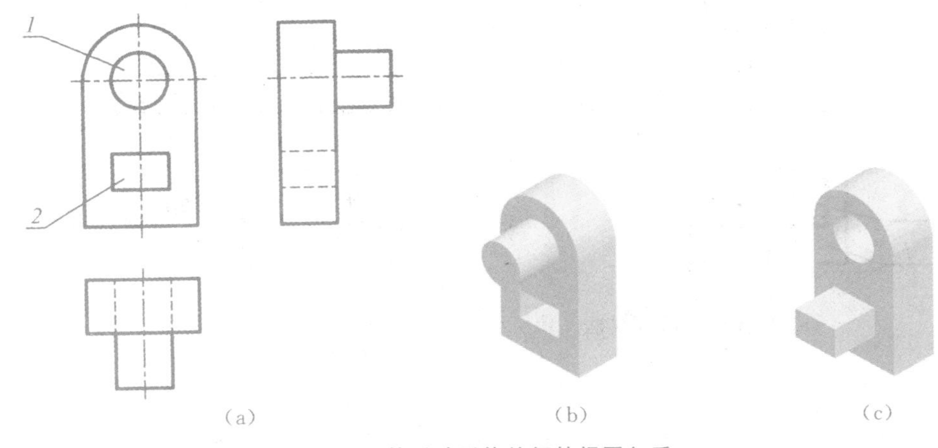

图4-22　从反映形体特征的视图入手

4.5.2　形体分析法读图

形体分析法和线面分析法读图

形体分析法读图,就是把复杂的视图,按各线框的对应关系把图线分解为若干个组成部分,再根据基本立体的投影特性,分析投影图所表示的各组成部分的结构形状,然后再根据它们之间的结合方式、相对位置和表面连接关系,综合起来想象出组合体的整体结构形状。

根据三视图基本投影规律和基本形体三视图,从图上逐个识别出组成组合体的各简单形体的形状和相互位置,再确定它们的组合形式及其表面的连接关系,综合想象出组合体的形状。下面以图4-23所示的支承架为例,说明用形体分析法读组合体视图的方法和步骤。

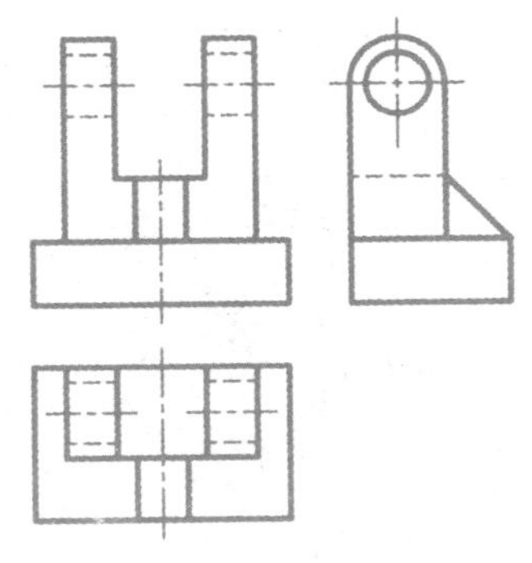

图4-23　形体分析法读图题目

(1)分线框,对投影　先看主视图,并将主视图划分成三个线框1′、2′、3′,联系其他两视图,并在俯视图上找出其对应的线框。如图4-24(a)所示。

(2)想形体,定位置　按照投影特点和投影对应关系,逐个想象出各部分的形状和位置,如图4-24(b)～(d)所示。主视图上对应的线框1′、2′、3′,左视图上找其对应线框1″、2″、3″。按三视图的投影规律依次找出各线框所表达的简单形体。想象出该组合体所包括的三个简单形体分别为:底板Ⅰ、肋板Ⅱ和支架Ⅲ,如图4-24所示。

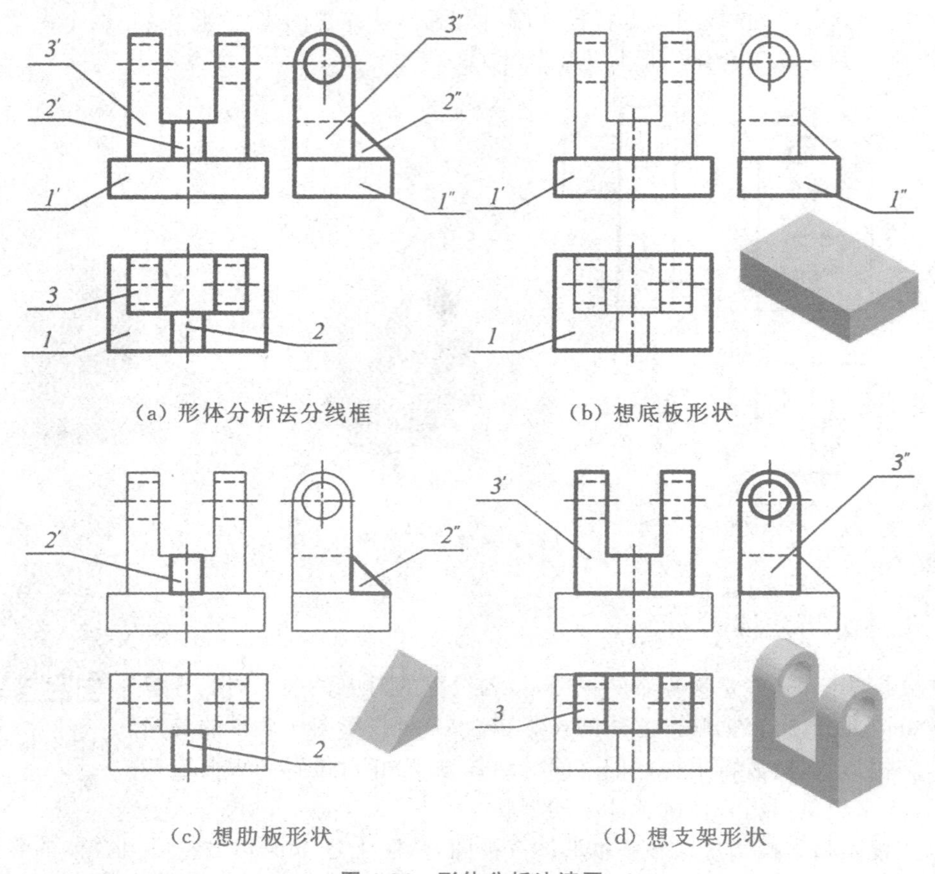

图4-24　形体分析法读图

(3)合起来,想整体　每个部分的形状和位置确定后,整个组合体就看懂了,如图4-25所示。

图4-25　组合体

4.5.3 线面分析法读图

线面分析法读图就是根据线、面的投影特性，把形体分成线、面等几何要素，找出它们的对应投影。通过识别这些几何要素的空间位置、形状，从而想象出形体的整个形状。

下面以图 4-26 所示的组合体为例，说明结合形体分析法和线面分析法进行组合体读图的具体步骤：

（1）形体分析　图 4-26(a)所示为该组合体的三视图，由于各视图的基本轮廓都是长方形，只是少了几个角，可以想象出该形体的原始形体为四棱柱。进一步分析给出的三视图可以看出：四棱柱左上角从前到后被切掉；左端前、后方各从上到下切去一角；下方前、后对称被切掉一个角。

（2）线面分析　在上述形体分析的基础上，再进行线、面分析，以确定形体各表面的形状。图 4-26(b)俯视图中的梯形线框 p，对应正面投影是一条直线 p'，侧面投影也是一个梯形 p''，依据投影面垂直面的投影特性可知，该面是一个梯形的正垂面，这样就确定了该立体左侧上表面的形状；图 4-26(c)主视图中的七边形线框 q'，对应水平投影是一条直线 q'，侧面投影是一个类似的七边形 q，依据投影面垂直面的投影特性可知，该面是一个七边形的铅垂面，这样就确定了该立体左侧前、后两个面的形状。用同样的方法可分析其他表面的形状。该组合体的立体图见图 4-26(f)。

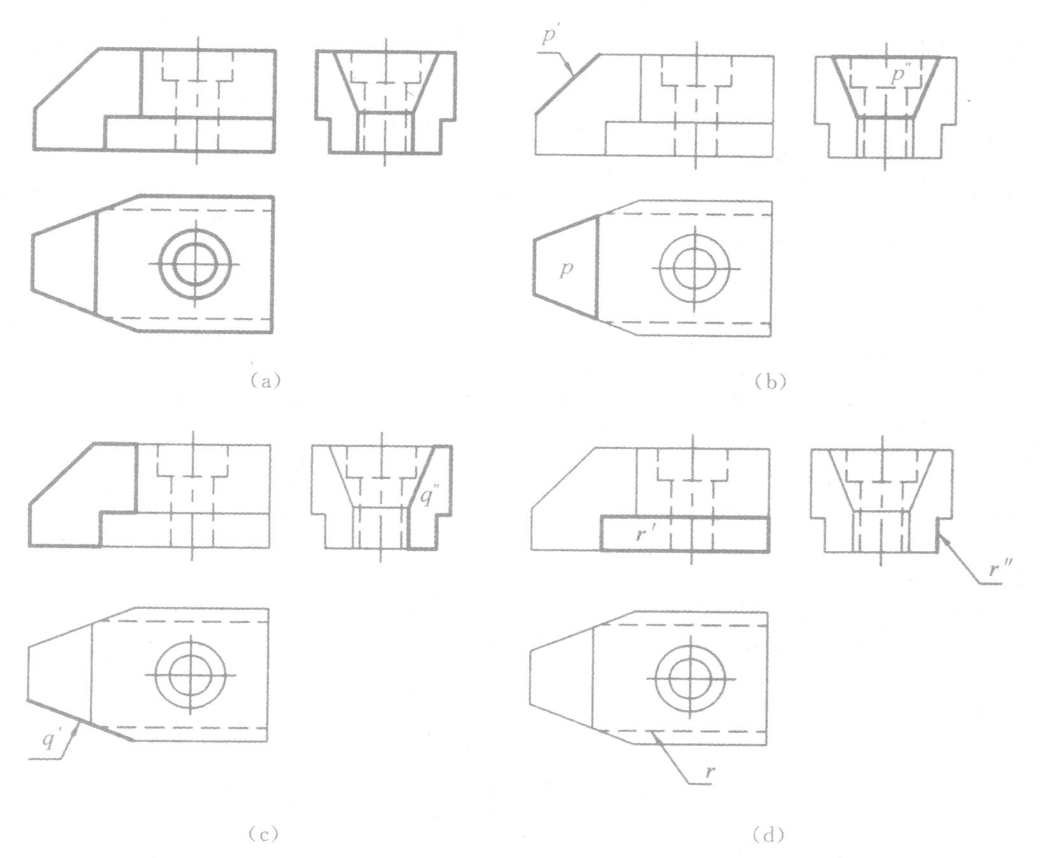

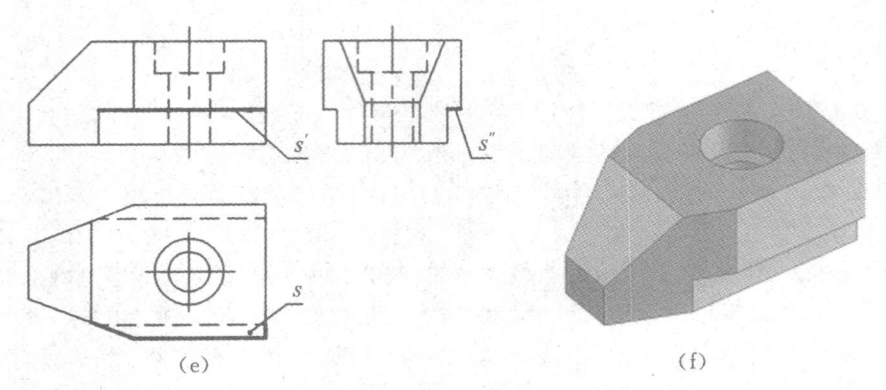

图 4-26 读组合体投影图

复习思考题

1. 组合体的组合形式有哪些？
2. 什么是形体分析法、线面分析法？
3. 组合体的尺寸标注要注意哪些问题？
4. 什么是尺寸基准？
5. 什么是定形尺寸、定位尺寸？
6. 简述形体分析法读图的方法和步骤。

5 轴 测 图

轴测图是一种能同时反映立体的正面、侧面和水平面形状的单面投影图，立体感强，一般人都能看懂，但轴测图一般不反映物体各表面的实际形状，且作图较复杂。因此，在工程设计和工业生产中轴测图常用作辅助图样。本章主要学习轴测图的基本知识和工程上常用的两种轴测图的画法。

5.1 轴测图的基本知识

5.1.1 轴测图的形成

用平行投影法将物体连同确定物体空间位置的直角坐标系一起沿不平行于任一坐标平面的方向投射到一个投影面上，所得到的图形，称为轴测图，如图 5-1 所示。

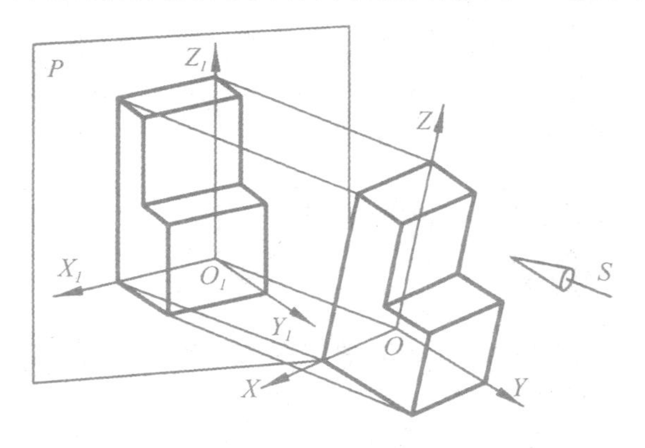

图 5-1 轴测图的形成

5.1.2 轴间角和轴向伸缩系数

如图 5-2 所示，在轴测图中，空间直角坐标轴 OX，OY，OZ，在轴测投影面 P 上的投影 O_1X_1、O_1Y_1、O_1Z_1 称为轴测投影轴，简称轴测轴。相邻两个轴测轴之间的夹角$\angle Y_1O_1Z_1$、$\angle X_1O_1Y_1$、$\angle Z_1O_1X_1$ 称为轴间角。在空间直角坐标轴 OX、OY、OZ 上各取单位长度线 OA、OB、OC，向轴测投影面 P 上投影得三投影为O_1A_1、O_1B_1、O_1C_1，将投影长度和实际长度之比称为轴向伸缩系数，分别用 p_1、q_1、r_1 表示。其中：

$p_1=O_1A_1/OA$ 称 OX 轴的轴向伸缩系数；

$q_1=O_1B_1/OB$ 称 OY 轴的轴向伸缩系数；

$r_1=O_1C_1/OC$ 称 OZ 轴的轴向伸缩系数。

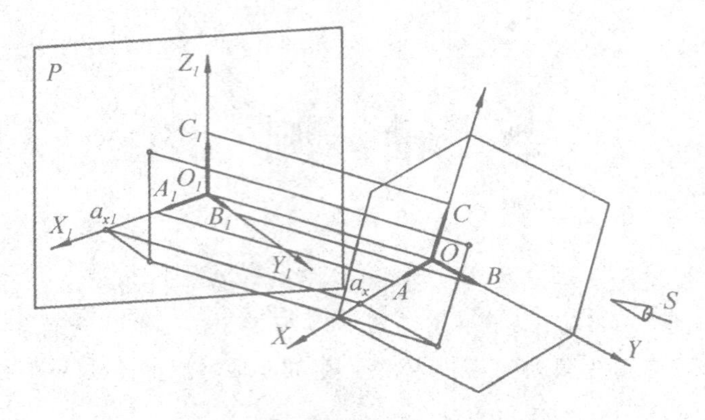

图 5-2 轴间角和轴向伸缩系数

5.1.3 轴测图的分类

根据空间物体的位置以及轴测投射方向的不同,轴测图可分为以下两大类:

①正轴测图:投射方向垂直于轴测投影面。

②斜轴测图:投射方向倾斜于轴测投影面。

根据轴间角和各轴向伸缩系数的不同,每类又可分为三种:

①正(或斜)等轴测图〔简称正(斜)等测〕:三个轴向伸缩系数均相等。

②正(或斜)二等轴测图〔简称正(斜)二测〕:两个轴向伸缩系数相等。

③正(或斜)三轴测图〔简称正(斜)三测〕:三个轴向伸缩系数均不相等。

工程上常用正等轴测图及斜二等轴测图两种。

5.1.4 轴测图的投影特性

由于轴测图是采用平行投影法得到的,因此具有平行投影的投影特性,即:

①直线的轴测投影通常仍为直线。

②圆的轴测投影一般情况下为椭圆,特殊情况下为圆。

③空间两平行直线,其轴测投影仍平行。特别地,当空间立体上的线段与坐标轴平行时,其轴测投影平行于相应的轴测轴。

5.2 正等轴测图的画法

5.2.1 轴间角和轴向伸缩系数

正等轴测图是使三条坐标轴对轴测投影面处于倾角都相等的位置所得到的轴测图。如图 5-3 所示,正等测的轴间角都是 120°;各轴向伸缩系数都相等,即 $p_1=q_1=r_1\approx0.82$,为了作图简便起见,常采用简化系数,即 $p=q=r=1$。采用简化系数作图时,画出的图形沿各轴向的长度都分别放大了约 $1/0.82\approx1.22$ 倍。

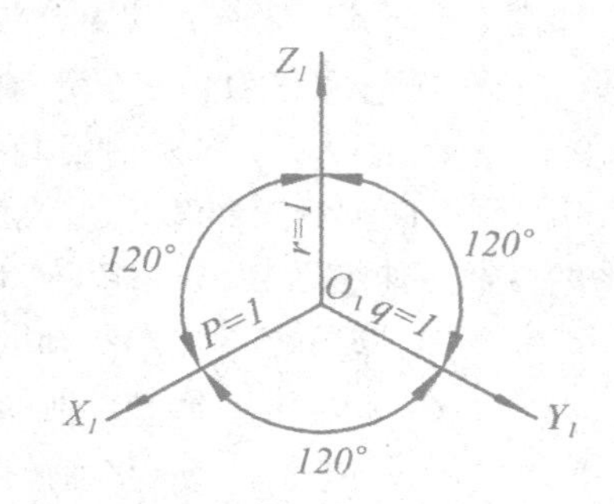

图 5-3 正等测的轴间角和轴向伸缩系数

5.2.2 平面立体正等轴测图的画法

5.2.2.1 画平面立体正等测图的几种方法

在一般情况下，常用正等测来绘制物体的轴测图，画轴测图的方法有坐标法、切割法和综合法三种。

①坐标法：沿坐标轴测量，然后按坐标画出各顶点的轴测图的方法称为坐标法。

②切割法：对不完整的形体，可先按完整形体画出，然后用切割的方法画出其不完整部分，此法称为切割法。

③综合法：对一些平面立体则采用形体分析法，先将其分成若干基本形体，然后再逐个将形体组合在一起或进一步切割，此法称为综合法。

5.2.2.2 物体的正等轴测图作图步骤

通常可按下列步骤作出物体的正等测图：

①对物体进行形体分析，确定坐标轴。

②作轴测轴，按坐标关系画出物体上点和线，从而连成物体的正等测图。

应该注意：在确定坐标轴和具体作图时，要考虑作图简便，有利于按坐标关系定位和度量，并尽可能减少作图线。

5.2.2.3 举例说明三种方法的画法

1)坐标法

例 5-1 如图 5-4(a)所示，作出正六棱柱的正等测图。

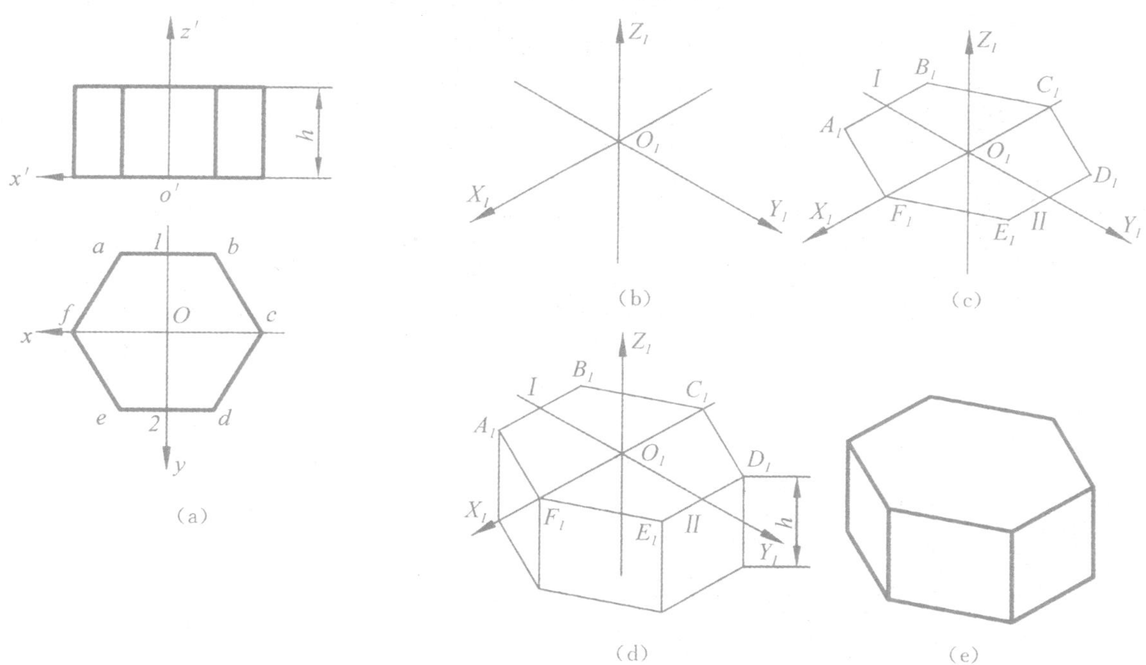

图 5-4 正六棱柱的正等测图画法

分析：作物体的轴测图时，习惯上是不画出其虚线，因此作正六棱柱的轴测图时，为减少不必要的作图线，先从顶面开始作图比较好。

作图步骤(图 5-4):

(1)在两面投影图上建立坐标系,如图 5-4(a)所示。

(2)画出正等测中的轴测轴 O_1X_1、O_1Y_1、O_1Z_1,如图 5-4(b)所示。

(3)在 O_1Y_1 轴上,以 O_1 为对称点,截取线段 $I\ II$ 与线段 12 长度相等,得到 I 和 II 两点,沿 O_1X_1 轴量取 $O_1C_1=oc$、$O_1F_1=of$,得 C_1 和 F_1 两点,如图 5-4(c)所示。

分别过点I和II作 O_1X_1 的平行线,并以I和II为对称点,截取 $A_1B_1=ab$ 和 $D_1E_1=de$,得 A_1、B_1、D_1、E_1 四点。连 A_1、B_1、C_1、D_1、E_1、F_1 各点得正六棱柱顶面的轴测投影,如图 5-4(c)所示。

(4)分别过点 A_1、D_1、E_1、F_1 向下作 O_1Z_1 轴的平行线,并在各平行线上截取长度均等于正六棱柱的高 h。连接各截取点,如图 5-4(d)所示。

(5)加深各棱线的投影完成正六棱柱的正等测图,如图 5-4(e)所示。

2)切割法

例 5-2 求图 5-5(a)所示组合体的正等测图。

分析:通过形体分析和线面分析可知,该组合体可以看成是由一个四棱柱切割而成。左上方被一个正垂面切割,前上方被一个正平面和一个水平面切割而成。画图时可先画出完整的四棱柱,然后逐步进行切割。

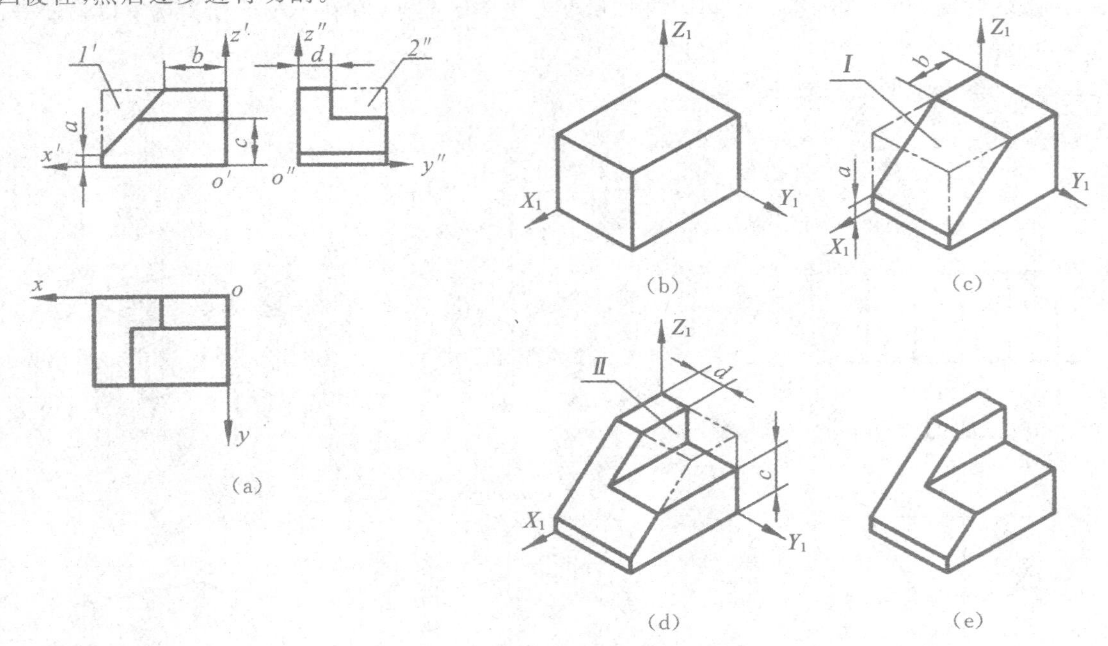

图 5-5 切割体的正等测图画法

作图步骤(图 5-5):

(1)在三视图上建立直角坐标系,如图 5-5(a)所示。

(2)画轴测轴 O_1X_1、O_1Y_1、O_1Z_1,然后画出完整的四棱柱的正等测图,如图 5-5(b)所示。

(3)测量尺寸 a、b,切去左上方的第 I 块,如图 5-5(c)所示。

(4)测量尺寸 c,平行 $X_1O_1Y_1$ 面向后切;测量尺寸 d,平行 $X_1O_1Z_1$ 面向下切,两平面相交切去第 II 块,如图 5-5(d)所示。

(5)擦去多余图线并描深,得到四棱柱切割体的正等测图,如图 5-5(e)所示。

3)综合法

例 5-3 求图 5-6(a)所示组合体的正等轴测图。

分析:如图 5-6(a)所示,可将组合体分解成三个基本形体(Ⅰ、Ⅱ、Ⅲ),然后逐步画出各形体的正等测图,运用叠加法作图时,应注意各形体间的位置关系。

作图步骤(见图 5-6):

(1)在主、俯视图上,建立直角坐标系 $OXYZ$。

(2)画轴测轴 O_1X_1、O_1Y_1、O_1Z_1,然后画出形体Ⅰ,如图 5-6(b)所示。

(3)形体Ⅱ与形体Ⅰ前、后和右面共面,画出形体Ⅱ,如图 5-6(c)所示。

(4)形体Ⅲ的下面与形体Ⅰ的上面共面,右面与形体Ⅱ的左面共面,画出形体Ⅲ,如图 5-6(d)所示。

(5)对形体Ⅱ进行挖切,擦去形体间不应有的交线和被遮挡住的线,然后描深,得到完整的正等测图,如图 5-6(e)所示。

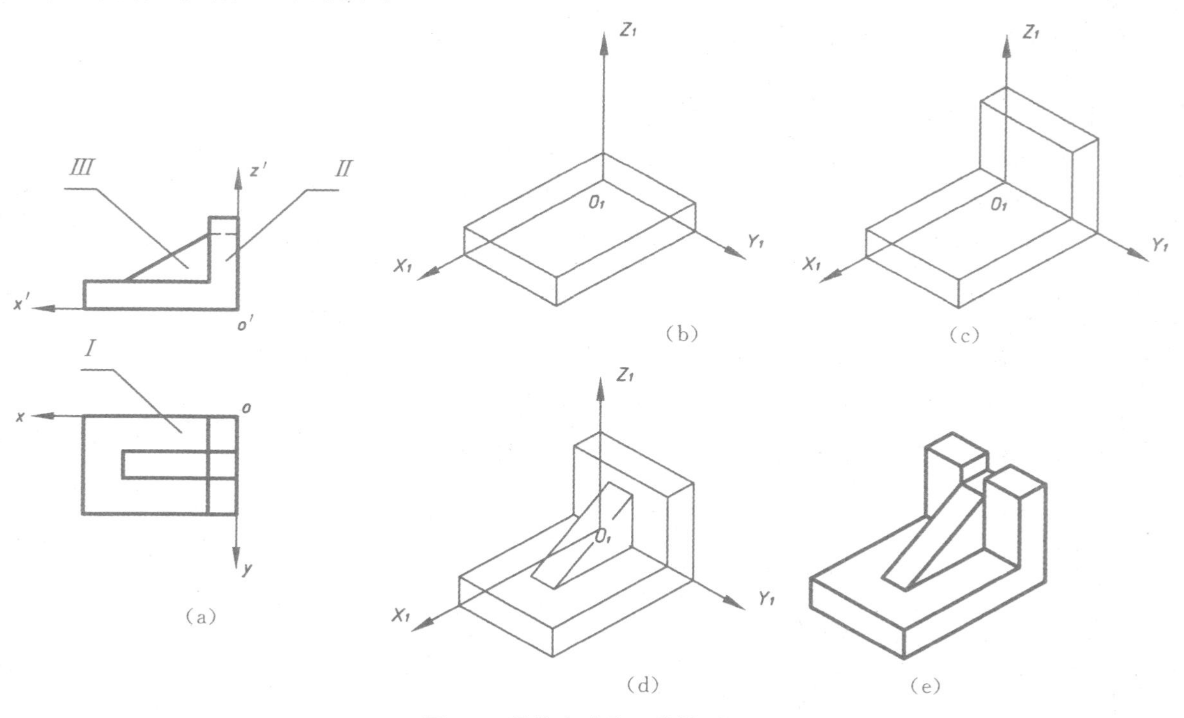

图 5-6 用综合法作正等轴测图

5.2.3 曲面立体正等轴测图的画法

5.2.3.1 圆的正等测图的画法

在画圆柱、圆锥等回转体的轴测图时,关键是解决圆的轴测投影的画法。图 5-7 表示一个正立方体在正面、顶面和左侧面上分别画有内切圆的正等测图。由图可知,每个正方形都变成了菱形,而内切圆变为椭圆并与菱形相切,切点仍在各边的中点。由此可见,平行于坐标面的圆的正等测图都是椭圆,椭圆的短轴方向与相应菱形的短对角线重合,即与相应的轴测轴方向一致,该轴测轴就是垂直于圆所在平面的坐标轴的投影,长轴则与短轴相互垂直。如水平圆的

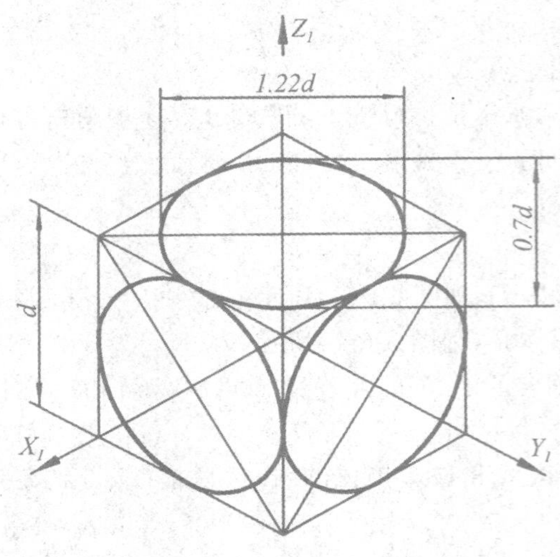

图 5-7 平行于坐标面的圆的正等测图

投影椭圆的短轴与 Z 轴方向一致，而长轴则垂直于短轴。若轴向变形系数采用简化系数，所得椭圆长轴等于 1.22d，短轴约等于 0.7d。d 为圆的直径。

以水平圆为例，说明正等轴测投影椭圆的近似画法(四心法或称菱形法)：

(1)过圆心 O 作坐标轴；并作圆的外切正方形，切点为 A、B、C、D，如图 5-8(a)所示。

(2)作轴测轴及切点的轴测投影，过切点 A_1、B_1、C_1、D_1 分别作 X_1、Y_1 轴的平行线，相交成菱形(即外切正方形的正等测图)；菱形的对角线分别为椭圆长、短轴的方向，如图 5-8(b)所示。

(3)1、2 点为菱形顶点，连接 $2A_1$、$2D_1$，交长轴于点 3、4 点，则 1、2、3、4 为圆心，如图 5-8(c)所示。

(4)分别以 1、2 为圆心，以 $1B_1$(或 $2A_1$)为半径画大圆弧 B_1C_1、A_1D_1；以 3、4 为圆心，以 $3A_1$(或 $4B_1$)为半径画小圆弧 A_1C_1、B_1D_1，如此连成近似椭圆，如图 5-8(d)所示。

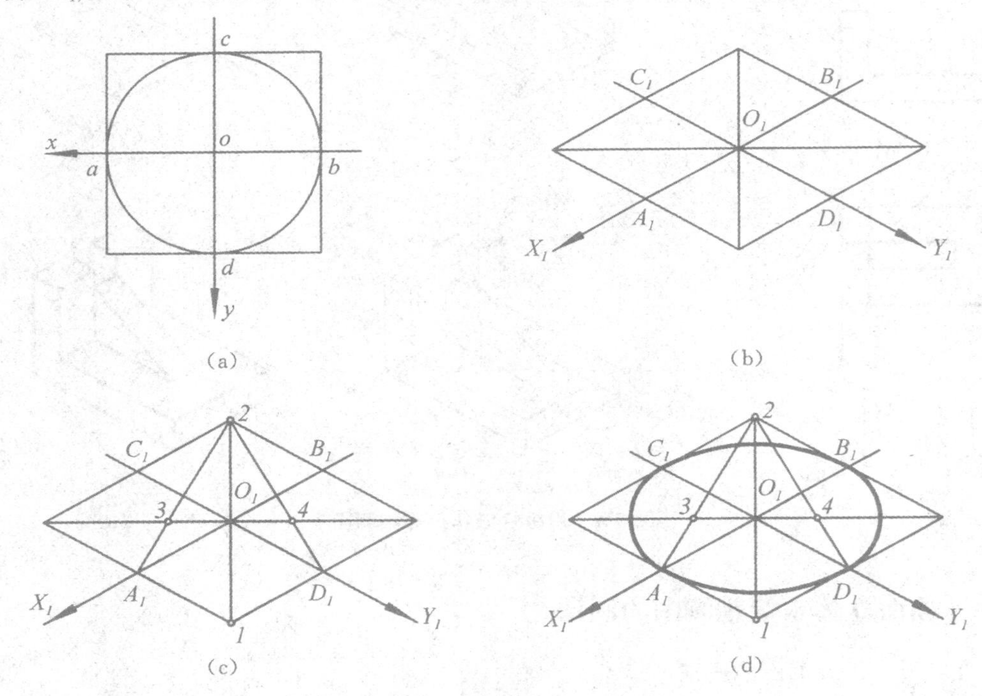

图 5-8 椭圆的近似画法

5.2.3.2 正平圆和侧平圆的正等测图画法

根据各坐标面的轴测轴作出菱形，其余作法与水平椭圆的正等测图的画法类似，如图 5-9 所示。

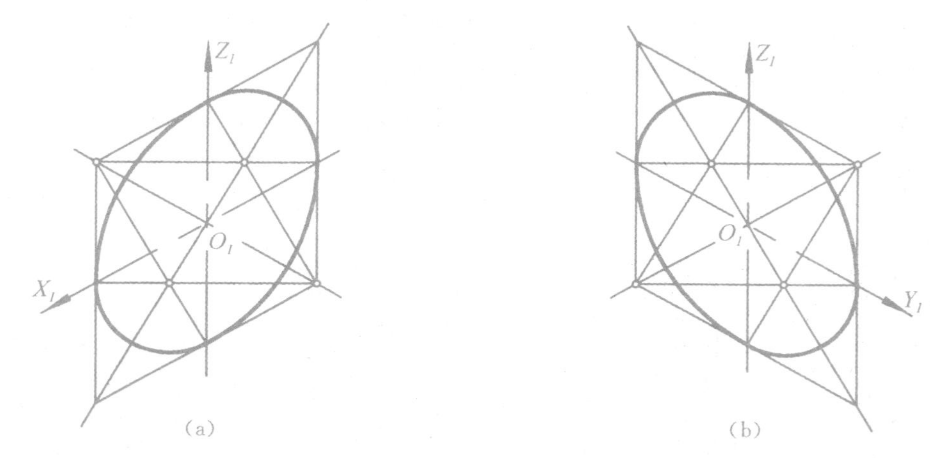

(a) (b)

图 5-9 正平圆与侧平圆正等测图的画法

由此，当物体上具有平行于两个或三个坐标面的圆时，因它们的正等测椭圆的作图方法统一而又较为简便，故适宜选用正等测来绘制这类物体的轴测投影。

5.2.3.3 圆柱体的正等测图的画法

如图 5-10(a)所示，取顶圆中心为坐标原点，建立直角坐标系。并使 Z 轴与圆柱的轴线重合，其作图步骤如下：

(1)作轴测轴，用近似画法画出圆柱顶面的近似椭圆，再把连接圆弧的圆心沿 Z 轴方向下移 H，以顶面相同的半径画弧，作底面近似椭圆的可见部分，如图 5-10(b)所示。

(2)过两长轴的端点作两近似椭圆的公切线，如图 5-10(c)。

(3)擦去多余的线并描深，得到完整的圆柱体的正等测图，如图 5-10(d)所示。

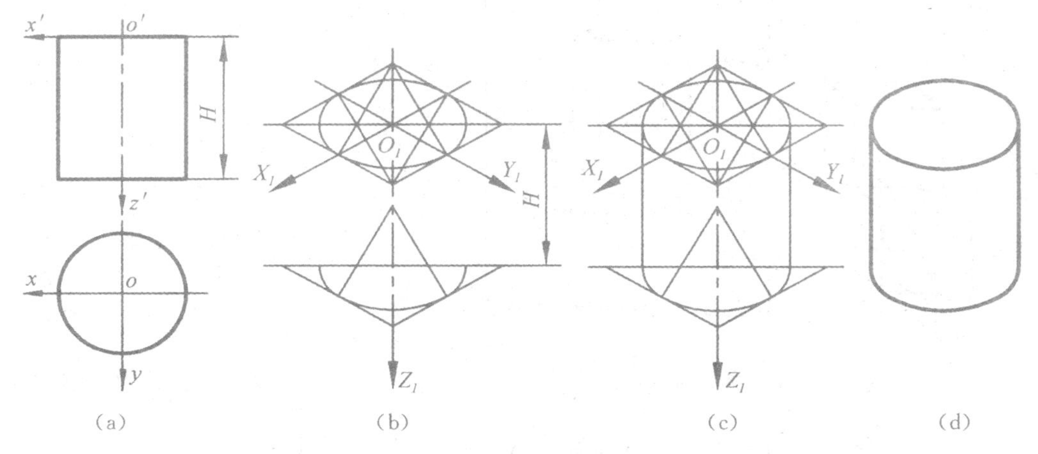

(a) (b) (c) (d)

图 5-10 圆柱体正等测图的画法

5.2.3.4 圆角的正等测图的画法

圆角是圆的四分之一，其正等测画法与圆的正等测画法相同，即作出对应的四分之一菱形，画出近似圆弧。圆角的正等测轴测图近似画法如图 5-11(a)所示。

(1)求作圆弧的连接点(切点)。如图 5-11(b)所示，在作圆角的边线上量取圆角半径 R，得连接点。

(2)过切点作各边的垂线,得圆心 O_1、O_1,如图 5-11(c)所示,然后分别以 O_1、O_2 为圆心,垂线长为半径画弧,所得弧即为轴测图上底板上面的圆角。

(3)画底面圆角。将上底面上的切点、圆心都沿 Z 轴方向下移板厚距离 H,即可得底面上的圆心、切点,再以顶面相同的半径画弧,即完成圆角的作图。如图 5-11(d)所示。注意,最后要画出两圆角圆弧的公切线。

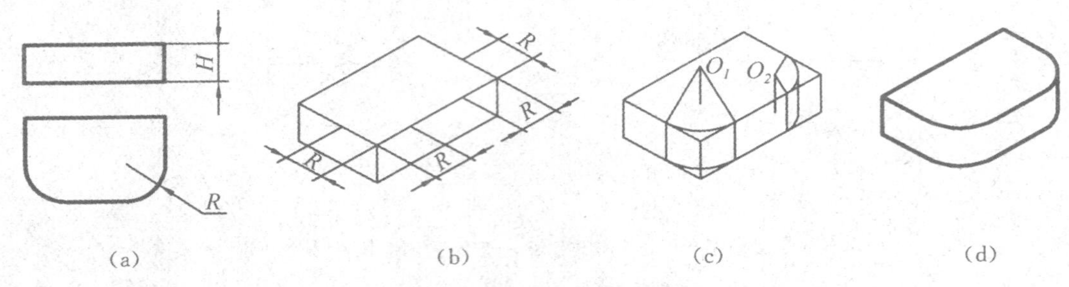

图 5-11 圆角的正等测图的画法

5.3 斜二等轴测图的画法

5.3.1 轴间角和轴向伸缩系数

如图 5-12 所示,如果使坐标面 XOZ 平行于轴测投影面,且所选择的投影方向使 O_1Y_1 轴与 O_1X_1 轴的夹角为 135°,并使 O_1Y_1 轴的轴向伸缩系数为 0.5 时,这种轴测图称为斜二等轴测图,简称斜二测。

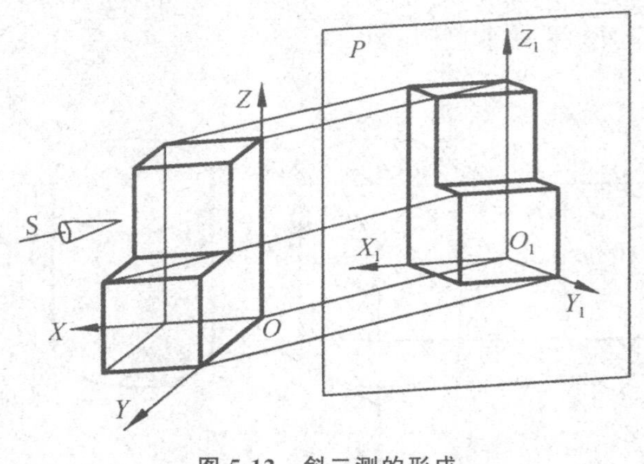

图 5-12 斜二测的形成

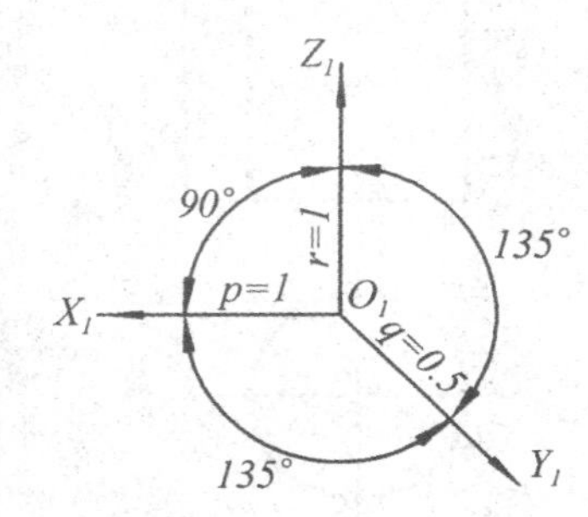

图 5-13 斜二测的画图参数

图 5-13 表示了这种斜二测的轴间角为:$\angle X_1O_1Z_1=90°$,$\angle X_1O_1Y_1=\angle Y_1O_1Z_1=135°$;各轴向伸缩系数为:$p=r=1$,$q=1/2$。画斜二测图时,使 O_1Z_1 轴处于垂直位置。

5.3.2 斜二等轴测图的画法

5.3.2.1 圆的斜二等轴测图的画法

由斜二测投影的特点可知,在坐标面 XOZ 上或平行于坐标面 XOZ 的圆的投影反映实形,在另外两个坐标面上或平行于这两个坐标面的圆的投影为椭圆,且作图较繁。因此,在单个方向上有圆或圆弧的零件，运用斜二测投影法作图非常简捷。

5.3.2.2 斜二等轴测图画法举例

如图 5-14 所示，求作该组合体的斜二等轴测图，其作图步骤如下(图 5-14、图 5-15)：

(1)确定参考坐标系，如图 5-14 所示。

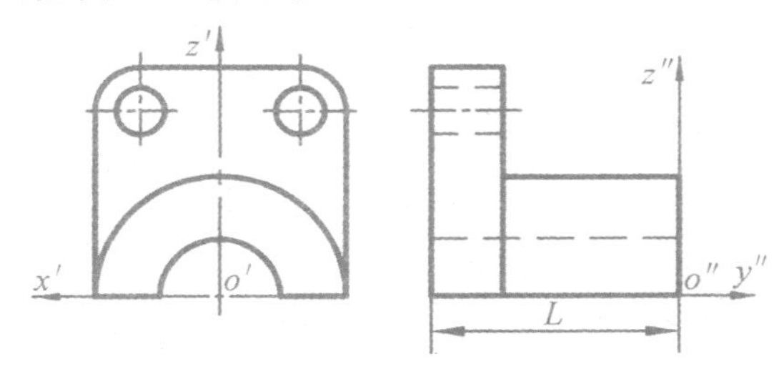

图 5-14 组合体视图

(2)作轴测轴及实心半圆柱，如图 5-15(a)所示。

(3)画竖板外形长方体，如图 5-15(b)所示。

(4)画竖板上的圆角和小孔，如图 5-15(c)所示。

(5)擦去多余的线、描深，完成该组合体的斜二等轴测图，如图 5-15(d)所示。

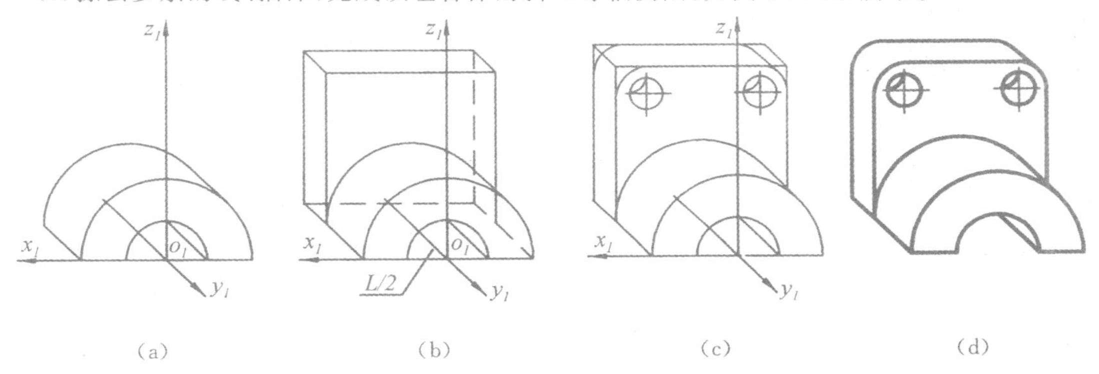

图 5-15 组合体的斜二等轴测图画法

复习思考题

1. 轴测图分为哪两大类？

2. 正等轴测图轴间角、各轴向伸缩系数分别为何值？它们的简化伸缩系数为何值？

3. 画轴测图的基本方法有哪几种？作图有什么特点？

4. 试述平行于坐标平面的圆的正等轴测图近似椭圆画法。这类椭圆的长、短轴的位置有什么特点？

5. 斜二测图的轴间角和各轴向伸缩系数分别为何值？

6. 平行于哪一个坐标面的圆在斜二测图中仍为圆？

6 机件的表达方法

工程中遇到的机件形状与结构各不相同，仅仅利用三视图很难完整、准确、清晰地表达出来，因此，国家标准(GB/T 4458.1—2002、GB/T 17451—1998、GB/T 17452—1998、GB/T 4458.6—2002、GB/T 17453—2005)中规定了机件的各种表达方式以及图样画法。本章将介绍如何根据机件的特点，机动灵活地采用视图、剖视图、断面图等常用机件表达方式，同时满足制图和读图的需求。

6.1 视图

视图主要用于表达机件的外部结构形状。视图分为基本视图、向视图、局部视图和斜视图。

视图

6.1.1 基本视图

机件向基本投影面投射得到的视图称为基本视图，各基本投影面的展开方法如图 6-1 所示。六个基本视图的名称规定如下：

主视图——由前向后投射所得到的视图；

俯视图——由上向下投射所得到的视图；

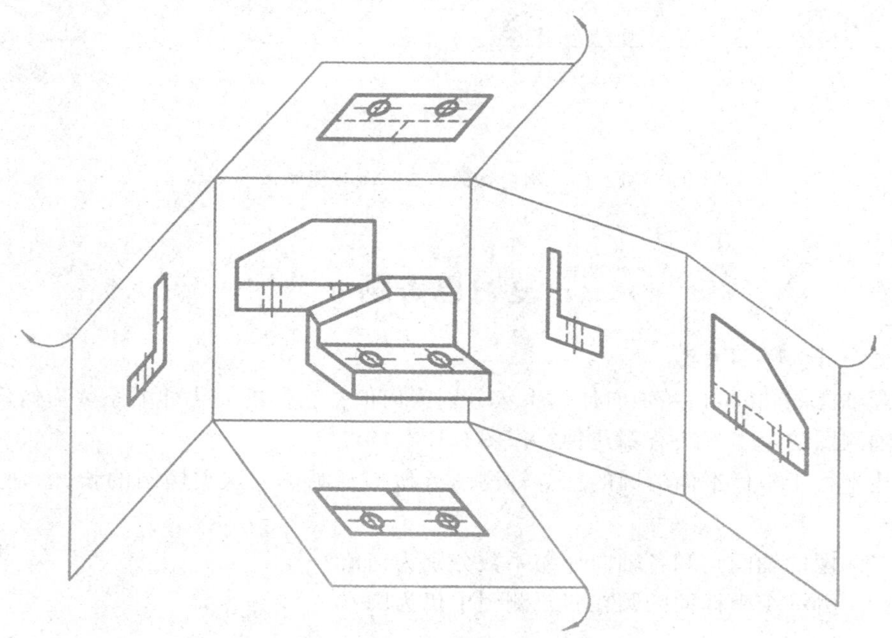

图 6-1　基本投影面的展开

左视图——由左向右投射所得到的视图；

右视图——由右向左投射所得到的视图；

仰视图——由下向上投射所得到的视图；

后视图——由后向前投射所得到的视图。

六个基本视图之间仍然保持"长对正、高平齐、宽相等"的"三等"投影关系，一般按照图 6-2 配置，此时，除后视图外，其他各视图靠近主视图的一侧都反映机件的后面，而远离主视图的一侧都反映机件的前面。

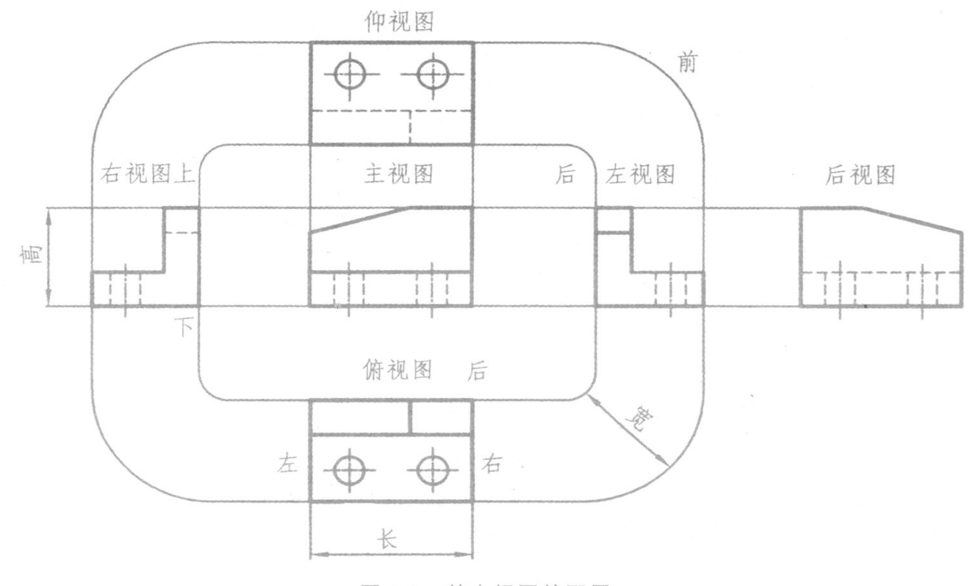

图 6-2　基本视图的配置

6.1.2　向视图

为了合理利用图纸幅面，允许基本视图之间自由配置，此时应注意根据投射方向按图 6-3 予以明确标注。实际绘图过程中优先选用主视图、左视图和俯视图，为了清晰、准确地表达机件的形状和结构，根据机件的具体特点可配以相应的其他三个视图中的一个或多个。这组自由配置的视图就称为向视图。无论采用几个视图都必须有主视图。

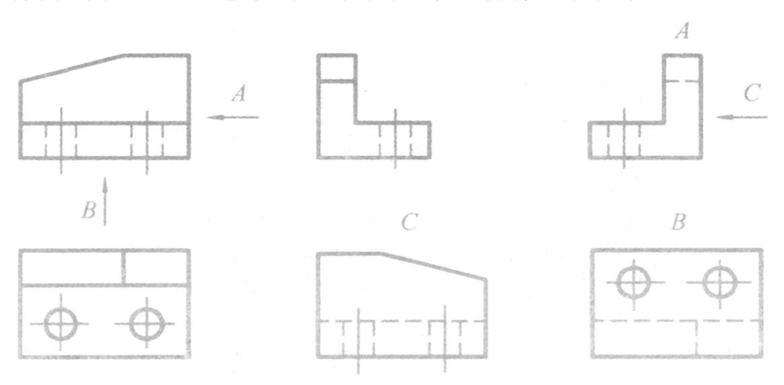

图 6-3　基本视图不按规定配置时的标注

6.1.3 局部视图

机件的某一部分向基本投影面投射所得到的视图称为局部视图。当机件上某一局部形状或结构需要详细表达而没有必要画出整个基本视图的时候采用局部视图。

如图 6-4 所示，机件的大部分外形和结构通过主视图和俯视图都已经表达清楚，仅左右两侧的凸台没有准确的图形定义。采用 A、B 两个方向的局部视图，既补充表示了主视图和俯视图中尚未表达的要素，又省去了绘制左、右两个视图中的其他部分，准确而简洁。

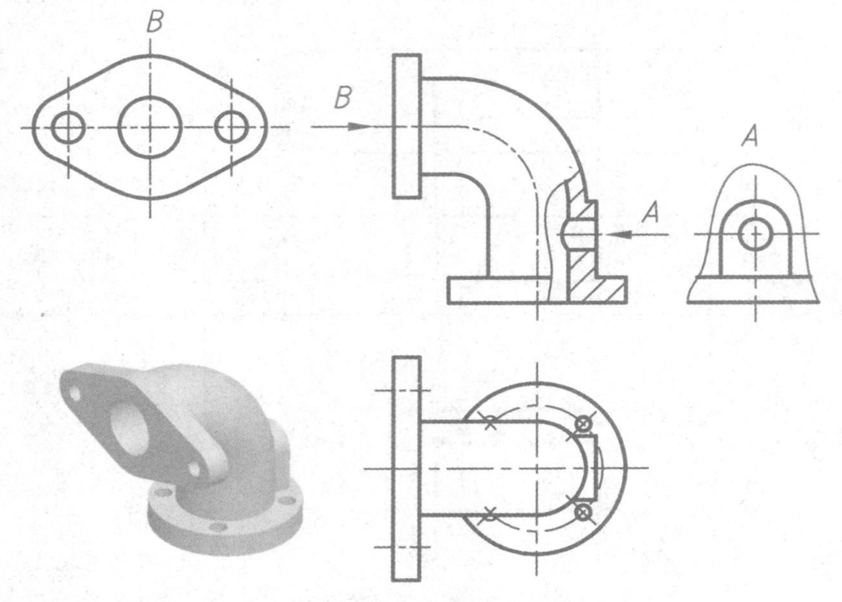

图 6-4 机件的局部视图

绘制局部视图时应注意以下几点：

(1)局部视图的配置参照基本视图或向视图。

(2)用波浪线或双折线表示局部视图断裂边界，如果局部视图中表示的结构完整且轮廓线封闭，则可以将波浪线或双折线省略，如图 6-4 中的 B 向视图。

(3)波浪线不应超出机件的轮廓线，且不应画在机件的中空处，见图 6-5。

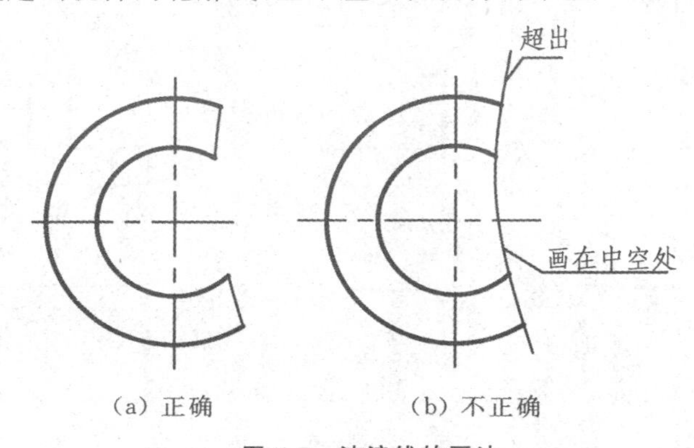

(a) 正确　　(b) 不正确

图 6-5 波浪线的画法

为了节省绘图时间和图幅，在不至于引起误解时，对称机件的视图可以只画一半或者四分之一，并在对称中心线的两端画出两条与其垂直的平行细实线，该画法也是一种局部视图，如图 6-6 所示。

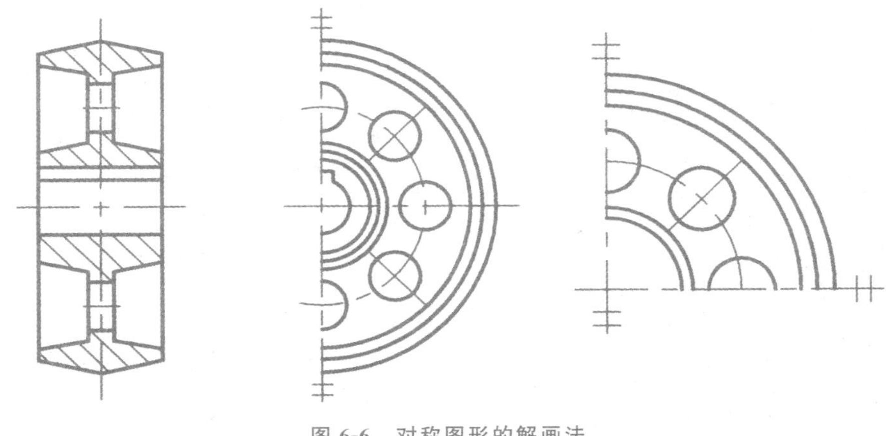

图 6-6 对称图形的解画法

6.1.4 斜视图

机件向不平行于任何基本投影面的平面投射所得到的视图称为斜视图。斜视图的投影原理其实就是投影变换，如图 6-7 所示。因为图中所示的机件在俯视图和右视图中都不能反映实形，因此建立一个新的投影面与机件的倾斜部分平行，把机件的倾斜部分向新的投影平面投射，在这个投影面上得到的视图能够反映出机件倾斜部分的实形，从而得到了斜视图。从图中可以看到，这个新投影面是原先投影体系的正垂面。

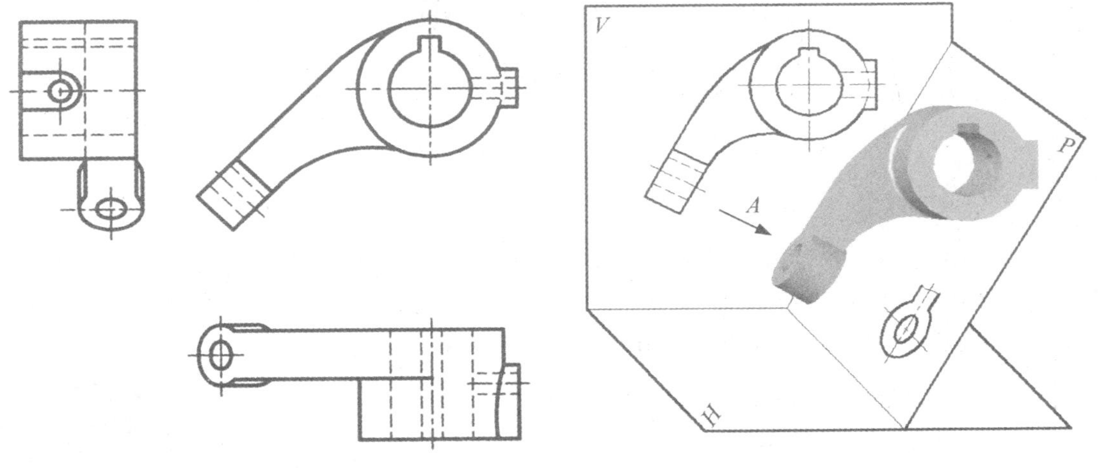

图 6-7 斜视图的形成

斜视图通常只需要画出倾斜部分的真形，其余部分无需画出，采用波浪线断开，如图 6-7 中的 A 向视图。斜视图的标注和配置同向视图，如图 6-8(a)，用箭头指明投射方向，在视图上方对应地标注相同代号。必要时允许将斜视图旋转配置，但要求加注旋转符号，如图 6-8(b)所示。旋转符号的画法见图 6-9，h = 字高，$R = h$，符号笔画宽度 = 1/10h 或 1/14h。

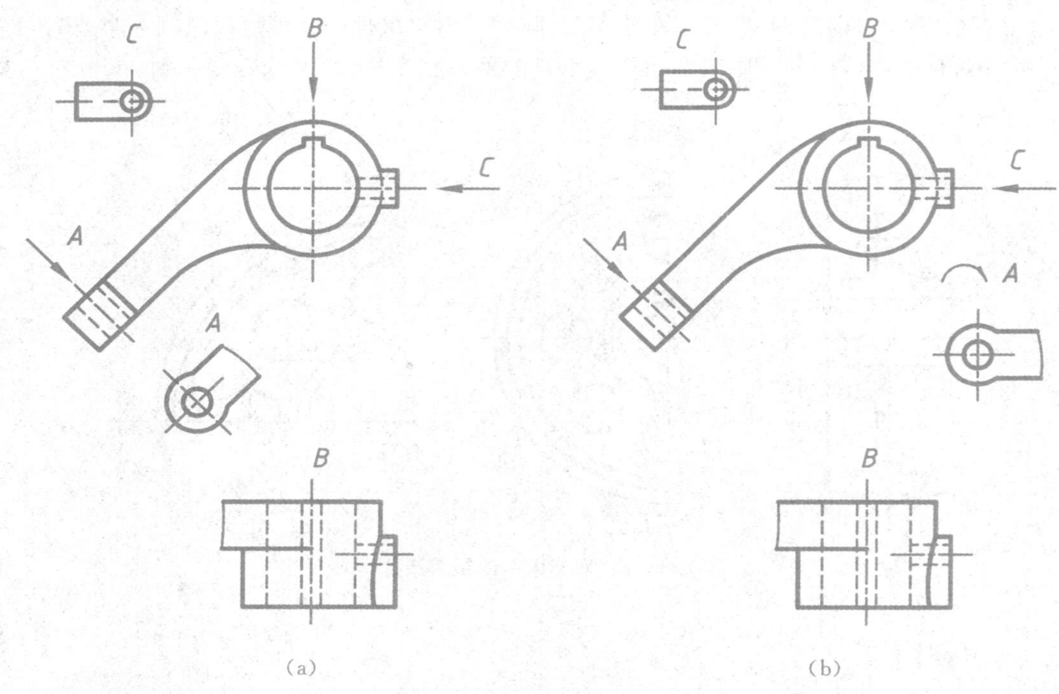

（a） （b）

图 6-8 斜视图的配置和标注

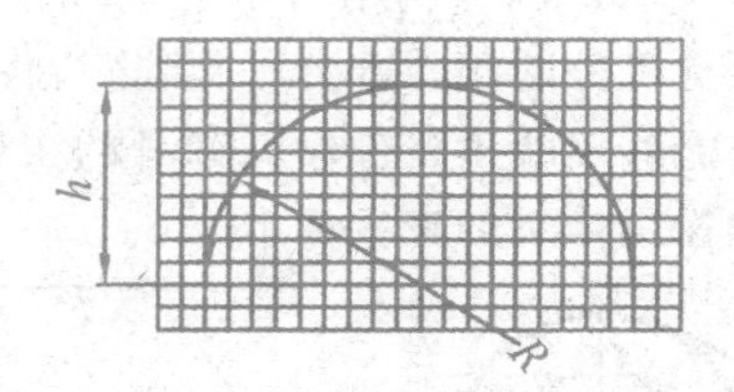

图 6-9 旋转符号的画法

6.2 剖视图

在视图中，机件内部的不可见轮廓线用虚线表示。当机件内部结构比较复杂时，视图上就会出现较多错综复杂的虚线，这样势必影响图形的清晰，而且直接影响机件的尺寸标注和读图的准确性。采用剖视图就可以把机件的内部结构直接表达出来。

6.2.1 剖视图的基本知识

剖视图的基本知识

6.2.1.1 剖视图的形成

如图 6-10(a)所示，假想用一个（或者多个平面）剖开机件，把位于观察者和剖切平面之间的部分移去，将其余部分向投影面投射所得到的视图称为剖视图。见图 6-10(b)。采用剖视的方法，原来机件内部的不可见轮廓变成了可见轮廓，原来用虚线表达的结构就可以用实线画出，制图和读图都更加简单明了。

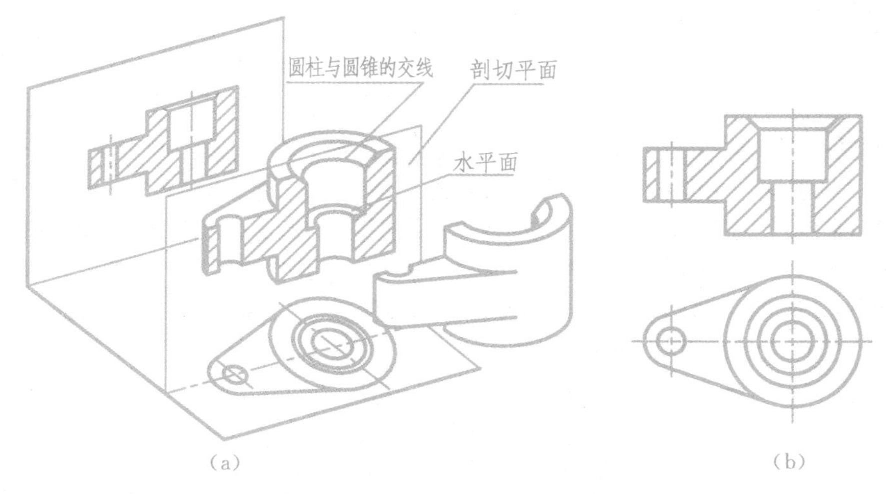

图 6-10　剖视图的概念和形成

6.2.1.2　剖面区域的表示

假想剖切平面与物体直接接触的部分称为剖面区域。国家标准规定，在剖面区域内须画出剖面符号，以区别机件上的实体与空心部分。为区别被剖切机件的材料，GB/T 17452—1998 中规定了各种剖面符号的画法，见表 6-1。不同的材料采用不同的剖面符号。经常使用的金属材料的剖面符号应画成间隔相等，与水平方向成 45°或 135°的平行细实线，如图 6-10 所示。特别注意，在同一机件的不同剖视图上，剖面线的倾斜方向、间隔要相同。当剖面区域的主要轮廓线成 45°或接近 45°时，则该区域的剖面线应画成与水平方向成 30°或 60°的平行细实线，其倾斜方向和间隔还应与其他图形的剖面线一致。

表 6-1　剖面符号

金属材料（已有规定剖面符号者除外）		木材（纵断面）		液体	
型砂、填砂、粉末冶金、砂轮、陶瓷刀片、硬质合金刀片等		线圈绕组元件		砖	
转子、电枢、变压器和电抗器等的叠钢片		钢筋混凝土		玻璃	
非金属材料（已有规定剖面符号者除外）		木质胶合板		混凝土	

6.2.1.3　剖视图的画法

以图 6-11 所示的机件为例，说明画剖视图的步骤：

(1)画出机件的视图，见图 6-11(a)。

(2)确定剖切平面的位置，画出剖面区域(剖切断面)的图形。取通过两孔轴线且平行于正立投影面的剖切平面进行剖切，画出剖切平面与机件的截交线，即可得到剖面区域，并在剖面区域上画上剖面符号，见图6-11(b)。

(3)画出机件上剖切断面后面的所有可见部分的投影。图6-11(c)画出了阶梯孔台阶面的投影和键槽的轮廓线。

(4)校核，描深。如图6-11(d)，机件被剖切面剖开之后的断面轮廓和剖切面后面的可见轮廓均用粗实线绘制，在剖视图中已经表达清楚的结构和形状在其他视图中相应的虚线应省略。

应当注意的是：机件的剖切平面只是假想平面，并不是真的把机件的一部分切掉，因此在其他视图上仍然应该画出机件的完整形状。

(5)标注剖切符号和剖视图的名称，见图6-11(d)。

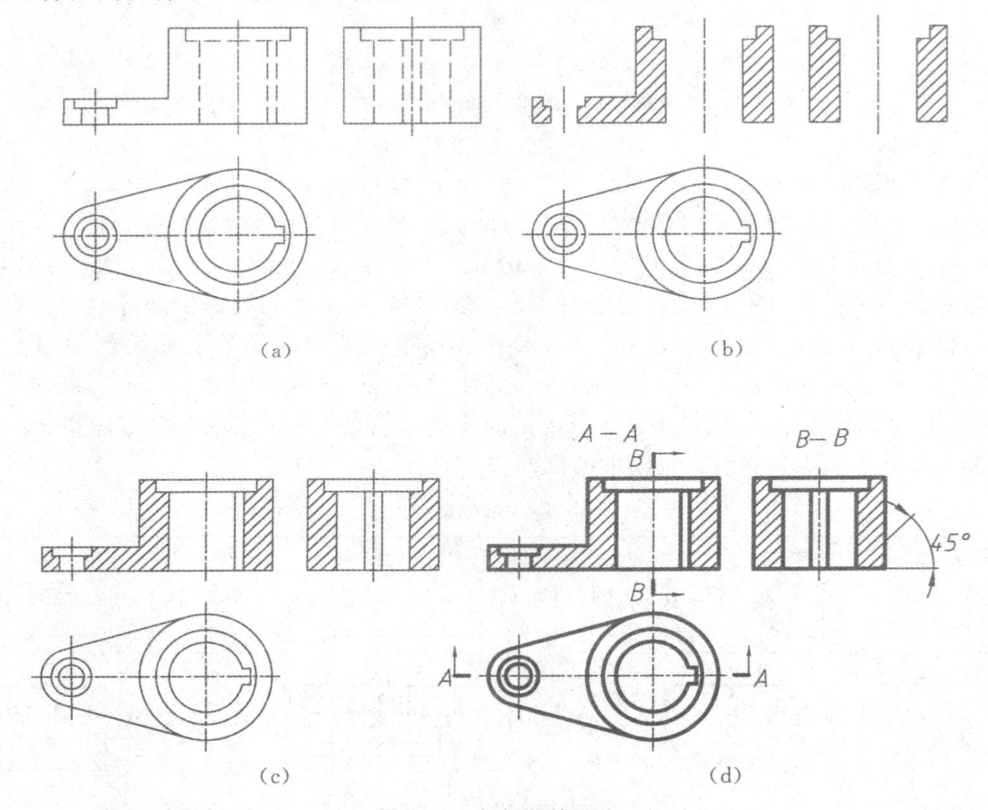

图6-11　剖视图的画法

6.2.1.4　剖视图的标注

为了准确地表达同一机件的几个剖视图、视图之间的投影对应关系，应对剖视图进行标注。一般在剖视图上方的中间位置用大写拉丁字母标注出剖视图的名称"×－×"；在相应的视图上标出确定剖切平面位置的剖切符号，剖切符号用线宽1～1.5 d，长度为5～10 mm的两段粗实线表示；在剖切符号的外端画出与其垂直的箭头表示投影方向，并在剖切符号和箭头的外侧注上与剖视图名称相同的字母，字母一律水平书写，如图6-11、图6-12所示。

如果剖切平面与机件的对称平面重合，且剖视图按照投影关系配置，中间又没有其他图形隔开，则可以省略标注，如图 6-13 所示。

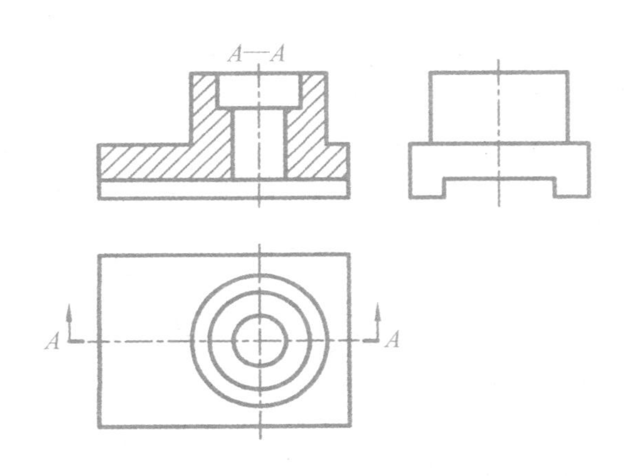

图 6-12 剖视图的标注

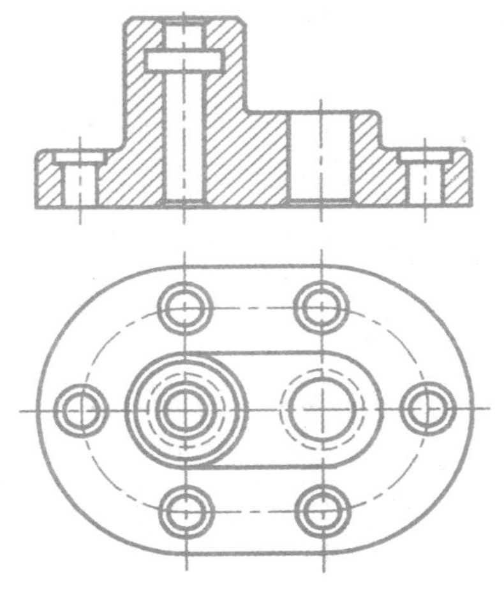

图 6-13 剖视图的省略标注

6.2.2 剖切面的种类

剖切面的种类

根据机件的结构不同可以采用不同的剖切平面。

6.2.2.1 单一剖切面

(1)平行于基本投影面 平行于 V 面、H 面、W 面的剖切平面优先使用，如图 6-10、图 6-11、图 6-12 和图 6-13 所示。

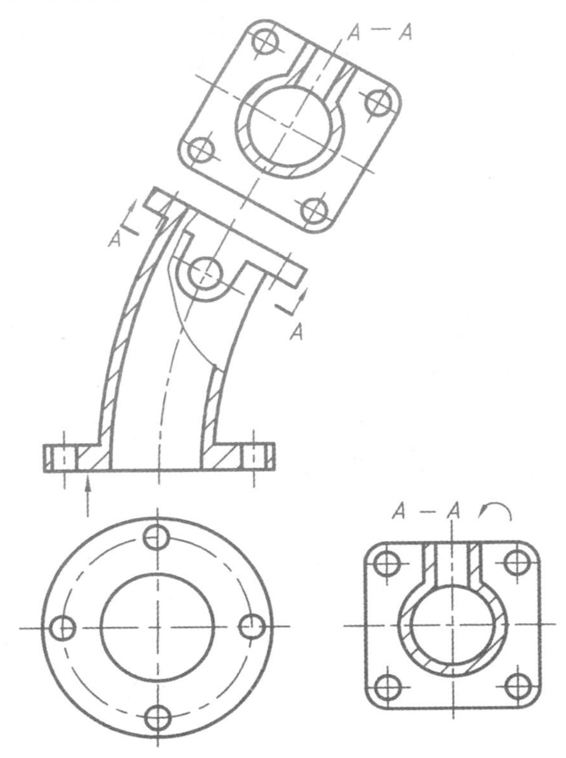

图 6-14 垂直于基本投影面的单一剖切平面剖切的剖视图画法

(2)垂直于基本投影面　当机件上倾斜于基本投影面的内部结构形状需要表达时,可采用垂直于基本投影面的剖切平面剖切,如图 6-14 所示。获得的剖视图一般按投影关系配置,必要时也可平移到其他适当的位置,在不致引起误解时,允许将图形旋转,但必须加旋转符号,其箭头方向为旋转方向,字母应靠近旋转符号的箭头端书写。

6.2.2.2　多个剖切平面

(1)几个平行的剖切平面　几个互相平行的剖切平面剖切,主要用于机件上有较多处于不同平行平面上的孔、槽等内部结构形状的情况,如图 6-15 所示。

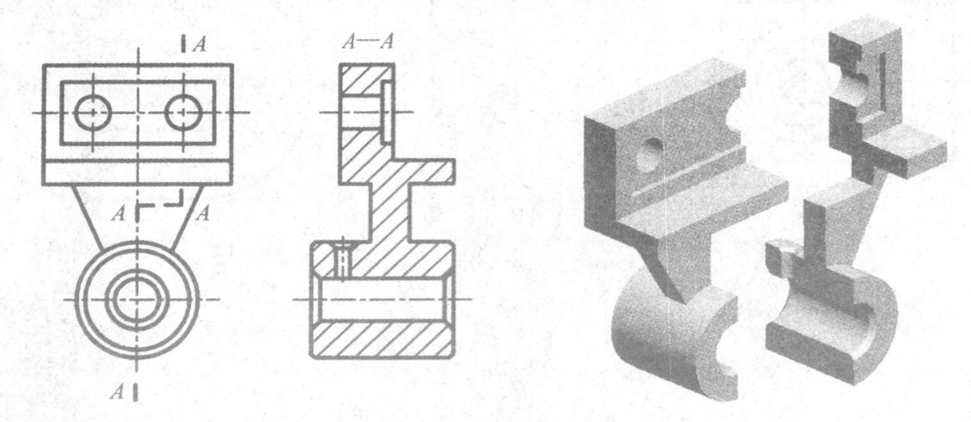

图 6-15　几个平行的剖切平面剖切的剖视图画法

绘制平行剖切平面剖视图时应注意:

①剖切位置符号、字母、剖视图名称必须标注,所标注的字母与整个剖切平面的起始和中止处相同。当转折处位置有限,又不致引起误解时,允许省略字母。当剖视图按投影关系配置,中间又没有其他图形隔开时,可以省略箭头,见图 6-15。

②两个剖切面的转折处必须是直角且不允许和机件上的轮廓线重合,见图 6-16。

③除具有对称性的图形外不要出现不完整图形,见图 6-17。

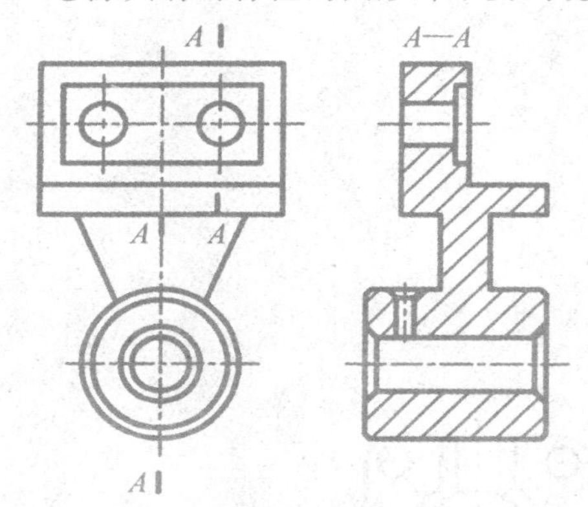

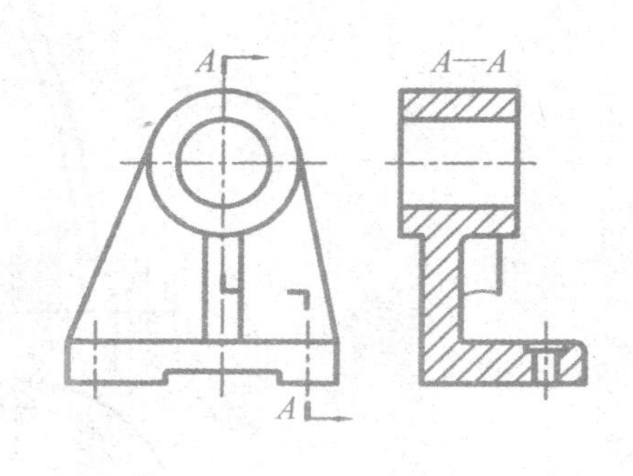

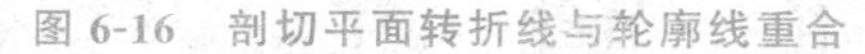

图 6-16　剖切平面转折线与轮廓线重合

图 6-17　剖视图中出现不完整要素

(2)几个相交的剖切面　几个相交的剖切面剖切,主要用于机件上具有公共回转轴线的内部形状和结构时,如图 6-18 所示,该机件的左、右两部分具有公共的回转轴线,采用一个水平面和一个正垂面进行剖切,得到 A—A 剖视图。

绘制相交平面剖切的剖视图时应注意：

①相交剖切面的交线应与机件上的旋转轴线重合。

②剖开的倾斜结构应旋转到与选定的基本投影面平行后再投射，使剖切结构反映实形，便于读图和绘图，见图 6-18、图 6-19。

③对位于剖切平面后的其他结构一般应按原来的位置投射，如图 6-18 所示的小油孔。

④ 当几个相交的剖切平面剖切机件，向某投影面投射投影重叠时，须将各剖切平面及所剖得的结构依次旋转到与某基本投影面平行后再投射，此时，需在剖视图的上方加注“展开”二字，如图 6-19 所示。展开前后，各轴线间的距离不变。

⑤ 几个相交平面剖切得到的剖视图必须标注，标注方法与几个平行剖切面剖切基本相同，见图 6-18、图 6-19。

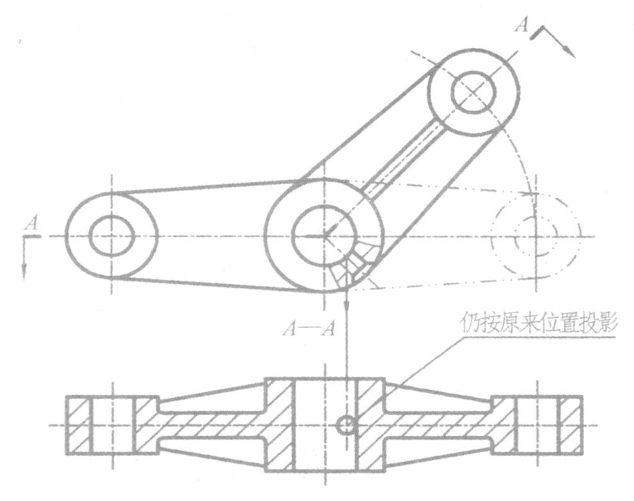

图 6-18　两相交平面剖切的剖视图画法

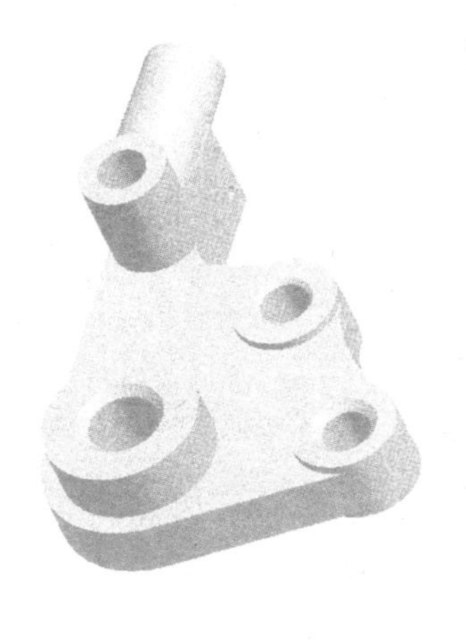

(a) 完整的机件

(b) 剖开的机件

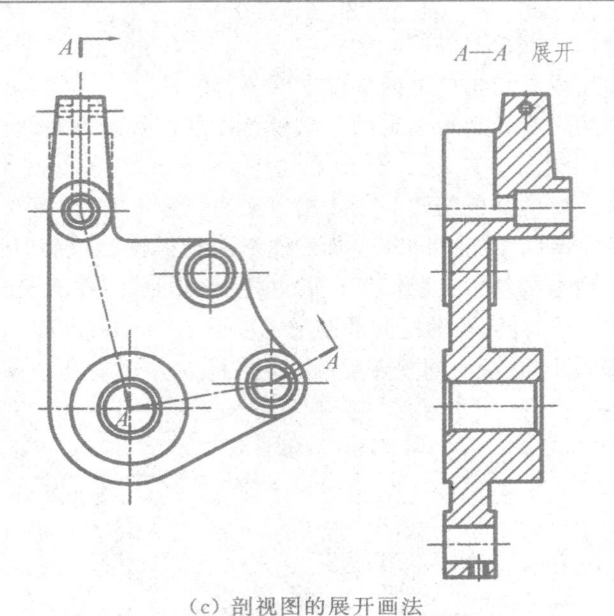

(c) 剖视图的展开画法

图 6-19 几个相交剖切平面剖切的剖视图画法

6.2.3 剖视图的种类

剖视图的种类

按照机件被剖切的程度可将剖视图划分为全剖视图、半剖视图和局部剖视图。

6.2.3.1 全剖视图

用剖切平面把机件完全剖开可得到全剖视图，如图 6-20 中的主视图。全剖视图一般在机件的外形简单，内部结构复杂且不对称的情况下使用。

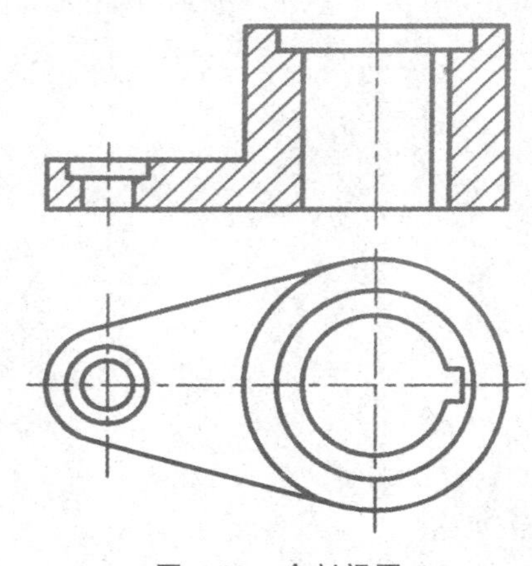

图 6-20 全剖视图

6.2.3.2 半剖视图

用剖切平面把机件沿对称中心线剖开一半，同时表达机件内部和外部结构的视图称为半剖视图，图 6-21 中的主视图和俯视图均为半剖视图。半剖视图在机件形状接近对称，且内外形状和结构都需要表达的情况下使用。半剖视图的配置和标注与全剖视图相同。

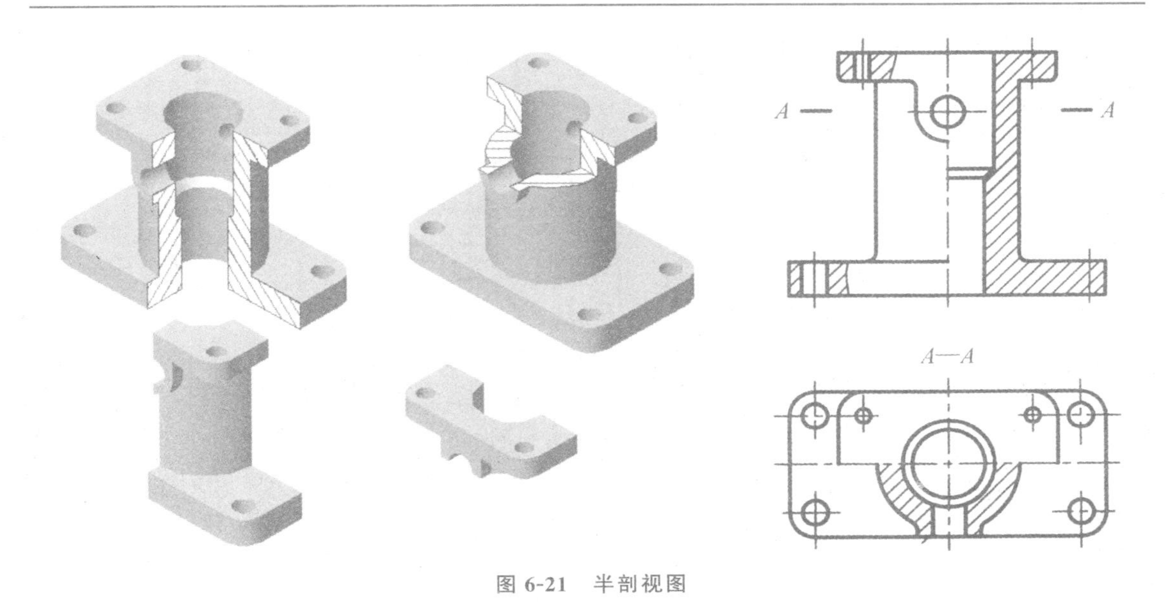

图 6-21 半剖视图

绘制半剖视图时应注意：剖开的一半和不剖的另一半之间的分界线用点画线，在剖开的一半视图中已经表达清楚的结构，在不剖的一半中相应的对称图形虚线省略。

6.2.3.3 局部剖视图

用剖切平面局部地剖开机件所得到的视图称为局部视图，如图 6-22 中的主视图和俯视图均为局部剖视图。局部剖视图灵活地运用于机件需要特别表达的部位，同一视图上局部剖切的部位不宜过多。

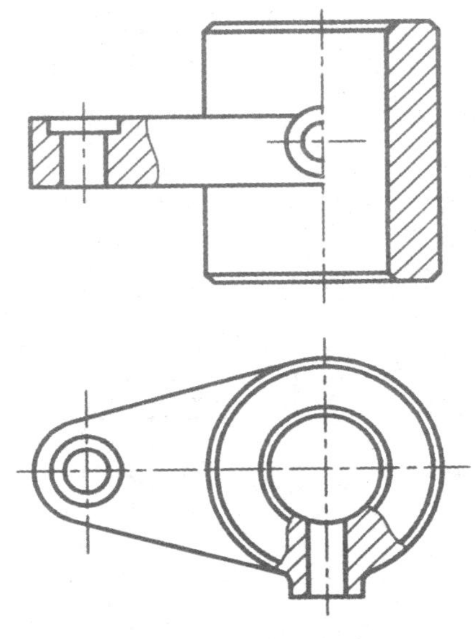

图 6-22 局部剖视图

绘制局部剖视图时应注意：剖开部分和不剖开部分之间的用波浪线分界，见图 6-22；而且波浪线不允许超出轮廓线，见图 6-23；不允许与轮廓线重合，见图 6-24；同时也不允许穿过机件的中空处，见图 6-25。

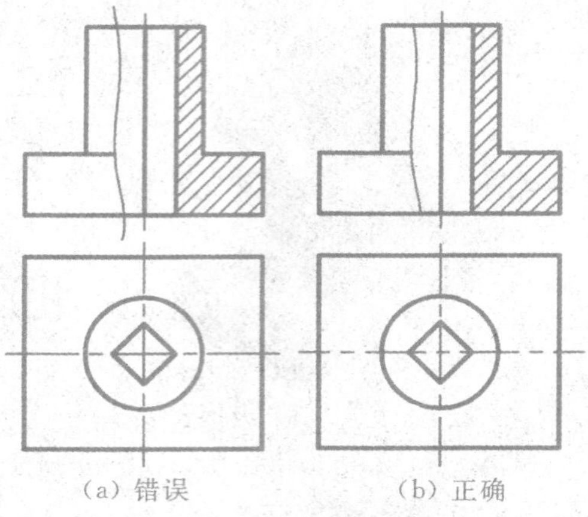

图 6-23 波浪线不允许超出轮廓线

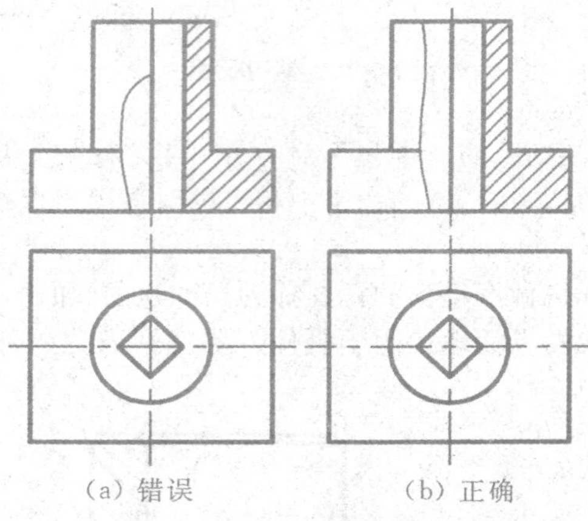

图 6-24 波浪线不允许与轮廓线重合

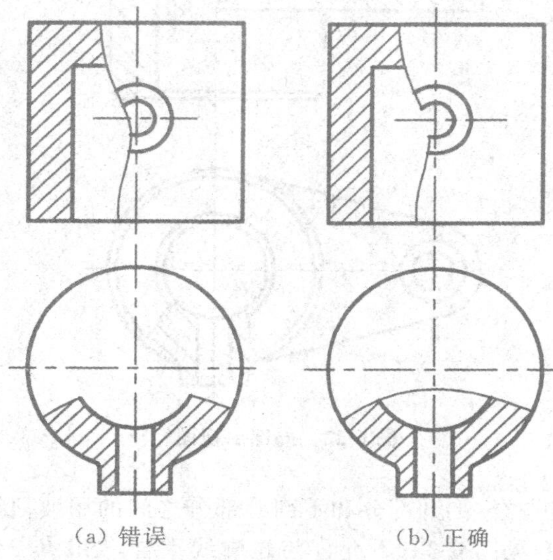

图 6-25 波浪线不允许穿过机件的中空处

6.3 断面图

断面图

用一个假想平面将机件某处切断，仅画出断面的图形称为断面图。断面图用来表达机件上某一局部的断面形状，如图 6-26 所示。断面图与剖视图不同：剖视图要求画出剖切平面上的图形和剖切平面后所有能看到的机件图形，而断面图仅仅要求画出断面上的图形。断面图常用于表达机件上的键槽、销孔、肋板等处的形状和结构。

根据断面图在绘制时所配置的位置不同，断面图分为移出断面图和重合断面图。

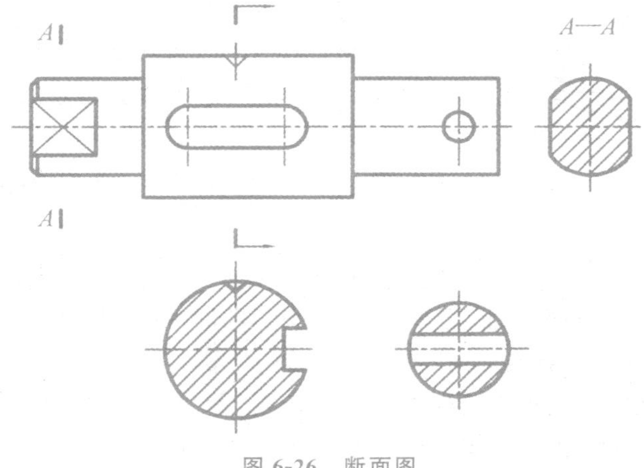

图 6-26 断面图

6.3.1 移出断面图

画在基本视图之外的断面图称为移出断面图，如图 6-26 所示。

绘制移出断面图时应注意：

(1)移出断面图轮廓线用粗实线绘制。

(2)移出断面图一般配置在剖切符号的延长线上，若受图形布局的限制，也可将移出断面图配置在图纸的其他位置上，如图 6-26 中的 $A—A$ 断面图。当移出断面图对称时，也可将其画在视图的中断处，如图 6-27 所示。有时为了画图和看图方便，在不致引起误解时，允许将图形旋转，如图 6-28 所示。

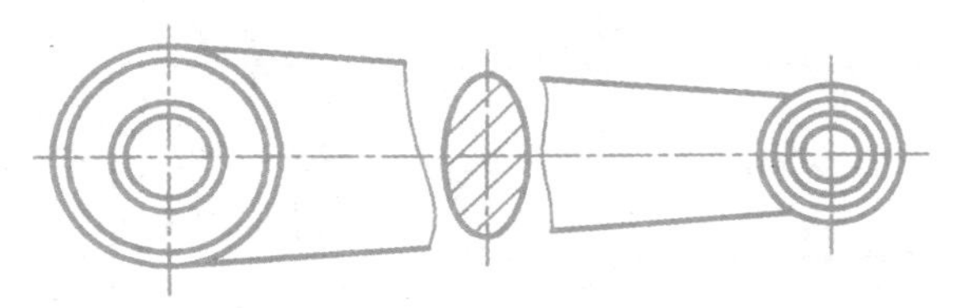

图 6-27 配置在剖视图中断处的移出断面图

(3)当剖切平面通过回转面形成的孔或凹坑的轴线时，应当按照剖视图绘制，如图 6-26 中的销孔、定位凹坑的断面图；当剖切平面通过非圆孔会导致出现完全分离的两个断面时，应当按照剖视图绘制，如图 6-28 中的移出断面图。

(4)剖切平面应与被剖切部分主要轮廓线垂直。若用一个剖切面不能满足垂直时，可用相交的两个或多个剖切面分别垂直于机件的轮廓线剖切，但断面图形中间应用波浪线隔开，如图 6-29 所示。

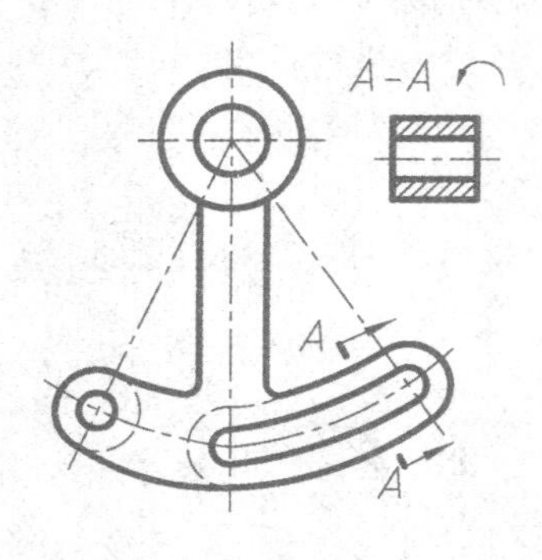

图 6-28　非圆孔移出断面图

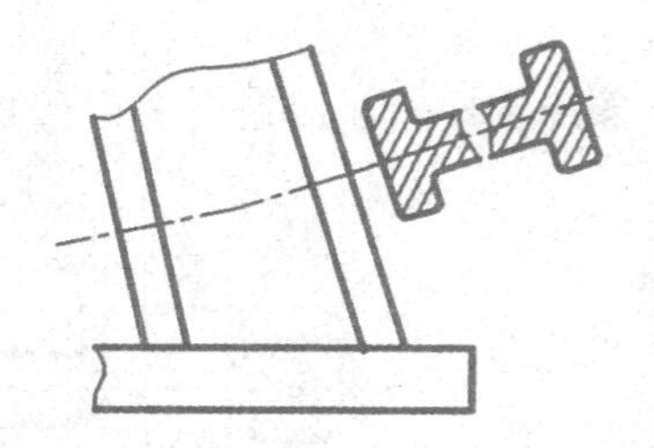

图 6-29　移出断面图

(5)移出断面的标注与剖视的标注基本相同，一般应标出移出断面的名称“X—X”(X 为大写拉丁文字母)，在相应的视图上用剖切符号表示剖切位置和投射方向，并标注相同的大写字母。但在以下情况下可以省略标注：

①省略字母：配置在剖切线延长线上的不对称移出断面(图 6-26 有凹坑的断面)。

②省略箭头：没有配置在剖切线延长线上的对称移出断面及按投影关系配置的不对称移出断面图(图 6-26 中的 A—A)。

③全部省略标注：配置在剖切线延长线上或配置在视图中断处的对称移出断面（图 6-26 中小孔断面、图 6-27)。

6.3.2　重合断面图

画在切断处的投影轮廓内的机件的断面图称为重合断面图，如图 6-30 所示，重合断面图用细实线绘制。绘制重合断面图时，应注意当粗实线和细实线重合时仍然画粗实线，见图 6-30(a)中的角钢的断面图、图 6-30(b)中肋板的断面图。重合断面图中的对称图形不用标注，不对称图形则需要标注投射方向。

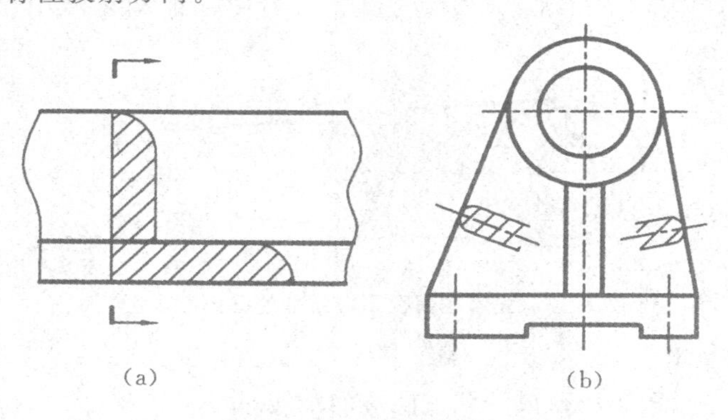

(a)　　(b)

图 6-30　重合断面图

6.4　机件的其他表达方法

其他的表达方法

除了前面介绍的方法之外，还有一些机件的表达方法如局部放大和简化画法等，可根据机件的具体情况加以综合运用。

6.4.1　局部放大图

将机件的部分细微结构用大于整张图纸所采用的比例，特别绘制的图形称为局部放大图。局部放大图用于表达机件上按照原比例表达不清或者无法标注的结构，如图6-31中的图Ⅰ和图Ⅱ。

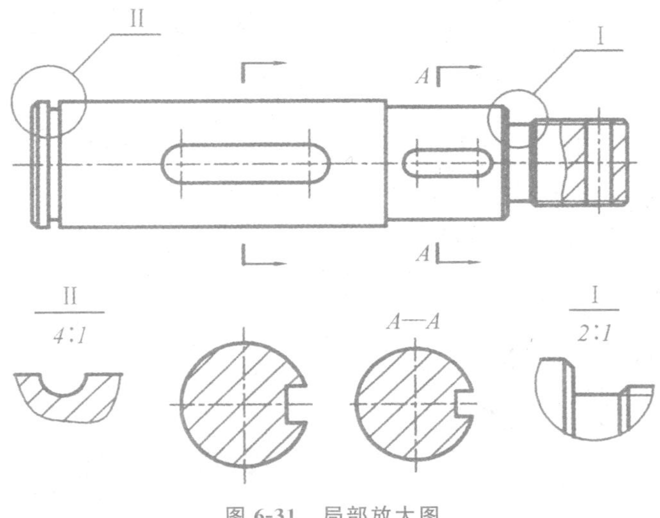

图6-31　局部放大图

采用局部放大的方法时，首先用细实线圆圈出要放大的部位，然后选取适当的比例绘制局部放大图，最后用罗马数字同时标注放大部位和相应的局部放大图以便于读者查找。绘制局部放大图时应注意在放大图上方的标注，分数线上方是表示放大部位的罗马数字，下方是该局部放大图所采用的特定比例。

6.4.2　简化画法和规定画法

(1)当机件具有若干相同结构并且按照一定规律分布时，可采用简化画法只画出其中之一或者一部分，同时加以标注。如图6-32中的列管式换热器管板上的管孔、图6-33中的均布孔(a)和均布肋板(b)等。

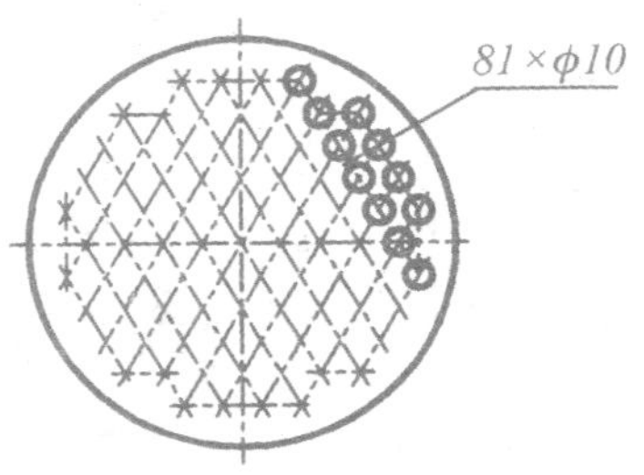

图6-32　管孔的简化画法

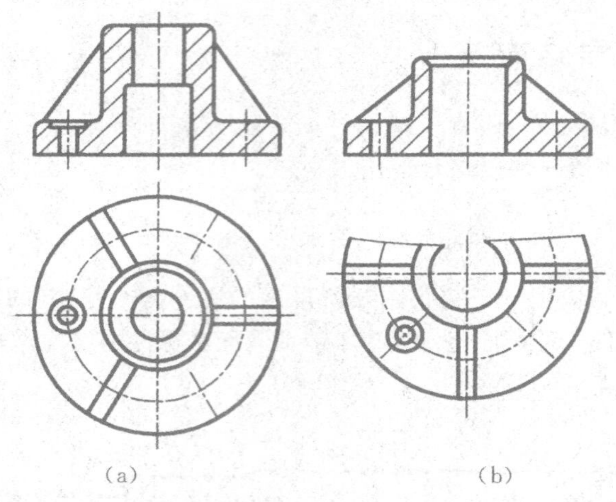

图 6-33 在圆周上均匀分布的孔和肋板的简化画法

(2)对于机件的肋板、轮辐等薄壁结构，当剖切平面沿纵向剖切时，这些结构都不画剖面线，仅画粗实线把它们和相邻结构分隔开，如图 6-34 和图 6-35 所示。

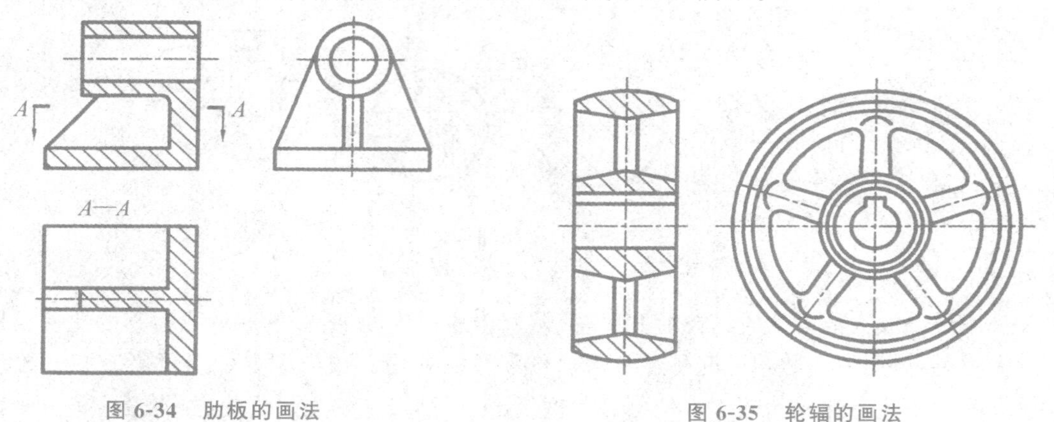

图 6-34 肋板的画法

图 6-35 轮辐的画法

(3)机件上的小平面用两条相交细实线表示，如图 6-36 所示。当机件是轴、杆等沿长度方向按照一定规律变化时，可以采用折断画法，即把机件的一处或多处用波浪线、双点画线或双折线断开，缩短图形的长度，如图 6-37 所示。采用折断法绘图时应注意：断开后的结构仍然按照机件的实际尺寸标注，且断开处在形状和结构上按照一定规律变化。

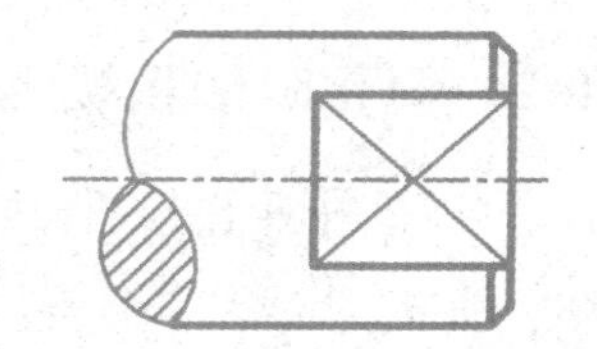

图 6-36 机件上小平面的画法

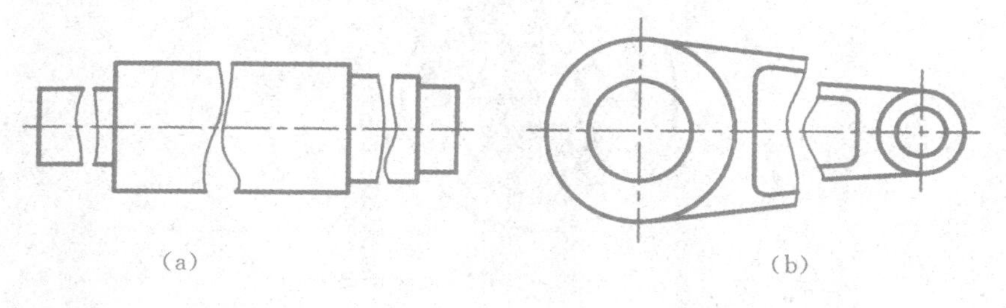

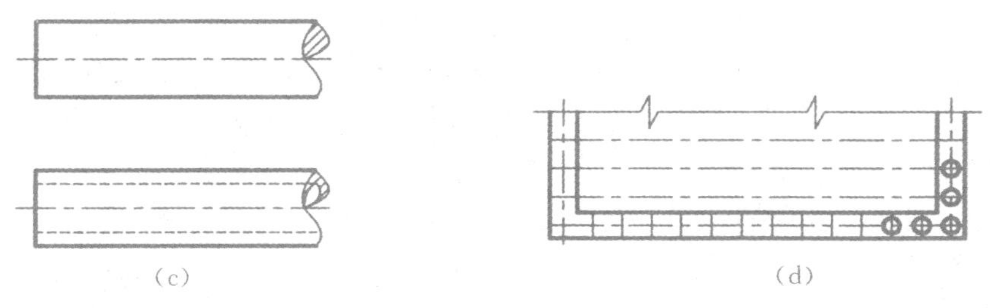

图 6-37 机件的省略画法

(4)与投影面倾斜角度小于或等于 30°时,允许将圆或圆弧的投影直接画成圆或圆弧,如图 6-38 所示。

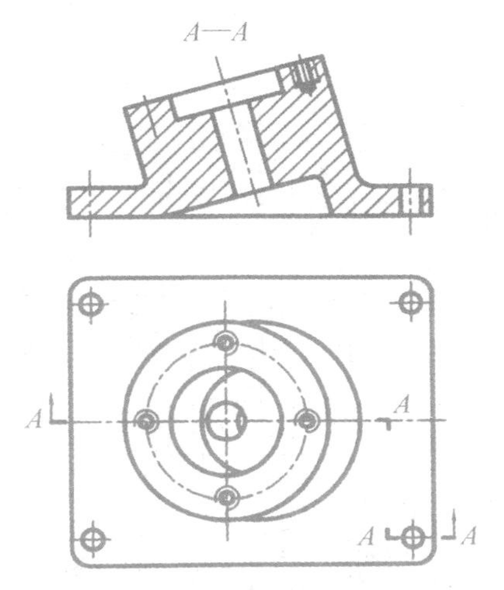

图 6-38 小角度倾斜圆和圆弧的画法

6.5 机件表达方法综合举例

机件的表达方法有视图、剖视图、断面图等,在实践中要根据机件的形状和结构特点灵活运用,同一机件往往可以采用几种不同的方案。原则是用较少的视图完整、清晰、准确地表达机件的内、外部形状、结构和尺寸。每一个视图有一个表达重点,各视图之间互相补充,各结构的表达避免重复,使绘图者和读图者同时都能感到清晰和便利。

例 6-1 试选择图 6-39 所示阀体的表达方案。

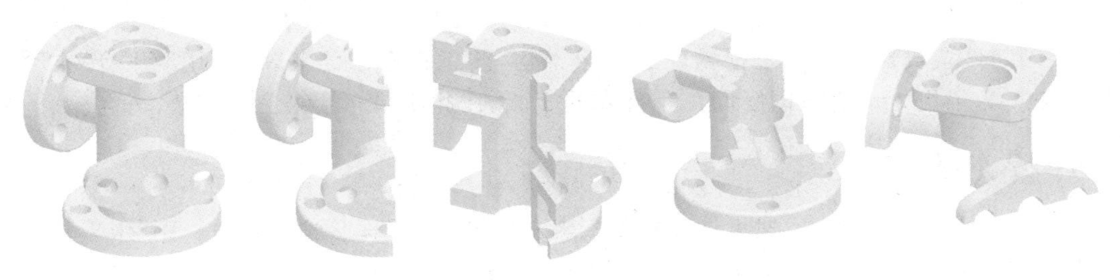

图 6-39 阀体的轴测图

分析:首先对机件进行分析,从阀体的轴测图可以看出,它主要由上底板(方)、下底板(圆)、垂直和水平两相交空心圆柱体及两个圆和椭圆连接板等基本几何体组成。在选择机件的表达方案时要考虑怎样才能把这些主要基本体的内、外部形状和结构完整、准确地表达出来并便于进行标注。因此,主视图采用两相交平面剖切的全剖视图来表达阀体垂直、水平两相交空心圆柱体的主要形状及贯通情况。俯视图采用两平行平面剖切的全剖视图来表达阀体垂直、水平两相交空心圆柱体的主要形状、位置和贯通情况。与此同时,下底板的形状和结构也在俯视图中表达清楚了,如图 6-40 所示。为了进一步把主视图和俯视图中尚未表达清楚的部分显示出来,再采用局部视图 D、E 分别把上底板的形状及其上面孔的分部情况、椭圆连接板的形状和结构进行了表达。当然,视图的选择随着机件形状结构的不同各有不同,还需要绘图者积累一定的相关经验,逐步提高绘图和设计水平。

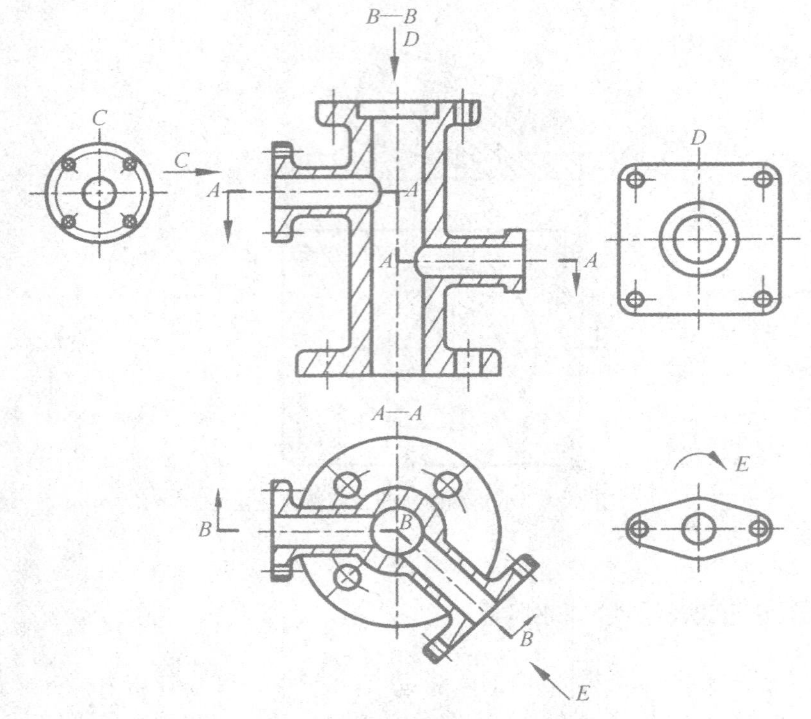

图 6-40 阀体的表达方案选择

6.6 第三角画法简介

第三角画法简介

我国的工程图纸是把物体放在第一角,按正投影法绘制,即采用第一角画法,而英国、日本、美国等国家是把物体放在第三角,按正投影法绘制,即采用第三角画法。为了更好地进行国际间工程技术的交流,在此简单介绍第三角画法。

6.6.1 基本概念

采用第一角画法的时候,把机件放在观察者和投影面之间,形成人→物→图的相互位置关系,而采用第三角画法的时候,机件是放在投影面的后面,形成人→图→物的相互位置关系,如图 6-41 所示。

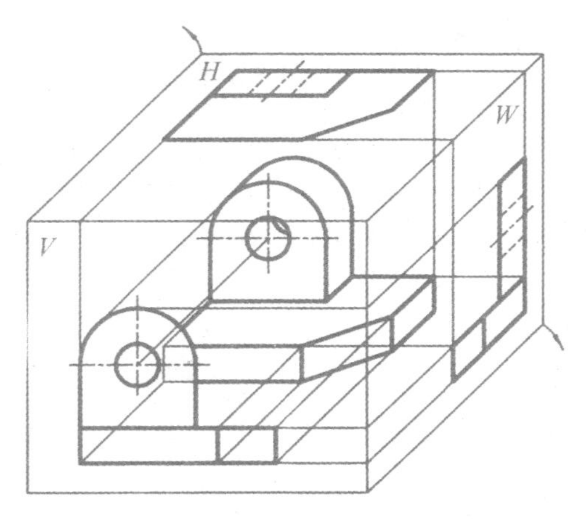

图 6-41 第三角画法视图的形成

6.6.2 视图的配置

第三角画法形成的视图分别称为前视图、顶视图和右视图，视图的配置和各视图之间的关系如图 6-42 所示，视图之间符合三等规律：即前视图和顶视图长对正，前视图和右视图高平齐，右视图和顶视图宽相等。值得注意的是：在第一角画法中，俯视图和左视图远离主视图的一侧反映的是机件的前面，而第三角画法中，顶视图和右视图远离前视图的一侧反映的是机件的后面。

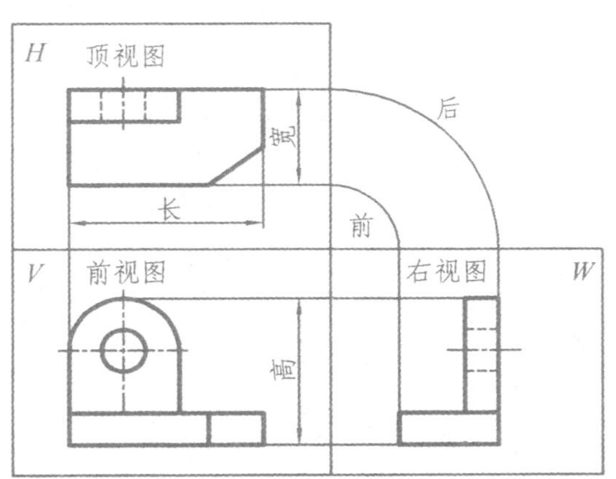

图 6-42 第三角画法视图的展开

为了方便读者识别工程图纸采用的是第一角还是第三角画法，在第三角画法的图纸标题栏上方加注第三角画法的识别符号，见图 6-43。

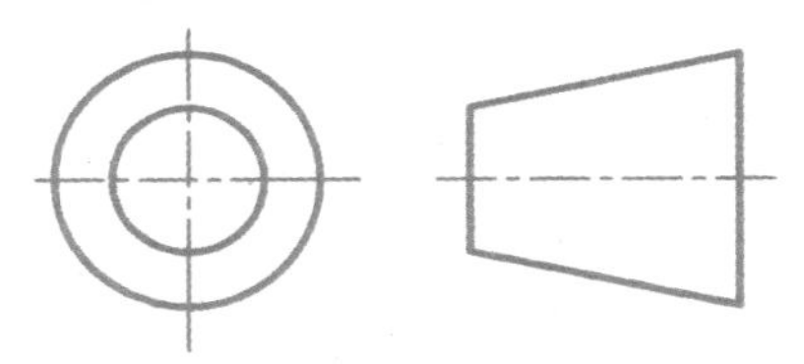

图 6-43 第三角画法的识别符号

复习思考题

1.什么是视图、剖视图、半剖视图、断面图?

2.金属材料的剖面线和非金属材料的剖面线有什么区别?

3.在同一张图纸上,同一零件的不同剖视图中剖面线的方向有哪些特点?

4.绘制向视图时要注意哪些问题?

5.机件有哪几种主要的表达方法?各在什么情况下使用?

7 标准件与常用件

在机器或设备中，螺纹紧固件以及键、销、轴承等，应用极为广泛。它们在机器或部件中主要起连接、支承等作用。为了便于专业化生产，提高生产效率，减少设计和绘图工作量，国家标准将它们的结构形状、尺寸、画法等标准化，因此称它们为标准件，一般在机器设计时不需要画出其零件图；除一般零件和标准件外，还有齿轮、弹簧等零件，也被广泛使用。这些零件部分结构要素已标准化，其结构参数及画法由国标规定，习惯上称它们为常用件，常用件在机器设计时需画其零件图。本章将主要学习标准件和常用件的基本知识、规定画法和标记方法。

7.1 螺纹的规定画法和标注方法

螺纹的基本知识

7.1.1 螺纹的基本知识

7.1.1.1 螺纹的形成

螺纹是机件上的一种常见结构，它是在圆柱（或圆锥）表面上，沿螺旋线加工而成的具有规定牙型的连续凸起和沟槽。在圆柱（或圆锥）外表面上的螺纹称为外螺纹[图 7-1(a)]，在圆柱（或圆锥）内表面上的螺纹称为内螺纹[图 7-1(b)]。

形成螺纹的加工方法很多，图 7-1(a)、(b)分别为车床上加工外螺纹和内螺纹。若加工直径较小的螺孔，可先用钻头钻孔，再用丝锥手工加工内螺纹，见图 7-1(c)。

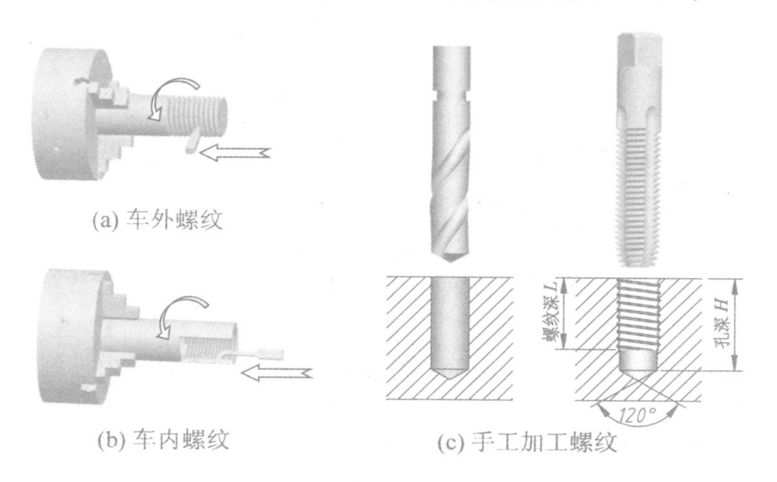

图 7-1 螺纹的加工方法

7.1.1.2 螺纹要素

螺纹由牙型、直径、螺距和导程、线数、旋向五个要素组成。若要使内外螺纹正确旋合在一起构成螺纹副，那么内外螺纹的牙型、直径、旋向、线数和螺距五个要素必须一致。

(1)牙型　在通过螺纹轴线的剖面区域上,螺纹的轮廓形状称为牙型。常见的螺纹牙型有三角形(55°、60°)、梯形、锯齿形和矩形(图 7-2)。其中,矩形螺纹尚未标准化,其余牙型的螺纹均为标准螺纹。

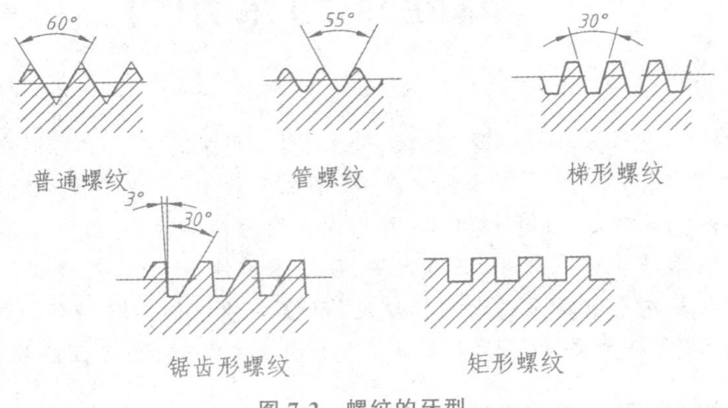

图 7-2　螺纹的牙型

(2)直径　螺纹直径有大径、中径、小径(图 7-3)。

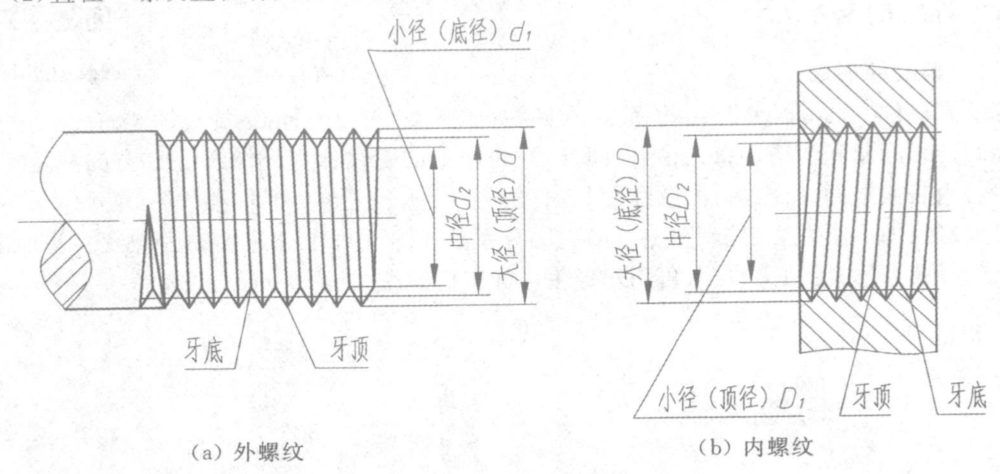

图 7-3　螺纹的直径

大径:是指与外螺纹牙顶或内螺纹牙底相切的假想圆柱的直径(即螺纹的最大直径),内外螺纹的大径分别用 D、d 表示。

小径:是指与外螺纹牙底或内螺纹牙顶相切的假想圆柱的直径。内外螺纹的小径分别用 D_1、d_1 表示。

中径:是一个假想圆柱的直径,即在大径和小径之间,其母线通过牙型上沟槽和凸起宽度相等的地方的假想圆柱的直径。内外螺纹的中径分别用 D_2、d_2 表示。

表示螺纹时采用的是公称直径,公称直径是代表螺纹尺寸的直径。普通螺纹的公称直径就是大径;管螺纹公称直径的大小是管子的通径大小(英寸),用尺寸代号表示。

(3)线数　螺纹有单线和多线之分。沿一条螺旋线形成的螺纹称为单线螺纹,沿两条或两条以上的螺旋线形成的螺纹称为多线螺纹(图 7-4)。

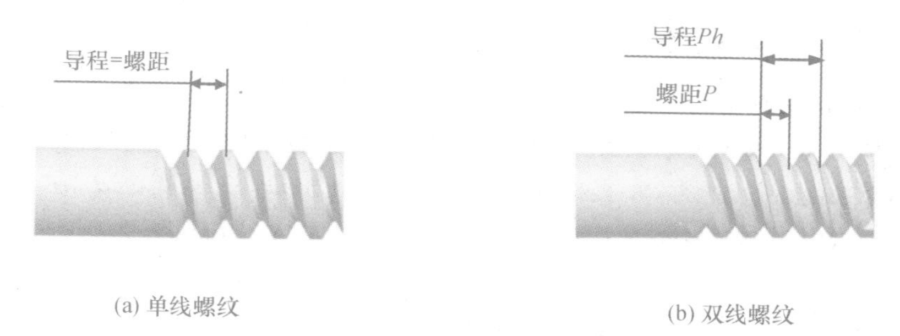

(a) 单线螺纹　(b) 双线螺纹

图 7-4　螺纹的线数、导程和螺距

(4)螺距和导程　螺距(P)是相邻两牙在中径线上对应两点间的轴向距离,导程(Ph)是同一条螺旋线上的相邻两牙在中径线上对应两点间的轴向距离。当螺纹为单线螺纹时,导程=螺距,当螺纹为多线螺纹时,导程=螺距×线数,如图 7-4 所示。

(5)旋向　螺纹分为左旋(LH)螺纹和右旋(RH)螺纹两种。顺时针旋入的螺纹称为右旋螺纹,逆时针旋入的螺纹称为左旋螺纹。判别方法如图 7-5 所示。

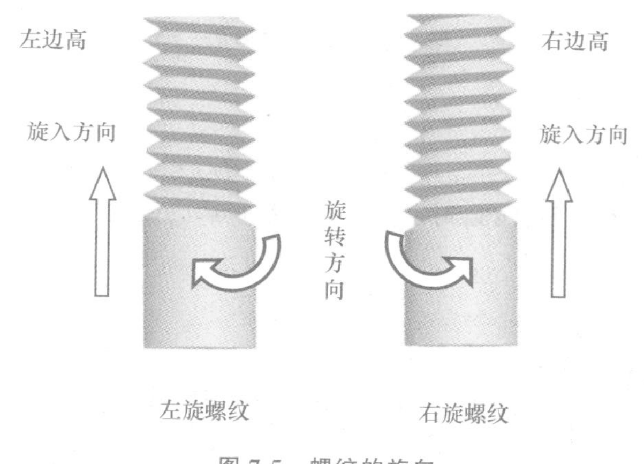

图 7-5　螺纹的旋向

在螺纹的要素中,牙型、直径和螺距是决定螺纹的最基本的要素,通常称为螺纹三要素。凡螺纹三要素符合标准的称为标准螺纹。标准螺纹的公差带和螺纹标记均已标准化。

7.1.1.3　螺纹分类

螺纹按用途可分为两大类:

(1)连接螺纹:用来连接或紧固的螺纹,如普通螺纹和各类管螺纹。

普通螺纹分粗牙普通螺纹和细牙普通螺纹,细牙普通螺纹多用于细小的精密零件和薄壁零件上。

管螺纹一般用于管路的连接。又分 55°非密封管螺纹和 55°密封管螺纹。非密封管螺纹一般用于低压管路连接的旋塞等管件附件中。密封管螺纹一般用于密封性要求较高的管路中。

(2)传动螺纹:用来传递动力和运动的螺纹,如梯形螺纹、锯齿形螺纹和矩形螺纹。

7.1.2 螺纹的规定画法

螺纹的画法与标注方法

7.1.2.1 外螺纹的画法

(1)如图 7-6(a)所示,螺纹的牙顶(大径)及螺纹终止线用粗实线绘制;牙底(小径)用细实线绘制。通常,小径按大径的 0.85 倍画出,即 $d_1 \approx 0.85d$,在平行于螺纹轴线的视图中,表示牙底的细实线应画到倒角内。在投影为圆的视图中,表示牙底的细实线圆只画约 3/4 圈,倒角圆省略不画。

(2)当外螺纹加工在管子外壁上需要剖切时,表示方法如图 7-6(b)所示。

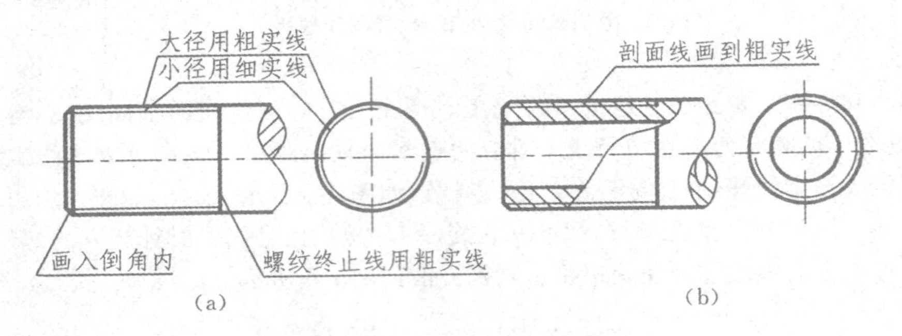

图 7-6 外螺纹的画法

7.1.2.2 内螺纹的画法

内螺纹一般剖开表示,如图 7-7(a)所示,螺纹的牙顶(小径)及螺纹终止线用粗实线绘制;牙底(大径)用细实线绘制,剖面线画到粗实线处。在投影为圆的视图中,表示牙底的细实线圆只画约 3/4 圈,倒角圆省略不画。

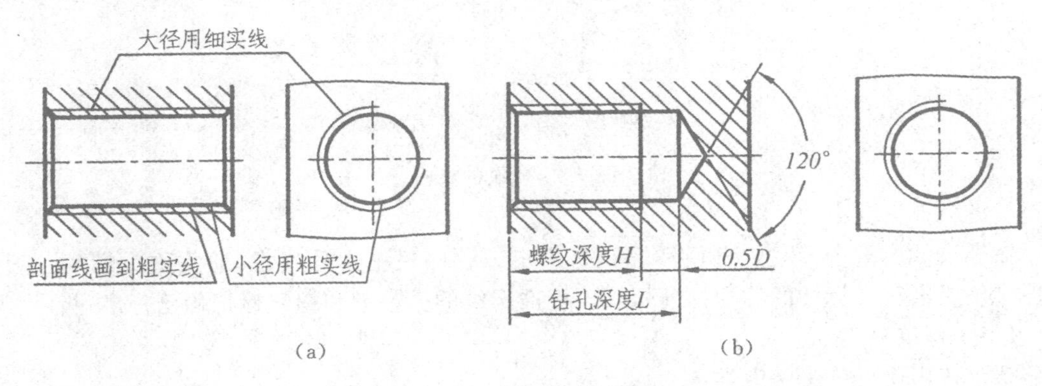

图 7-7 内螺纹的画法

对于不穿通的螺孔(俗称盲孔),应分别画出钻孔深度 H 和螺纹深度 L[图 7-7(b)]。两个深度相差 $0.5D$(其中 D 为螺纹孔公称直径),钻孔尖端锥角应按 120°画出。

7.1.2.3 螺纹连接的画法

当内外螺纹连接构成螺纹副时,其旋合部分应按外螺纹的画法绘制,其余部分仍按各自的画法表示。必须注意,大、小径的粗实线和细实线应分别对齐,如图 7-8 所示。

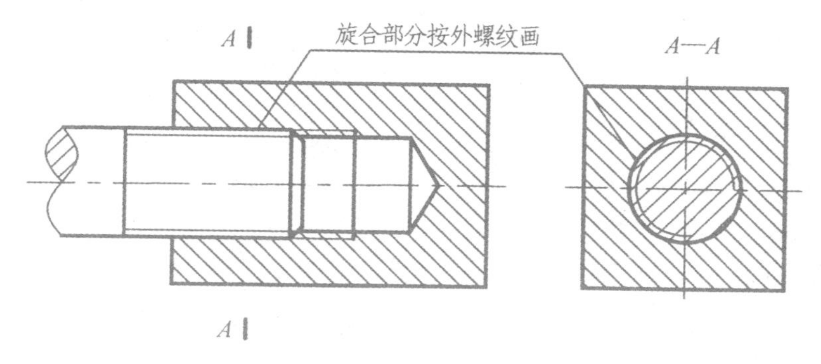

图 7-8 螺纹连接的画法

7.1.2.4 螺纹的其他画法规定

当需要表示螺纹收尾时，该部分用与轴线成 30°的细实线画出，如图 7-9(a)所示；不可见螺纹的所有图线，用虚线绘制，如图 7-9(b)所示；螺纹孔相贯的画法如图 7-9(c)所示；非标准螺纹的画法，如矩形螺纹，需画出螺纹牙型，并标注出所需的尺寸，如图 7-9(d)所示。

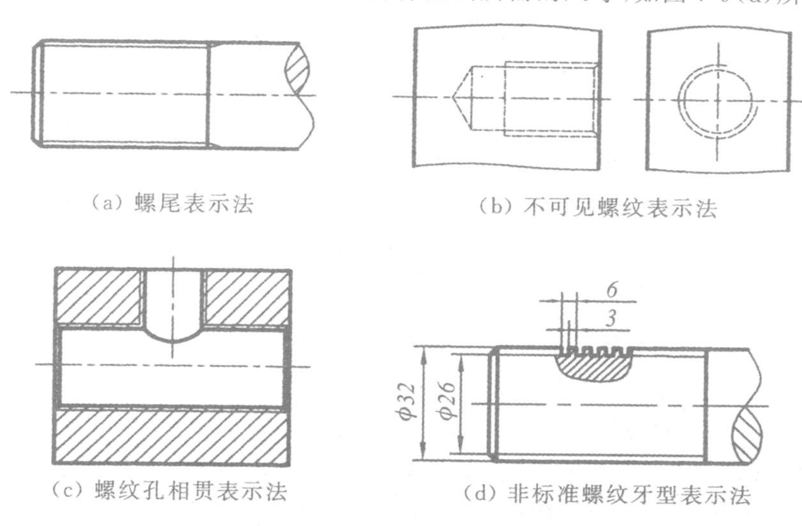

(a) 螺尾表示法 (b) 不可见螺纹表示法

(c) 螺纹孔相贯表示法 (d) 非标准螺纹牙型表示法

图 7-9 螺纹的其他画法规定

7.1.3 螺纹的规定标记与图样注法

螺纹按规定画法简化画出后，在图上不能反映它的牙型、螺距、线数和旋向等结构要素，因此，必须按规定的标记在图样中进行标注。

7.1.3.1 螺纹的规定标记

(1)普通螺纹的标记格式为：

[螺纹特征代号] — [尺寸代号] — [公差带代号] — [旋合长度代号] — [旋向代号]

单线螺纹尺寸代号为“公称直径×螺距”，多线螺纹尺寸代号为“公称直径×Ph 导程 P 螺距”。例如：

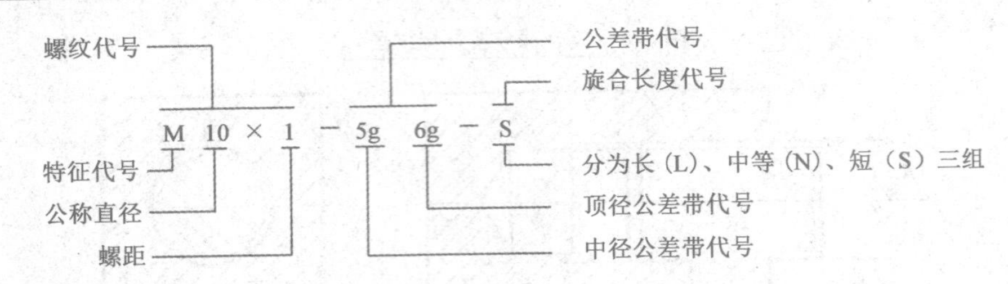

普通螺纹标记说明：

①粗牙普通螺纹的螺距不标注，而细牙普通螺纹的螺距必须注出。

②左旋螺纹要注写 LH，右旋螺纹不标注。

③当螺纹中径公差带与顶径公差带代号不同时，需分别注出，当中径与顶径公差带代号相同时，只注一个代号。且公称直径大于等于 1.6mm 时，中等公差精度的公差带代号 6g、6H 省略不标注。

④普通螺纹的旋合长度有长、中、短三种，分别用代号 L、N、S 表示。中等旋合长度时，代号 N 不标注。

(2)管螺纹的标记格式为：

特征代号 － 尺寸代号 － 公差等级代号 － 旋向

例如：

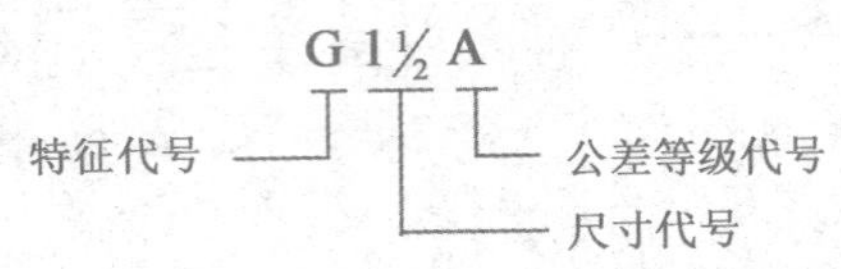

管螺纹标记说明：

①标记中的尺寸代号不是螺纹大径，而是管子的通径(英制)大小。

②管螺纹的标记用指引线指到螺纹大径上。

③标记中的 A 或 B，是螺纹中径的公差等级。

(3)梯形螺纹和锯齿形螺纹的螺纹标记格式与普通螺纹稍有不同，主要是：

①旋合方向标注的位置，在螺距之后，如 Tr40×14(P7)LH－7e。

②标记中只标注中径公差带代号。

③旋合长度只有两种(代号 N 和 L)，N 省略不注。

7.1.3.2 常用螺纹的图样标注示例(表 7-1)

表 7-1 常用螺纹的标注示例

螺纹类别		特征代号		标注示例	说明
连接螺纹	普通螺纹	M	粗牙	M10-7g　M10-7H	粗牙普通螺纹，公称直径 $\phi10$，螺距 1.5(查附表 1-1 获得)；外螺纹中径和顶径公差带代号都是 7 g；内螺纹中径和顶径公差带代号都是 7H；中等旋合长度；右旋

续表 7-1

螺纹类别		特征代号		标注示例	说明
连接螺纹			细牙	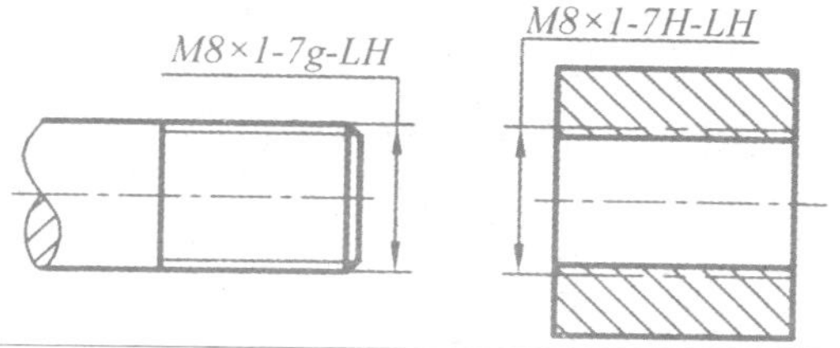 M8×1-7g-LH M8×1-7H-LH	细牙普通螺纹，公称直径 φ8，螺距 1，左旋；外螺纹中径和顶径公差带代号都是 7 g；内螺纹中径和顶径公差带代号都是 7H；中等旋合长度
	管螺纹	G	55°非密封管螺纹	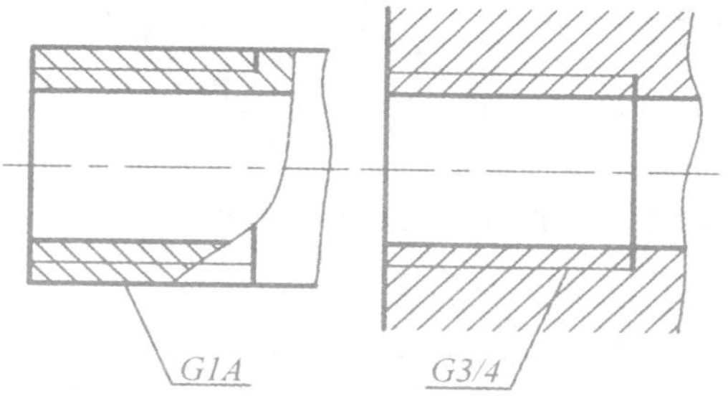 G1A G3/4	55°非密封管螺纹，外管螺纹的尺寸代号为 1，公差等级为 A 级；内管螺纹的尺寸代号为 3/4，内螺纹公差等级只有一种，省略不标注
		R_c R_p R_1 R_2	55°密封管螺纹	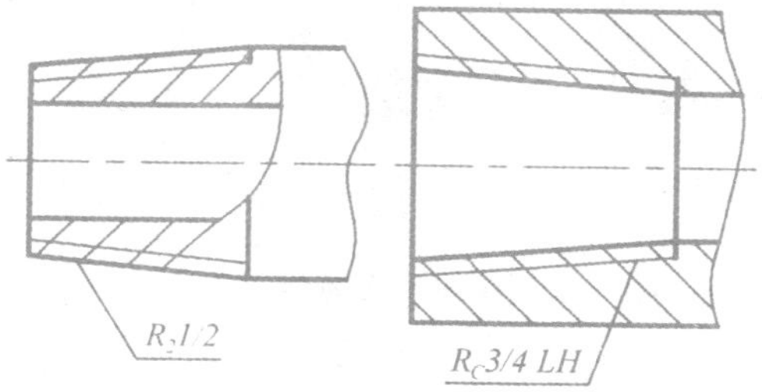 $R_2$1/2 R_c3/4 LH	55°密封圆锥管螺纹，与圆锥内螺纹配合的圆锥外螺纹的尺寸代号为 1/2，右旋；圆锥内螺纹的尺寸代号为 3/4，左旋。 R_p 是圆柱内螺纹的特征代号，R_1 是与圆柱内螺纹相配合的圆锥外螺纹的特征代号
传动螺纹	梯形螺纹	Tr		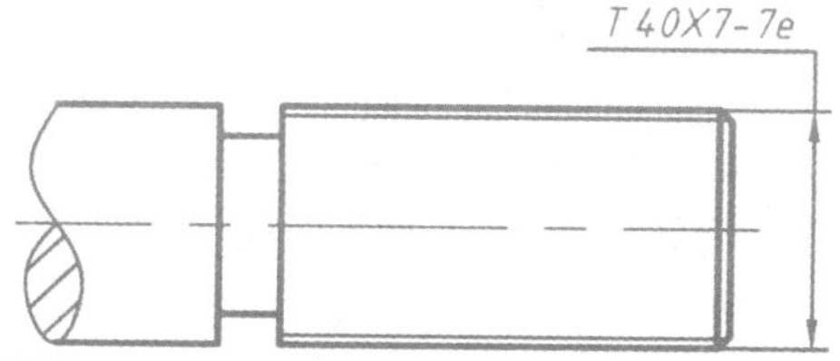 T 40X7-7e	梯形外螺纹，公称直径 φ40，单线，螺距 7，右旋，中径公差带代号 7e；中等旋合长度
	锯齿形螺纹	B		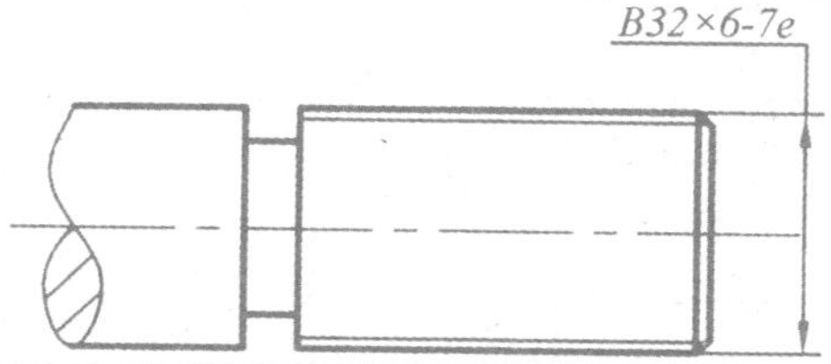 B32×6-7e	锯齿形外螺纹，公称直径 φ32，单线，螺距 6，右旋，中径公差带代号 7e；中等旋合长度
	矩形螺纹			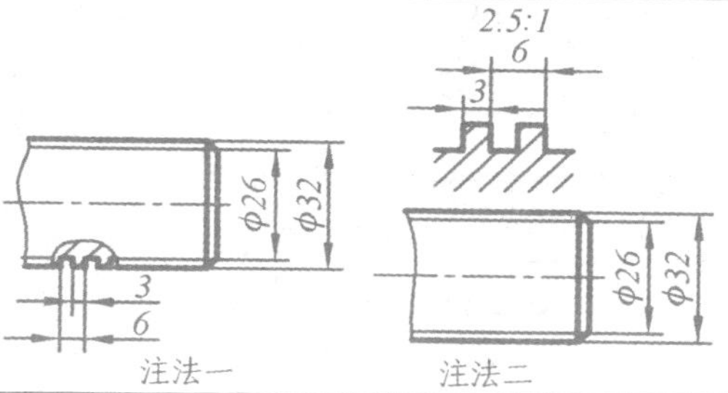 φ26 φ32 3 6 注法一 2.5:1 6 3 φ26 φ32 注法二	矩形螺纹为非标准螺纹，无特征代号和螺纹代号，要标注螺纹的所有尺寸。单线，右旋；螺纹尺寸如图所示

7.2　常用螺纹紧固件

螺纹紧固件的种类
标记和比例画法

7.2.1　常用螺纹紧固件的种类和标记

常用的螺纹紧固件有螺栓、双头螺柱、螺钉、螺母、垫圈等，如图 7-10 所示。

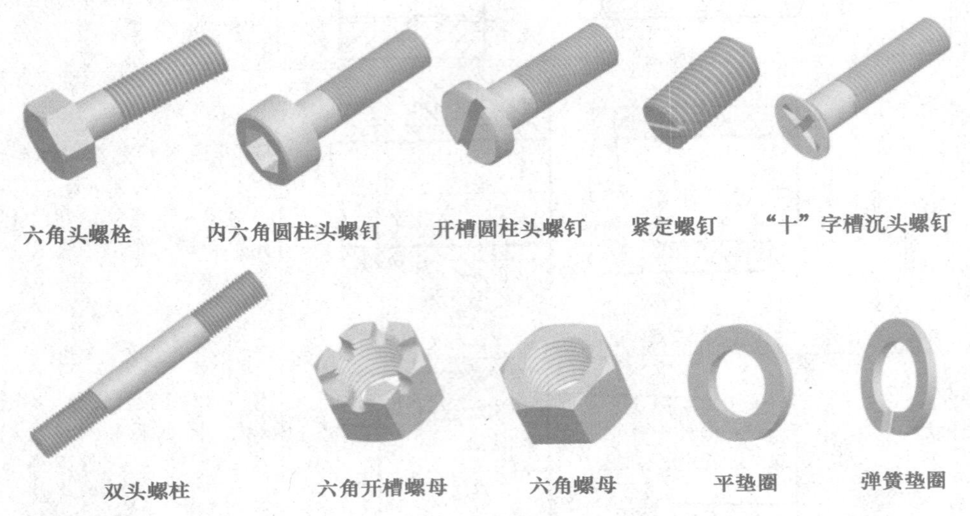

图 7-10　常用的螺纹紧固件

螺纹紧固件的结构、尺寸均已标准化(见附录 1)，因此，在应用它们时，只需注明其规定标记。常用螺纹紧固件的标记示例见表 7-2。

表 7-2　常用螺纹紧固件的标记示例

名称及标准编号	图　例	规定标记及说明
开槽圆柱头螺钉 GB/T 65—2000	d　l	螺钉 GB/T 65 M10×60 开槽圆柱头螺钉，螺纹规格 d＝M10，公称长度 l＝60，精度等级 A，性能等级为 4.8 级，不经表面处理
开槽沉头螺钉 GB/T 68—2000	d　l	螺钉 GB/T 68 BM5×25 开槽沉头螺钉，螺纹规格 d＝M5，公称长度 l＝25，精度等级 B，性能等级为 4.8 级，不经表面处理
六角头螺栓 GB/T 5782—2000	d　l	螺栓 GB/T 5782 M16×70 A 级六角头螺栓，螺纹规格 d＝M16，公称长度 l＝70，性能等级为 8.8 级，表面氧化处理

续表 7-2

名称及标准编号	图　例	规定标记及说明
双头螺柱 ($b_m=1.25d$) GB/T 898—1988		螺柱 GB/T 898 M12×50 双头螺柱，两端均为粗牙普通螺纹，螺纹规格 d=M12，公称长度 l=50，A 型，旋入端 $b_m=1.25d$，性能等级为 4.8 级，不经过表面处理
1 型六角螺母 GB/T 6170—2000		螺母 GB/T 6170 M16 A 级 1 型六角螺母，螺纹规格 D=M16，性能等级为 8 级，不经过表面处理
平垫圈 A 级 GB/T 97.1—2002		垫圈 GB/T 97.1 16 A 级平垫圈，公称尺寸 d=16 mm，性能等级为 200HV 级，不经表面处理
标准型弹簧垫圈 GB/T 93—1987		垫圈 GB/T 93 16 标准型弹簧垫圈，规格 16 mm，材料为 65Mn，表面氧化处理

7.2.2　常用螺纹紧固件的比例画法

为提高画图速度，螺纹紧固件各部分的尺寸都可按公称直径 d 的一定比例画出，称为比例画法，常用螺纹紧固件的比例画法如图 7-11 所示。

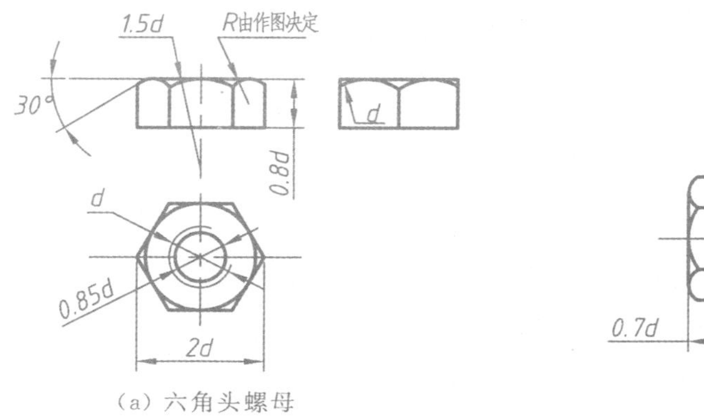

(a) 六角头螺母

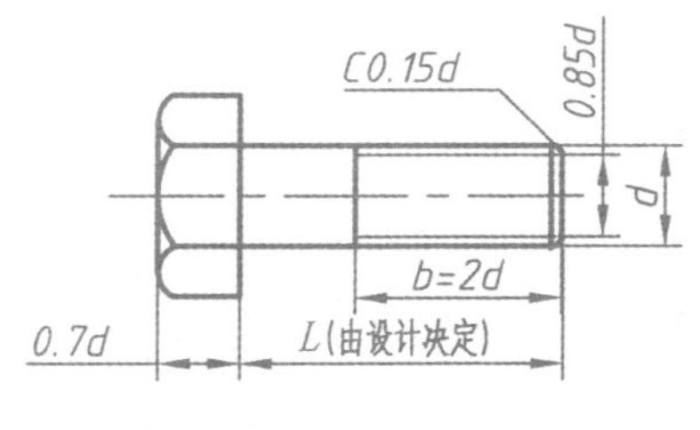

(b) 六角头螺栓

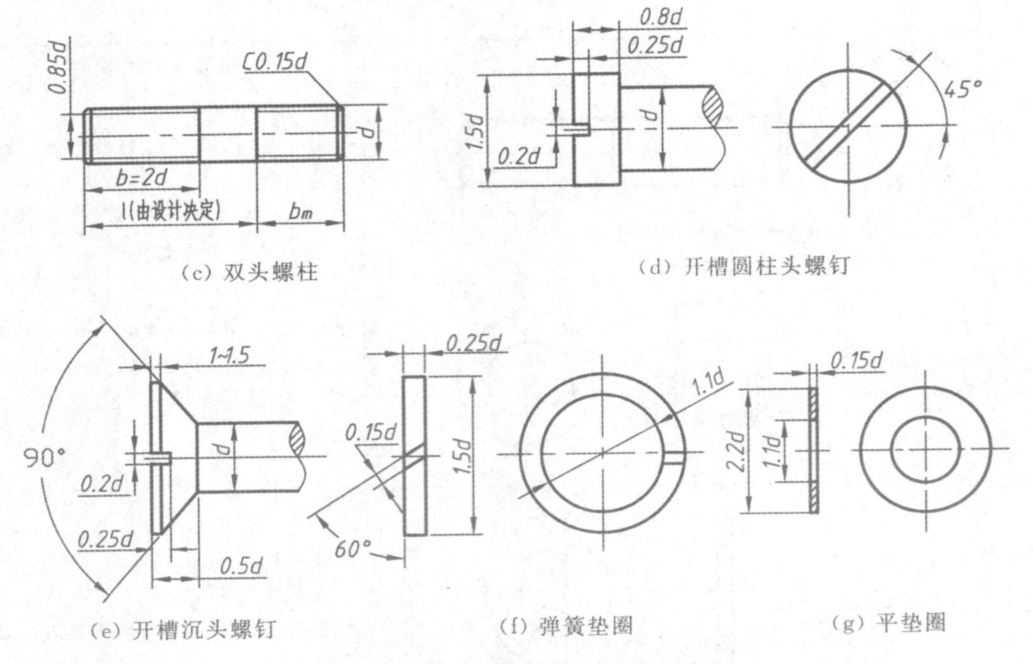

(c) 双头螺柱　　(d) 开槽圆柱头螺钉

(e) 开槽沉头螺钉　　(f) 弹簧垫圈　　(g) 平垫圈

图 7-11　常用螺纹紧固件的比例画法

7.2.3 常用螺纹紧固件连接的画法

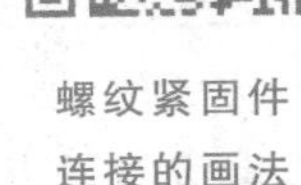

螺纹紧固件连接的画法

7.2.3.1 装配图的规定画法

由于螺纹紧固件是标准件，只需在装配图中画出连接图即可。画连接图时必须符合装配图的规定画法：

(1)两零件接触面处应画一条粗实线，非接触面处应画两条粗实线。

(2)剖视图中，相邻两零件的剖面线方向应相反，或方向相同但间隔不等。而同一个零件在各剖视图中剖面线方向和间隔必须相同。

(3)剖切平面沿实心零件或标准件轴线(或对称中心线)剖切时，这些零件按不剖画，即画其外型。

7.2.3.2 螺纹紧固件连接的画法

(1)螺栓连接　用于被连接件不太厚，允许钻成通孔的情况下，如图 7-12 所示。

螺栓公称长度的确定：从图中可以看出，螺栓的公称长度：

$$l=\delta_1+\delta_2+m+h+0.3d$$

根据计算结果，从螺栓公称长度 l 系列值中在教材后面的附表 1-4 查找，最终选取一个最接近计算结果的标准长度值。

画图时应注意：

①被连接件上的通孔直径约为螺纹大径的 1.1 倍，孔内壁与螺栓杆部不接触，应分别画出各自的轮廓线。

②螺栓上的螺纹终止线应低于被连接件顶面轮廓，以便拧紧螺母时有足够的螺纹长度。

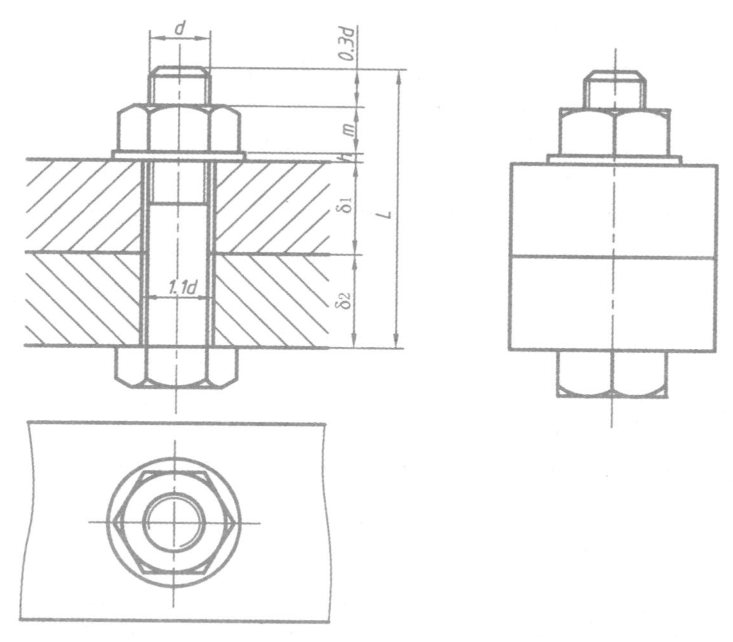

图 7-12 螺栓连接的画法

(2)螺柱连接 用于被连接件之一较厚或不允许钻成通孔的情况,如图 7-13 所示。较厚的零件上加工有螺纹孔,另一个零件加工有光孔,孔直径约为螺纹大径的 1.1 倍。从图中可以看出,螺柱的公称长度:

$$l=\delta+h+m+0.3d$$

根据计算结果,从附表 1-5 中选取与其最接近的 l 标准值。

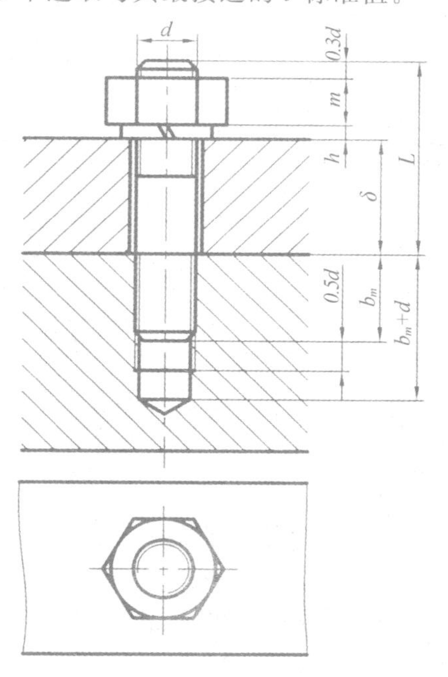

图 7-13 螺柱连接的画法

画图时注意：

①双头螺柱的旋入端长度 b_m 应全部旋入螺孔内，画图时螺纹终止线要与两被连接件的接触面平齐。上半部分画法与螺栓情况相同。

②双头螺柱旋入端长度 b_m 与被旋入零件材料有关，按国家标准规定，b_m 见表 7-3。

表 7-3　旋入长度

被旋入零件的材料	旋入长度 b_m
钢、青铜	d
铸铁	$1.25d$ 或 $1.5d$
铝	$2d$

(3)螺钉连接　用于不常拆卸和受力较小的连接中，分连接螺钉和紧定螺钉，如图 7-14(a)、(b)分别为开槽圆柱头螺钉与开槽沉头螺钉连接的画法。

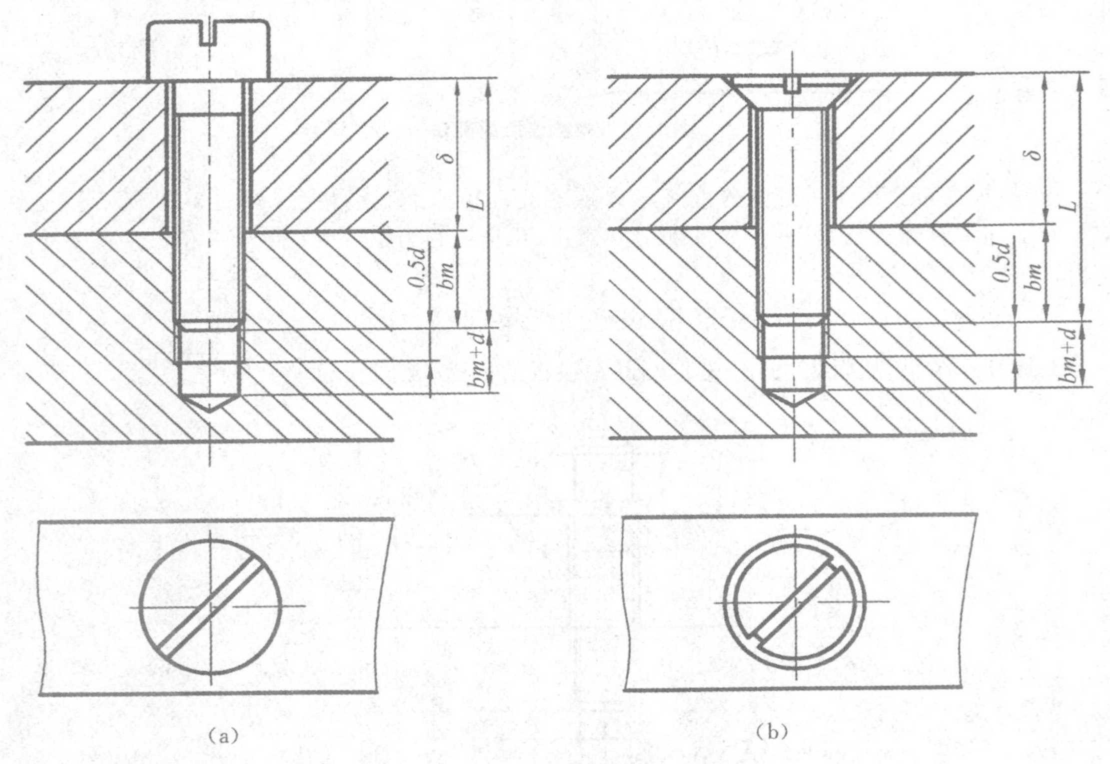

图 7-14　螺钉连接画法

画图时应注意的问题：

①较厚零件上加工有螺纹孔，为了使螺纹头部能压紧被连接件，螺钉的螺纹终止线应高于螺孔件端面的轮廓线。

②螺钉头部的"一"字槽，在投影为圆的视图上，按与水平成 45°画出。

③紧定螺钉连接画法如图 7-15 所示。

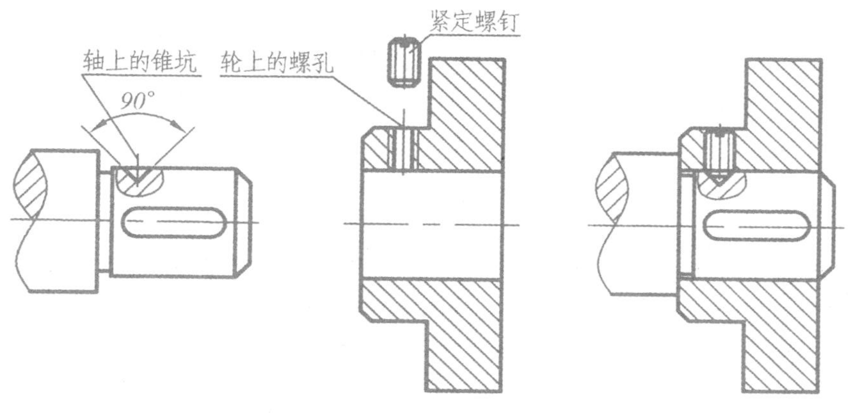

图 7-15 紧定螺钉连接画法

7.3 键和销

键及其连接

键和销是机器或部件中应用广泛的标准件，也属于连接件。

7.3.1 键

键用于连接轴和轴上的传动件（齿轮、皮带轮等），使轴和传动件一起转动，起传递扭矩的作用。

图 7-16 所示为键连接的情况，在轴和轮毂上分别加工出键槽，装配时先将键嵌入轴的键槽内，再将轮毂上的键槽对准轴上的键，把轮子装在轴上。传动时，轴和轮子一起转动。

常用的键有普通平键、半圆键和钩头楔键，如图 7-17 所示。

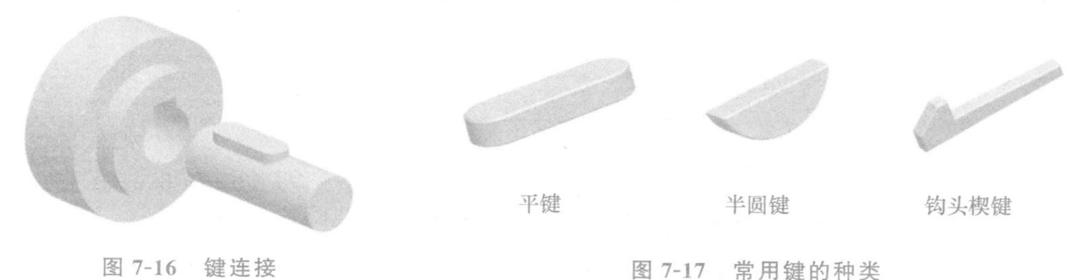

图 7-16 键连接

图 7-17 常用键的种类

普通平键有 A 型（圆头）、B 型（方头）和 C 型（单圆头）三种结构型式（图 7-18）。

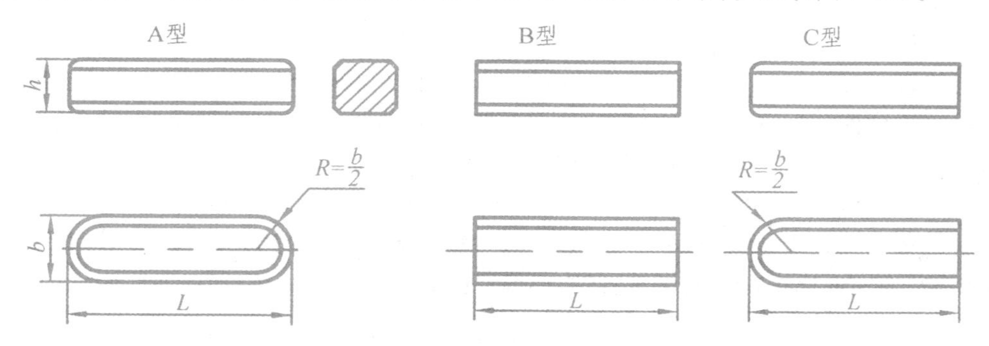

图 7-18 普通平键的型式和尺寸

7.3.1.1　键的规定标记

键是标准件，键的标记由标准编号、名称、型式与尺寸三部分组成。常用键的标记方法如表7-4所示（执行标准GB/T 1096—2003、GB/T 1099.1—2003、GB/T 1098—2003、GB/T 1565—2003）。

键的大小由被连接的轴、孔直径和所传递的扭矩大小所决定。

表7-4　常用键的标记方法

标记示例	名称及图例	标记说明
GB/T 1096 键 16×10×100	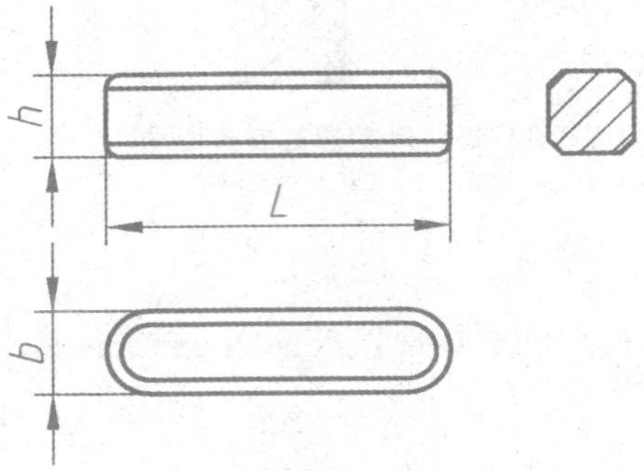 h L b	普通平键，A型，$b=16$ mm，$L=100$ mm，$h=10$ mm 注：标记中A型键的"A"字省略不注
GB/T 1099.1 键 6×10×25	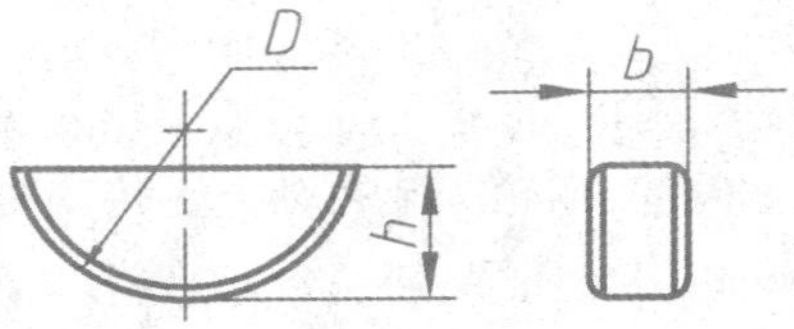 D b h	半圆键，$b=6$ mm，$D=25$ mm，$h=10$ mm
GB/T 1565 键 18×100	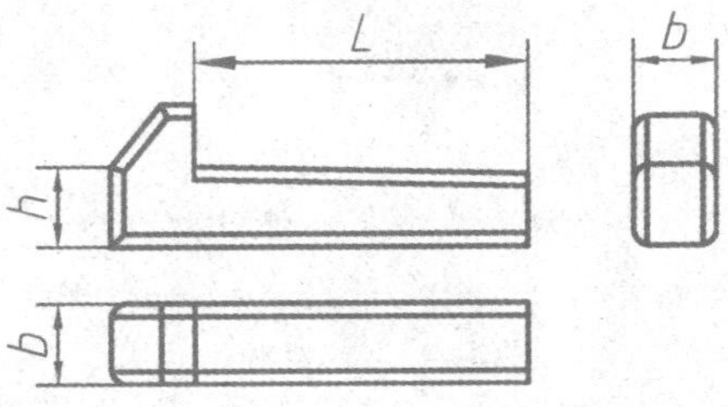 L b h b	钩头楔键，$b=18$ mm，$L=100$ mm，$h=11$ mm

7.3.1.2　键连接的画法

普通平键和半圆键的连接原理相似，两侧面为工作面，装配时键的两侧面与轴上的键槽、轮毂上的键槽两侧均接触，靠键的两侧面传递扭矩。绘制装配图时，键的顶面与轮毂中的键槽底面有间隙，应画两条线；键的两侧面与轴上的键槽、轮毂上的键槽两侧均接触，应画一条线；键的底面与轴上键槽的底面也接触，应画一条线。如图7-19(a)、(b)所示。

钩头楔键的顶面有1∶100的斜度，安装时将键打入键槽，顶面是钩头楔键的工作面。绘制装配图时，键与键槽顶面之间没有间隙，也画一条线，如图7-19(c)。

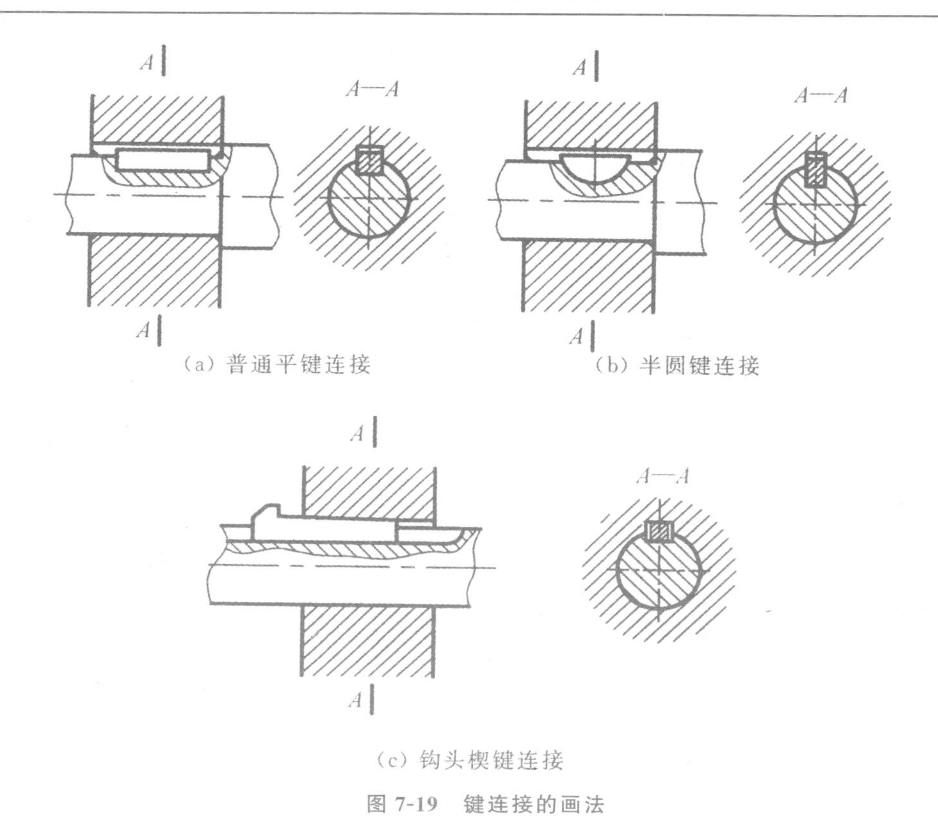

(a) 普通平键连接　　(b) 半圆键连接

(c) 钩头楔键连接

图 7-19 键连接的画法

轴和轮毂上的键槽尺寸可从附表 3 中查取，键槽尺寸的标注如图 7-20 所示。

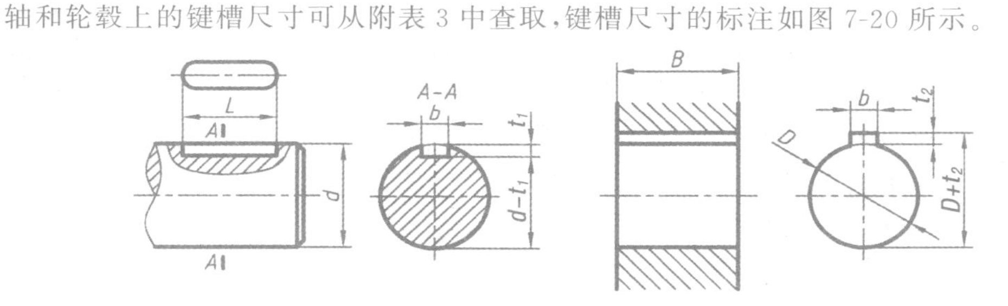

图 7-20 键槽的尺寸注法

7.3.2 销

销及其连接

销也是标准件，常用于零件间的连接或定位，常用的销有圆柱销、圆锥销和开口销等，如图 7-21 所示。

圆柱销　　圆锥销　　开口销

图 7-21 常用销的型式

常用销的主要尺寸、简化标记及连接画法见表 7-5。

表 7-5 销的型式、简化标记和连接画法

名称及标准	主要尺寸	标记	连接画法
圆柱销 GB/T 119.1—2000	d l	销 GB/T 119.1 $d \times l$	
圆锥销 GB/T 117—2000	1:50 d l	销 GB/T 117 $d \times l$	

7.4 滚动轴承

滚动轴承

滚动轴承是用来支撑旋转轴并承受轴上载荷的组件，具有结构紧凑、摩擦阻力小的特点，因此在机器中得到广泛使用。

滚动轴承的类型很多，但其结构大体相同，一般由外圈（座圈）、内圈（轴圈）、滚动体和保持架等组成（图 7-22）。内圈装在轴上，形成过盈配合，随轴转动；外圈装在机体或轴承座内，一般固定不动。

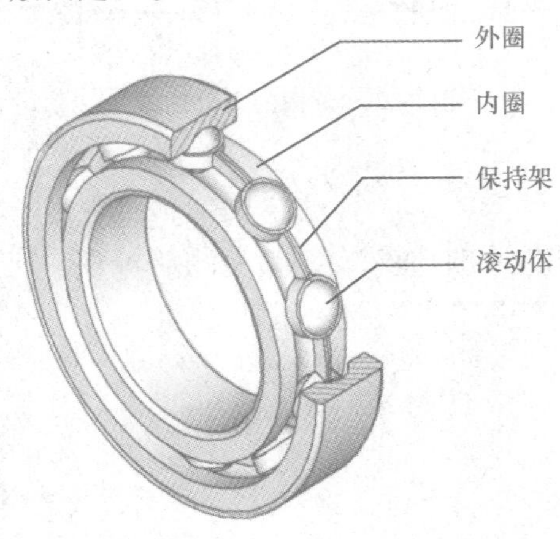

图 7-22 滚动轴承的基本结构

滚动轴承按其受力方向可分为三大类：

(1)向心轴承——主要承受径向力，如深沟球轴承。

(2)向心推力轴承——同时承受径向力和轴向力，如圆锥滚子轴承。

(3)推力轴承——主要承受轴向力，如推力球轴承。

下面简介常见的深沟球轴承、圆锥滚子轴承和推力球轴承的画法和标记。

7.4.1 滚动轴承的画法

7.4.1.1 规定画法或特征画法(GB/T 4459.7—1998)

滚动轴承是标准部件，不必画出它的零件图。在装配图中，只需根据给定的轴承代号，从轴承标准中查出外径 D、内径 d、宽度 $B(T)$等几个主要尺寸，按规定画法或特征画法画出，其具体画法见表 7-6。

表 7-6 常用滚动轴承的表示法

轴承名称及代号	结构形式	规定画法	特征画法
深沟球轴承 GB/T 276—1994 类型代号 6 主要参数 D、d、B	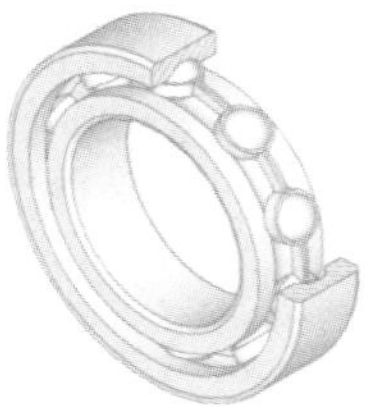	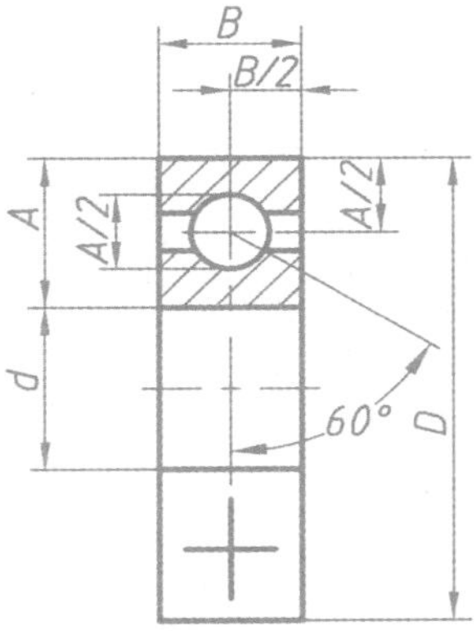	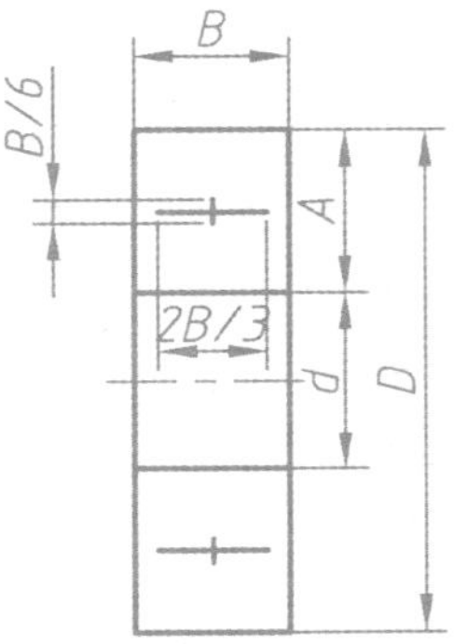
圆锥滚子轴承 GB/T 297—1994 类型代号 3 主要参数 D、d、T	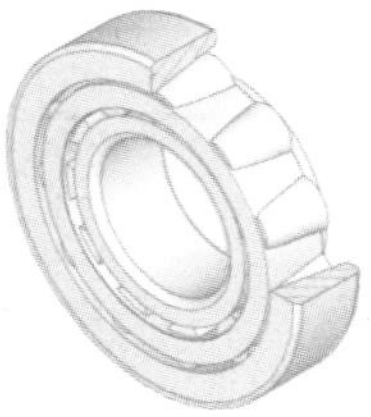	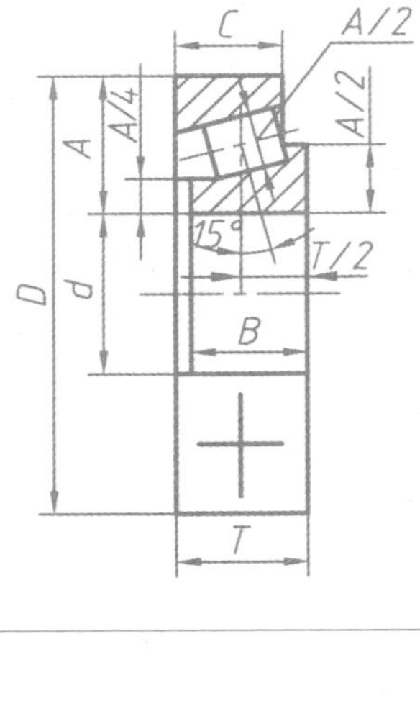	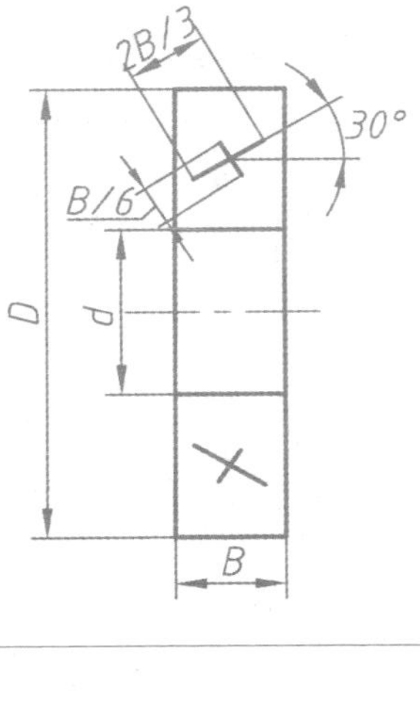

续表 7-6

轴承名称及代号	结构形式	规定画法	特征画法
推力球轴承 GB/T 301—1995 类型代号 5 主要参数 D、d、T			

7.4.1.2 通用画法

当不需要确切表示轴承的外形轮廓、载荷特性、结构特征时，可将轴承按通用画法画出，如图 7-23 所示。

在装配图中，滚动轴承通常按规定画法绘制。如图 7-24 中的圆锥滚子轴承上一半按规定画法画出，轴承的内圈和外圈的剖面线方向和间隔均要相同，而另一半按通用画法画出，即用粗实线画出正“十”字。

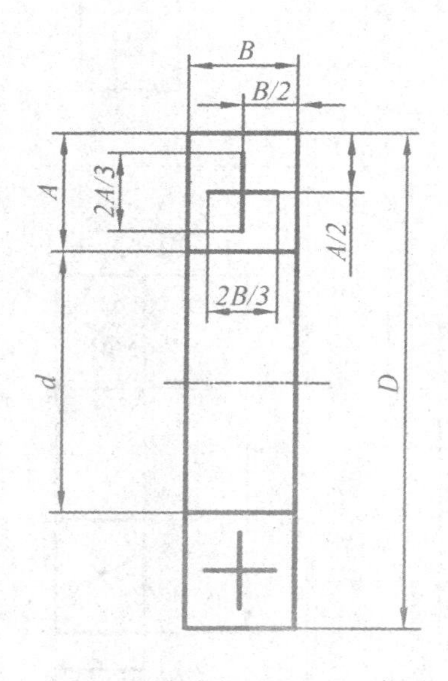

图 7-23 滚动轴承的通用画法图

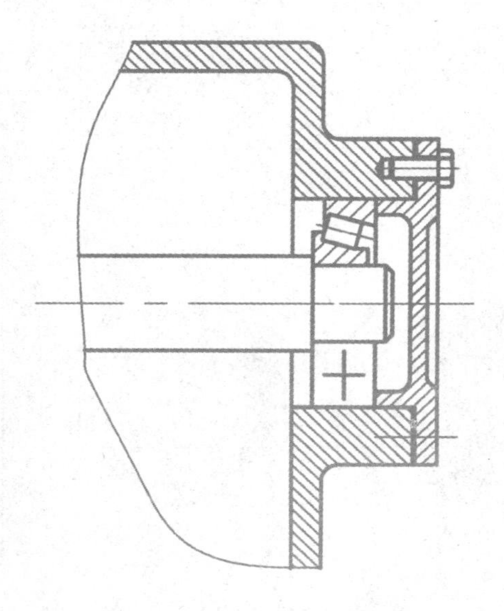
图 7-24 装配图中滚动轴承的画法

7.4.2　滚动轴承的标记

滚动轴承的标记由名称、代号和标准编号三部分组成。轴承的代号有基本代号和补充代号。

7.4.2.1　基本代号

基本代号表示轴承的基本结构、尺寸、公差等级、技术性能等特征。滚动轴承的基本代号(滚针轴承除外)由轴承类型代号、尺寸系列代号、内径代号三部分组成。滚动轴承的标记示例如下：

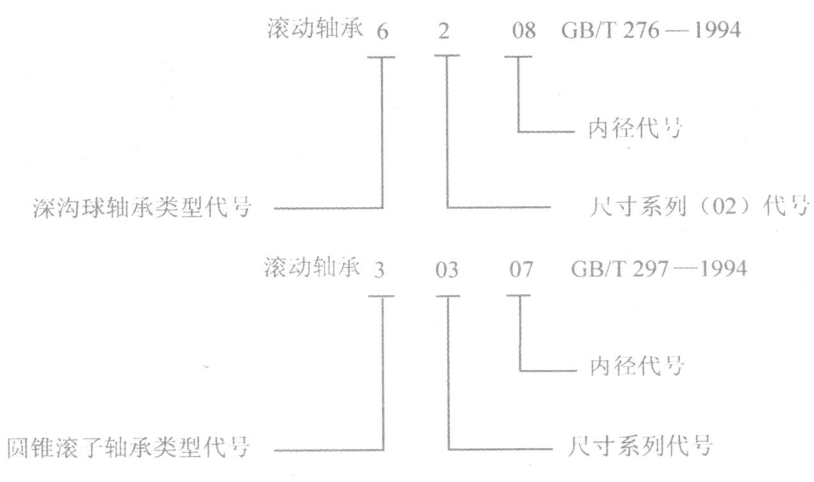

轴承类型代号：用数字或字母表示，表 7-7 给出部分轴承的类型代号。

表 7-7　常用滚动轴承类型代号

代　号	轴 承 类 型	代　号	轴 承 类 型
0	双列角接触球轴承	4	双列深沟球轴承
1	调心球轴承	5	推力球轴承
2	调心滚子轴承和推力调心滚子轴承	6	深沟球轴承
3	圆锥滚子轴承	N	圆柱滚子轴承

尺寸系列代号：为适应不同的工作(受力)情况，在内径一定的情况下，轴承有不同的宽(高)度和不同的外径大小，它们构成一定的系列，称为轴承的尺寸系列，用数字表示。如“(0)2”表示轻窄系列，“(0)3”表示中窄系列。括号内数字在轴承代号中可省略。

内径代号：表示滚动轴承的内圈孔径，是轴承的公称直径，用两位数字表示。常用轴承内径代号说明如下：

当代号数字为 00、01、02、03 时，分别代表内径 $d=10$、12、15、17 mm。

当代号数字为 04～99 时，代号数字乘以“5”，即为轴承内径。

7.4.2.2　补充代号

当轴承在形状结构、尺寸、公差、技术要求等有改变时，可使用补充代号。在基本代号前面添加的补充代号(字母)称为前置代号，在基本代号后面添加的补充代号(字母或字母加数字)称为后置代号。前置代号和后置代号的有关规定可查阅有关手册。

7.5 齿轮

齿轮

齿轮是机械传动中常用的零件,齿轮传动不仅可以传递动力和运动,还能完成减速、增速、改变运动回转方向等功能。齿轮的轮齿部分已标准化,具有标准齿的齿轮称为标准齿轮。

齿轮传动常见的有三种类型,见图 7-25。

(a) 圆柱齿轮

(b) 圆锥齿轮

(c) 蜗轮蜗杆

图 7-25 齿轮传动的常见类型

(1)圆柱齿轮 用于两平行轴之间的传动,见图 7-25(a)。

(2)圆锥齿轮 用于两相交轴之间的传动,见图 7-25(b)。

(3)蜗轮蜗杆 用于两交叉轴之间的传动,见图 7-25(c)。

在传动中,为了运动平稳、啮合正确,齿轮轮齿的齿廓曲线可以制成渐开线、摆线或圆弧,其中渐开线齿轮应用最为广泛。

本节仅介绍齿廓曲线为渐开线的标准圆柱齿轮的基本知识和规定画法。

圆柱齿轮按轮齿方向的不同分为直齿、斜齿、人字齿和弧形齿。

7.5.1 直齿圆柱齿轮的基本参数和基本尺寸间的关系

7.5.1.1 直齿圆柱齿轮的名词术语

图 7-26(a)为互相啮合的两个直齿圆柱齿轮的一部分。

①节圆直径 d'——连心线 O_1O_2 上两相切的圆,称为节圆,直径用 d' 表示。也是啮合点轨迹圆的直径。

分度圆直径 d ——加工齿轮时,作为齿轮轮齿分度的圆,称为分度圆,其直径用 d 表示。在标准齿轮中,$d'=d$。

②节点 C——在一对啮合齿轮上,两节圆的切点。

③齿顶圆直径 d_a——轮齿顶部的圆,称齿顶圆,其直径用 d_a 表示。

④齿根圆直径 d_f——齿槽根部的圆,称齿根圆,其直径用 d_f 表示。

⑤齿距 p—— 在节圆或分度圆上,两个相邻的同侧齿面间的弧长称齿距,用 p 表示;

齿厚 s—— 一个轮齿齿廓间的弧长称齿厚,用 s 表示;

槽宽 e—— 一个齿槽齿廓间的弧长称槽宽,用 e 表示。

在标准齿轮中,$s=e$,$p=e+s$。

⑥齿高 h——齿顶圆与齿根圆的径向距离称齿高，用 h 表示；

齿顶高 h_a——齿顶圆与分度圆的径向距离称齿顶高，用 h_a 表示；

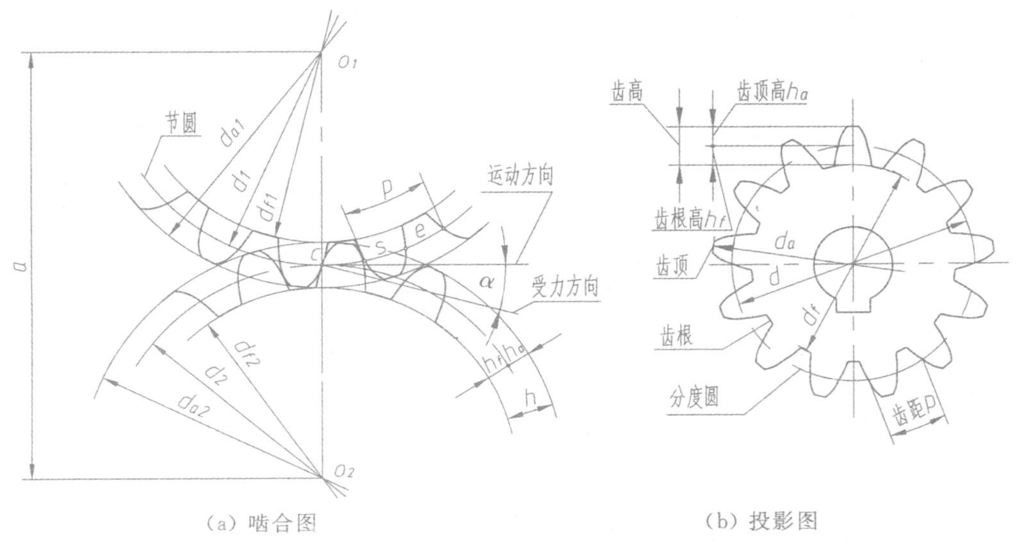

(a) 啮合图　　(b) 投影图

图 7-26　直齿圆柱齿轮各部分名称及代号

齿根高 h_f——分度圆与齿根圆的径向距离称齿根高，用 h_f 表示。

$$h=h_a+h_f。$$

7.5.1.2　直齿圆柱齿轮的基本参数

(1)齿数 z　齿轮上轮齿的个数。

(2)模数 m　由图 7-27 知，若以 z 表示齿数，则齿轮分度圆周长为：

$$\pi d=zp$$

因此，分度圆直径：

$$d=\frac{p}{\pi}z$$

式中，$\frac{p}{\pi}$称为齿轮的模数，以 m 表示，则 $d=mz$，即：

$$m=\frac{p}{\pi}$$

单位为 mm。

模数是齿轮设计、加工中的十分重要的参数，模数愈大，轮齿就愈大；模数愈小，轮齿就愈小。互相啮合的两齿轮，其齿距 p 应相等，因此它们的模数 m 亦应相等。为了减少加工齿轮刀具的数量，国家标准对齿轮的模数作了统一的规定，标准模数值见表 7-8。

表 7-8　渐开线圆柱齿轮模数(GB/T 1357—1987)

第一系列	1	1.25	1.5	2	2.5	3	4	5	6	8	10	12	16	20	25	32	40	50
第二系列	1.75	2.25	2.75	(3.25)	3.5	(3.75)	4.5	5.5	(6.5)	7	9	(11)	14	18	22	28	36	45

注：在选用模数时，尽量选用第一系列，括号内的模数尽量不用。

(3)压力角 α　两相啮合轮齿齿廓在 C 点的公法线与两节圆的公切线所夹的锐角称压力角，也称啮合角或齿形角 。

一对相互啮合的齿轮，其模数、齿形角必须相等。

7.5.1.3　直齿圆柱齿轮各部分尺寸计算公式

齿轮的基本参数——模数 m、齿数 z 确定后，按照与 m、z 的关系可算出轮齿的各基本尺寸。标准直齿圆柱齿轮各基本尺寸的计算公式见表 7-9。

表 7-9　标准直齿圆柱齿轮各基本尺寸的计算公式

名　称	计算公式	名　称	计算公式
分度圆直径	$d=mz$	齿根高	$h_f=1.25m$
齿顶圆直径	$d_a=m(z+2)$	齿高	$h=2.25m$
齿根圆直径	$d_f=m(z-2.5)$	齿距	$p=\pi m$
齿顶高	$h_a=m$	中心距	$a=(d_1+d_2)/2=m(z_1+z_2)/2$

7.5.2　圆柱齿轮的规定画法

7.5.2.1　单个圆柱齿轮的画法

齿轮上的轮齿是多次重复出现的，为简化作图，国家标准 GB/T 4459.2—2003 规定了齿轮画法，如图 7-27 所示。

(1)齿顶圆(线)用粗实线表示，分度圆(线)用细点画线表示，齿根圆(线)用细实线表示，其中齿根圆和齿根线可省略，见图 7-27(a)。

(2)在剖视图中，当剖切平面通过齿轮的轴线时，轮齿一律按不剖处理，并将齿根线用粗实线绘制，如图 7-27(b)。

(3)若齿轮为斜齿或人字齿，则平行于齿轮轴线的投影面视图，可画成半剖视图或局部剖视图，并用三条细实线表示轮齿的方向，如图 7-27(c)、(d)。

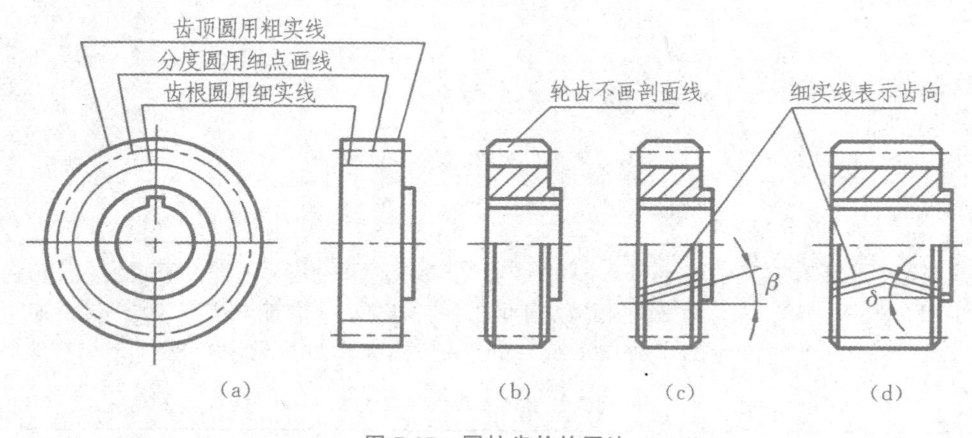

图 7-27　圆柱齿轮的画法

图 7-28 为直齿轮零件图。

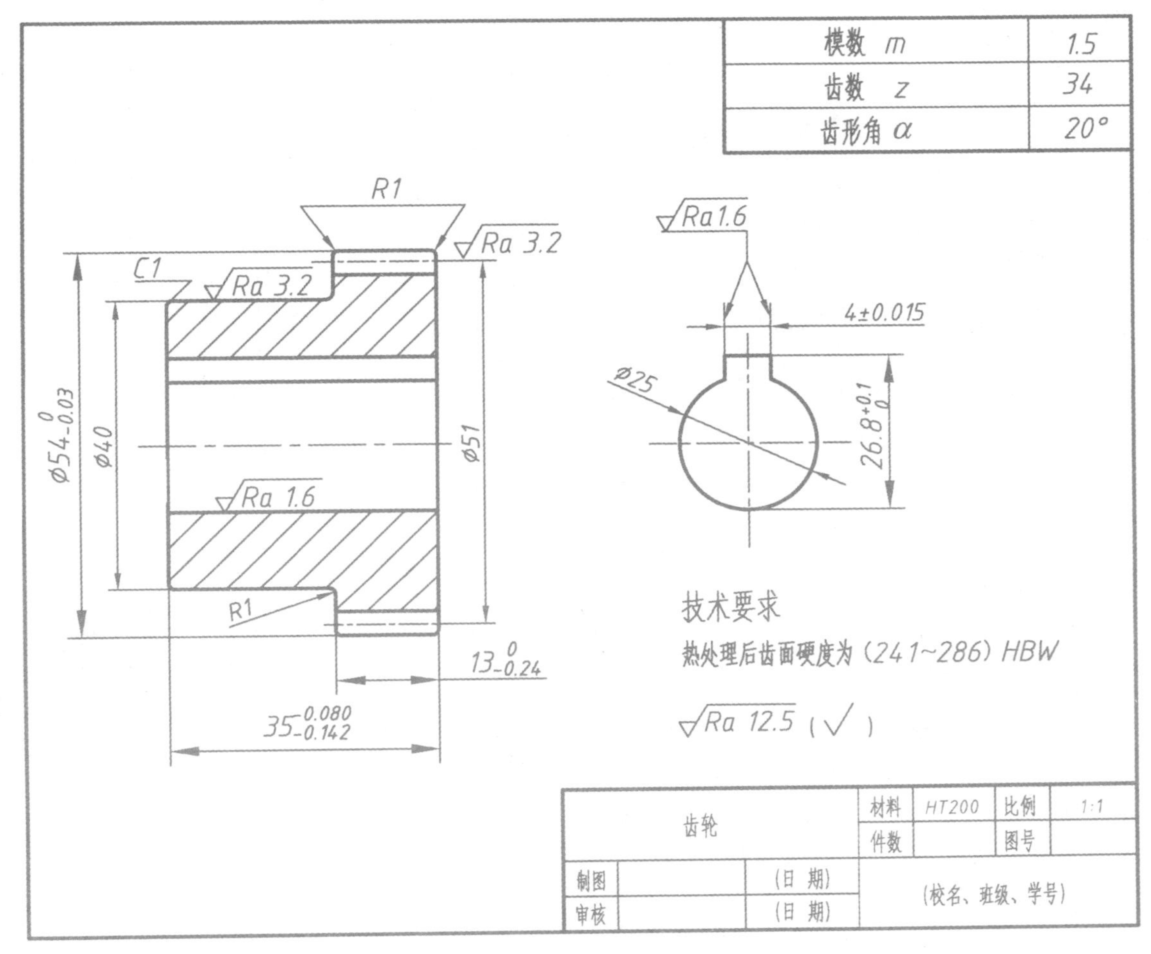

图 7-28 直齿轮零件图

在齿轮零件图中，除具有一般零件图的内容外，齿顶圆直径、分度圆直径及有关齿轮的基本尺寸必须直接在图形中注出(有特殊规定者除外)，齿根圆直径规定不注；并在图样右上角的参数表中，注写模数、齿数、齿形角等基本参数。

7.5.2.2 圆柱齿轮啮合的画法

两齿轮啮合的画法，关键是啮合区的画法，其他部分仍按单个齿轮的画法规定绘制。两个相互啮合的圆柱齿轮，啮合区的画法如图 7-29 所示。

(1)在垂直于齿轮轴线的投影面视图中(投影为圆的视图)，啮合区内的齿顶圆均用粗实线绘制，如图 7-29(a)。有时也可省略，如图 7-29(b)。用细点画线画出相切的两节圆。

(2)在平行于齿轮轴线的投影面视图中(非圆投影图)，若取剖视，则节圆重合，画细点画线，齿根线画粗实线。齿顶线的画法是将一个齿轮的轮齿用粗实线绘制，另一个齿轮的轮齿用虚线绘制 7-29(a)。

若画外形图，如图 7-29(c)、(d)，啮合区的齿顶线不画，节线用粗实线绘制，其他处的节线仍用细点画线绘制。

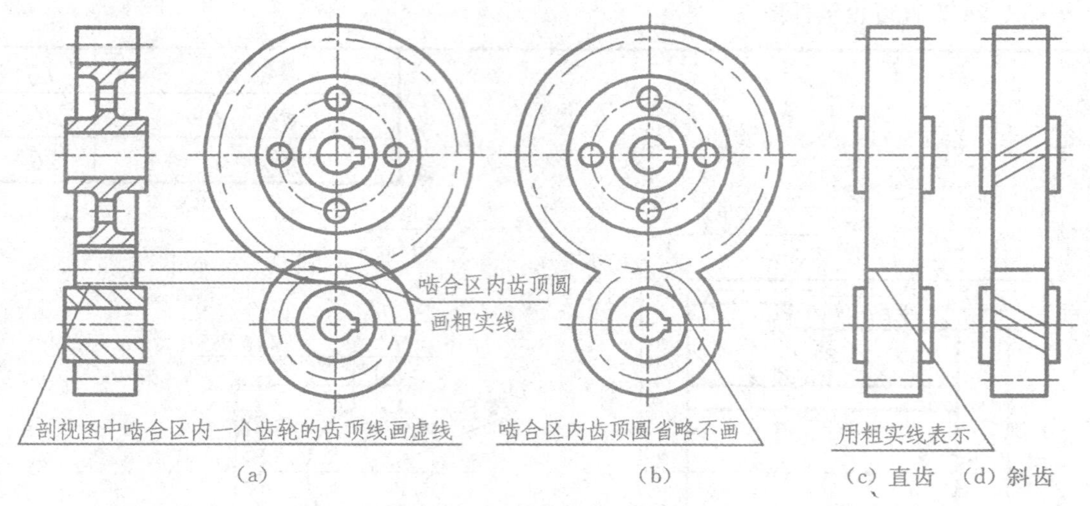

图 7-29 圆柱齿轮啮合的画法

7.6 弹簧

弹簧

弹簧是利用材料的弹性和结构特点，通过变形和储存能量工作的一种常用零件，其作用主要是减震、夹紧、测力等。

弹簧的种类很多，可分为螺旋弹簧、板弹簧、平面涡卷弹簧和碟形弹簧等。根据受力方向不同，螺旋弹簧又分为压缩弹簧、拉伸弹簧和扭转弹簧三种，如图 7-30 所示。

下面以圆柱螺旋压缩弹簧为例，介绍弹簧的基本知识及规定画法。

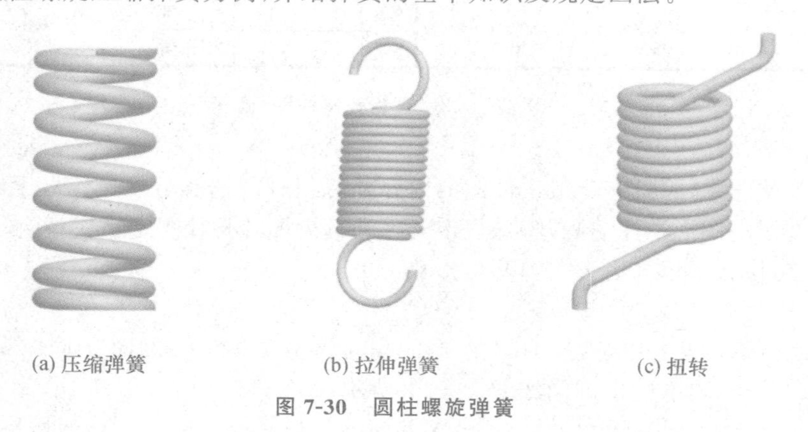

图 7-30 圆柱螺旋弹簧

7.6.1 圆柱螺旋压缩弹簧的参数

圆柱螺旋弹簧各部分的名称及代号如图 7-31 所示。

(1)线径 d 用于缠绕弹簧的钢丝直径。

(2)弹簧内径 D_1 弹簧的最小直径。

(3)弹簧外径 D_2　弹簧的最大直径。

(4)弹簧中径 D　弹簧的平均直径，$D=(D_1+D_2)/2$。

(5)弹簧的节距 t　除两端的支承圈以外，相邻两圈截面中心线的轴向距离。

(6)支承圈数 n_0、有效圈数 n 和总圈数 n_1　为使压缩弹簧工作平稳、受力均匀，将其两端并紧且磨平。并紧磨平的各圈仅起支承和定位作用，称为支承圈。弹簧支承圈有 1.5 圈、2 圈及 2.5 圈三种，2.5 圈常见。除支承圈以外，其余各圈均参加受力变形，并保持相等的节距，称为有效圈数，它是计算弹簧受力的主要依据，有效圈数 n＝总圈数 n_1－支承圈数 n_0。

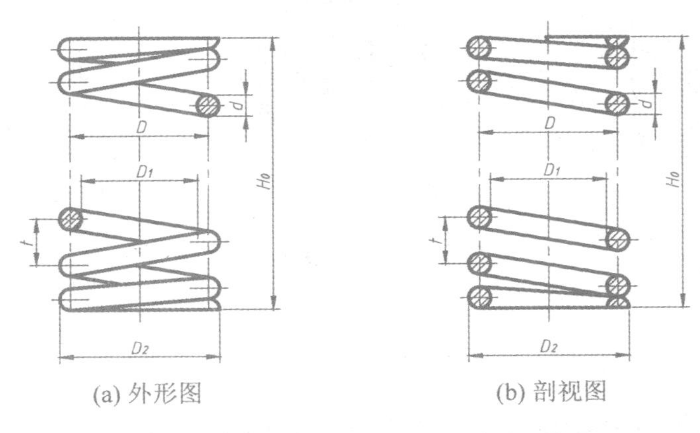

(a) 外形图　(b) 剖视图

图 7-31　圆柱螺旋弹簧各部分的名称及代号

(7)自由高度 H_0　弹簧无负荷作用时的高度。

$$H_0=nt+(n_0-0.5)d$$

(8)弹簧丝展开长度 L　用于缠绕弹簧的钢丝长度。

$$L\approx n_1\sqrt{(\pi D)^2+t^2}$$

(9)旋向　圆柱螺旋压缩弹簧分左旋(LH)和右旋(RH)两种，旋向判别方法与螺纹相同。

7.6.2　圆柱螺旋压缩弹簧的画法

(1)在平行于螺旋弹簧轴线的投影面上的视图中，各圈的轮廓应画成直线(不必按螺旋线的真实投影画出)，如图 7-31 所示。

(2)右旋弹簧在图上一定画成右旋，左旋可画成左旋也可画成右旋，但必须注明“LH”字。

(3)有效圈数在 4 圈以上的螺旋弹簧，只画出两端的 1～2 圈(支承圈不算在内)，中间只需用通过弹簧簧丝断面中心的点画线连接起来，如图 7-31 所示。

(4)在装配图中，当螺旋弹簧在剖视图中出现时，允许只画出簧丝剖面，这时弹簧后面被挡住的零件轮廓不必画出，未被弹簧遮挡的部分画到弹簧的外轮廓线处，当其在弹簧的省略部分时，画到弹簧的中径处，如图 7-32(a)所示。

(5)在装配图中，当簧丝直径 $d\leqslant 2$ mm 时，剖面全部涂黑或采用示意画法。见图 7-32(b)、(c)。

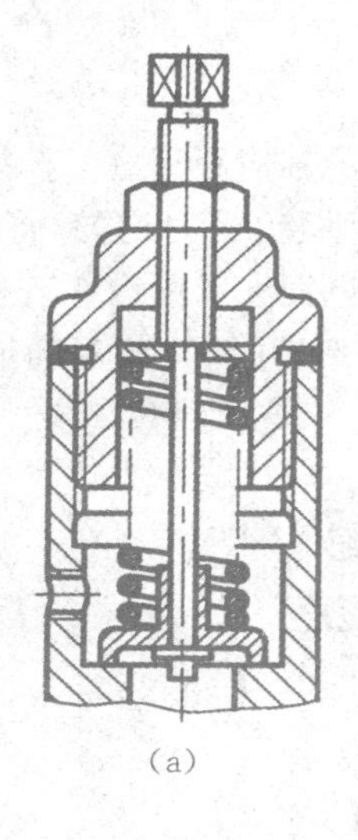

(a)

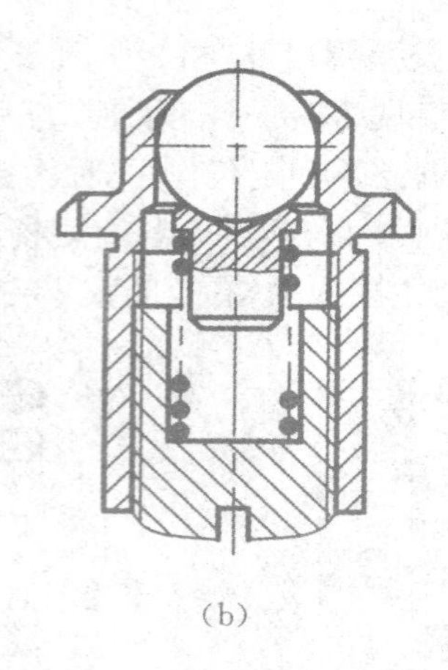

(b)

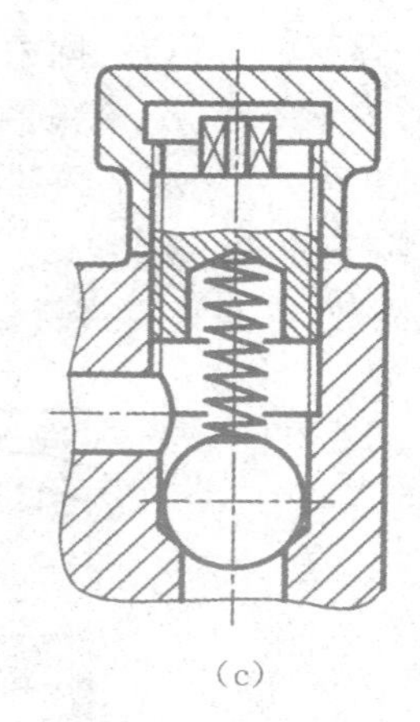

(c)

图 7-32　装配图中弹簧的画法

7.6.3　圆柱螺旋压缩弹簧的画图步骤

对于两端并紧磨平的压缩弹簧，无论支承圈数为多少，均可按 2.5 圈画出，必要时可按支承圈的实际数画出。画图步骤如表 7-10 所示。

表 7-10　圆柱螺旋压缩弹簧的画图步骤

A D B C D H_0	d/2 d ϕd d/2 d	t/2 t t t t/2	
(a)以自由高度 H_0 和弹簧中经 D 作矩形 $ABCD$	(b)画出支撑圈部分与簧丝直径相等的圆和半圆	(c)根据节距 t 作簧丝断面	(d)按右旋方向作簧丝断面的切线。校核，加深，画剖面线

7.6.4　圆柱螺旋压缩弹簧的标记

圆柱螺旋压缩弹簧的标记型式如下：

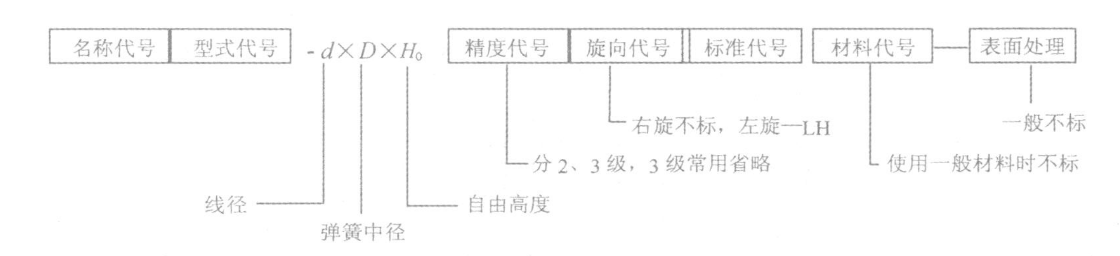

国标规定:圆柱螺旋压缩弹簧的名称代号为 Y,型式:两端并紧磨平为 A 型,两端并紧锻平为 B 型。

例如:标记为"YB30×150×300　GB/T2089—1994"的含义为:

弹簧型式:两端并紧锻平的圆柱螺旋压缩弹簧

弹簧线径:ϕ30 mm,中径 ϕ150 mm,自由高度 300 mm

制造精度:3 级

材料为:　60Si2MnA(线径>10 时常用材料)

表面处理:涂漆

旋向:　右旋

再如:　标记为:

其他项目含义同上例。

复习思考题

1. 螺纹的五要素是什么?
2. 简述螺纹的种类、内外螺纹的规定画法以及内外螺纹旋合的画法。
3. 螺纹紧固件有哪些?它们的规定标记包括哪些内容?
4. 常用键有哪几种?GB/T 1096 键 10×8×63 表示什么键?
5. 直齿圆柱齿轮的基本参数有哪些?
6. 简述圆柱齿轮啮合的规定画法。
7. 滚动轴承的标记有哪几部分组成?滚动轴承的基本代号由哪几部分组成?

8 零件图

零件是装配机器或部件的最小单元，任何机器或部件都是由若干零件按照一定的装配关系和技术要求装配而成。图 8-1 所示的铣刀头是专用铣床上的部件，它是由座体、轴、带轮、端盖、滚动轴承、键、挡圈、螺钉、销、调整环、垫圈、螺栓等零件组成。它的工作情况是：动力由电动机通过皮带传至带轮，轴和带轮通过平键联结一起旋转，把动力传至通过平键与轴联结的铣刀盘，铣刀盘旋转铣削零件的端面。

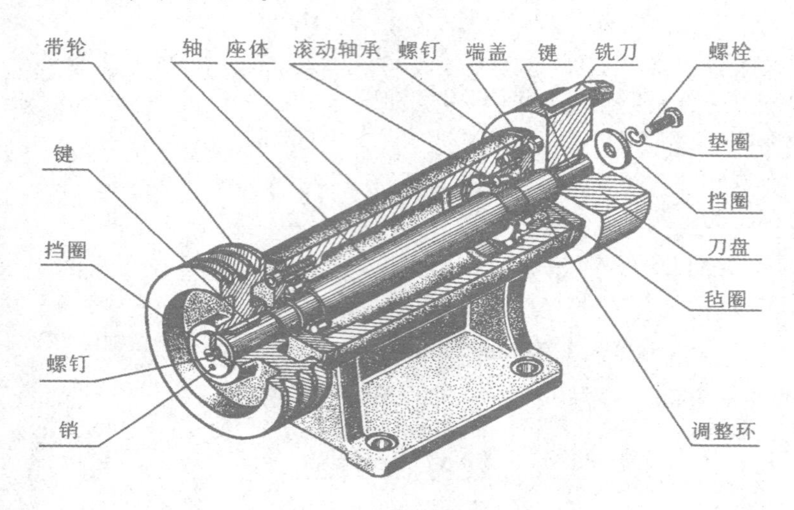

图 8-1 铣刀头装配图

依据机器中一般零件的形状结构特点以及在机器中的作用，可以将其分为四类：轴套类、盘盖类、叉架类和箱体类。在机器设计时，需要确定其结构，绘制零件图。用来表达零件结构、大小和技术要求的图样称为零件图，它是制造和检验零件的主要依据。

本章将主要学习零件图表达方案的选择、零件结构的工艺性、零件图中尺寸的合理标注、零件图的技术要求及读零件图的方法步骤等。

8.1 零件图的内容

零件图的内容

零件图是指导制造和检验零件的图样。因此，它必须包括制造和检验该零件时所需要的全部资料。从图 8-2 所示的铣刀头部件上皮带轮的零件图可以看出，一张零件图有以下内容：

(1)一组图形　用一组图形(包括在第 6 章中所讲述的视图、剖视图、断面图、局部放大图等)，正确、完整、清晰和简便地表达零件的内、外结构形状。

(2)尺寸 正确、完整、清晰和合理地标注出零件的全部尺寸，以确定零件各部分的形状大小和相互位置关系。

(3)技术要求 用国家标准中规定的符号、数字、字母和文字说明零件在制造、检验时应达到的一些技术指标。如表面结构要求、尺寸公差、形状和位置公差、材料热处理等。

(4)标题栏 说明零件的名称、材料、数量、作图比例、图号、设计以及审核人员等内容。

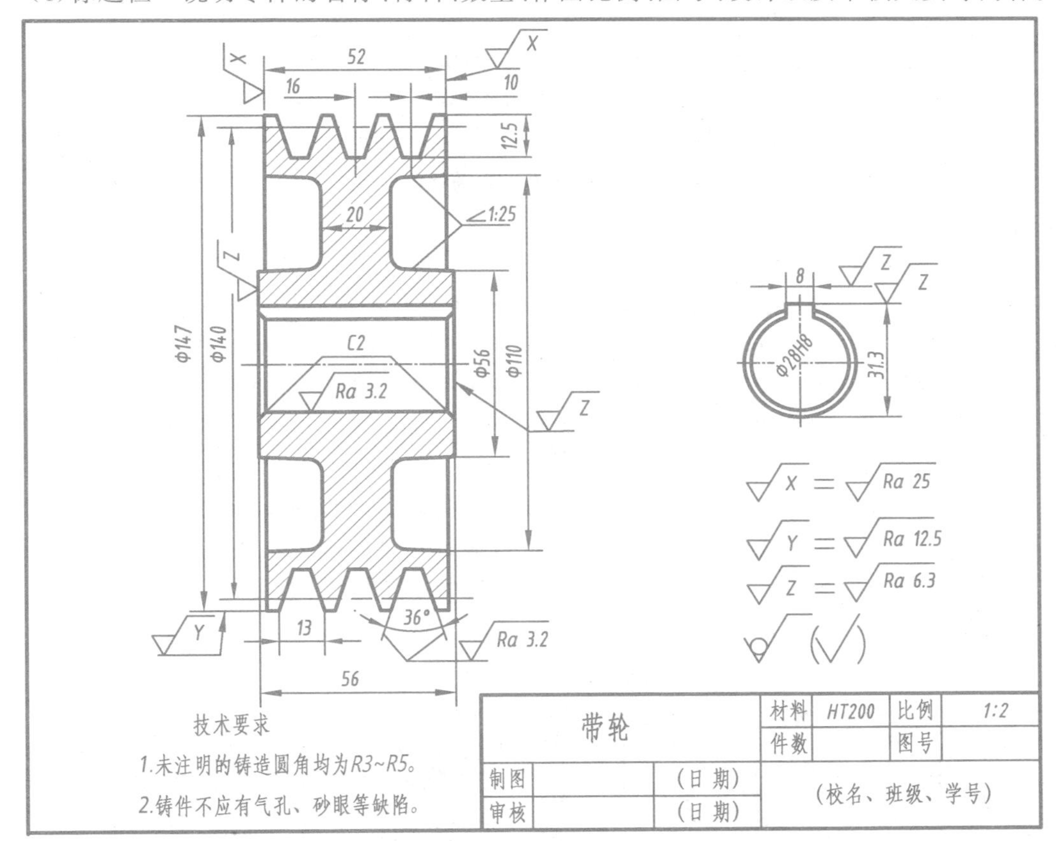

图 8-2 零件图

8.2 零件上常见工艺结构简介

零件上常见工艺结构简介

大多数零件都要经过铸造、锻造和机械加工等过程加工出来,为了保证零件的性能和降低成本,零件的结构形状设计要满足制造工艺对零件结构的要求。零件上常见的工艺结构包括铸造工艺结构和机械加工工艺结构。

8.2.1 铸造工艺结构要求

8.2.1.1 起模斜度

为了在铸造时便于将木模从砂型中取出,在铸件的内外壁上常设计出起模斜度,如图 8-3 所示。有时起模斜度在图上可以不画,而在图外用文字说明。起模斜度沿起模方向为 1∶(10～20)。

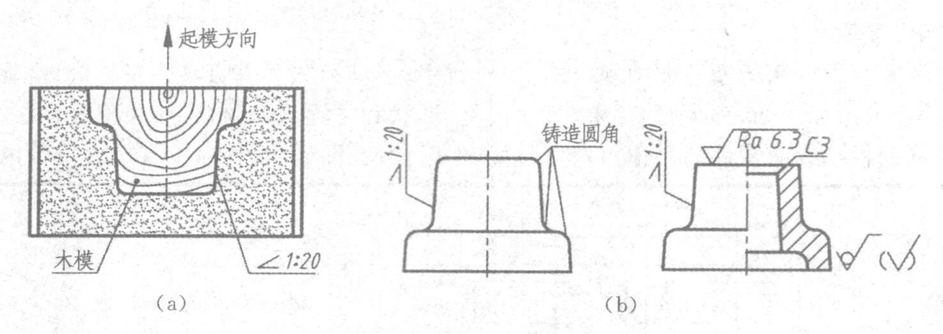

(a) (b)

图 8-3 起模斜度和铸造圆角

8.2.1.2 铸造圆角

为了满足铸造工艺要求，防止砂型落砂、铸件产生裂纹和缩孔，在铸件各表面相交处都做成圆角，如图 8-3 所示。在同一铸件上圆角半径的种类应尽可能少。铸件上半径相同的圆角，可统一在技术要求中注明，例如“未注铸造圆角 $R3 \sim R5$”。铸造圆角进行切削加工后，圆角被切成尖角。如图 8-3(b)所示。

8.2.1.3 过渡线

当零件表面的相交处用小圆角过渡时，交线就不明显了，但为了区分不同表面，便于看图，仍需画出没有圆角时的交线的投影，这种线称为过渡线。过渡线的画法与原有交线投影画法的主要区别是要用细实线绘制，两端不应与轮廓线接触。如图 8-4 所示。

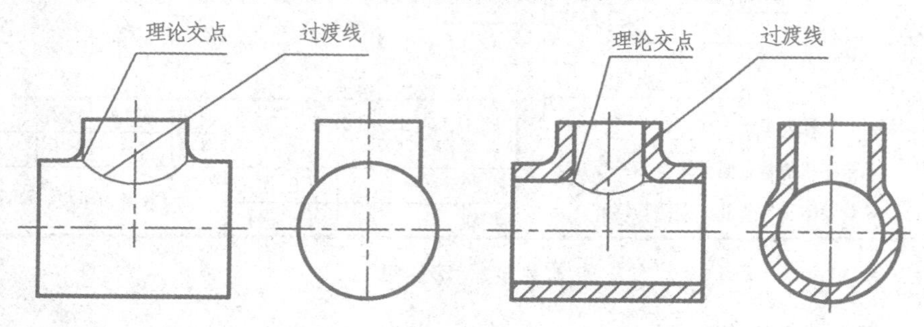

图 8-4 过渡线的画法

8.2.1.4 铸件壁厚

为了避免浇铸零件时因冷却速度不同而在肥厚处产生缩孔，或在断面突然变化处产生裂纹，应使铸件壁厚均匀一致或采用逐渐过渡的方式。如图 8-5 所示。

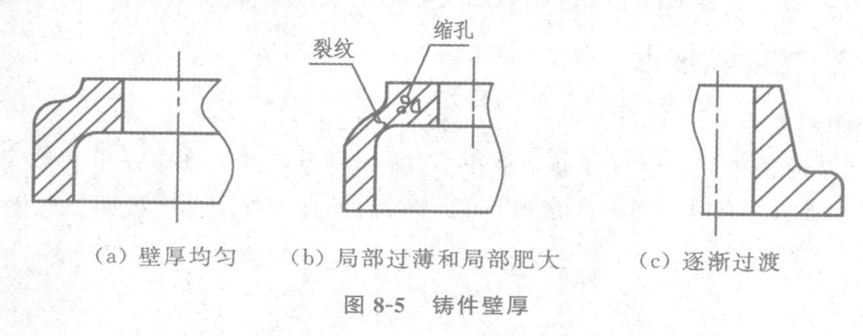

(a) 壁厚均匀 (b) 局部过薄和局部肥大 (c) 逐渐过渡

图 8-5 铸件壁厚

8.2.2 机械加工工艺结构

8.2.2.1 倒角和倒圆

为了防止划伤人手和便于装配，常将轴和孔的端部做成倒角；为了避免应力集中，在轴肩转折处往往加工成圆角，称为倒圆。如图 8-6 所示。

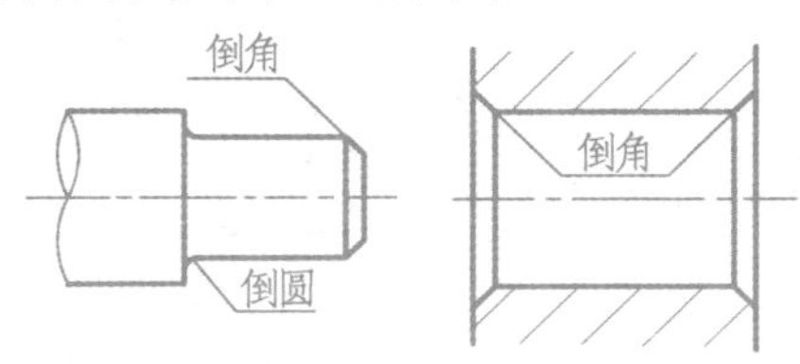

图 8-6 倒角和倒圆

8.2.2.2 螺纹退刀槽和砂轮越程槽

为了在切削加工时不致使刀具损坏，并容易退出刀具以及在装配时与相邻零件保证靠紧，常在加工表面的台阶处预先加工出螺纹退刀槽[图 8-7(a)]和砂轮越程槽[图 8-7(b)]。

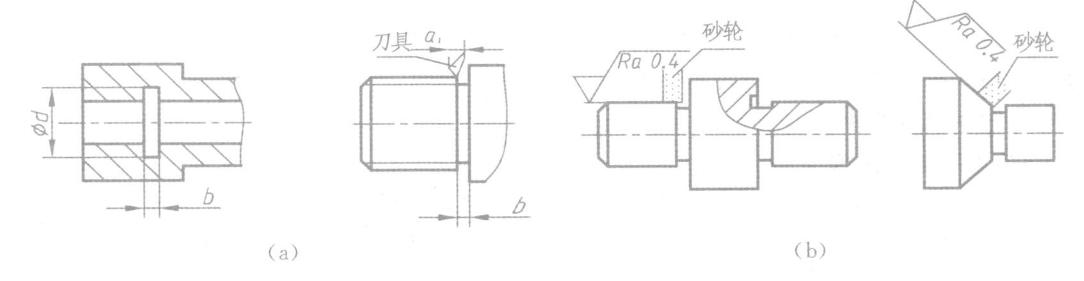

图 8-7 螺纹退刀槽和砂轮越程槽

8.2.2.3 钻孔结构

用钻头钻出的不通孔，底部有一个钻尖形成的锥坑，一般画成 120°。钻孔深度不包括锥坑，如图 8-8 (a)所示。在阶梯形钻孔的过渡处，也存在着锥坑台阶，其锥角也画成 120°，其画法和尺寸注法如图 8-8 (b)所示。钻头钻孔时，要求钻头轴线尽量垂直于被钻孔的表面，以保证钻孔准确且避免钻头折断，如图 8-8(c)、(d)所示。

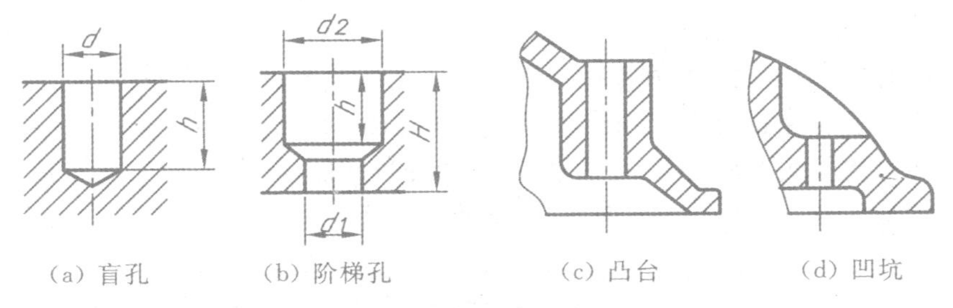

图 8-8 钻孔结构

8.2.2.4 凸台和沉孔

为了保证零件间接触良好，零件上凡与其他零件接触的表面一般都要加工，为了降低制造费用，在设计零件时应尽量减少加工面，如图 8-9 所示，在零件上设计有凸台和沉孔结构，而且，凸台在同一平面上，以保证加工方便。

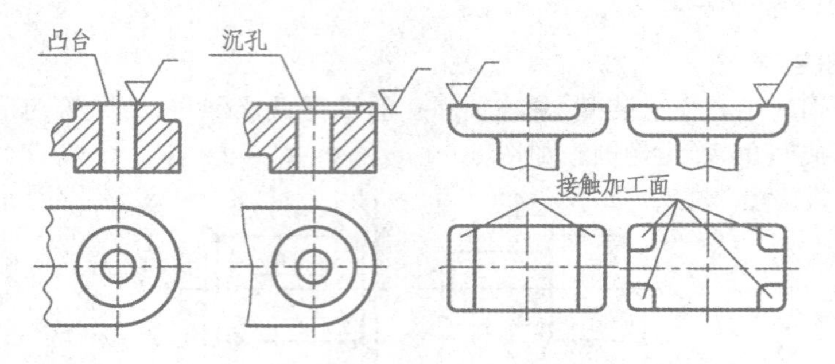

图 8-9 凸台、沉孔和凹槽

8.3 零件图的视图选择和尺寸标注

8.3.1 零件图的视图选择

零件图的视图选择

用一组图形表达零件时，要选用适当的表达方法完整、清晰、简洁地表达出零件的结构形状，同时考虑读图方便、画图简便。因此，应依据零件的结构特点和加工方法等合理地选择表达方案。

8.3.1.1 主视图的选择

主视图是零件图表达方案中最重要的图形，确定零件图表达方案时一般应首先选择主视图。选择主视图一般根据零件的形状特征、加工位置和工作位置来确定。因此，选择主视图时，应从以下两方面考虑：

(1)零件的安放位置　零件的安放位置一般指的是零件的加工位置或工作位置。

①零件的加工位置是指零件在机械加工时所处的位置。主视图中所表示的零件的安放位置与零件在机械加工时的位置一致，便于工人加工该零件时看图。

②零件的工作位置是指零件在机器或部件中工作时的位置。各种箱体、阀体、泵体及座体等零件，其形状比较复杂，需要在不同的机床上加工，且加工位置各不相同，在选择其主视图的安放位置时，应尽量与它在机器或部件中工作时的位置一致，这样便于把零件和整台机器联系起来，便于看图和指导安装。

(2)主视图的投射方向　主视图的投射方向应选择最能够充分反映零件各组成部分的结构形状和相互位置关系的方向。如图 8-10 所示的轴在机械加工时主要是在车床和磨床上加工，因此，将该轴的轴线水平放置，且沿垂直轴线方向投射画出其主视图，能够清楚地表达组成它的各段轴的形状及左右相互位置关系，该轴的形状特征表达明显。

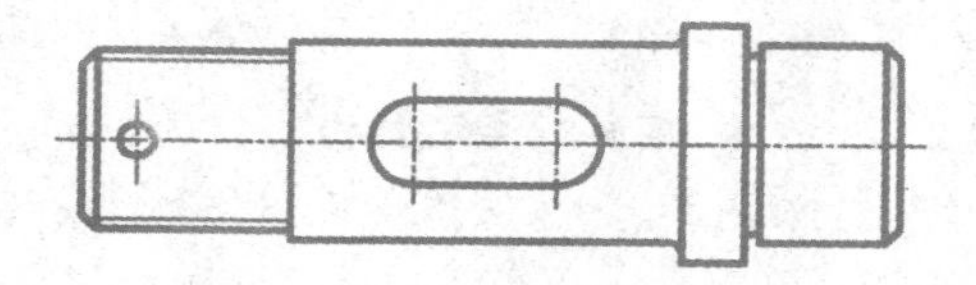

图 8-10 轴的主视图的选择

8.3.1.2 其他视图的选择

当零件的主视图确定之后，检查零件上还有哪些结构尚未表达清楚，适当选择一定数量的其他视图来补充主视图表达的不足。在选择其他视图时，要优先考虑选择基本视图，并在基本视图上采用剖视图、断面图等方法表达。

总之，选择视图要目的明确，重点突出，应使所选择的视图表达方案完整、清晰、数量恰当，做到既看图方便，又作图简便。

8.3.2 零件图的尺寸标注

零件图尺寸标注基础

零件图上的尺寸是加工、检验零件的重要依据。因此，在零件图中要正确、完整、清晰、合理地标注出制造零件所需的全部尺寸，标注的尺寸要便于加工、测量和检验。要做到合理地标注尺寸，需要具有一定的机械设计、加工等方面的知识和丰富的生产实践经验。本节仅介绍合理标注尺寸的一些基本知识。

8.3.2.1 主要尺寸和非主要尺寸

要做到合理标注尺寸，必须区分零件图上尺寸的主次。

凡直接影响零件的使用性能和安装精度的尺寸称为主要尺寸。主要尺寸包括零件的规格性能尺寸、有配合要求的尺寸、确定零件之间相对位置的尺寸、连接尺寸、安装尺寸等。

凡满足零件的机械性能、结构形状和工艺要求等方面的尺寸称为非主要尺寸。非主要尺寸包括外形轮廓尺寸、非配合要求的尺寸、工艺结构要求的尺寸（如退刀槽、凸台、凹坑、倒角）等。

8.3.2.2 尺寸基准的选择

要做到合理标注尺寸，必须选择好尺寸基准。尺寸基准是指零件在设计、制造和检验时度量尺寸的起点。每个零件均有长、宽、高三个方向的尺寸，在每个方向上都应该至少有一个标注尺寸的起点，称其为主要基准。根据零件结构上的特点，一般在每个方向上还要附加一些基准，称为辅助基准。主要基准与辅助基准之间应有尺寸联系，以确定辅助基准的位置。标注尺寸时，通常选择零件上的对称面、装配定位面、重要端面、主要孔的轴线等作为某个方向的尺寸基准。对于一个具体的零件，该如何选择尺寸基准，要依据零件的设计要求、加工情况和检验方法来确定。

8.3.2.3 尺寸标注的几种形式

由于零件的设计、工艺要求的不同，零件上同一方向的尺寸标注有链状式、坐标式和综合式三种。

(1)链状式　零件同一方向的尺寸依此首尾相接注写成链状，如图 8-11(a)所示。这种方式的优点是标出的每段尺寸的加工精度要求能够保证，而总长的加工精度就不易保证，因此，在这里不能再注出总长尺寸。如果注出总长尺寸，就形成了一个首尾相接的整圈的一组尺寸，称为封闭的尺寸环，每个尺寸称为一环。标注尺寸时一定要空出一环（不重要尺寸）不标注。

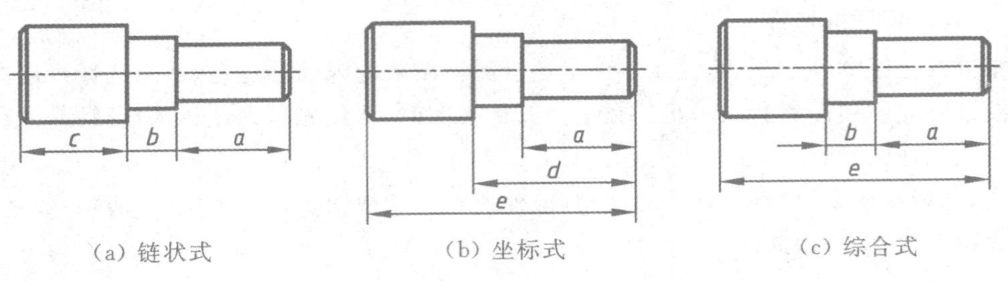

图 8-11 尺寸标注的三种形式

(2)坐标式　零件同一方向的尺寸都从一个选定的尺寸基准注起，如图 8-11(b)所示。这种方式的优点也是标出的每段尺寸的加工误差较小，尺寸精度不受其他尺寸影响，但没有直接标出的一段尺寸，则要由标出的两段尺寸来间接得到，其误差是该两段的误差之和。

(3)综合式　如图 8-11(c)所示，该尺寸标注形式取前两种标注形式的优点，将尺寸误差积累到次要的尺寸段上，保证主要尺寸精度和设计要求，其他尺寸按工艺要求标注便于制造。

8.3.2.4 合理标注尺寸应注意的问题

(1)重要尺寸要直接标出　为了保证设计要求，使零件能在机器或部件中正常工作，重要尺寸应在图上直接标出。

(2)标注尺寸要符合加工顺序　按加工顺序标注尺寸，符合加工过程，便于加工和测量。如图 8-12(a)所示的轴套阶梯孔的尺寸标注，符合加工顺序的要求[图 8-12(b)、(c)、(d)]。

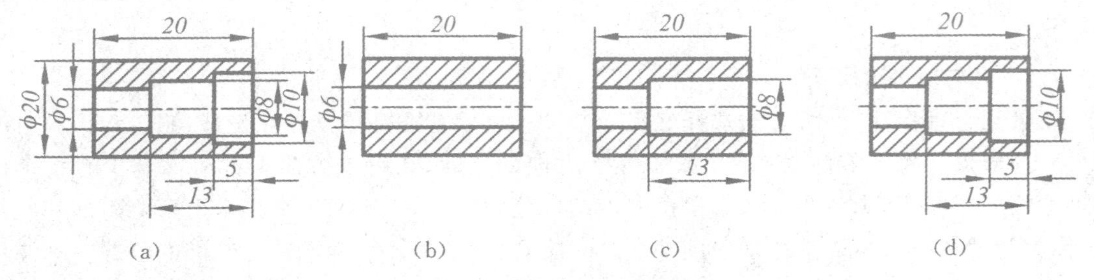

图 8-12 尺寸标注符合加工顺序

(3)不同工种的尺寸分开标注　一个零件，一般要综合应用几种加工方法(如车、刨、铣、钻、磨等)才能制造而成。因此，在标注尺寸时，最好将不同加工方法的有关尺寸分开标注。如图 8-13 所示，轴上的键槽是在铣床上加工的，因此，键槽长度方向的尺寸标注在轴的上方，键槽的其余尺寸标注在键槽处轴的断面图上，这样看图比较方便。

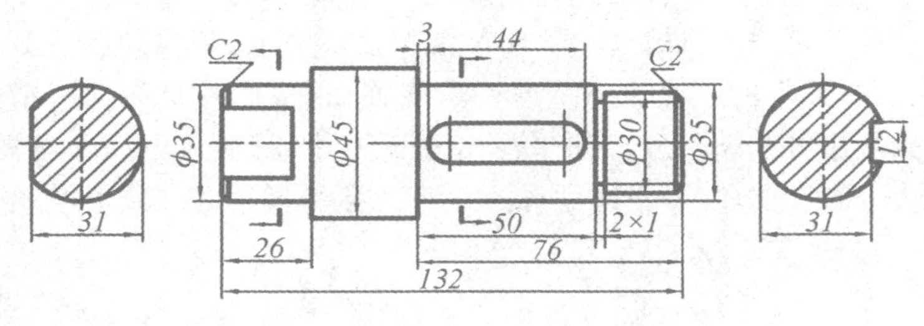

图 8-13 不同工种的尺寸分开标注

(4)要便于测量　图 8-13 所示的两个断面图，考虑尺寸测量方便，由设计基准注出确定截平面的位置尺寸 31，生产中直接测量该尺寸。

(5)零件上常见的典型结构的尺寸注法　零件上常见的螺孔、销孔、沉孔、中心孔等工艺结构的尺寸，应查阅有关设计手册来标注。其标注方法见表 8-1。

表 8-1　零件上常见典型结构的尺寸注法

序号	类型	旁注法		普通注法	说明
1	光孔	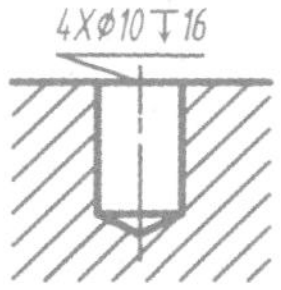 4X∅10↧16	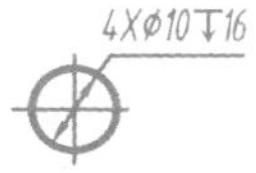 4X∅10↧16	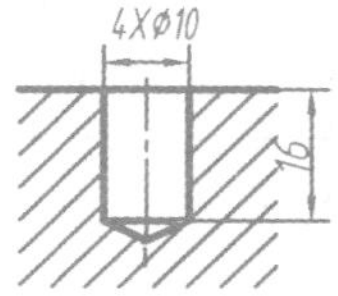 4X∅10　16	表示 4 个直径为 10、深为 16 的光孔
2	螺孔	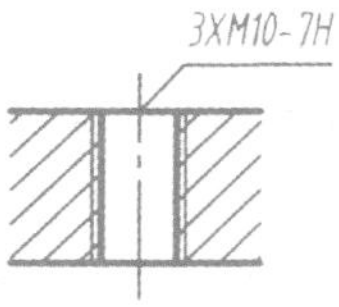 3XM10-7H	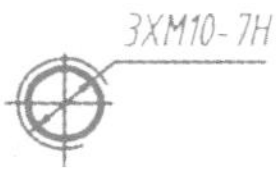 3XM10-7H	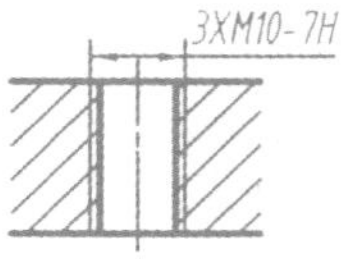 3XM10-7H	表示 3 个直径为 10 的螺孔
3	螺孔	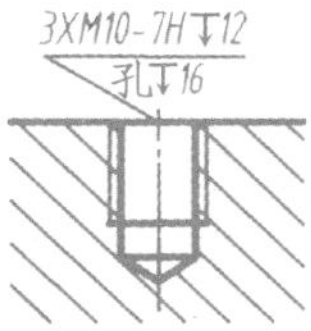 3XM10-7H↧12 孔↧16	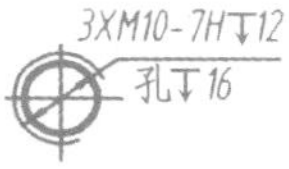 3XM10-7H↧12 孔↧16	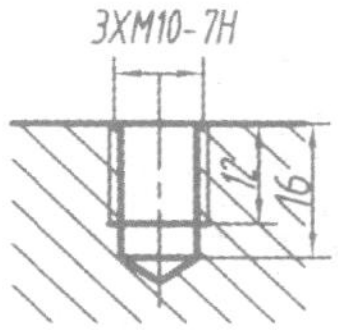 3XM10-7H　12　16	表示 3 个公称直径为 10、螺孔的深度为 12、光孔的深度为 16 的螺孔
4	沉孔	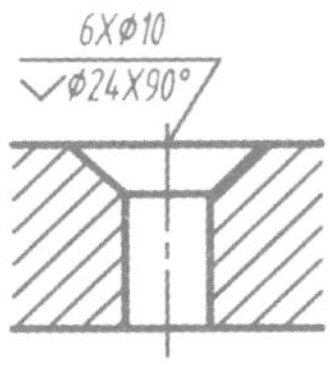 6X∅10 ⌵∅24X90°	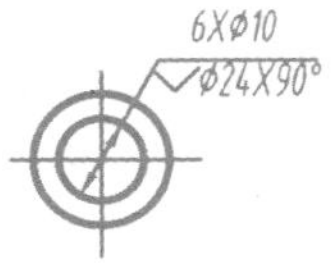 6X∅10 ⌵∅24X90°	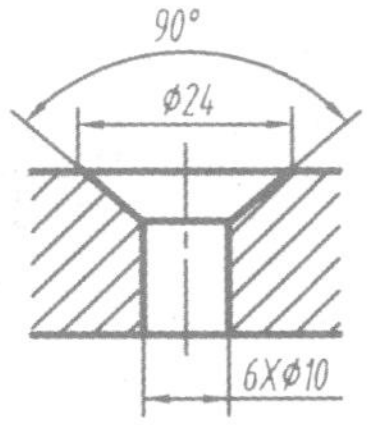 90°　∅24　6X∅10	表示直径为 10 的 6 个锥形沉孔
5	沉孔	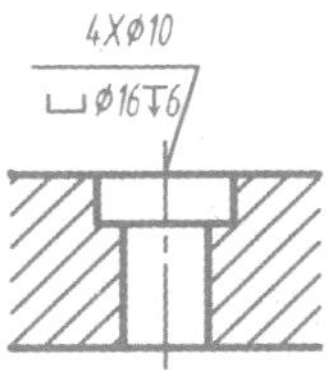 4X∅10 ⌴∅16↧6	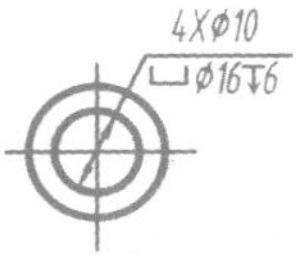 4X∅10 ⌴∅16↧6	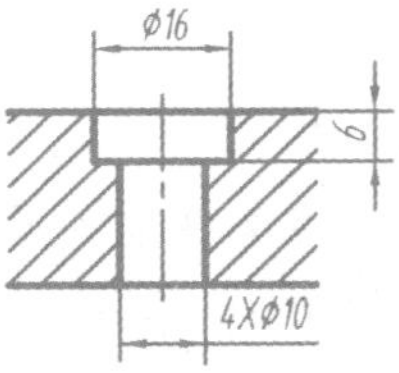 ∅16　6　4X∅10	表示小直径为 10、大直径为 16 的 4 个柱形沉孔
6	沉孔	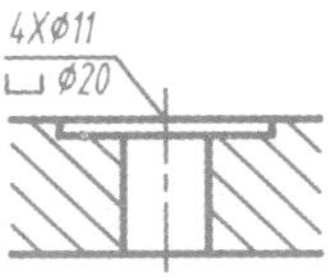 4X∅11 ⌴∅20	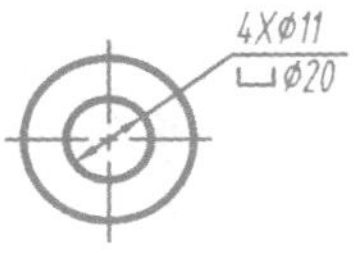 4X∅11 ⌴∅20	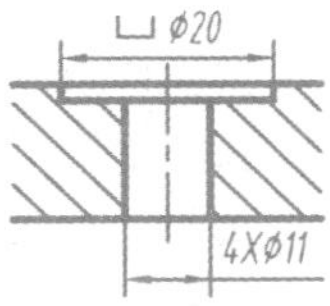 ⌴∅20　4X∅11	锪平面 $\phi20$ 的深度不需标注，一般锪平到不出现毛面为止

续表 8-1

序号	类型	旁注法	普通注法	说明
7	倒角	C2　C2　C2	$C2$ 表示 45°倒角，其中 C 表示 45°，2 表示倒角的高	
8	退刀槽	2×1　2×Ø8	2×1 表示退刀槽的宽度为 2，深度为 1； 2×ϕ8 表示退刀槽的宽度为 2，直径为 8	
9	中心孔	GB/T4459.5-B1/3.15 GB/T4459.5A1.6/3.35 GB/54459.5A4/8.5 R 型　A 型 B 型　C 型	中心孔是标准结构，如需在图纸上表明中心孔要求时，可用符号表示。 第一行为完工的零件上要求保留中心孔的标注示例。 第二行为完工的零件上不要求保留中心孔的标注示例。 第三行图为完工的零件上是否保留中心孔都可以的标注示例。 中心孔分为 R 型、A 型、B 型、C 型四种。B 型、C 型有保护锥面，C 型带有螺孔，R 型为弧形中心孔。 GB 4459.5—B1/3.15 中，GB4459.5 是中心孔国家标准代号，B 型，D 为 1，$D1$ 为 3.15。	

8.3.3 典型零件图分析

典型零件图
尺寸标注

以图 8-1 所示的铣刀头部件中的轴、端盖、座体以及另一个机器中的叉架类零件为例，针对它们在机器中的作用、表达方案的选择、尺寸标注等方面进行重点分析。

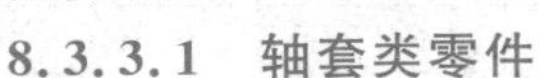

8.3.3.1 轴套类零件

(1)用途　轴一般是用来支承传动零件(如齿轮、带轮等)和传递动力的。套一般是装在轴上或机体孔中，起着轴向定位、支承、导向、保护传动零件或连接等作用。

(2)形状特点分析及表达方案的选择　轴套类零件一般由若干段不同大小的同轴回转体(圆柱、圆锥等)组成，具有轴向尺寸大于径向尺寸的特点。这类零件的主要加工工序在车床上完成，所以其主视图按加工位置将轴线水平放置，并垂直轴线投射，以显示轴的形体特征，如图

8-14 所示。轴类零件上,通常有键槽、螺纹退刀槽、砂轮越程槽、圆角和倒角,轴端有螺孔、中心孔、螺纹等工艺结构。对于这些结构可以用断面图、局部视图、局部剖视图和局部放大图、简化画法等表示。对于空心套,其主视图需要用全剖或半剖视图来同时表达其内、外结构形状。

在图 8-14 所示的轴零件图中,画出了轴线水平放置的主视图,在主视图上用两个局部剖视图表达键槽和小孔,对于 $\phi44$ 的一段轴,其形状简单且较长,采用折断法来表示;再用两个移出断面来表达轴两端的键槽深度;用 C 向视图表示轴左端孔的分布。

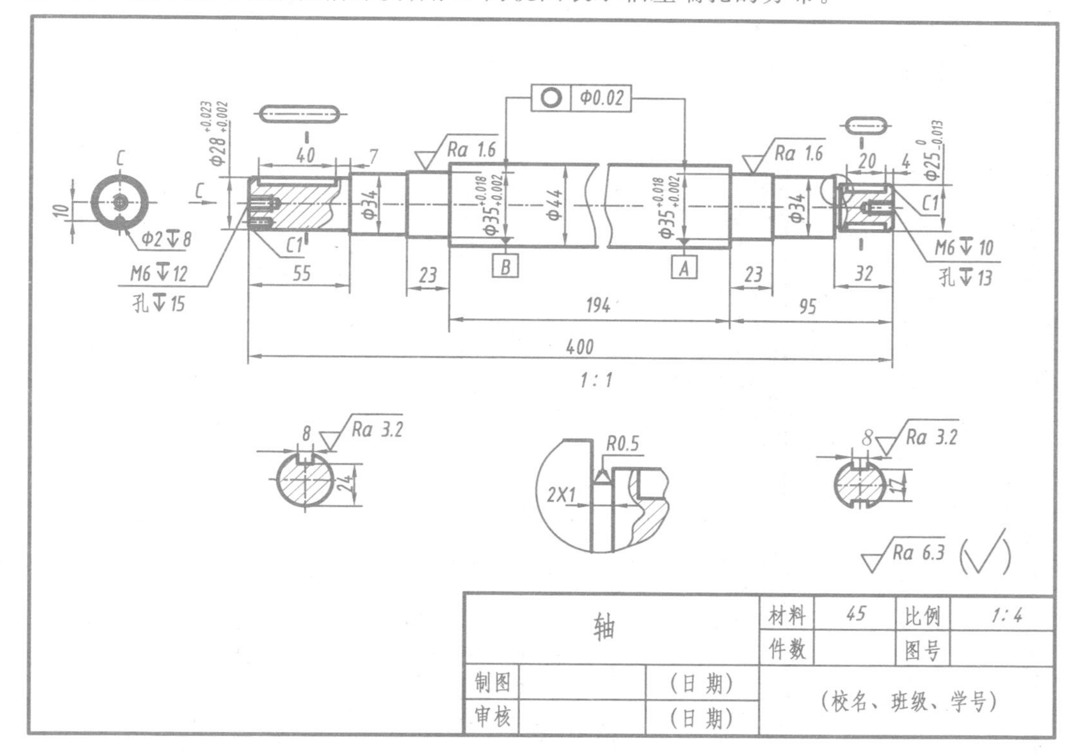

图 8-14 轴零件图

(3)尺寸标注

①轴套类零件常以回转轴线作为径向主要基准(宽度和高度方向的基准),而在轴向(长度方向),常选用重要的端面作为主要基准。如图 8-14 所示,对于径向尺寸,都以其轴线为基准,标注各段轴的直径。在长度方向,以 $\phi44$ 的右端面作为长度方向的主要基准,标注尺寸 23、194 和 95。以轴的右端面作为长度方向的辅助基准,再以尺寸 400 为联系,得到轴的左端面为长度方向的辅助基准,标注尺寸 55 等。

②有设计要求的重要尺寸要直接标注出来。

③对于不同工种的尺寸要分开标注,如图 8-14 所示,键槽在铣床上加工,有关键槽的一些尺寸标在主视图的上方。

④ 零件上的标准结构(倒角、退刀槽、越程槽、键槽)较多,应按该结构的标准尺寸标注。

8.3.3.2 盘盖类零件

(1)用途 盘盖类零件可包括齿轮、皮带轮、链轮、手轮、端盖等。轮一般用键或销与轴连接,用来传递动力和扭矩;盘盖类零件主要起支承、轴向定位以及密封等作用。

(2)形状特点及表达方案的选择　盘盖类零件基本形状呈扁平的盘形。其主体多为同轴线的回转体,且径向尺寸大于轴向尺寸,并常具有键槽、轮辐、均布孔等结构,常有一个端面与其他零件接触。

盘盖类零件主要在车床上加工,故按其形状和加工位置选择主视图,一般将其轴线水平放置(图 8-15)。盘盖类零件一般需要两个基本视图。主视图一般用沿轴向剖开的剖视图表达其内部结构;左(或右)视图表达其沿圆周均匀分布的孔、肋、轮辐等结构;对于零件上的一些局部结构,可选取局部视图、局部剖视图、断面图或局部放大图来表示。

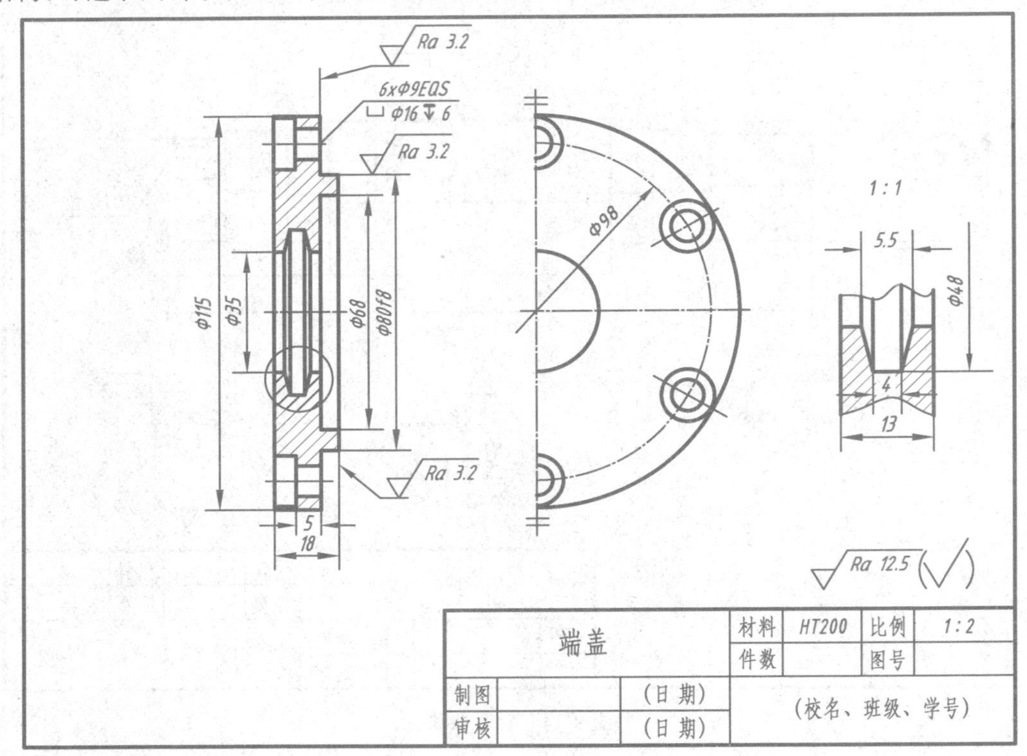

图 8-15　盖零件图

在图 8-15 所示的端盖零件图中,主视图采用了全剖视图,以清楚表达其中间通孔、密封槽以及安装用螺钉孔的结构;左视图画成局部视图,以表达其沿圆周均匀分布的阶梯孔情况;另外还采用了局部放大图来表示密封槽的结构。用三个图形清楚表达了端盖的内外结构形状。

(3)尺寸标注

①盘盖类零件通常选用孔的轴线作为径向尺寸主要基准,见图 8-15。长度方向则常选重要的端面作为主要基准,图 8-15 选择轴孔的右端面作为长度方向的主要基准。

②定形尺寸和定位尺寸都比较明显,用形体分析法一一注出,见图 8-15。尤其注意圆周上均布的小孔定位圆直径是该类零件的典型定位尺寸。

③内外结构形状的尺寸应分开标注。

8.3.3.3　叉架类零件

(1)用途　叉架类零件包括各种连杆、支架、拨叉、摇臂等。拨叉主要用在各种机器的操纵机构中,操纵机器、调节速度。支架主要起支承和定位的作用。

(2)形状特点及表达方案的选择　叉架类零件的毛坯多为铸件或锻件,毛坯形状较为复杂,需经不同的机械加工。由于其加工位置不固定,故选择主视图时,主要按形状特征和工作位置(或自然位置)确定。

叉架类零件的结构形状较为复杂,一般需选用两个以上的基本视图。由于它的某些结构形状不平行于基本投影面,所以常常用垂直于基本投影面的单一剖切面剖切机件或用斜视图、断面图来表示。对零件上的一些内部结构形状可采用局部剖视图来表达;对某些较小的结构,常采用局部放大图表达。中间连接部分(肋板)的结构往往采用断面图来表示。

在图 8-16 所示的支架零件图中,主视图采用局部剖视图表达了相互垂直的安装面、安装孔、支撑肋、支撑孔以及夹紧用的螺孔等结构;左视图采用局部剖视图表达了安装板的形状和安装孔的位置、支撑孔以及支撑肋的宽度;采用 A 向局部视图表达夹紧螺孔部分的外形;支撑肋的断面形状用移出断面来表示。

(3)尺寸标注

①常选用安装面、对称面、孔的轴线等作为主要基准。如图 8-16 所示,选择支架下部的垂直安装端面作为长度方向的主要基准;选择水平的安装端面作为高度方向的主要基准;选择该支架的前后对称平面作为宽度方向的尺寸基准。

②该类零件的定位尺寸较多,一般要标注出孔中心线(轴线)到平面的距离,或平面到平面的距离,或孔中心线(或轴线)间的距离,见图 8-16。

③定形尺寸一般采用形体分析法标注,以便于木模的制作,见图 8-16。

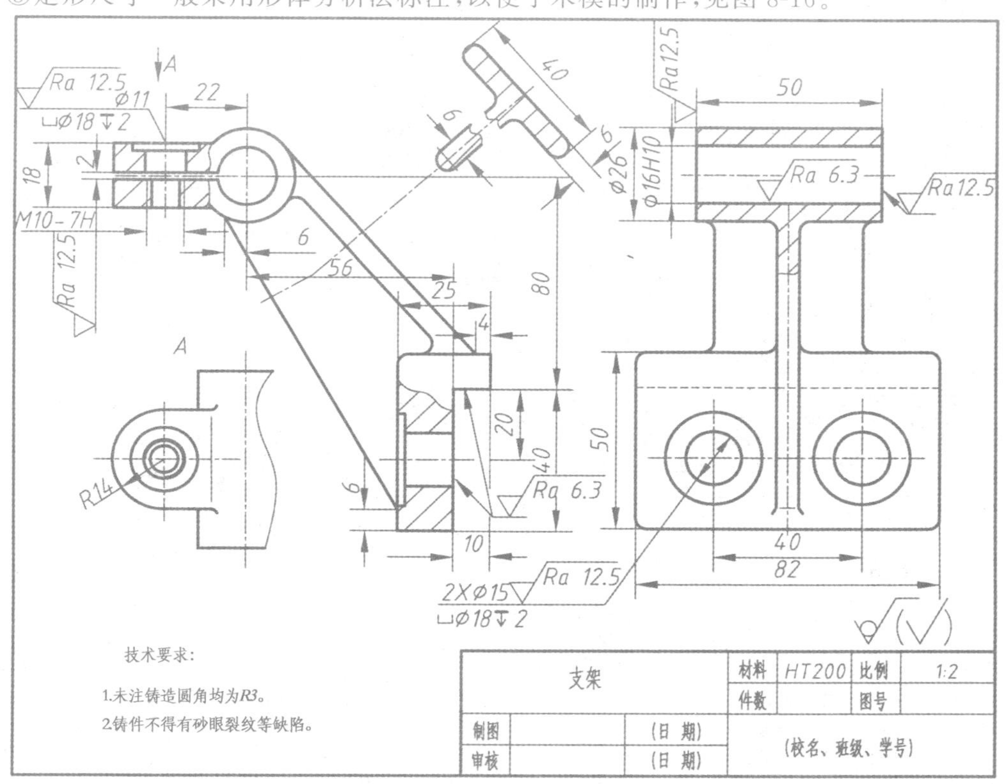

图 8-16　支架零件图

8.3.3.4 箱体类零件

(1)用途　箱体类零件包括各种箱体、壳体、泵体等。在机器中主要起支承、包容其他零件以及定位和密封等作用。这类零件多为机器或部件的主体件，毛坯一般为铸造件(图 8-17)。

(2)形状特点及表达方案的选择　箱体类零件形状、结构最复杂，加工工序也较多，加工位置变化多样，因而该类零件一般需采用三个以上的基本视图来表达。主视图一般按工作位置安放，选择最能显示零件形状特征的方向为投射方向。选择其他视图时，应根据具体结构，适当采用剖视、断面、局部视图等，以清晰地表达零件的内外形状。

在图 8-17 所示的铣刀头座体零件图中，主视图采用了全剖视图，以表达圆筒的内部结构，并反映左、右支承板和底板的上下、左右位置关系；左视图用局部剖视图主要表达了该零件左端面上螺孔的分布情况，座体上左、右支承板的形状，中间肋板和底板的结构关系，以及底板上安装孔的结构；还用了一个 A 向视图来表达箱体底部的形状。

(3)尺寸标注

①箱体类零件长度方向、宽度方向、高度方向的主要基准采用孔的中心线、轴线、对称平面和较大的加工平面。如图 8-17 所示，用轴孔的轴线作为高度方向的主要基准，直接注出轴孔的中心线至底面的高 115，以此确定底板下表面的位置；以左端面作为长度方向的主要基准，以此确定轴承孔的长度尺寸 40，还可以确定左支承侧板长度方向的位置，又可以该结合面为基准，用尺寸 255 来确定圆筒右端结合面的位置，再以右端面为长度方向的辅助基准，确定右端轴承孔的长度尺寸 40；以该座体的前后对称平面作为宽度方向的尺寸基准，以尺寸 190、150 分别确定座体的宽度和底板安装孔的中心位置。

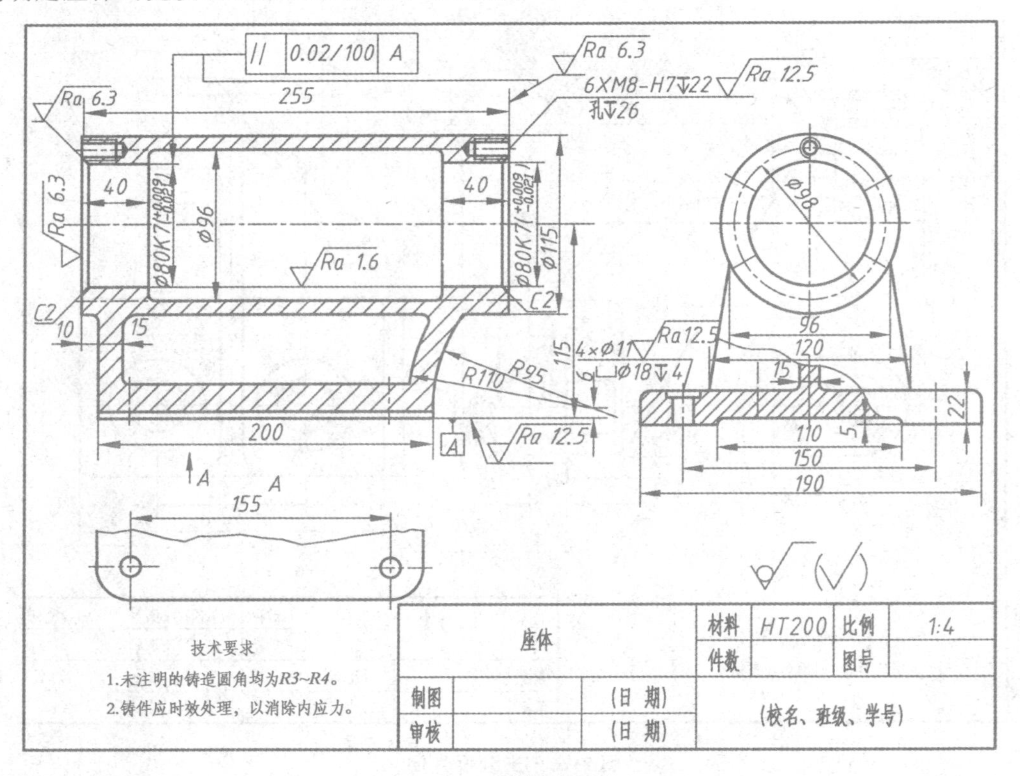

图 8-17　箱体类零件

②箱体类零件的定位尺寸较多,各孔中心线(或轴线)间的距离一定要直接标注出来,见图8-17。

③所有定形尺寸用形体分析法标注,如图8-17所示。

8.4 零件图上的技术要求

零件图上注写的技术要求,包括表面结构要求、极限与配合、形状和位置公差、热处理及表面镀涂层、零件材料以及零件加工、检验的要求等项目。其中有些项目如表面结构要求、极限与配合、形状和位置公差等要按标准规定的代号或符号注写在零件图上;没有规定代号或符号的项目可用文字简明地注写在零件图的下方空白处。

8.4.1 表面结构要求

零件图的技术要求
——表面结构

8.4.1.1 表面结构的基本概念及术语

(1)表面结构的基本概念　零件在加工制造过程中,由于受到各种因素(如:刀具与工件表面的摩擦、机床的震动及材料硬度不均匀等)的影响,其表面具有各种类型的不规则状态,形成工件的几何特性。几何特性包括尺寸误差、形状误差、粗糙度和波纹度等;粗糙度和波纹度都属于微观几何误差,波纹度是间距大于粗糙度但小于形状误差的表面几何不平度。他们严重影响产品的质量和使用寿命,在技术产品文件中必须对微观特征提出要求。

(2)表面结构术语　对实际表面微观几何特征的研究是用轮廓法进行的。平面与实际表面相交的交线称为实际表面的轮廓,也称为实际轮廓或表面轮廓。实际轮廓是由无数大小不同的波形叠加在一起形成的复杂曲线。图8-18(a)表示某一实际轮廓,图8-18(b)、(c)、(d)表示从该实际轮廓中分离出来的粗糙度轮廓、波纹度轮廓和形状轮廓。

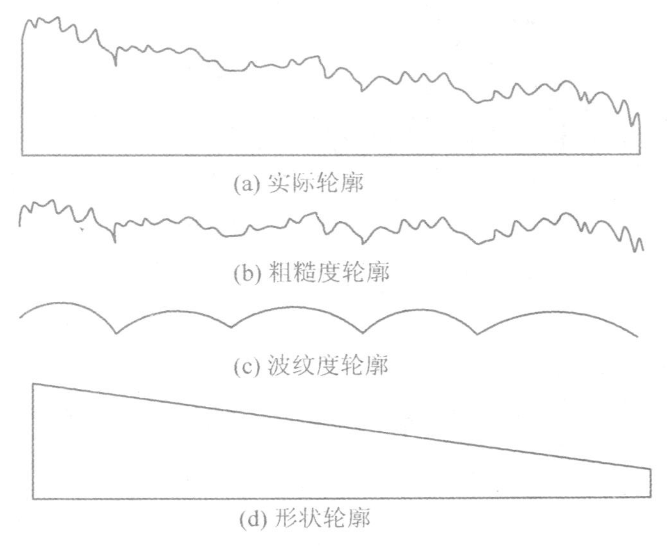

图8-18　零件轮廓示意图

粗糙度轮廓、波纹度轮廓和原始轮廓构成零件的表面特征。国家标准以这三种轮廓为基础,建立了一系列参数,定量地描述对表面结构的要求,并能用仪器检测有关参数值,以评定表面是否合格。下面介绍有关轮廓的术语和定义。

1)一般术语及定义

①三种轮廓和传输带:划分三种轮廓的基础是波长,每种轮廓定义于一定的波长范围,这个波长范围称为该轮廓的传输带。传输带用截止短波波长值和截止长波波长值表示,例如0.008～0.8(单位为mm)。

在零件的实际表面上测量粗糙度、波纹度和原始轮廓参数数值时所用的仪器为轮廓滤波器。传输带的截止长、短波波长值分别由长波滤波器和短波滤波器限定,短波滤波器能排除实际轮廓中所有比短波波长更短的短波成分,长波滤波器能排除实际轮廓中所有比长波波长更长的长波成分。连续应用长、短两个滤波器之后形成的轮廓就是被定义的那种轮廓。

测量用的滤波器有三种,其截止波长值分别用代号λ_s、λ_c、λ_f表示,且($\lambda_s<\lambda_c<\lambda_f$)。三种轮廓的定义如下。

原始轮廓:对实际轮廓应用短波滤波器λ_s之后的总的轮廓。

粗糙度轮廓:对原始轮廓应用λ_c滤波器抑制长波成分以后形成的轮廓。

波纹度轮廓:对原始轮廓连续应用λ_f和λ_c以后形成的轮廓;λ_f滤波器抑制长波成分,λ_c滤波器抑制短波成分。

②中线:具有几何轮廓形状并划分轮廓的基准线。中线就是轮廓坐标系的x轴,如图8-19所示。

③取样长度:用于判别被评定轮廓的不规则特征的x轴向上的长度(注:评定粗糙度和波纹度轮廓的取样长度,在数值上分别与它们的长波滤波器λ_c和λ_f的标志波长相等;原始轮廓的取样长度与评定长度相等),如图8-19所示。

④评定长度:用于判别被评定轮廓的x轴向上的长度(注:评定长度包含一个或几个取样长度),如图8-19所示。

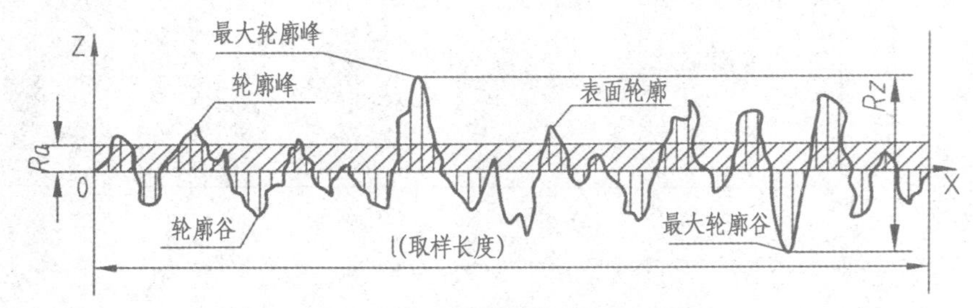

图8-19 表面粗糙度的常用术语

2)表面轮廓参数术语及定义

表示表面微观几何特性时要用表面结构参数。国家标准把三种轮廓分别称为R轮廓、W轮廓和P轮廓,从这三种轮廓上计算所得的参数分别称为R参数(粗糙度参数)、W参数(波纹度参数)和P参数(原始轮廓参数)。

三种表面结构轮廓构成几乎所有表面结构参数的基础。表面参数分为三类:轮廓参数、图形参数和支撑率曲线参数。表示表面结构类型的代号称为参数代号。在轮廓参数中,R轮廓、W轮廓和P轮廓都定义了类似的参数。

轮廓参数是我国机械图样中目前最常用的评定参数。本节仅介绍评定粗糙度轮廓(R轮廓)中的两个高度参数Ra和Rz。表8-2中列出了轮廓算术平均偏差Ra的系列值。

①算术平均偏差 Ra：在零件表面的一段取样长度 l 内，轮廓上的各点到 x 轴（中线）的纵坐标值 $Z(x)$ 绝对值的算术平均值，如图 8-19 所示，其公式为：

$$Ra=\frac{1}{l}\int_{0}^{l}|Z(x)|\,\mathrm{d}x$$

表 8-2 轮廓算术平均偏差 *Ra* 的系列值 μm

Ra			
0.012	0.2	1.6	12.5
0.025	0.4	3.2	25
0.050	0.8	6.3	50
0.100			100

②表面粗糙度轮廓最大高度 Rz：在一个取样长度内，最大轮廓峰高最大轮廓谷深之间的高度。国家标准也给出了 Rz 的系列值和测量 Rz 的取样长度值。

8.4.1.2 标注表面结构的图形符号和代号

（1）表面结构图形符号及其含义（表 8-3）

表 8-3 表面结构符号及其含义

符 号	意 义 及 说 明
	基本图形符号，未指定工艺方法的表面，仅适用于简化代号的标注
	扩展图形符号，基本符号加一短画，表示表面使用去除材料的方法获得。例如车、铣、钻、磨、剪切、抛光、腐蚀、电火花加工、气割等
	扩展图形符号，基本符号加一小圈，表示表面是用不去除材料的方法获得。例如铸、锻、冲压变形、热轧、冷轧、粉末冶金等。或者是用于保持上道工序状况的表面
	完整图形符号，在上述三个符号的长边上均可加一横线，用于标注表面结构参数的补充信息
	零件轮廓各表面的图形符号，在上述三个符号上均可加一圈，表示某个视图上组成封闭轮廓的各表面有相同的表面结构要求

（2）表面结构图形符号画法及尺寸　图样上零件表面结构图形符号的画法，如图 8-20 所示。表面结构图形符号的尺寸与所绘图样中粗实线的宽度有关，图 8-20 中的 H_1、H_2 的尺寸见表 8-4。

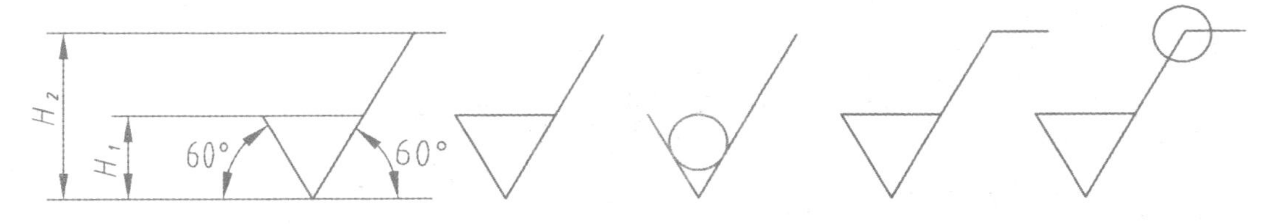

图 8-20 表面结构符号的画法

表 8-4 表面结构符号尺寸

轮廓线的线宽	0.35	0.5	0.7	1	1.4	2	2.8
数字与大写字母(或和小写字母)的高度 h,小圆直径	2.5	3.5	5	7	10	14	20
符号的线宽 d' 数字和字母的笔画宽度 d	0.25	0.35	0.5	0.7	1	1.4	2
高度 H_1	3.5	5	7	10	14	20	28
高度 H_2	7.5	10.5	15	21	30	42	60

(3)表面结构完整图形符号的组成　为了明确表面结构要求,除了标注表面结构参数和数值外,必要时应标注补充要求,包括传输带、取样长度、加工工艺、表面纹理及方向、加工余量等。这些要求在符号中的注写位置见图 8-21。

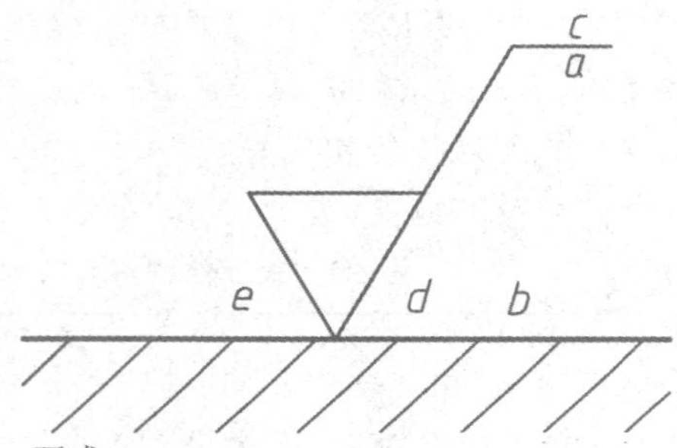

位置 a——注写表面结构单一要求;

位置 a 和 b——位置 a 注写第一表面结构要求,位置 b 注写第二表面结构要求;

位置 c——注写加工方法、表面处理、涂层等工艺要求,如车、磨、镀等;

位置 d——注写要求的表面纹理和纹理方向符号;

位置 e——加工余量(mm)。

图 8-21 表面结构要求的注写位置

(4)表面结构代号示例(表 8-5)

表 8-5 表面结构代号示例

序　号	代　号	含义/解释
1	Ra 3.2	表示去除材料,单向上限值(默认),默认传输带,R 轮廓,粗糙度算术平均偏差极限值 3.2 μm,评定长度为 5 个取样长度(默认),"%16 规则"(默认);表面纹理没有要求
2	Ra3 3.2	表示去除材料,评定长度为 3 个取样长度,其余元素的含义与序号 1 代号相同
3	-0.8/Ra3 3.2	表示去除材料,单向上限值,取样长度(等于传输带的长波长度)为 0.8 mm,传输带的短波波长为默认值(0.002 5 mm),其余元素的含义与序号 2 代号相同
4	0.008-0.8/Ra3 3.2	表示去除材料,单向上限值(默认),传输带 0.008～0.8 mm,R 轮廓,粗糙度算术平均偏差极限值 3.2 μm,其余元素均采用默认定义

续表 8-5

序 号	代 号	含义/解释
5	Rzmax 6.3	表示去除材料,单向上限值,默认传输带,R 轮廓,粗糙度最大高度的最大值为 6.3 μm,评定长度为 5 个取样长度(默认),"%16 规则"(默认)
6	U Ramax 3.2 L Ra 0.8	表示去除材料,双向极限值,上限值 Rz0.8,下限值为 Ra0.2,极限值都是"%16 规则"

8.4.1.3 表面结构代(符)号在图样上的标注方法

(1)表面结构要求对每一表面一般只标注一次,并尽可能注在相应的尺寸及其公差的同一视图上。除非另有说明,所标注的表面结构要求是对完工零件表面的要求。

(2)表面结构的注写和读取方向与尺寸的注写和读取方向一致。表面结构要求可标注在轮廓线上,其符号应从材料外指向并接触表面,见图 8-22。必要时表面结构也可用带箭头或黑点的指引线引出标注,见图 8-22、图 8-23。

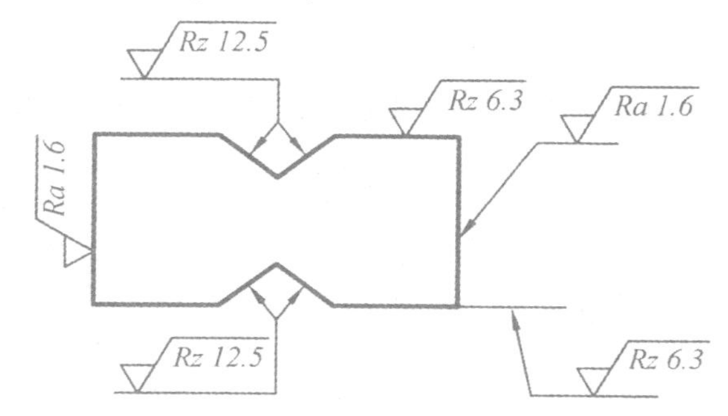

图 8-22 表面结构要求的注写方向及位置

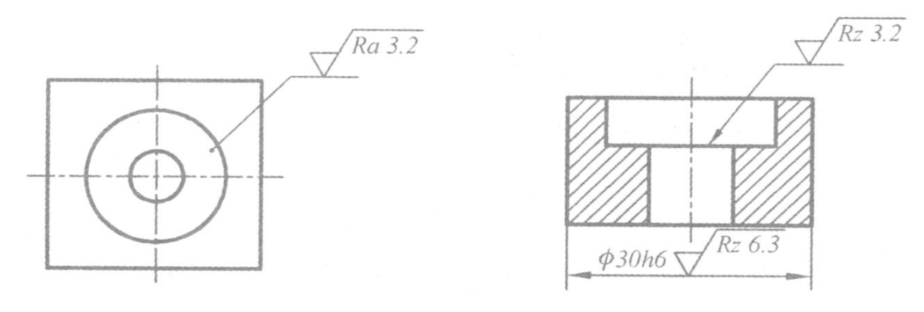

图 8-23 用指引线引出标注

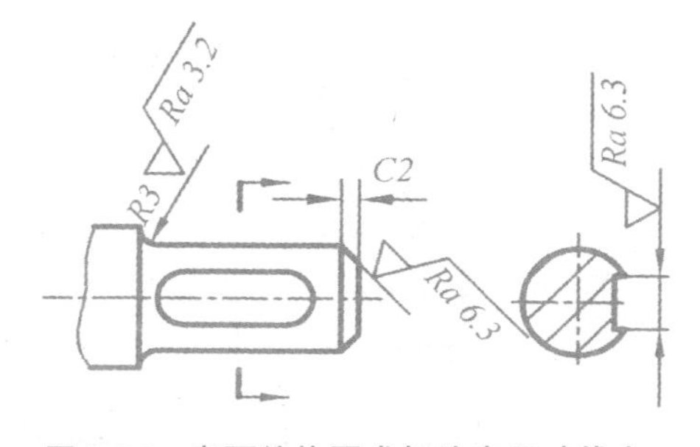

图 8-24 表面结构要求标注在尺寸线上

(3)在不致引起误解时,表面结构要求可标注在给定的尺寸线上,见图 8-23(b)、图 8-24 所示。

(4)有相同表面结构要求的注法　如果工件的全部和多数表面有相同的表面结构要求,则其表面结构要求可统一标注在图样标题栏附近。此时(除全部表面有相同要求的情况外)表面结构要求的代号后面应有以下两种:

①在圆括号内给出无任何其他标注的基本符号,见图 8-25(a)。

②在圆括号内给出不同的表面结构要求,见图 8-25(b)。

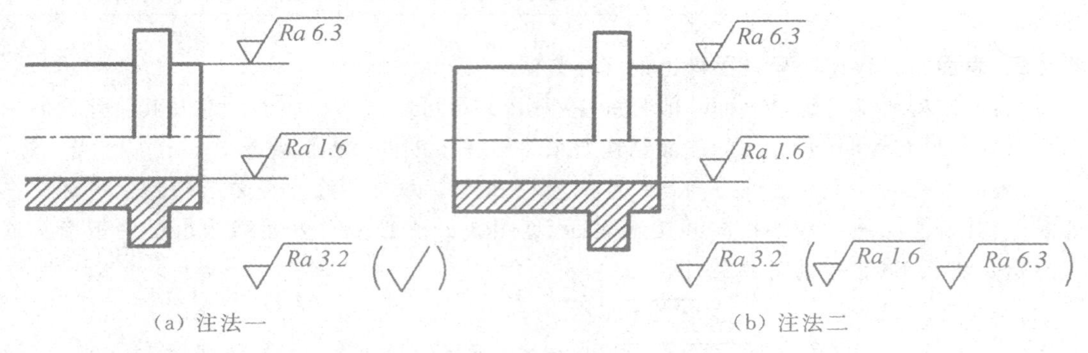

(a) 注法一　　(b) 注法二

图 8-25　大多数表面有相同表面结构要求的注法标注

(5)多个表面有共同要求的注法　当多个表面具有相同的表面结构要求或图纸空间有限时,可以采用简化注法。可用带字母的完整符号,以等式的形式,在图形或标题栏附近,对有相同表面结构要求的表面进行简化标注,见图 8-26。

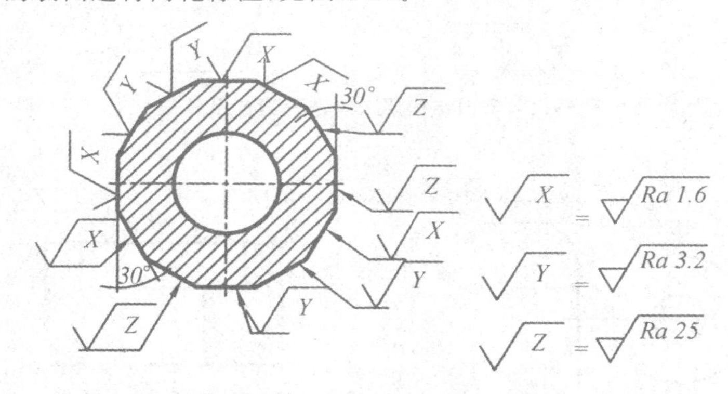

图 8-26　用带字母的完整符号对有相同表面结构要求的表面采用简化注法

(6)两种或多种工艺获得的同一表面的注法　由几种不同的工艺方法获得的同一表面,当需要明确每种工艺方法的表面结构要求时,可在国家标准规定的图线上标注相应的表面结构代号。图 8-27 表示同时给出镀、覆前后的表面结构要求的注法。

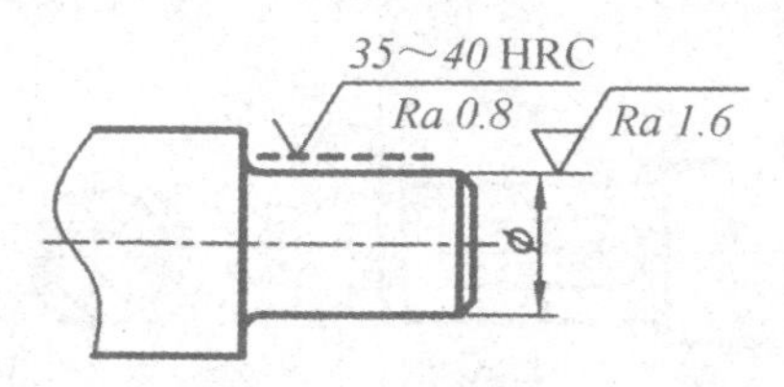

图 8-27　同时给出镀、覆前后的表面结构要求的注法

8.4.2 极限与配合

零件图的技术要求——极限与配合的概念及标注

在一批相同的零件中任取其中一个，不经挑选和修配就能装到机器上，并能达到使用要求的性质，称为互换性。零件具有互换性，必须要求尺寸的准确性，但并不是要求其尺寸绝对一样，而是要限定在一个合理的范围内变动，以满足不同的使用要求，这就形成了“极限与配合”制度。本部分将重点学习国家标准中有关极限与配合的基本概念以及公差与配合在图样上的标注方法。

8.4.2.1 尺寸公差的概念

零件在制造的过程中，受到机床、刀具、测量等因素的影响，不可能把零件的尺寸做得绝对准确。为保证零件的互换性，必须将零件的尺寸控制在允许的变动范围，这个允许的变动量就称为尺寸公差，简称公差。下面以图 8-28 来说明尺寸公差的一些术语和定义。

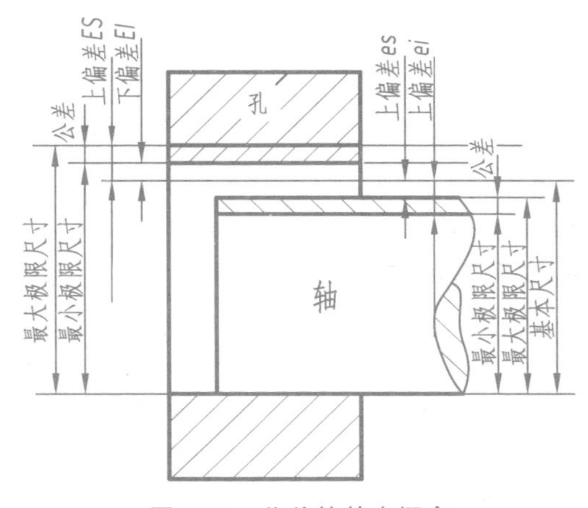

图 8-28 公差的基本概念

(1)基本尺寸 由设计者给定的尺寸。

(2)实际尺寸 通过测量获得的零件的尺寸。

(3)极限尺寸 允许零件实际尺寸变化的两个极限值。

最大极限尺寸：允许零件的最大尺寸。

最小极限尺寸：允许零件的最小尺寸。

(4)尺寸偏差(简称偏差) 某一尺寸(实际尺寸、极限尺寸等)减其基本尺寸所得的代数差。

极限偏差是极限尺寸与基本尺寸的代数差。极限偏差有上偏差、下偏差。

上偏差＝最大极限尺寸－基本尺寸

下偏差＝最小极限尺寸－基本尺寸

极限偏差值可以为正、负或零。国家标准规定：上偏差用 $ES(es)$ 表示、下偏差用 $EI(ei)$ 表示，大写为孔的极限偏差、小写为轴的极限偏差。

实际偏差是实际尺寸与基本尺寸的代数差。实际偏差在上、下偏差之间。

(5)尺寸公差(简称公差) 允许零件实际尺寸的变动量。

公差＝最大极限尺寸－最小极限尺寸

或 公差=上偏差−下偏差

如 $\phi 45^{+0.007}_{-0.018}$ 的孔，其基本尺寸为 45 mm，最大极限尺寸为 ϕ45.007 mm，最小极限尺寸为 ϕ44.082 mm。

$$\text{上偏差}\quad ES=+0.007,\text{下偏差}\ EI=-0.018$$

$$\text{孔的公差}=(45.007-44.082)\ \text{mm}=[0.007-(-0.018)]\ \text{mm}=0.025\ \text{mm}$$

(6)零线　在公差与配合图解中，零线是表示基本尺寸的一条直线，以其为基准确定偏差和公差，即偏差值为 0 的一条基准直线。位于零线之上的偏差值为正，位于零线之下的偏差值为负。

(7)尺寸公差带　由代表上、下偏差值的两条直线所限定的一个区域。

公差带与零线构成的图形称为公差带图，如图 8-29 所示。公差带图能形象地表示出公差带大小及其相对于零线的位置。

8.4.2.2　标准公差与基本偏差

(1)标准公差　用以确定公差带大小的标准化数值。

标准公差的数值取决于公差等级和基本尺寸。公差等级用来确定尺寸的精确程度。国家标准将公差等级分为 20 级，即 IT01、IT0、IT1、IT2、…、IT18。IT 代表标准公差，数字代表公差等级。同一基本尺寸，公差等级越高，则公差值越小，尺寸的精确程度越高。同一公差等级对所有基本尺寸的一组公差被认为具有同等精确程度。标准公差的数值见表 8-6。

表 8-6　标准公差数值(GB/T 1800.3—1998)

基本尺寸 mm		标准公差等级																			
		(μm)													(mm)						
大于	至	IT01	IT0	IT1	IT2	IT3	IT4	IT5	IT6	IT7	IT8	IT9	IT10	IT11	IT12	IT13	IT14	IT15	IT16	IT17	IT18
—	3	0.3	0.5	0.8	1.2	2	3	4	6	10	14	25	40	60	0.1	0.14	0.25	0.40	0.60	1.0	1.4
3	6	0.4	0.6	1	1.5	2.5	4	5	8	12	18	30	48	75	0.12	0.18	0.30	0.48	0.75	1.2	1.8
6	10	0.4	0.6	1	1.5	2.5	4	6	9	15	22	36	58	90	0.15	0.22	0.36	0.58	0.90	1.5	2.2
10	18	0.5	0.8	1.2	2	3	5	8	11	18	27	43	70	110	0.18	0.27	0.43	0.70	1.10	1.8	2.7
18	30	0.6	1	1.5	2.5	4	6	9	13	21	33	52	84	130	0.21	0.33	0.52	0.84	1.30	2.1	3.3
30	50	0.6	1	1.5	2.5	4	7	11	16	25	39	62	100	160	0.25	0.39	0.62	1.00	1.60	2.5	3.9
50	80	0.8	1.2	2	3	5	8	13	19	30	46	74	120	190	0.30	0.46	0.74	1.20	1.90	3.0	4.6
80	120	1	1.5	2.5	4	6	10	15	22	35	54	87	140	220	0.35	0.54	0.87	1.40	2.20	3.5	5.4
120	180	1.2	2	3.5	5	8	12	18	25	40	63	100	160	250	0.40	0.63	1.00	1.60	2.50	4.0	6.3
180	250	2	3	4.5	7	10	14	20	29	46	72	115	185	290	0.46	0.72	1.15	1.85	2.90	4.6	7.2
250	315	2.5	4	6	8	12	16	23	32	52	81	130	210	320	0.52	0.81	1.30	2.10	3.20	5.2	8.1
315	400	3	5	7	9	13	18	25	36	57	89	140	230	360	0.57	0.89	1.40	2.30	3.60	5.7	8.9
400	500	4	6	8	70	15	20	27	40	63	97	155	250	400	0.63	0.97	1.55	2.50	4.00	6.3	9.7

注：基本尺寸小于或等于 1 mm 时，无 IT14～IT18。

选用公差等级的原则是：在满足机器使用要求的前提下尽量采用较低等级，以降低制造成本。通常按以下原则来选用：

IT01～IT1：用于精密量块和计量器具等的尺寸公差。

IT2～IT5：用于精密零件的尺寸公差。

IT5～IT12：用于有配合要求的一般机器零件的尺寸公差。

IT12～IT18：用于不重要或没有配合要求的零件的尺寸公差。

（2）基本偏差　用以确定公差带相对于零线位置的上偏差或下偏差。

在公差带图中，将距离零线最近的那个极限偏差称为“基本偏差”，用来确定公差带相对于零线的位置。当公差带在零线的上方时，基本偏差为下偏差；反之则为上偏差，如图 8-29 所示。

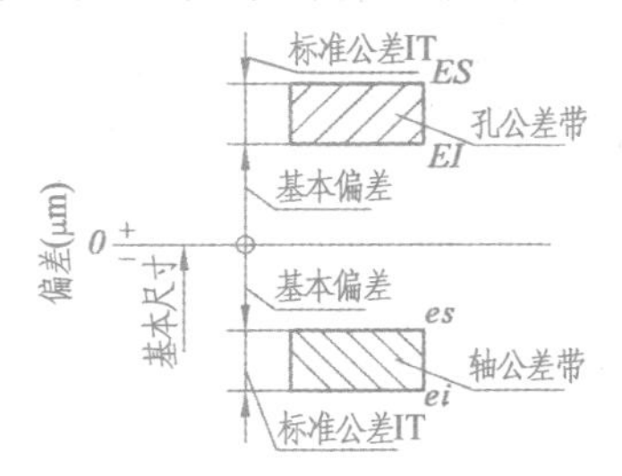

图 8-29　公差带图

基本偏差系列：根据机器中零件间结合关系的要求不同，国家标准规定了 28 种基本偏差，这 28 种基本偏差就构成了基本偏差系列，其代号由 26 个拉丁字母中去掉了容易相混的 I、L、O、Q、W 5 个单字母，加入 CD、EF、FG、JS、ZA、ZB、ZC 7 种双字母组成。其中大写字母表示孔，小写字母表示轴，如图 8-30 所示。图中未封口端表示公差值未定。

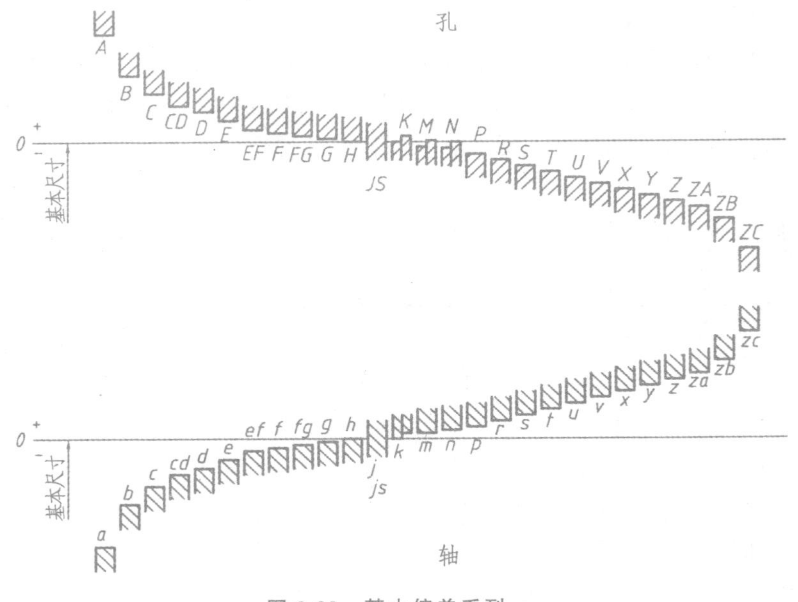

图 8-30　基本偏差系列

（3）公差带代号　公差带代号由“基本偏差代号”和“公差等级”组成，如 F6、K6、f7 等。例如：

ϕ28H8 中 H8 所表示的是孔的公差带代号，H 为基本偏差代号；8 为公差等级代号；

ϕ46h7 中 h7 所表示的是轴的公差带代号，h 为基本偏差代号；7 为公差等级代号。

8.4.2.3 配合

(1)配合的定义 将机器或部件中“基本尺寸”相同、相互结合的孔与轴(也包括非圆表面)公差带之的关系称为配合。通俗地讲,配合就是指“基本尺寸”相同的孔与轴结合后的松紧程度。

(2)配合的种类 由于机器或部件在工作时有各种不同的要求,因此,零件间配合的松紧程度也不一样。国家标准规定,配合分为以下三大类。

①间隙配合:基本尺寸相同的孔与轴结合时,孔的公差带位于轴的公差带上方。它的特点是:孔与轴结合后,有间隙存在(包括最小间隙为零),如图 8-31 所示。主要用于两配合表面间有相对运动的地方。

②过盈配合:基本尺寸相同的孔与轴结合时,轴的公差带位于孔的公差带上方。它的特点是:孔与轴结合后,有过盈存在(包括最小过盈为零),如图 8-32 所示。主要用于两配合表面间要求紧固连接的场合。

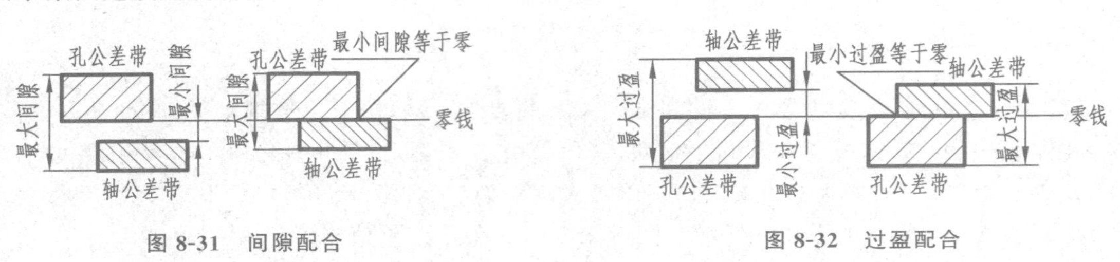

图 8-31 间隙配合　　图 8-32 过盈配合

③过渡配合:基本尺寸相同的孔与轴结合时,孔、轴公差带互相交叠,任取一对孔和轴配合,可能具有间隙,也可能具有过盈,它的特点是:孔的实际尺寸可能大于、也可能小于轴的实际尺寸,如图 8-33 所示。主要用于要求对中性较好的情况。

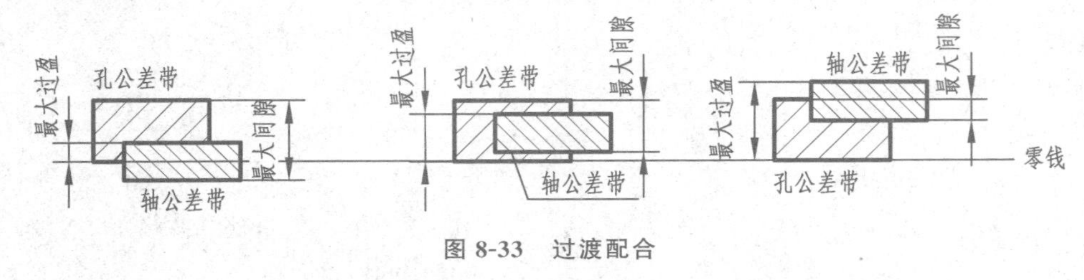

图 8-33 过渡配合

(3)配合制 国家标准规定了 28 种基本偏差和 20 个等级的标准公差,任取一对孔、轴的公差带都能形成一定性质的配合,如果任意选配,情况变化极多。这样,不便于零件的设计与制造。为此,根据生产实际的需要,国家标准规定了基孔制配合和机轴制配合。

①基孔制配合:基本偏差为一定值的孔的公差带与不同基本偏差的轴的公差带形成各种配合的一种制度,即将孔的公差带位置固定,通过变动轴的公差带位置,得到各种不同的配合,如图 8-34(a)所示。基孔制配合的孔称为基准孔。其基本偏差代号为“H”,基准孔的下偏差为 0。

②基轴制配合:基本偏差为一定值的轴的公差带与不同基本偏差的孔的公差带形成各种配合的一种制度,即将轴的公差带位置固定,通过变动孔的公差带位置,得到各种不同的配合,如图 8-33(b)所示。基轴制的轴称为基准轴。其基本偏差代号为“h”,基准轴的上偏差为 0。

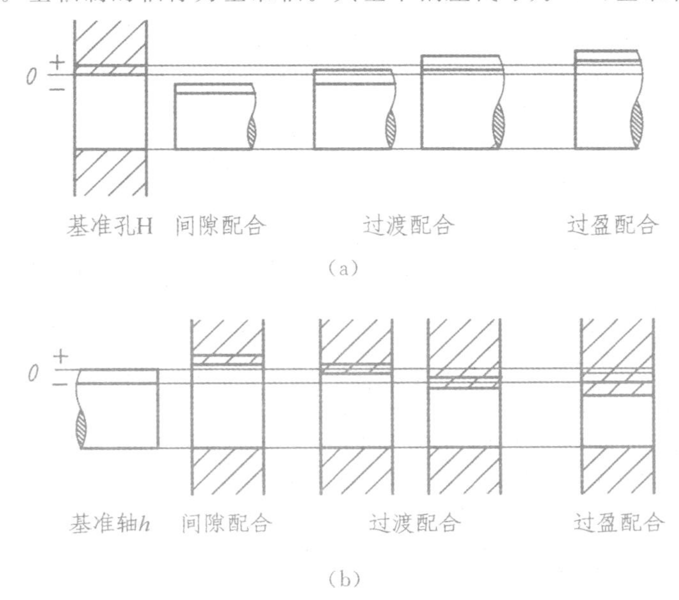

图 8-34 基孔制与基轴制

分析图 8-30 和图 8-34 可知:

基准孔 H 与 {基本偏差为 a、b…h 的轴形成间隙配合; 基本偏差为 j、js…n 的轴主要形成过渡配合; 基本偏差为 p,r…zc 的轴主要形成过盈配合}

基准轴 h 与 {基本偏差为 A,B…H 的孔形成间隙配合; 基本偏差为 J,JS…N 的孔主要形成过渡配合; 基本偏差为 P,R…ZC 的孔主要形成过盈配合}

国家标准根据机械工业产品生产和使用的需要,制定了优先和常用配合。在设计零件时,应尽量选用优先和常用配合,表 8-7、表 8-8 为优先和常用的配合。

表 8-7 基孔制优先、常用配合

基准孔	轴																				
	a	b	c	d	e	f	g	h	js	k	m	n	p	r	s	t	u	v	x	y	z
	间隙配合								过渡配合			过盈配合									
H6						$\frac{H6}{f5}$	$\frac{H6}{g5}$	$\frac{H6}{h5}$	$\frac{H6}{js5}$	$\frac{H6}{k5}$	$\frac{H6}{m5}$	$\frac{H6}{n5}$	$\frac{H6}{p5}$	$\frac{H6}{r5}$	$\frac{H6}{s5}$	$\frac{H6}{t5}$					
H7						$\frac{H7}{f6}$	$\frac{H7}{g6}$ ▲	$\frac{H7}{h6}$ ▲	$\frac{H7}{js6}$	$\frac{H7}{k6}$ ▲	$\frac{H7}{m6}$	$\frac{H7}{n6}$ ▲	$\frac{H7}{p6}$ ▲	$\frac{H7}{r6}$	$\frac{H7}{s6}$ ▲	$\frac{H7}{t6}$	$\frac{H7}{u6}$ ▲	$\frac{H7}{v6}$	$\frac{H6}{x6}$	$\frac{H6}{y6}$	$\frac{H6}{z6}$

续表 8-7

基准孔	轴																				
	a	b	c	d	e	f	g	h	js	k	m	n	p	r	s	t	u	v	x	y	z
	间隙配合								过渡配合			过盈配合									
H8					H8/e7	H8/f7 ▲	H8/g7	H8/h7 ▲	H8/js7	H8/k7	H8/m7	H8/n7	H8/p7	H8/r7	H8/s7	H8/t7	H8/u7				
				H8/d8	H8/e8	H8/f8		H8/h8													
H9			H9/c9	H9/d9 ▲	H9/e9	H9/f9		H9/h9 ▲													
H10			H10/c10	H10/d10				H10/h10													
H11	H11/a11	H11/b11	H11/c11 ▲	H11/d11				H11/h11 ▲													
H12		H12/b12						H12/h12		标▲者为优先配合											

注：$\frac{H6}{n5}$和$\frac{H7}{p6}$在基本尺寸小于或等于 3 mm，$\frac{H8}{r7}$在小于或等于 100 mm 时，为过渡配合。

表 8-8 基轴制优先、常用配合

基准轴	孔																				
	A	B	C	D	E	F	G	H	JS	K	M	N	P	R	S	T	U	V	X	Y	Z
	间隙配合								过渡配合			过盈配合									
h5						F6/h5	G6/h5	H6/h5	JS6/h5	K6/h5	M6/h5	N6/h5	P6/h5	R6/h5	S6/h5	T6/h5					
h6						F7/h6	G7/h6 ▲	H7/h6 ▲	JS7/h6	K7/h6 ▲	M7/h6	N7/h6 ▲	P7/h6 ▲	R7/h6	S7/h6 ▲	T7/h6	U7/h6 ▲				
h7					E8/h7	F8/h7 ▲		H8/h7 ▲	JS8/h7	K8/h7	M8/h7	N8/h7									
h8				D8/h8	E8/h8	F8/h8		H8/h8													
h9				D9/h9 ▲	E9/h9	F9/h9		H9/h9 ▲													
h10				D10/h10				H10/h10													
h11	A11/h11	B11/h11	C11/h11 ▲	D11/h11				H11/h11 ▲													
h12		B12/h12						H12/h12		标▲者为优先配合											

(4)配合制的选择

①国家标准明确规定，在一般情况下，优先选用基孔制配合，因为加工中等尺寸的孔，通常要用价格昂贵的扩孔钻、铰刀、拉刀等定直径刀具，而加工轴，则可用一把车刀或砂轮加工不同的尺寸。因此，采用基孔制配合可以减少所用刀具、量具的数量，降低生产成本，提高经济效益。

②在一些情况下，选用基轴制配合，经济效益更明显。如采用一根冷拉钢材做轴，不加工，与几个基本尺寸相同公差带不同的孔形成不同的配合等。

③与标准件形成配合时，配合制的选择依标准件而定。例如滚动轴承内圈与轴配合，采用基孔制配合制，滚动轴承外圈与座体的孔配合，采用基轴制配合制；键与键槽的配合也采用基轴制配合制。

8.4.2.4 极限与配合的标注

(1)零件图上的标注方法　在零件图上标注尺寸公差，有下列三种形式。

①在基本尺寸后面注公差带代号，如 $\phi 28k6$。这种注法适用于大批量生产(由该代号查相应国家标准可得该尺寸的极限偏差值)，如图 8-35(a)所示。

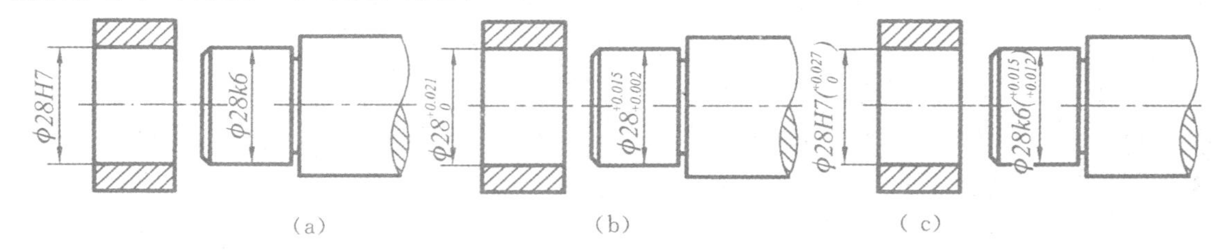

图 8-35　零件图上的标注方法

②在基本尺寸后面只注极限偏差，如图 8-35(b)所示，这种注法适用于单件、小批量生产。上偏差写在基本尺寸的右上方，下偏差写在基本尺寸注在同一底线上；偏差数值应比基本尺寸数字小一号。上、下偏差必须注出正、负号，上、下偏差的小数点必须对齐，小数点后的数位也必须相同；当上偏差或(下偏差)为“零”时，用数字“0”标出，并与上偏差或(下偏差)的小数点前的个位对齐。

③在基本尺寸后面同时标出公差带代号和上、下偏差，这时上、下偏差必须加括号，如图 8-35(c)所示。这种注法适用于产量不确定。上、下偏差数绝对值相同时的注法，如 $\phi 30 \pm 0.016$，此时偏差数值的字高与基本尺寸相同。

图样上有些尺寸虽未注公差，但仍有公差要求，只不过公差等级较低，在 IT12 以下，公差数值较大，易于保证而已。这样的偏差也可查 GB/T 1800.3—1998 确定。

(2)装配图中的标注方法　在装配图中标注配合代号。配合代号由孔与轴的公差带代号组成，写成分数形式，分子为孔的公差带代号，分母为轴的公差带代号。具体标注形式如图 8-36 所示，可以写成 $\frac{H7}{k6}$，也可以写成 H7/k6。通常分子中含有 H 的为基孔制；分母中含有 h 的为基轴制。配合代号中，凡分子上含有 H 的均为基孔制配合，凡分母上含 h 的均为基轴制配合。凡分子上含有 H，分母上含 h 的配合，可认为是基孔制配合，也可认为是基轴制配合，而且是最小间隙为零的一种间隙配合。

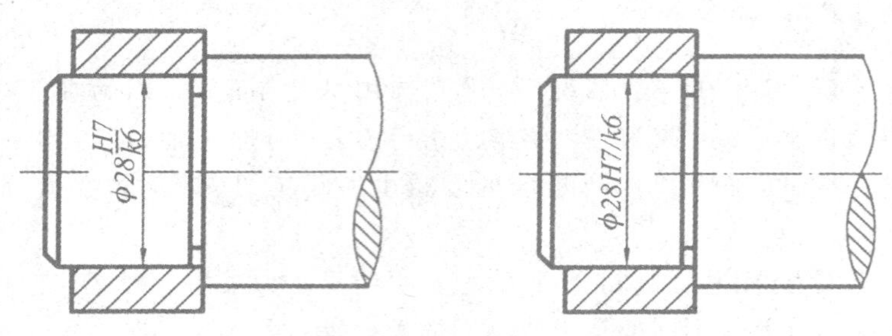

图 8-36 装配图中的标注方法

8.4.2.5 根据配合代号求出孔和轴的极限偏差举例

已知用配合代号表示的配合尺寸，求出孔、轴极限偏差的方法是：首先根据配合尺寸，确定孔和轴的公差带(用公差带代号表示)，然后通过查表得到孔和轴的上、下偏差，举例说明如下。

例 8-1 确定配合尺寸 ϕ30H7/s6 的上、下偏差数值，并说明其配合的含义。

解：ϕ30H7/s6 为优先配合，因此，查附表 6-3、表 6-4 得：

ϕ30H7 的上偏差 $ES=+0.021$；下偏差 $EI=0$，即：$\phi 30^{+0.021}_{0}$

ϕ30s6 的上偏差 $es=+0.048$；下偏差 $ei=+0.035$，即：$\phi 30^{+0.048}_{+0.035}$

ϕ30H7/s6 含义：该配合的基本尺寸为 ϕ30、基孔制的过盈配合，基准孔的公差带代号为 H7，其中 H 为基本偏差，公差等级为 7 级；s6 为轴的公差带代号，其中 s 为基本偏差，公差等级为 6 级。

该配合的公差图见图 8-37(a)。

例 8-2 确定配合尺寸 ϕ20H8/g7 的上、下偏差数值，并说明其配合的含义。

解：H8 孔的优先配合公差带，因此查附表 6-4 得：

ϕ20H8 的上偏差 $ES=+0.033$；下偏差 $EI=0$，即：$\phi 20^{+0.033}_{0}$。

查附表 6-1 得：ϕ20g7 的上偏差 $es=-0.007$；查书中表 8-6 得：$IT7=0.021$，因此，下偏差 $ei=es-IT=-0.028$，即：$\phi 30^{-0.007}_{-0.028}$

该配合的公差图见图 8-37(b)。

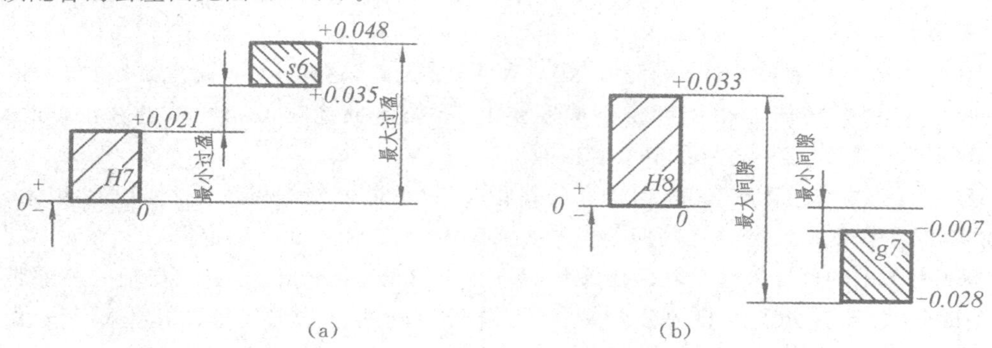

图 8-37 公差带图

8.4.3 几何公差

零件在加工的过程中由于多种因素的影响会出现几何误差。几何误差包括形状、方向、位置和跳动公差。几何误差直接影响产品的性能和寿命。为了保证机器的质量，必须限制零件几何误差的最大变动量，称为几何误差，允许变动量的值称为公差值。

图样中几何公差有两种表达形式：一种是用框格标注，精度要求较高的要素采用这种形式；另一种是不在图中注出，将按 GB/T 1184 规定的未注公差值在图样的技术要求中说明。未注公差值是工厂中常用设备能保证的精度。

8.4.3.1 几何公差的有关术语

(1)形状公差　零件被测要素(如表面或轴线)的实际形状对其理想形状所允许的变动全量。

(2)方向公差　零件被测要素(如表面或轴线)的实际位置对基准在方向上所允许的变动全量。

(3)位置公差　零件被测要素(如表面或轴线)的实际位置对基准在位置上所允许的变动全量。

(4)跳动公差　零件被测要素(如表面或轴线)的绕基准回转一周或连续回转时所允许的最大跳动量。

8.4.3.2 几何公差的符号和标注

(1)几何公差项目及符号见表 8-9。

表 8-9　几何公差项目及符号(GB/T1182—2008)

公差类别	项目名称	符号	公差类别	项目名称	符号	
形状公差(无基准)	直线度	—	位置公差	方向公差(有基准)	平行度	//
	平面度	▱			垂直度	⊥
	圆度	○			倾斜度	∠
	圆柱度	⌭		位置公差(有基准)	同轴度	◎
	线轮廓度	⌒			对称度	⌯
					位置度	⌖
	面轮廓度	⌓		跳动公差(有基准)	圆跳动	↗
					全跳动	⌰

(2)几何公差的框格标注

①公差框格：表达几何公差要求的公差框格如图 8-38 所示。框格用细实线绘制，可分两格或多格(如果没有基准，只有前面两格)。框格中的字高与图中尺寸数字相同，框格高为字高的 2 倍，框格中第一格长度与高相等，后面其他格的长度视需要而定，框格线宽与字符的笔画宽相同。框格一般水平放置，第一格填写几何公差符号，第二格填写公差数值及有关公差带符号，第三格填写基准代号及其他附加符号。

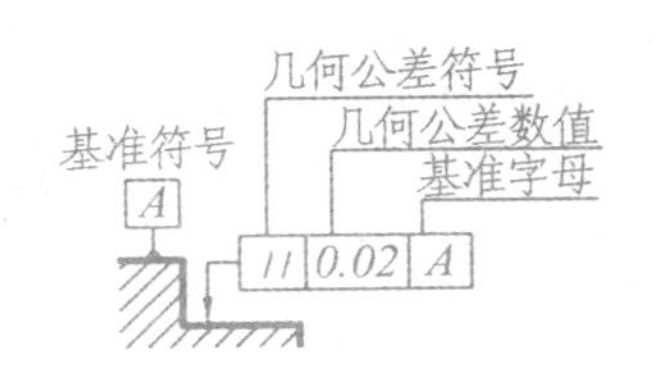

图 8-38　形位公差符号的画法

公差值的单位是 mm，公差带为圆形、圆柱形时，公差值前加“ϕ”，为球形时加“$S\phi$”。公差值有国家标准规定,可查看有关资料。附加符号有很多,它们的含义和注法可查阅国家标准。公差框格用带箭头的指引线与被测要素的轮廓线或其延长线相连,指引线可引至框格的任意一侧;箭头指向公差带宽度方向,应垂直于被测要素。

②基准符号:与被测要素相关的基准用一个大写字母表示。字母标注在框格内,与一个涂黑的或空白的三角形相连(框格与连线都用细实线绘制)表示基准,表示基准的字母还应标注在框格内。

(3)几何公差被测要素的标注方法

1)无基准要素的标注:用带箭头的指引线将被测要素与公差框格相连,指引线的箭头指向应与公差带宽度方向一致。见图 8-39。

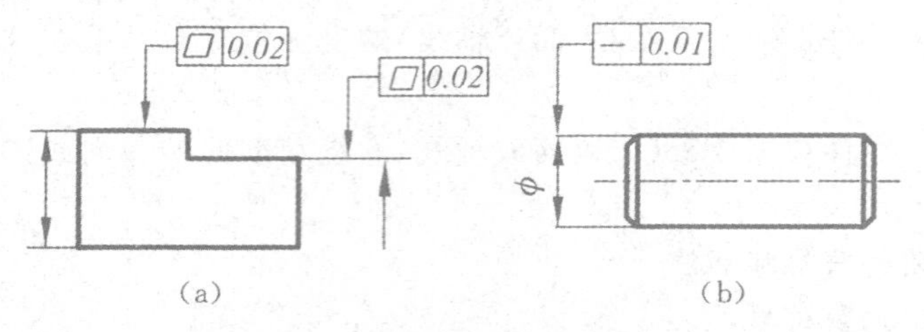

图 8-39 形状公差的标注

当被测要素是零件表面上的线或面时,指引线箭头应指向轮廓线或其延长线上,并明显地与该要素的尺寸线错开。如图 8-39(a)所示。

当被测要素是零件的轴线、球心或中心平面时,指引线箭头应指向轮廓线或其延长线上,并明显地与该要素的尺寸线对齐。如图 8-39(b)所示。

2)有基准要素的标注

①被测要素的标注:与形状公差被测要素的标注完全相同。用带箭头的指引线将被测要素与公差框格相连,指引线箭头的指向与公差带宽度方向一致。

②基准要素的标注:位置公差还必须表示出基准要素,通常在框格的第三格标出基准要素代号的字母(要用大写字母),并在基准要素处画出基准代号与之对应(图 8-38)。基准符号的标注位置有:

当基准要素为零件表面上的线或面时,基准符号应靠近基准要素的轮廓线或其延长线,并应明显地与该要素的尺寸线错开,如图 8-40(a)所示。

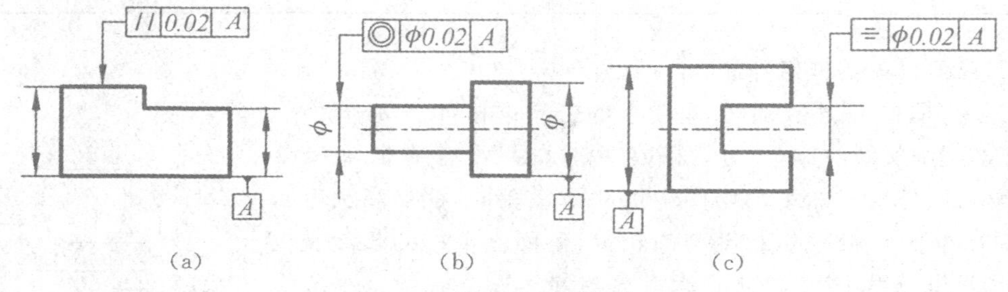

图 8-40 位置公差的标注

当基准要素为零件的轴线、球心或中心平面时,基准符号应该与基准要素的尺寸线对齐,如图 8-40(b)所示。

3)形位公差标注示例(图 8-41)

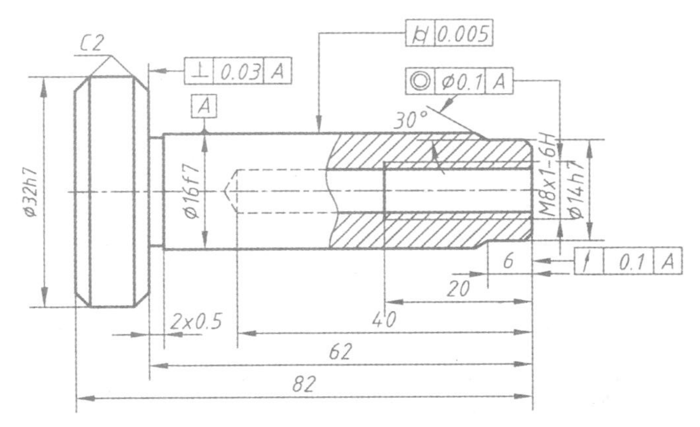

图8-41中各项形状和位置公差的含义如下:

⌭ 0.005　表示ø16f7圆柱面的圆柱度公差为0.005mm,其公差带是半径差为0.05mm的两同轴圆柱面之间的区域。

◎ ø0.1 A　表示M8x1的轴线对ø16f7轴线的同轴度公差为0.1mm,其公差带是与基准A同轴,直径为0.1mm的圆柱面内的区域。

⊥ 0.03 A　表示ø32h7的右端面对基准A的垂直度公差为0.03mm,其公差带是距离为公差值0.03mm的两平行平面之间的区域。

↗ 0.1 A　表示ø14h7的端面对基准A的圆跳动公差为0.1mm,其公差带是在与基准同轴的任一半径位置的测量圆柱面上距离0.1mm的两圆之间的区域。

图 8-41　几何公差标注示例

8.5　读零件图

读零件图

读零件图是指通过多零件图中所表达的四项内容的分析和理解,对图中所表达零件的结构形状、尺寸大小、技术要求等内容进行概括了解、具体分析和全面综合,从而理解设计意图,拟定合理的加工方案,以便加工出合格的零件;或进一步研究零件设计的合理性,以得到对零件设计的不断改进和创新。因此,读零件图是工程技术人员必须具备的能力和素质。下面介绍读零件图的方法和步骤。

8.5.1　读零件图的方法和步骤

(1)概括了解　读一张零件图,首先从零件图的标题栏入手,了解零件名称、数量、材料、绘图比例等。并从装配图或其他途径了解零件在机器或部件中的作用及与其他零件之间的装配关系,对该零件有一个初步认识。

(2)分析视图,想象形状　读图时,必须首先找到主视图,弄清各视图之间的关系;其次分析各视图的表达方法,如选用视图、剖视、剖切面的位置及投射方向的意图等;最后,按照形体分析、线面分析法等利用各视图的投影对应关系,想象出零件内、外部的结构形状。

(3)分析尺寸　根据零件的类别和构型，首先找出零件长、宽、高各方向的尺寸基准，并根据设计要求分析确定各方向的主要基准和主要尺寸，然后运用形体分析方法找出各形体以及各形体之间的定形、定位尺寸，零件的总体尺寸，并注意尺寸标注是否完整、合理。

(4)分析技术要求　根据零件图上标注的表面结构要求、尺寸公差、几何公差及其他技术要求，明确主要加工面及重要尺寸，搞清楚零件各表面的质量指标，以便制定合理的加工工艺。

(5)综合归纳　综合上面的分析，在对零件的结构形状特点、功能作用等有了全面了解之后，才能对零件的加工工艺、制造要求有明确的认识，从而达到读懂零件图的目的。

8.5.2 读零件图举例

下面以图 8-42 所示齿轮泵体的零件图为例说明看该零件图的方法和步骤。

(1)概括了解　从标题栏入手可知该齿轮泵体零件，材料为 *HT*150(灰口铸铁)，因此，它应具有铸造工艺结构。画图比例为 1∶2，属箱体类零件。

(2)分析视图，想象形状　在图 8-42 所示的齿轮泵体零件图中，采用两个基本视图和一个 B 向视图，主视图采用三处局部剖视表示了进、出油口与内部空腔的连通情况以及地板上的安装孔，还有前端面上螺钉孔和销孔的分布状况。左视图采用 A—A 全剖视图，清楚地表示出了该零件内部空腔以及螺钉孔和销孔的是通孔；B 向视图清楚地表达了该零件地板下方的形状及其上面安装孔的数量和分布。按照形体分析法详细分析各部分的形状及其相对位置，就可以想象出该泵体的整体形状。

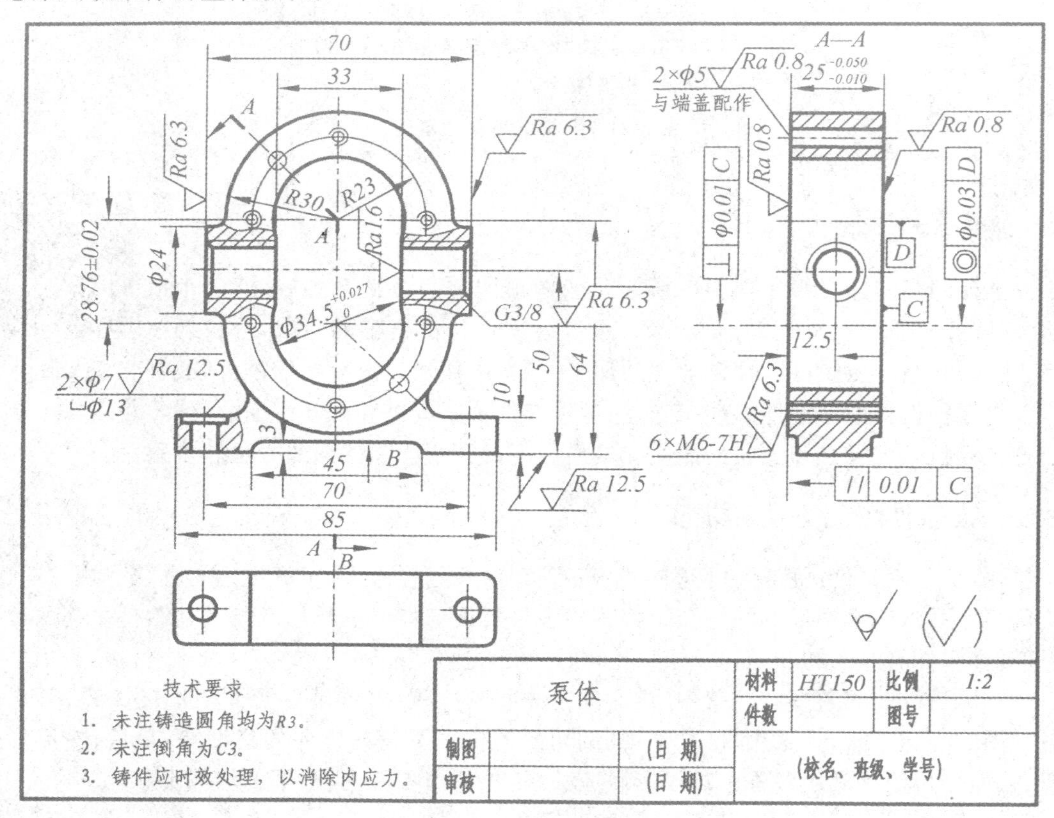

图 8-42　齿轮泵体零件图

(3)分析尺寸　该泵体在长度方向上以左右对称平面为主要基准。以此基准直接标注的尺寸有70、33、45、70、85。高度方向则以底板的底面作为主要基准，以此直接标注的尺寸有3、10、50、64。宽度方向以后端面作为主要基准，标注的尺寸有12.5、$25^{-0.050}_{-0.010}$。零件图中标注的其他尺寸按形体分析法即可读懂。

(4)分析技术要求　该泵体为铸件，需进行人工时效处理，以消除内应力。铸造圆角$R=3$ mm，视图中有小圆角过渡的表面，表明均为不加工表面。尺寸为$\phi 34.5^{+0.027}_{0}$的采用基孔制配合。齿轮内部空腔的表面结构要求较高，Ra的上限值为0.8 μm。泵体前、后端面的表面结构要求也较高，Ra的上限值为0.8 μm。其他技术要求读者自行分析。其他加工面的上限值则为6.3 μm、12.5 μm。

(5)综合归纳　将以上对该零件的结构、形状、所注尺寸以及技术要求等方面的分析综合起来，即可得到对该零件的完整形象，如图8-43所示，这样就读懂了一张零件图。有时为了读懂比较复杂的零件图，还需要参看有关的技术文件资料，包括读零件所在部件的装配图以及相关的零件图。

读图的过程是一个深入理解的过程，只有通过不断的实践，才能熟练地掌握读图的基本方法。建议读者自己多读一些零件图。

图8-43　齿轮泵体立体图

复习思考题

1. 试述零件图的作用和内容。
2. 如何进行零件图的视图选择？
3. 零件图的尺寸标注与组合体的尺寸标注有何联系与区别？
4. 零件图上要标注哪些技术要求？如何标注？
5. 试述读零件图的一般方法和步骤。

9 装 配 图

装配图是用来表达机器、部件或组件整体结构的一种图样。表达整机的组成部分、各部分的相互位置和连接、装配关系的图样称为总装图；表达部件或组件的组成零件、各零件的相互位置和连接、装配关系的图样称为部件装配图。本章以部件装配图为重点进行介绍。

本章主要讨论装配图的作用和内容、装配图的特殊表达方法、装配图的画法和尺寸标注、读装配图和由装配图拆画零件图等内容，重点是画装配图和读装配图。

9.1 装配图的作用和内容

9.1.1 装配图的作用

装配图是生产中重要的技术文件。它表示机器或部件的结构形状、装配关系、工作原理和技术要求等。设计时，一般先画出装配图，然后根据它所提供的总体结构和尺寸，设计绘制零件图；生产时，则根据零件图生产出零件，再根据装配图把零件装配成部件或机器；同时，装配图又是编制装配工艺，进行装配、检验、安装、调试、操作和维修机器或部件的重要依据。

9.1.2 装配图的内容

图 9-1 为球阀的装配图。在管道中，球阀是控制流体通道启闭和流量大小的部件。配合轴测图，可以从装配图看出：全剖视的主视图，清晰地表达了阀瓣 2、阀体 1 和 11、阀杆 4 等主要零件以及其他零件之间的相互位置，也表达了阀体 1 和 11、阀杆 4 和手柄 10 的连接、锁紧方式，还表达了密封圈 5、7、8 等防漏装置。从这个图可分析出阀的作用和工作情况：阀瓣 2 上的水平孔 $\phi 80$ 是沟通左右阀体的孔道的，图示为全开状态，流量最大。转动手柄 10 时，通过阀杆 4 可使阀瓣 2 旋转，借以调节孔道开度的大小。俯视图为外形图，图上用双点画线表示的手柄说明它的另一极限位置(称假想投影)，此时，球阀处于关闭状态。手柄转动的限位装置则由 $B-B$ 剖视表达。这样，球阀的整体结构、工作情况都表达清楚了。

装配图上还注有规格、装配、安装等几类尺寸。组成球阀的每种零件，图上都编了序号，而在标题栏的上方列有明细表，标明了零件的名称、材料、数量等。此外，图上还列出了两条技术要求。

通过上述分析，一个部件装配图应包括以下的内容。

(1)一组图形　采用各种表达方法，正确、清楚地表达出机器或部件的工作原理与结构、各零件的主要结构形状、零件之间的装配关系、连接关系和传动关系等。

(2)必要的尺寸　装配图中的尺寸包括机器或部件的规格(性能)尺寸、装配尺寸、安装尺寸、总体尺寸等。

(3)技术要求　用文字或符号说明机器或部件的性能、装配、安装、检验、调试和使用等方面的要求。

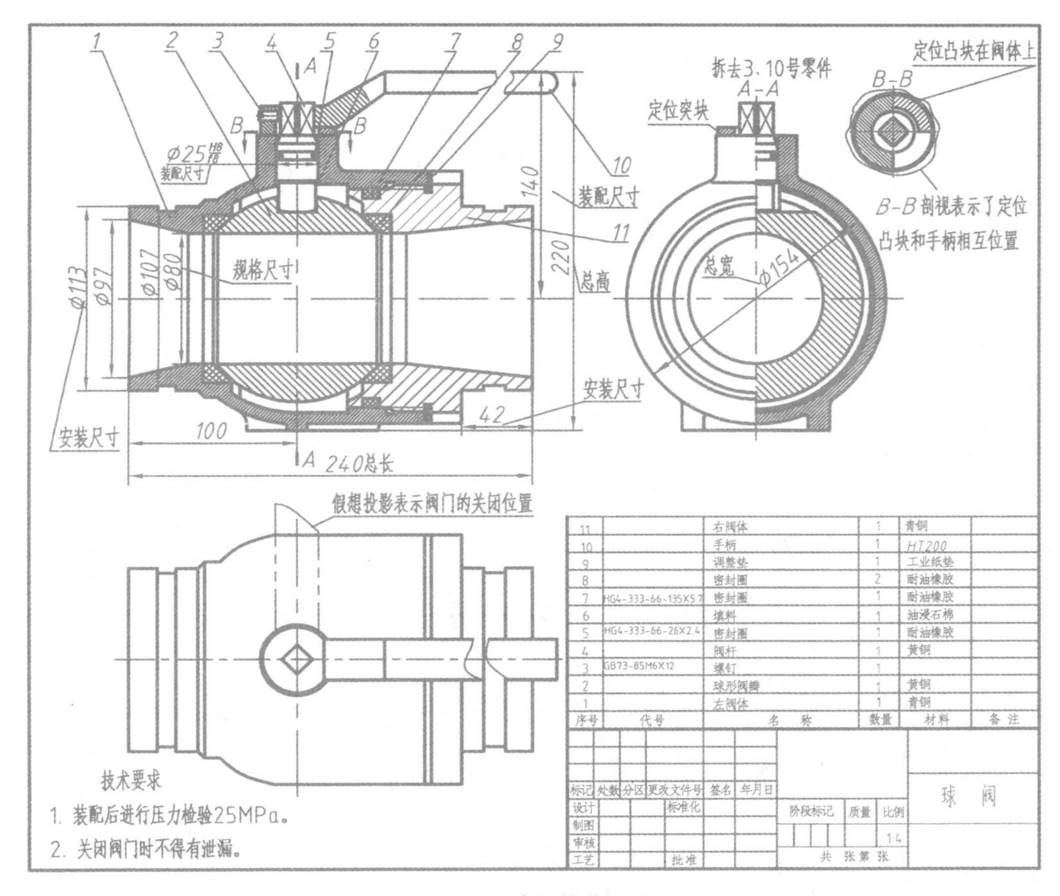

序号	代号	名　称	数量	材料	备 注
11		右阀体	1	青铜	
10		手柄	1	HT200	
9		调整垫	1	工业纸垫	
8		密封圈	2	耐油橡胶	
7	HG4-333-66-135X5.7	密封圈	1	耐油橡胶	
6		填料	1	油浸石棉	
5	HG4-333-66-26X2.4	密封圈	1	耐油橡胶	
4		阀杆	1	黄铜	
3	GB73-85M6X12	螺钉	1		
2		球形阀瓣	1	黄铜	
1		左阀体	1	青铜	

图 9-1　球阀的装配图

(4)零件序号、明细栏和标题栏　在装配图中将不同的零件按一定的格式编号,并在明细栏中依次填写零件的序号、代号、名称、数量、材料、重量、标准规格和标准编号等。标题栏包括机器或部件的名称、代号、比例、主要责任人等。序号的另一个作用是将明细栏与图样联系起来,便于看图。

对于总装图,其内容项目与部件装配图相同。不同之处在于它表示的是组成整机的各部件和他们的相对位置关系、安装关系以及整机的工作原理。以此为目的,装配图的视图、尺寸、技术要求、标题栏及序号和明细栏的具体内容应作相应变化。

9.2 装配图的表达方法

在第 6 章中讨论的机件的各种表达法,对装配图同样适用。但是,零件图所表达的是单个零件,而装配图所表达的则是由若干零件所组成的部件。两种图样所表达的侧重面不同。因此,根据装配图的特点,为了清晰又简便地表达部件,绘制装配图时还需采用一些规定画法、特殊画法和简化画法等表达方法。

9.2.1 装配图的规定画法

(1)零件间接触面和配合面的画法　装配图中,零件间的接触面和两零件的配合表面(如轴与轴承孔的配合面等)都只画一条线。非接触或非配合的表面(如相互不配合的螺钉与通孔),即使间隙很小,也应画成两条线。

(2)剖面符号的画法

①为了区别不同零件,在装配图中,相邻两零件的剖面线倾斜方向应相反;当三个零件相邻时,其中有两个零件的剖面线倾斜方向一致,但间隔不应相等,或使剖面线相互错开。

②在装配图中,同一零件的剖面线倾斜方向和间隔必须一致。

③当零件厚度在 2 mm 以下时,剖切后允许以涂黑代替剖面符号。如图 9-2 中垫片的画法。涂黑表示的相邻两个窄剖面区域之间,必须留有不小于 0.7 mm 的间隙。

(3)剖视图中紧固件和实心零件的画法　在装配图中,对于标准件和实心的轴、连杆、拉杆、球等零件,若剖切平面通过其对称中心线或轴线时,这些零件均按不剖画出,如图 9-2 中的轴;若需要特别表明这些零件的局部结构,如凹槽、键槽、销孔等则用局部剖视表示;如果剖切平面垂直上述零件的轴线,则应画剖面线,如图 9-2 的 A—A 剖视图中小轴和三个螺钉的画法。

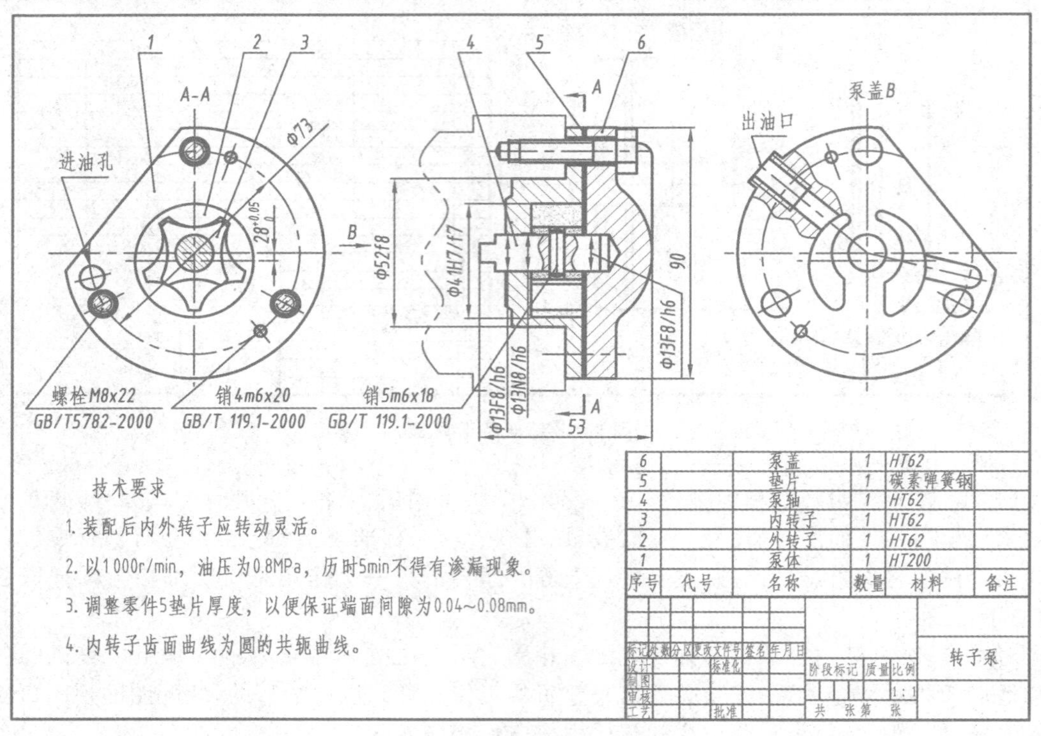

图 9-2　转子油泵装配图

9.2.2　特殊画法

(1)拆卸画法　当需要表达部件中被遮盖部分的结构,或者为了减少不必要的画图工作时,有的视图可以假想将某一个或几个零件拆卸后绘制,为了便于看图而需要说明时,可加标注“拆去××等”,这种画法称为拆卸画法,如图 9-2 中的左视图就拆除了零件 3 和 10。

(2)沿零件间的结合面剖切的画法　为了清楚地表达部件的内部结构,可假想沿某些零件的结合面剖切,这时,零件的结合面不画剖面线,但被剖到的其他零件一般都应画剖面线,如图 9-2 中 A—A 剖视图即为沿泵体与泵盖的结合面剖切的,这些零件的结合面都不画剖面线,但被剖切的螺栓则按规定画出剖面线。

(3)单独表示一个零件画法　在装配图中,当某个零件的形状未表达清楚而又对理解装配关系有影响时,可以单独画出某一零件的视图。且在所画视图的上方注出该零件的视图名称,在相应视图的附近用箭头指明投影方向,并注上同样的字母。如图 9-2 泵盖 B 所示。

(4)夸大画法　在装配图中,对薄片零件、细丝弹簧或微小间隙等,若无法按全图绘图比例根据实际尺寸正常绘出,或正常绘出不能清晰表达结构或造成图线密集难以区分时,可将零件或间隙作适当夸大画出。图 9-2 主视图中的垫片(涂黑部分)的厚度就作了夸大。夸大要注意适度,若适度夸大仍不能满足要求时需考虑用局部放大画法画出。

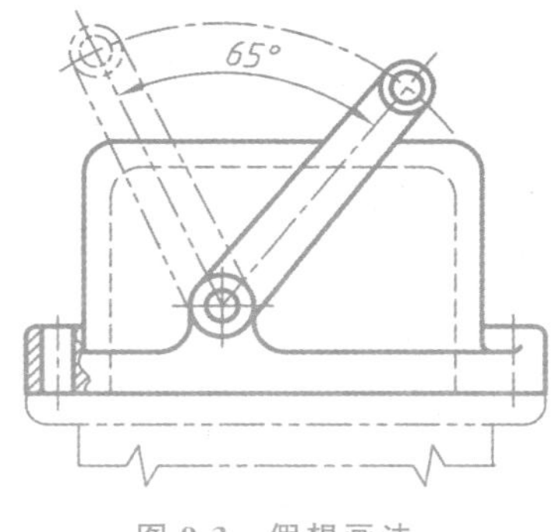

图 9-3　假想画法

(5)假想画法　在装配图中,用双点画线画出某些零件的外形,具体有以下几种。

①机器(或部件)中某些运动零件的运动范围或极限位置,如图 9-3 中双点画线表示摇柄等的另一个极限位置。

②不属于本部件,但能表明部件的作用或安装情况的有关零件的投影,如图 9-2 中主视图所示。

9.2.3　简化画法

装配图中使用的简化画法主要有以下几种:

(1)在装配图中,零件的倒角、圆角、凹坑、凸台、沟槽、滚花、刻线及其他细节等可不画出。

(2)对于装配图中若干相同的零(组)件、部件,可以仅详细画出一处,其余则以点画线表示中心位置即可,如图 9-4 所示螺钉组的处理。

(3)装配图中的滚动轴承需要表示结构时可在一侧用规定画法。另一侧用通用画法简化表示,如图 9-4 所示。

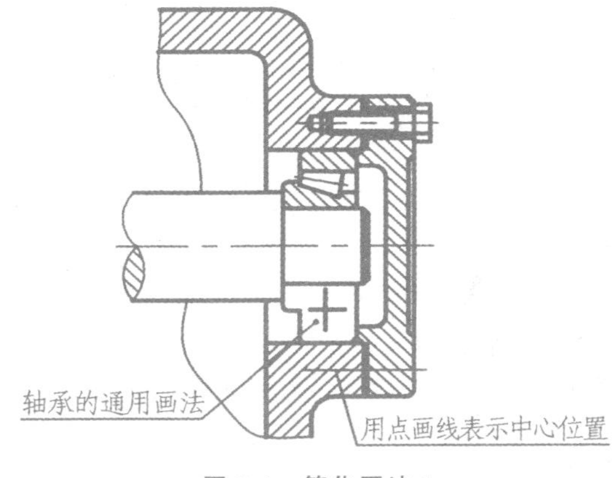

图 9-4　简化画法 1

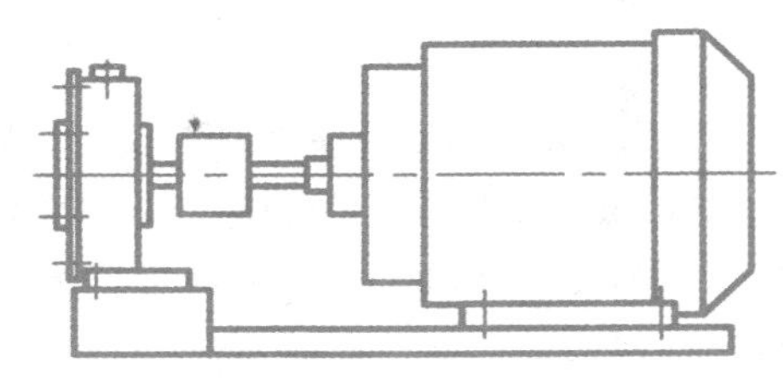

图 9-5　简化画法 2

(4)在能够清楚表达产品特征和装配关系的条件下,装配图可仅画出其简化后的轮廓,如图 9-5 所示电动机的处理。

(5)装配图中可用粗实线表示带传动中的带,用细点画线表示链传动中的链。必要时,可在粗实线或点画线上绘出表示带或链类型的符号,如图 9-6 所示。

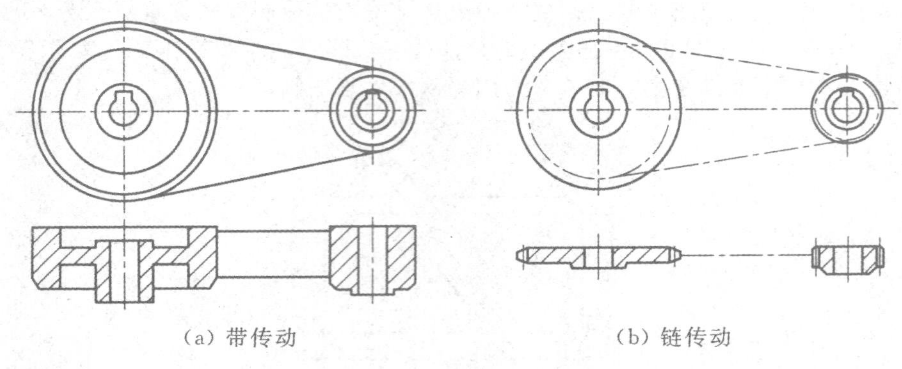

图 9-6　简化画法 3

9.3　装配图的尺寸标注和技术要求书写

9.3.1　尺寸标注

装配图上一般只注下述几类尺寸。

(1) 规格尺寸(性能尺寸)表示部件或机器的规格、性能尺寸。它是设计和使用部件(机器)的依据。图 9-1 中球阀通径 $\phi 80$。

(2)装配尺寸用来保证部件的工作精度和性能要求的尺寸。可分以下两种。

①配合尺寸:表示零件间配合性质的尺寸,如图 9-1 中的 $\phi 25H8/f8$、图 9-2 中的 $\phi 41H7/f7$、$\phi 13F8/h6$ 等。

②相对位置尺寸:表示零件问或部件间比较重要的相对位置,是装配时必须保证的尺寸,如图 9-2 中的 $28^{+0.05}_{0}$。

(3)外形尺寸表示部件或机器总体的长、宽、高等尺寸。它是包装、运输、安装和厂房设计的依据,如图 9-1 中的 240、$\phi 154$ 和 220 等。

必须指出:不是每一张装配图都具有上述各种尺寸。在学习装配图的尺寸标注时,要根据装配图的作用,真正领会标注上述几种尺寸的意义,从而做到合理地标注尺寸。

9.3.2　技术要求

装配图上一般应注意以下几方面的技术要求:

(1)装配过程中的注意事项和装配后应满足的要求等。例如图 9-1 上的"关闭阀门时不得有泄漏"的要求,这条也是拆画零件图时拟订技术要求的依据。

(2)检验、试验的条件和要求以及操作要求等,如图 9-1 上的"装配后进行压力检验 25MPa"即是。

(3)部件的性能、规格参数、包装、运输、使用时的注意事项和涂饰要求等。总之,图上所需填写的技术要求,随部件的需要而定。必要时,也可参照类似产品确定。

9.4 装配图中的零、部件序号和明细栏

9.4.1 零、部件序号

为了便于图样管理、生产准备、进行装配和看懂装配图，必须对其组成部分（零件或部件）进行编号，并在标题栏的上方编制相应的明细栏或另附明细表。

（1）同一装配图中形状、尺寸完全相同的零、部件只编写一个序号，数量填写在明细栏内；形状相同、尺寸不同的零件，要分别编写序号。

（2）编写零件序号的常见形式：在所指的零、部件的可见轮廓内画一圆点，然后从圆点开始画指引线（细实线），在指引线的另一端画一水平线或圆（也都是细实线），在水平线上或圆内注写序号，序号的字高应比尺寸数字大一号或两号，如图 9-7(a)所示；也可以不画水平线或圆，在指引线另一端附近注写序号，如图 9-7(b)所示；同一图样中的序号形式要一致。

（3）对很薄的零件或涂黑的剖面，指引线的末端不宜画圆点时，可在指引线末端画出箭头，并指向该部分的轮廓，如图 9-7(c)所示。

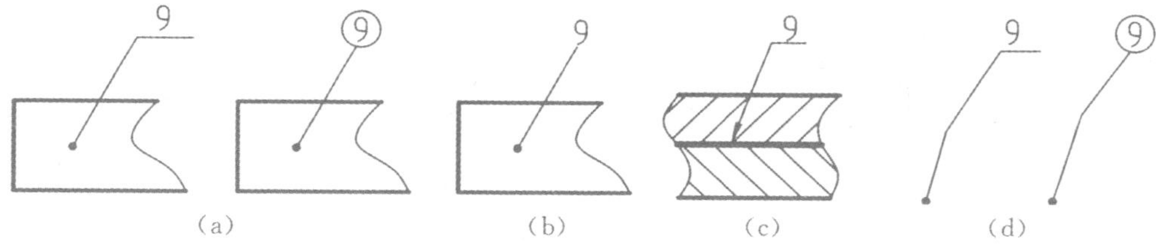

图 9-7 零件序号的编写形式

（4）指引线不能相互相交；当它通过有剖面线的区域时，不应与剖面线平行；必要时，指引线可以画成折线，但只允许曲折一次，如图 9-7(d)所示。

（5）一组紧固件以及装配关系清楚的零件组，可采用公共指引线，如图 9-8 所示。

（6）装配图中的标准化组件（如油杯、滚动轴承、电动机等）看作为一个整体，只编写一个序号。

（7）编写序号时要排列整齐、顺序清楚，所以规定零、部件序号按水平或垂直方向排列整齐，并依顺时针（或逆时针）方向顺次排列，并尽可能均匀分布，如图 9-1 所示。

（8）部件中的标准件，可以如图 9-1 所示，与非标准零件同样地编写序号；也可以不编写序号，而将标准件的数量与规格直接用指引线标明在图中，如图 9-2 所示。

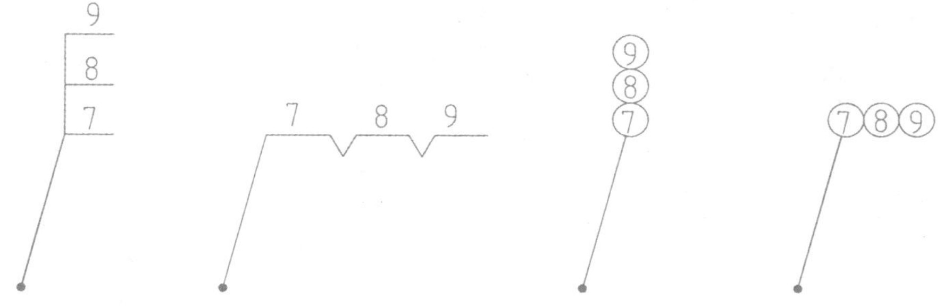

图 9-8 零件组的编号形式

9.4.2 明细栏

明细栏是机器或部件中全部零、部件的详细目录，图 9-9 为明细栏的内容、格式和尺寸。

明细栏应画在标题栏的上方，零、部件序号应自下而上填写，以便增加零件时，可以继续向上填写。假如位置不够，可将明细栏分段画在标题栏的左方。在特殊的情况下，明细栏也可作为装配图的续页，单独编写在另一张纸上。

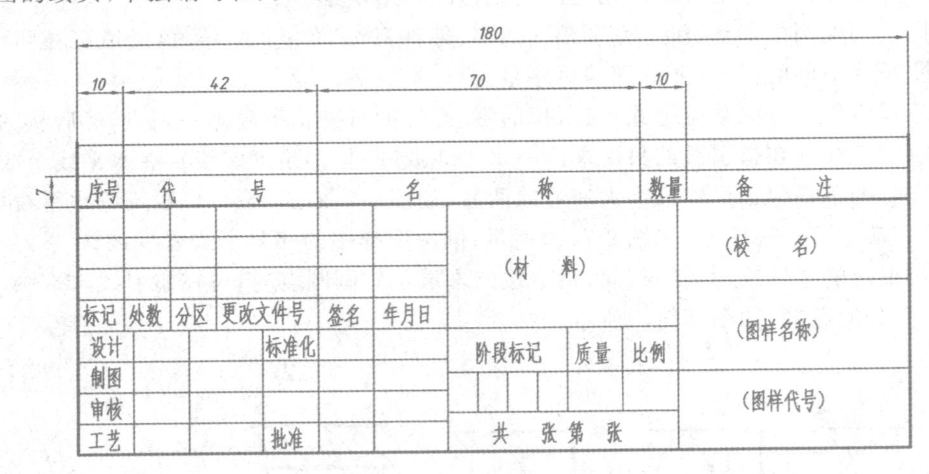

图 9-9　装配图标题栏、明细栏

9.5 常见的装配结构

为了保证装配质量和便于拆装，在设计和测绘装配图时，要考虑到装配结构的合理性。

9.5.1 接触面的合理结构

两零件的接触面，在同一方向上只能有一对接触面；两圆锥面配合时，除锥面外，不应有其他面接触，见表 9-1。

表 9-1　接触面合理结构

合理结构	不合理结构
接触面 不接触面 a_2 a_1	L 由于尺寸 L 的加工误差，不能保证两对平面同时接触

续表 9-1

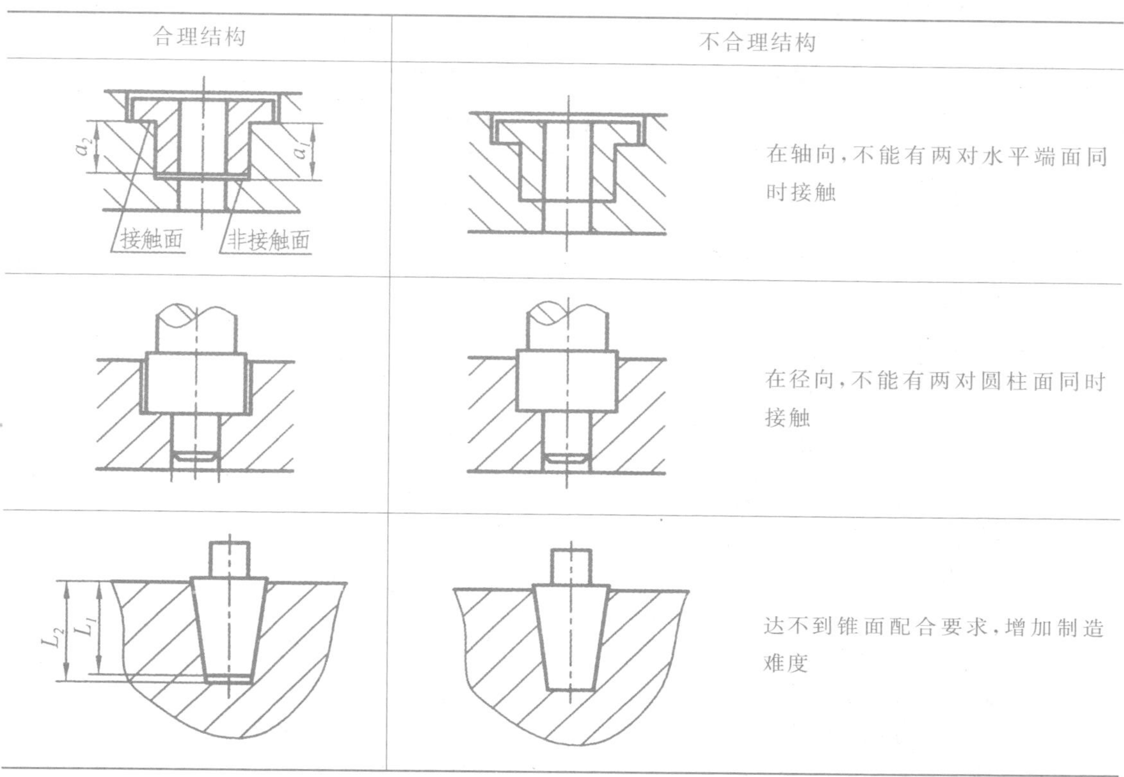

合理结构	不合理结构	
		在轴向，不能有两对水平端面同时接触
		在径向，不能有两对圆柱面同时接触
		达不到锥面配合要求，增加制造难度

9.5.2 接触面转折处的合理结构

在两配合件接触面的转折处，不应都加工成尖角或相同的圆角，否则，两零件在转角处会相互干涉，使某个面配合不好，应在转角处加工倒角或退刀槽等结构，以保证两个互相垂直的表面接触良好，见表 9-2。

表 9-2 接触面转折处的合理结构

合理结构	不合理结构	
孔边倒角		转角处的少量积屑，不能保证两对平面同时接触
轴颈切槽	端面无法靠紧	转角处有圆角，不能保证两对平面同时接触

9.5.3 便于拆装的合理结构

设计时要考虑拆装有足够的空间和装配的可能性，见表 9-3。

表 9-3 拆装的合理结构

合理结构	不合理结构
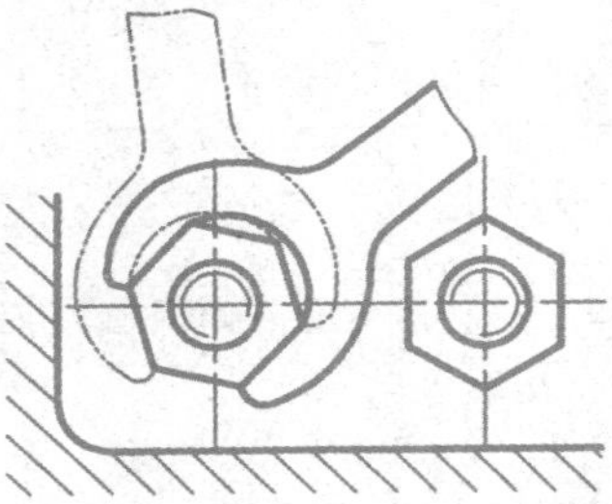	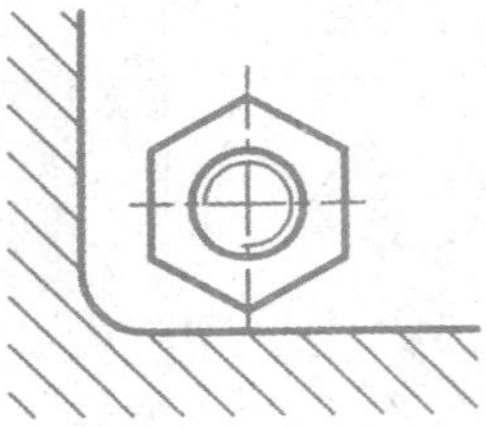
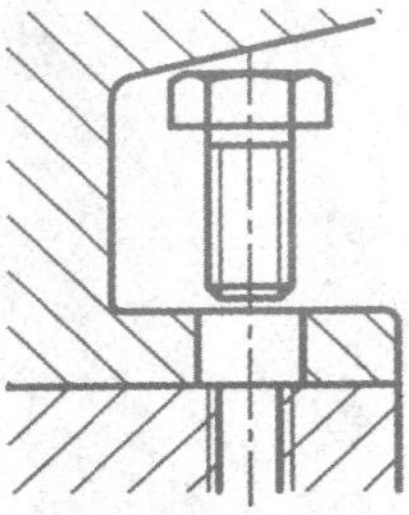	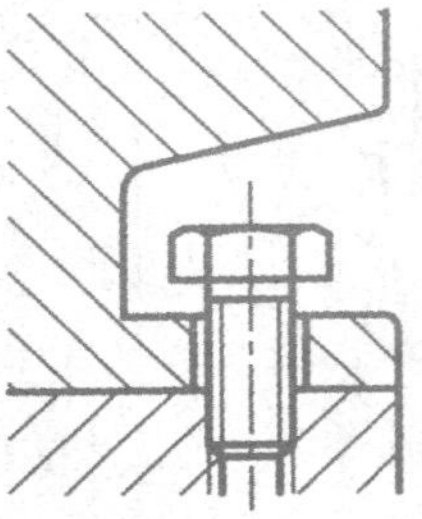
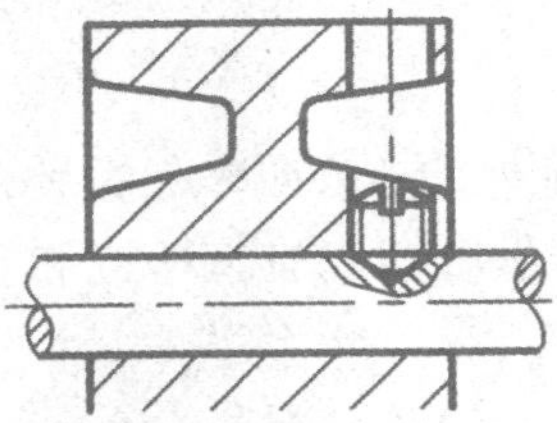	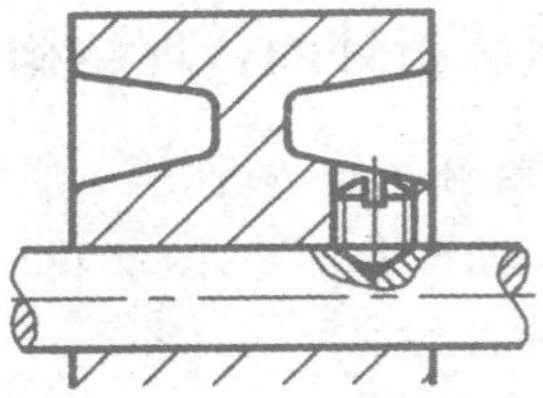

9.5.4 滚动轴承轴向定位结构

滚动轴承如以轴肩和孔肩定位，为了便于拆装和维修，滚动轴承的内外圈应能方便地从轴肩和孔内拆出，则轴肩或孔肩的高度须小于轴承内圈或外圈的厚度，见表 9-4。

表 9-4 滚动轴承轴向定位合理结构

合理结构	不合理结构
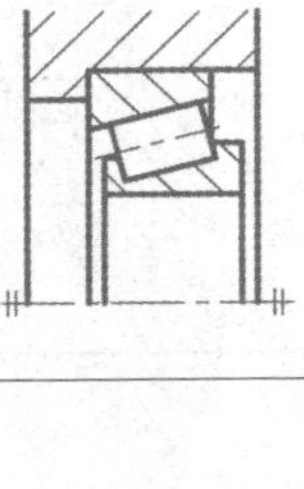	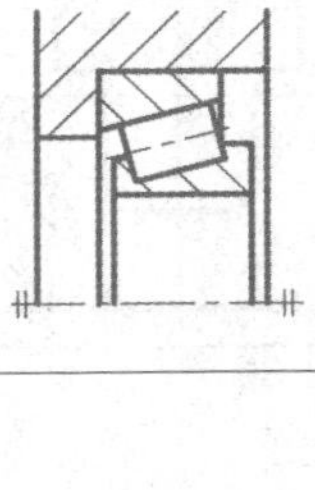 孔径过小。轴承外圈无法拆卸

续表 9-4

合理结构	不合理结构	
		轴肩过高。轴承内圈无法拆卸

9.5.5 防松的结构

对承受振动或冲击的部件,为了防止螺纹连接的松脱,可采用图 9-10 中常用的防松装置。

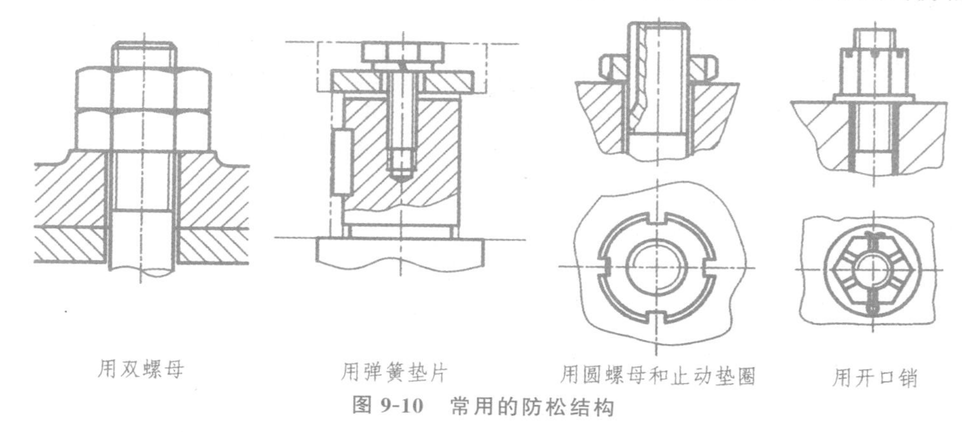

图 9-10 常用的防松结构

9.5.6 密封防漏的结构

(1)滚动轴承常需密封,以防止润滑油外流和外部的水汽、尘埃等侵入。常用的密封件,如毡圈、油封均为标准件,可查手册选用。画图时,毡圈、油封等要紧套在轴上;且轴承盖的孔径大于轴径,应有间隙,如图 9-11 所示。

(2)在机器或部件中,为了防止内部液体外漏同时防止外部灰尘、杂质侵入,要采用密封防漏措施。如采用填料密封装置时,可按压盖在开始压紧的位置画出,如图 9-12 所示。

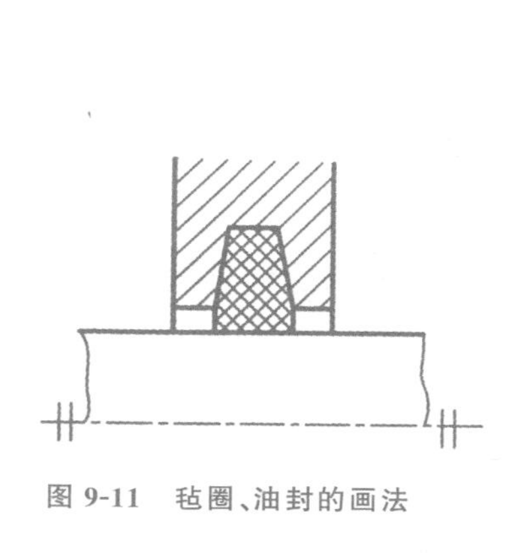

图 9-11 毡圈、油封的画法

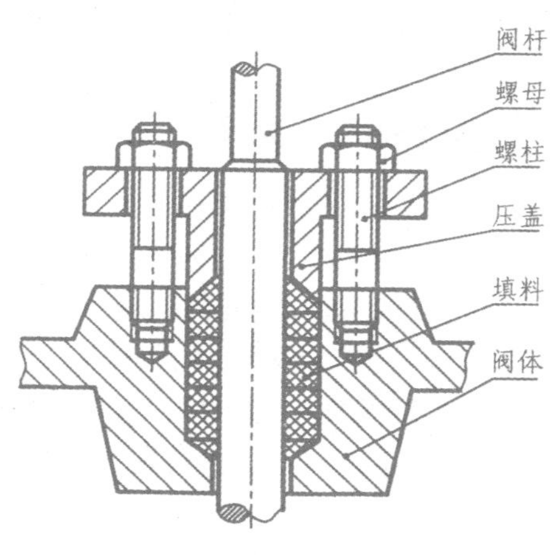

图 9-12 填料结构

9.6 装配图的画法

在设计新机器部件或测绘旧机器部件时，需要画部件装配图。在对部件进行仔细地分析、了解其工作原理及各零件间的装配关系的前提下，再根据零件草图和装配示意图画装配图。现以图 9-13 所示机用虎钳为例，介绍绘制部件装配图的方法和步骤。

装配图的画法

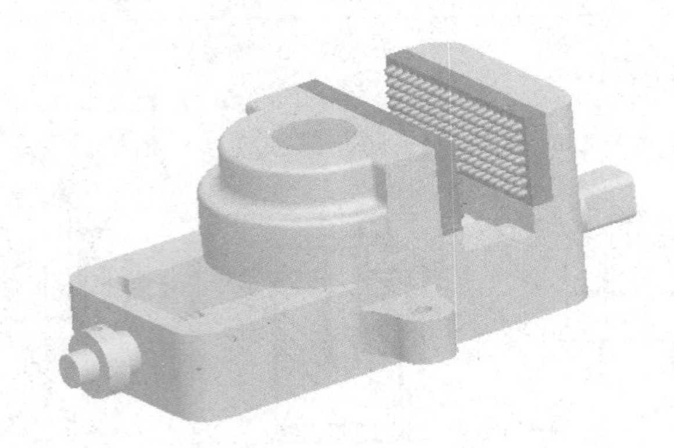

图 9-13 机用虎钳

9.6.1 画装配图的方法

(1)“由内向外”绘制方法 从各装配干线的核心零件开始，按装配关系由内向外逐层扩展画出各个零件，最后画壳体、箱体等。这种方法的画图过程与大多数设计过程相一致，画图的过程也就是设计的过程，在设计新机器绘制装配图（特别是绘制装配草图）时多被采用，此时尚无零件图，要待此装配图画好后再去拆画零件图。此种方法的另一优点是画图过程中不必“先画后擦”零件上那些被遮挡的轮廓线。有利于提高作图效率和清洁图面。

(2)“由外向内”绘制方法 先将箱体、壳体或支架等零件画出，再按装配干线和装配关系逐次画出其他零件。这种方法多用于根据已有零件图和装配示意图“拼画”装配图（对已有机器进行测绘或整理新设计机器技术文件）时，此方法的画图过程常与具体的部件装配过程一致，利于空间想象。

9.6.2 画装配图的步骤

(1) 拟定表达方案 机用虎钳的表达方案见图 9-14(e)。

选择主视图：主视图选工作位置放置，主要表达部件的整体形状特征、主装配干线零件的装配关系、部件的工作原理及较多零件的装配关系。在机器或部件中，将装配在同一轴线上装配关系密切的一组零件称为装配干线，为了清楚地表达部件内部的装配关系，主视图常通过主要装配干线的轴线剖切，如图 9-14 所示虎钳的主视图，就是沿螺杆（零件 8）的轴线将部件剖开，清楚地表达了虎钳的工作原理和主要装配干线的装配关系。

左视图：采用半剖视图和局部剖视图相结合，补充表达虎钳的工作原理及某些零件的形状。

俯视图:采用局部剖视表达了活动钳口与钳座的外部形状以及钳口板与固定钳座的连接关系。

(2)确定比例、图幅,画出图框 根据拟定的表达方案以及部件的大小与复杂程度,确定适当的比例,选择标准图幅,画好图框、明细栏及标题栏,见图 9-14(a)。

(3)合理布图,画出基准线 画各基本视图的主要中心线和画图基准线。主视图以虎钳固定钳座底面、右端面和螺杆的轴线为基准;左视图以固定钳座底面和前后对称中心面为基准;俯视图以固定钳座左右对称中心面和其右端面为基准。为了便于看图和画图,视图间及视图与边框间应留出一定位置,以便注写尺寸和零件序号。整个图样的布局应均匀、美观,见图 9-14(a)。

(4)画底图

①顺主要装配干线依次画齐零件。机用虎钳可按固定钳座 1→螺杆 8→滑动螺母 9→活动钳身 4→钳口板 2 的顺序,逐步画出它的各投影,如图 9-14(b)、(c)。注意解决好零件间的定位关系、相邻零件表面的接触关系和零件间的相互遮挡等问题,以便正确地画出相应的投影。

②画次要的装配干线,分别画齐各部结构。根据机用虎钳的结构特点,画螺钉连接结构,完成各视图,见图 9-14(d)。

(5)标注尺寸、编写序号、填表和编写技术要求,检查、描深,完成全图。完成后机用虎钳的装配图见图 9-14(e)。

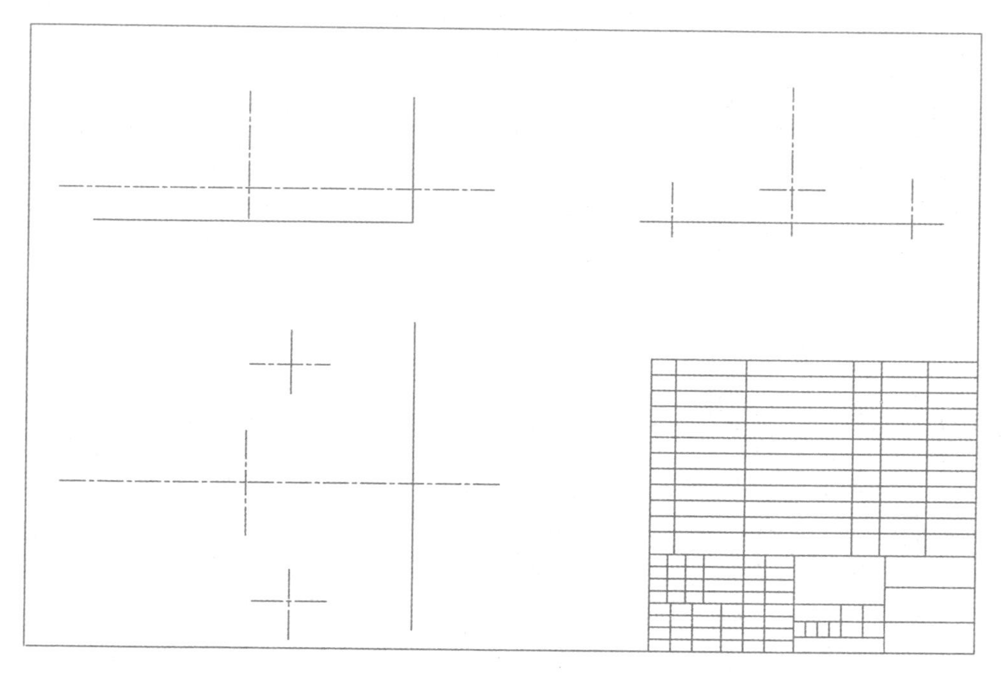

(a)

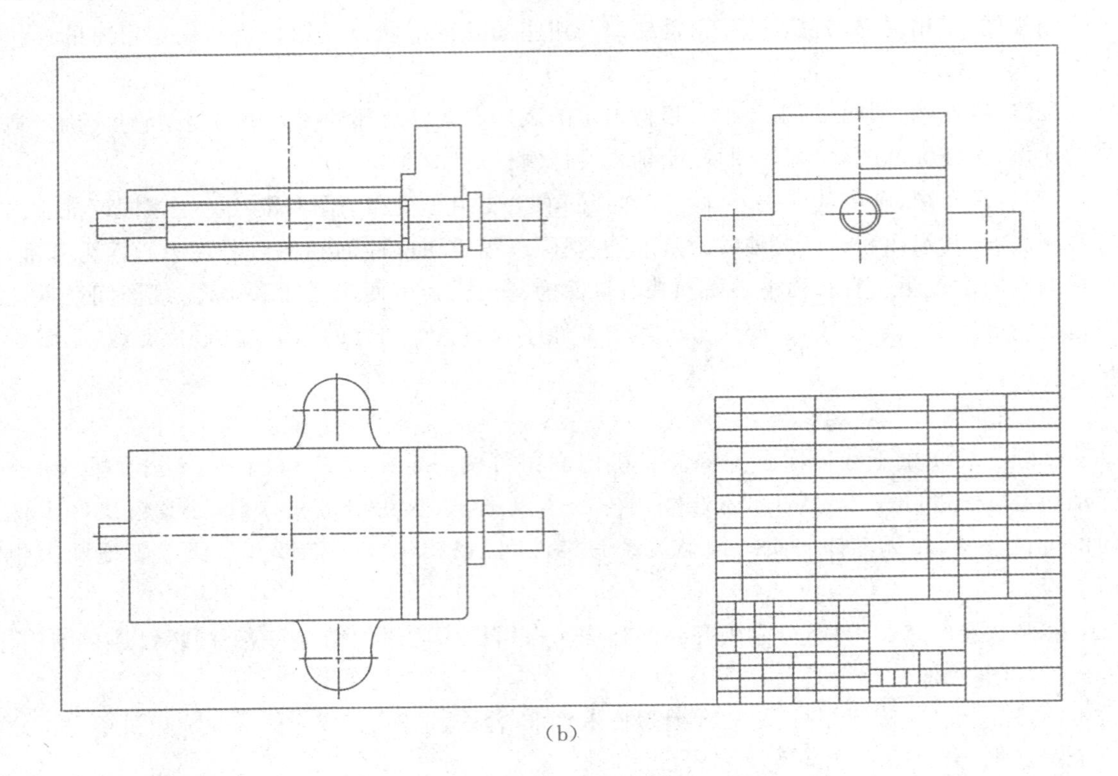

(b)

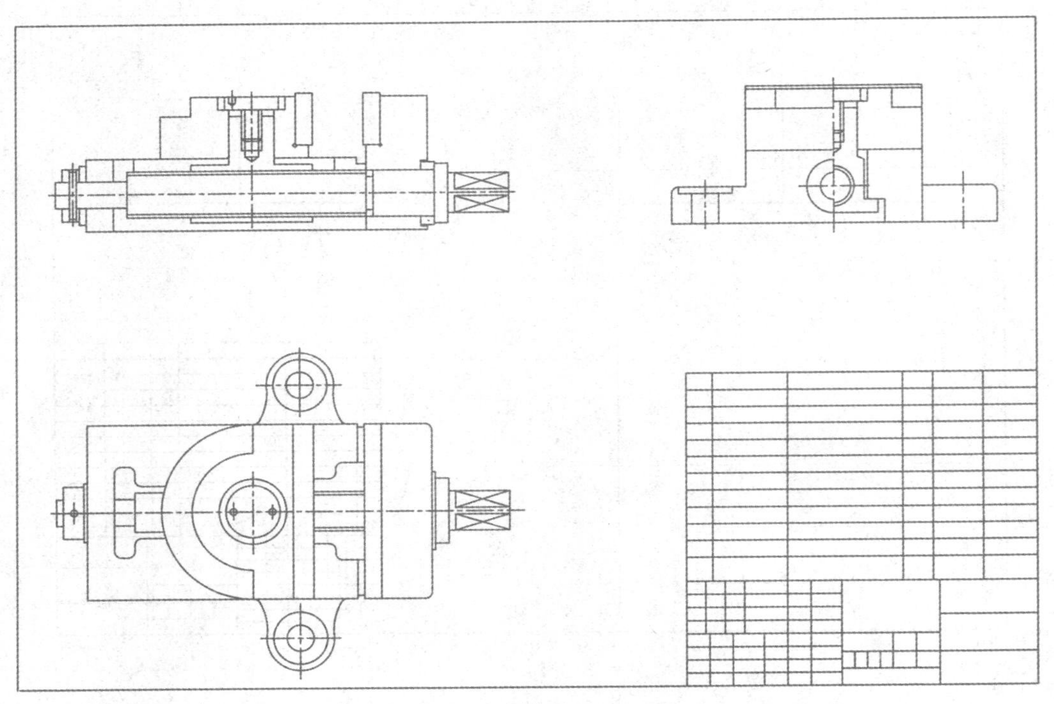

(c)

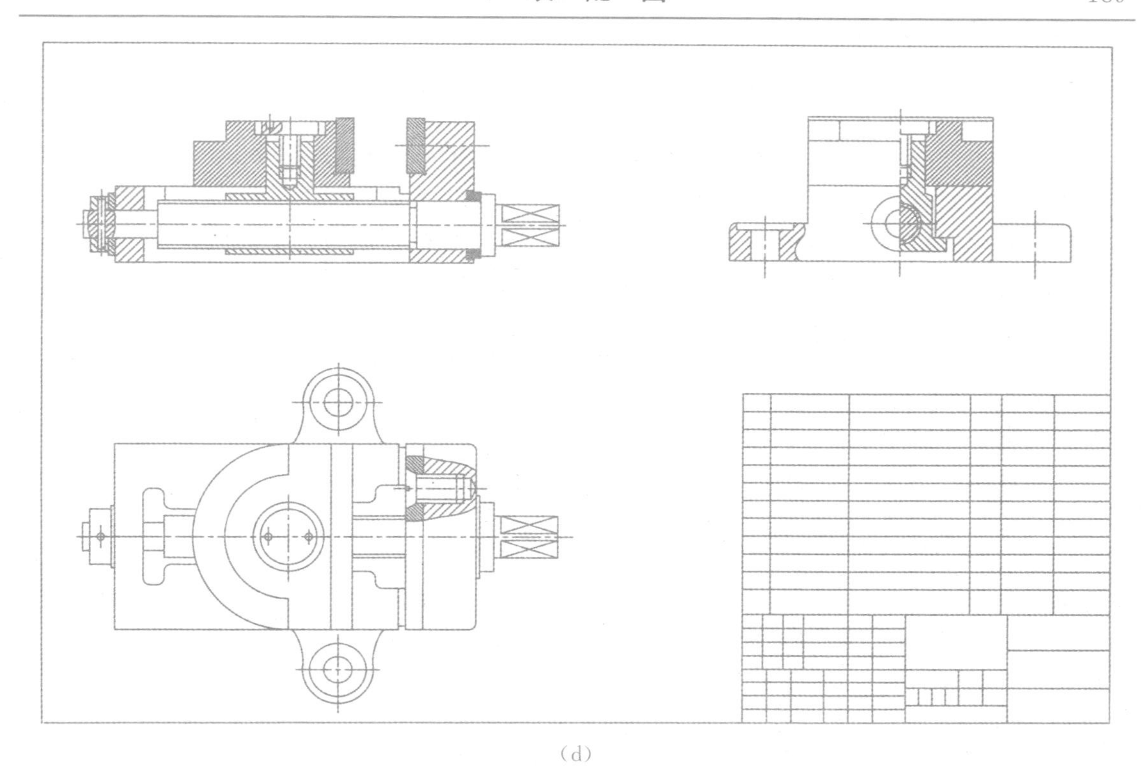

(d)

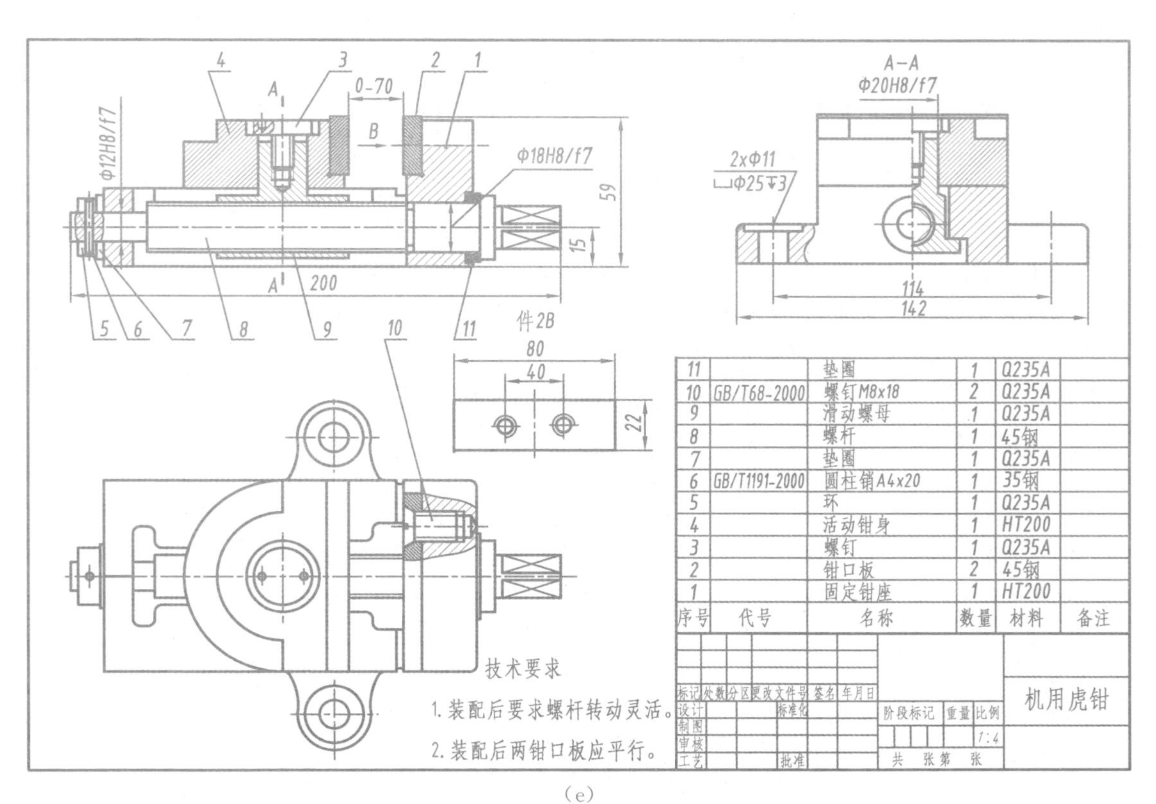

(e)

图 9-14　机用虎钳的作图步骤

9.7 看装配图和由装配图拆画零件图

在工业生产活动中，机器的设计、制造、使用、维修和技术交流过程中，经常要看装配图。因此看懂装配图是工程技术人员必备的能力。

看装配图应达到如下基本要求：

(1)了解部件或机器的名称，功用、结构和工作原理。

(2)明确部件的使用和调整方法。

(3)弄清零件的作用、相互位置、装配连接关系以及装拆顺序等。

(4)看懂零件的结构。

要看懂一张装配图，还要具备一定的专业知识和生产实践经验，这要通过专业课程的学习和在今后的实际工作中解决。本节着重介绍看装配图的一般方法和步骤。

9.7.1 看装配图的方法和步骤

看装配图的基本方法仍然是分析投影；但围绕部件的功用，从结构、装配等方面进行分析，也有利于加深对部件的理解。这就是所谓结构分析。下面以图 9-15 所示球形阀为例，说明看装配图的一般方法和步骤。

(1)概括了解

①阅读有关资料和产品说明书，了解机器或部件的用途、性能和工作原理。

②从标题栏了解机器或部件的名称，名称往往可以反映出部件的功用。球形阀是用来在管道中通、断气流和液流或控制流体的流量。

③从标题栏了解机器或部件绘图比例，与图形对照，可定性想象出部件的大小；查外形尺寸可定量明确部件的大小。

④从明细栏了解零件名称和数量，有多少自制件，有多少标准件，并在视图中找出所表示的相应零件及其所在位置；大致浏览一下所有视图、尺寸和技术要求等。这样，便对部件有了一个初步的认识。

球形阀由瓣座、阀瓣、阀体、阀盖和标准件等 17 种零件组成，其中标准件 4 种。其工作原理是：转动手轮 11 时，通过圆柱销 12 带动阀杆一起旋转，因与阀杆连接的横臂 7 固定不动，则迫使阀杆上升或下降，从而通过销钉 3，带动阀瓣一起做上、下运动，因此，球形阀就可满足开启或关闭以及控制流量大小的要求。

(2) 分析视图　阅读装配图时，首先确定视图名称和数量，明确视图间的投影关系；分析各图采用了哪些表达方法，如果是剖视图还要找到剖切位置和投射方向；然后分析各视图所要表达的重点内容是什么，以便研究有关内容时以它为主，结合其他视图进行分析。

图 9-15 共有三个基本视图和三个辅助视图。左上角那个图为主视图，它采用了全剖视图。主要表达了瓣座、阀瓣、阀体、阀盖以及阀杆之间的连接关系，即表达了球形阀的主要装配关系；剖切位置在阀的前后对称中心面上。俯视图为基本视图，此图表达了阀体和横臂的外形结构。左视图为半剖视图，半个剖视图上主要表达了填料、填料盖和各螺栓的连接情况，半个视图上表达了瓣座、阀瓣、阀体、阀盖、柱子和横臂的外形结构。C—C 剖面图为了清楚表达 2 号零件阀瓣、3 号销钉、10 号阀杆的连接关系。零件 5A 向补充表达阀盖的外形。零件 11A 向表达手轮的外形。

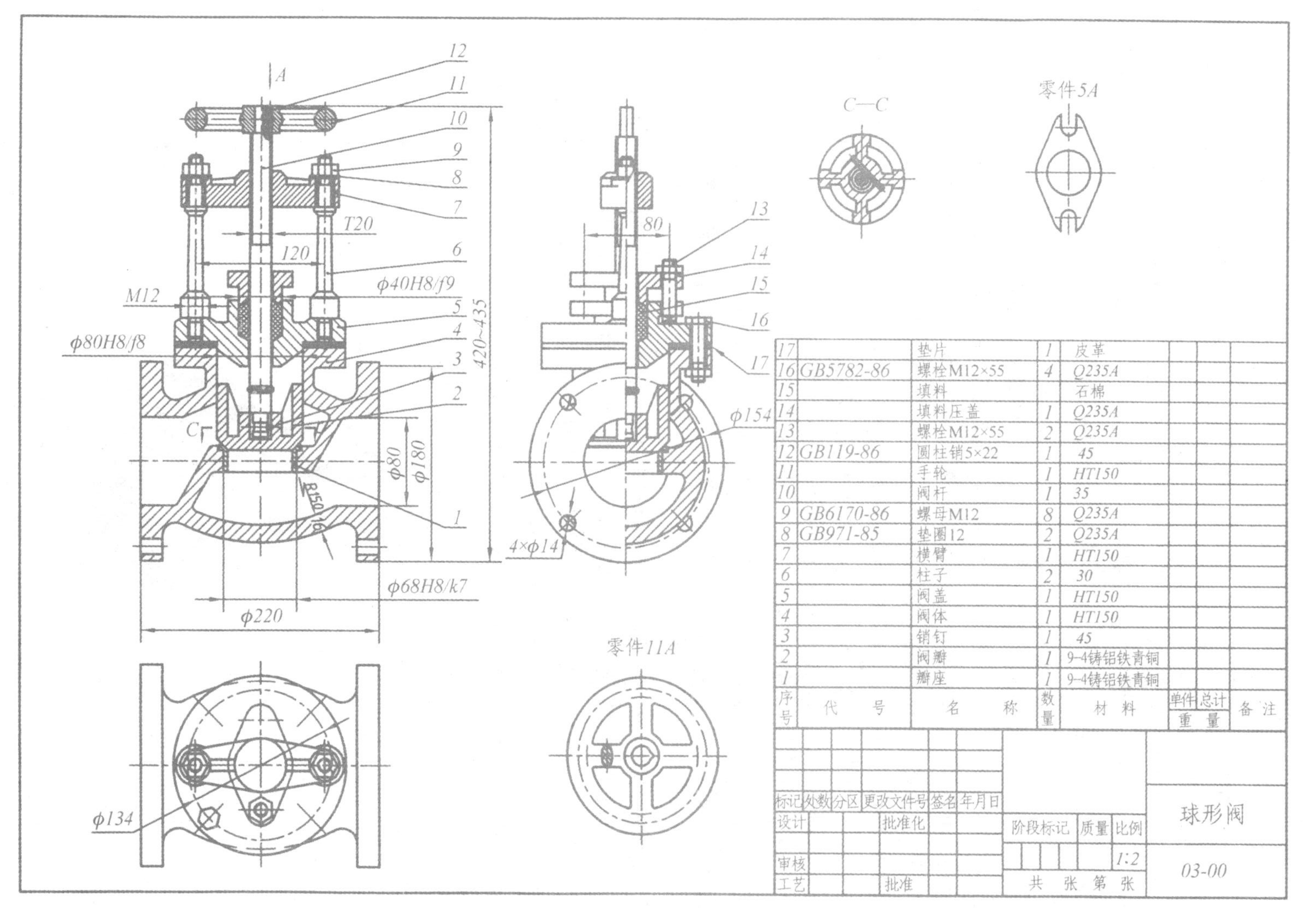
A
1 2 3 4 5 6 7 8 9 10 11 12 13 14 15 16 17
T20
120
M12
φ40H8/f9
φ80H8/f8
420~435
C
φ80
φ180
R150
16
φ68H8/k7
φ220
φ134
80
φ154
4×φ14
C—C
零件5A
零件11A
17 垫片 1 皮革
16 GB5782-86 螺栓M12×55 4 Q235A
15 填料 石棉
14 填料压盖 1 Q235A
13 螺栓M12×55 2 Q235A
12 GB119-86 圆柱销5×22 1 45
11 手轮 1 HT150
10 阀杆 1 35
9 GB6170-86 螺母M12 8 Q235A
8 GB971-85 垫圈12 2 Q235A
7 横臂 1 HT150
6 柱子 2 30
5 阀盖 1 HT150
4 阀体 1 HT150
3 销钉 1 45
2 阀瓣 1 9-4铸铝铁青铜
1 瓣座 1 9-4铸铝铁青铜
序号 代号 名称 数量 材料 单件 总计 重量 备注
标记 处数 分区 更改文件号 签名 年月日
设计 批准化 阶段标记 质量 比例
审核 1:2
工艺 批准 共 张 第 张
球形阀
03-00

图9-15 球形阀装配图

(3)深入分析零件和零件间的装配连接关系　分析零件的关键是区分零件，要与分析和它相邻零件的装配连接关系结合进行，一般可采用下述方法。

①可围绕部件的功用、工作原理，从主要装配干线上的主要零件开始，逐步分析其他零件，再扩大到其他装配干线。也可根据传动系统的先后顺序进行。

②分析零件可先看标准件、传动件；后看一般零件，先易后难地进行。因为，标准件及轴类实心零件，在装配图的剖视图中是按不剖的形式画出的，比较明显。像齿轮、带轮等传动件，其形式都各有特点，也较易看懂。先把这些零件看懂并分离出去，为看懂较复杂的一般零件提供了方便。

③分析一般零件的结构形状时，最好从表达该零件最清楚的视图入手，利用零件的序号和剖面线的方向及疏密度.在投影分析的基础上，分离出它在各视图中的投影轮廓。结合零件的功用及其与相邻零件的装配连接关系，即可想像出零件的结构形状。

在球形阀的装配图中，瓣座、阀体和阀瓣是主要零件，瓣座 1 与阀体 4 采用基孔制过渡配合；阀瓣 2 与阀体采用基孔制间隙配合，使阀瓣能在阀体内上下移动；填料压盖与阀盖采用基孔制间隙配合，使填料压盖能在阀盖内运动而压紧填料，起密封作用。阀盖与横臂用柱子 6 连接。阀盖与阀体用螺栓 16 连接，并用垫片密封；阀盖与填料压盖用螺栓 13 连接。

分析零件及零件间的相互连接关系时还要注意：

①几个视图对照阅读。例如，主、俯、左视图对照就容易较快地区分和想清阀体、阀瓣、阀盖和瓣座的形状及它们相互间装配关系；主、左视图对照阅读很容易想清阀盖主要的结构、形状。

②功能分析与投影分析相结合。分析时尽可能地与部件功能（在概括了解中作出的判断）和已分析出的零件的功能、作用联系，根据相邻或相关零件功能分析本零件的功能。

(4)归纳总结　经过前述由浅入深的过程，最后再围绕部件的结构、工作情形和装配连接关系等，把各部分结构有机地联系起来一并研究，从而对部件的完整结构有一个全面的认识。球形阀的轴测图如图 9-16 所示。必要时，还可以进一步分析结构能否完成预定的功用，工作是否可靠，装拆是否方便等。

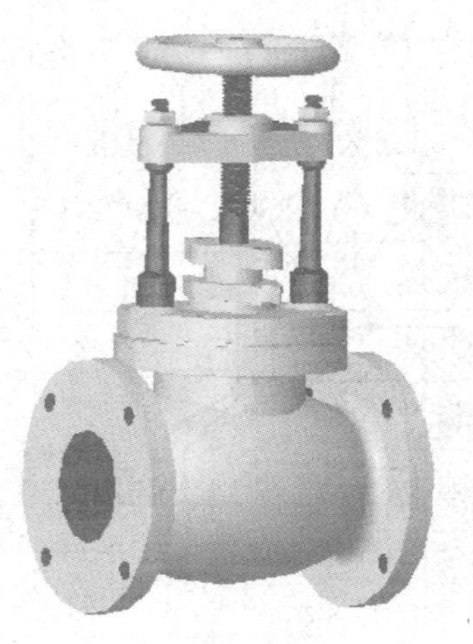

图 9-16　球形阀的轴测图

9.7.2 由装配图拆画零件图

根据装配图拆画零件图的过程称为“拆图”，由装配图拆画零件图是产品设计过程中的重要环节，应在读懂装配图的基础上进行。

下面以拆画球形阀的阀盖为例，说明拆画零件图的方法步骤。

(1)零件视图的选择　拆画零件图时，零件的表达方案是根据零件的结构形状特点考虑的，装配图上的表达方案可作为参考，不强求与装配图一致。具体选择方法参见第8章。对于阀盖来说，装配图中的表达方案仍可以使用。主视图采用全剖表达阀盖的内部结构；俯视图采用基本视图以表达外形；左视图采用半剖视图表达，以对其内外结构不太清楚的部分进行补充表达。

(2)确定零件的形状　在读懂装配图的基础上，将要拆画的零件的结构、形状完全确定。先是将由装配图能确定的部分想象清楚，确定下来。对分离出的零件投影轮廓，应补全被其他零件遮挡的可见轮廓线。例如，从装配图中分离出阀盖的投影轮廓如图9-17所示，在主视图中被阀杆、柱子和螺栓等遮挡住的轮廓线，在左视图中被遮挡住的轮廓线及俯视图中漏画的可见轮廓线，都要一一补全。

由于装配图对某些零件往往表达不完全，这些零件的形状尚不能由图中完全确定，在此情况下，可根据零件的功用及与相邻零件的装配连接关系，用零件结构和装配结构的知识对零件进行构形设计而确定，并补画出来。

在装配图中被省略的工艺结构，如倒角、圆角、退刀槽等，在拆画的零件图中应全部补齐。

(3)标注尺寸　拆画的零件图标注尺寸时，用下列5种方法确定尺寸数值。

①从装配图中抄下来：装配图中已标注的该零件尺寸可以直接注出。例如阀盖主视图所注尺寸120、左视图所注尺寸ϕ40H8、80，俯视图中所注尺寸ϕ134、M12和左视均如此。拆时注意配合代号中孔、轴公差带代号的正确拆取，例如阀盖ϕ40H8(ϕ40)。

②根据明细栏或相关标准查出来：凡与螺纹紧固件、键、销和滚动轴承等装配之处的尺寸均需如此。例如，阀盖上4个光孔孔经大小按明细栏所注螺栓的规格确定。对于常见局部功能结构如T型槽、燕尾槽、三角带槽等和局部工艺结构如退刀槽、圆角等，标准亦有规定值或推荐值，应查阅确定后标注。

③根据公式计算出来：若拆画齿轮零件图时，其分度圆、齿顶圆均应根据模数、齿数等基本参数计算出来。

④从装配图中按比例量出来：零件上的多数非功能尺寸都是如此确定下来的，例如阀盖中的外形尺寸ϕ60。

⑤按功能需要定下来：对于那些装配图中未给定的结构形状，在设定形状结构后将其尺寸定下来，例如阀盖上部凸台的圆弧尺寸R14。对于某些量出来的尺寸，也尚需根据功能准确确定其数值。

(4)确定表面粗糙度等技术要求

①根据各表面作用确定其表面结构要求。有相对运动和配合要求的表面，表面结构Ra数值要小；有密封、耐腐蚀、美观等要求的表面，Ra值也要小。无相对运动和无配合要求的接触面、螺栓孔、凸台和沉孔的表面结构Ra值较大。表面结构还可参照同类零件选取。

②按公差带代号查表标注尺寸公差或仅标注尺寸公差带代号。

③对零件表面形状和表面相对位置有较高精度要求时，应在零件图上标注形位公差。

④其他技术要求视具体情况而定。

阀盖的标注见图 9-17。

(5)根据装配图明细栏上该零件相应内容填写零件图标题栏。

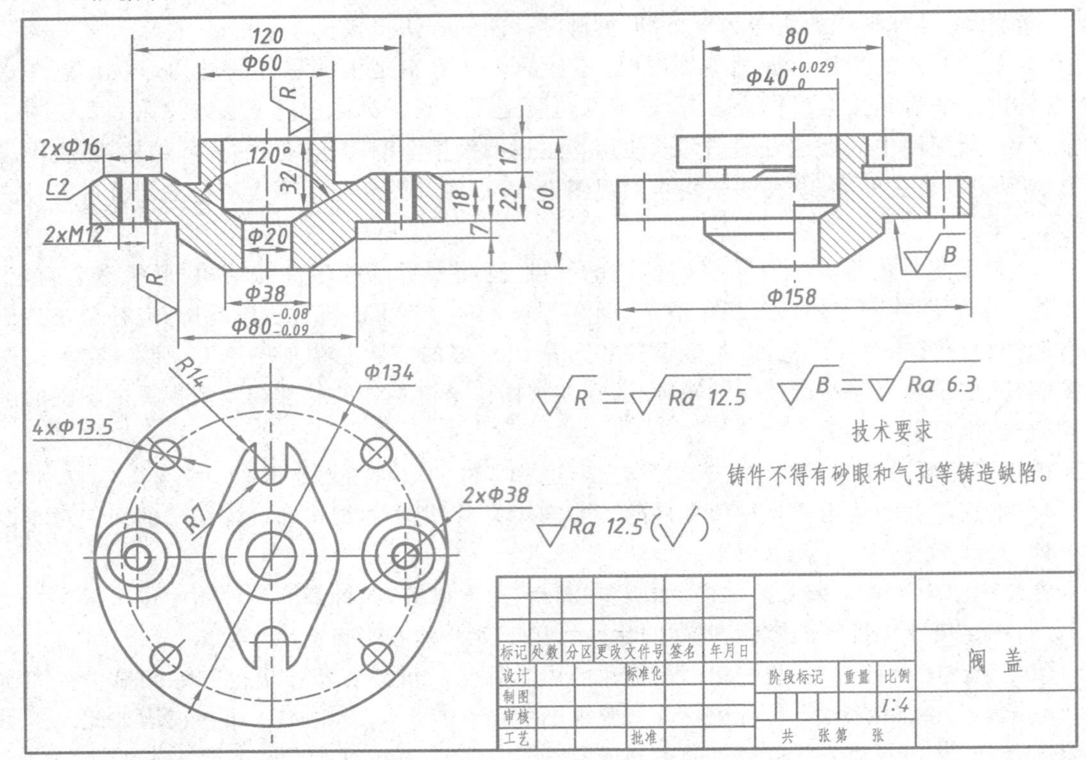

图 9-17 阀盖零件图

复习思考题

1. 试述装配图的作用和内容。
2. 装配图有哪些表达方法？
3. 装配图上只需标注哪些尺寸？
4. 画装配图的方法有哪些？如何应用？
5. 看装配图应达到哪些要求？

10 计算机绘图

本章主要介绍使用 AutoCAD 2020 进行二维图形绘制和三维造型操作的一般方法。通过本章的学习,使学生能够初步掌握使用 AutoCAD 2020 绘制二维图形的各种基本操作命令,并能够独立完成零件图和装配图等专业图样的绘制,同时能够进行简单的三维建模。本章以"AutoCAD 经典"界面展开介绍。

10.1 计算机绘图概述

随着计算机辅助设计(CAD)技术的应用和发展,计算机辅助绘图技术也取得了很大的进步。计算机绘图无论在理论研究还是在实际生产中都得到了广泛的应用。计算机绘图正被许多行业用来绘制高效、优质的生产图样。

AutoCAD 是美国 Autodesk 公司在 1982 年推出的,集二维绘图、三维设计、渲染及关联数据库管理和互联网通信功能于一体的计算机辅助设计与绘图软件,经过 30 多年的不断完善与进步,从第一个 AutoCAD 1.0 发展到至今的 AutoCAD 2020,已经进行了几十次升级。

目前,AutoCAD 2020 是 AutoCAD 系列软件的较新版本,与先前的版本相比,AutoCAD 2020 的读者界面进行了重大改进,增强和增加了大量的功能,使许多操作变得更加直观和实用。将直观强大的概念设计和视觉工具结合在一起,促进了二维设计向三维设计转换。

AutoCAD 2020 软件整合了制图和可视化设计,加快了任务的执行,能够满足读者的需求和偏好,使读者能够更快地执行常见的 CAD 任务,更容易找到那些不常见的命令。同时保证了与低版本完全兼容。其功能日趋完善,被广泛应用于机械、建筑、冶金、电子、地理、航空等领域。由于 AutoCAD 能在计算机上使用,具有完善的图形绘制功能和强大的图形编辑功能,并且操作简便、利于二次开发,有较好的兼容性,因此被广大设计者选用。

10.2 AutoCAD 2020 的主界面及基本操作方法

10.2.1 认识 AutoCAD 2020 的主界面

10.2.1.1 AutoCAD 2020 工作空间

AutoCAD 2020 提供了"草图与注释""三维基础"和"三维建模"3 种工作空间模式。默认状态下,打开"草图与注释"空间,其界面主要由"菜单浏览器"按钮、功能区、快速访问工具栏、文件选项卡、信息中心等元素组成,如图 10-1 所示。在该空间中,可以使用"绘图""修改""注释""图层"等面板方便地绘制和编辑二维图形。

要在 3 种工作空间模式中进行切换,只需选择"快速访问工具栏"→"工作空间"菜单中的子命令,或在状态栏中单击"切换工作空间"按钮,在弹出的菜单中选择相应的命令即可,如图 10-2、图 10-3 所示。

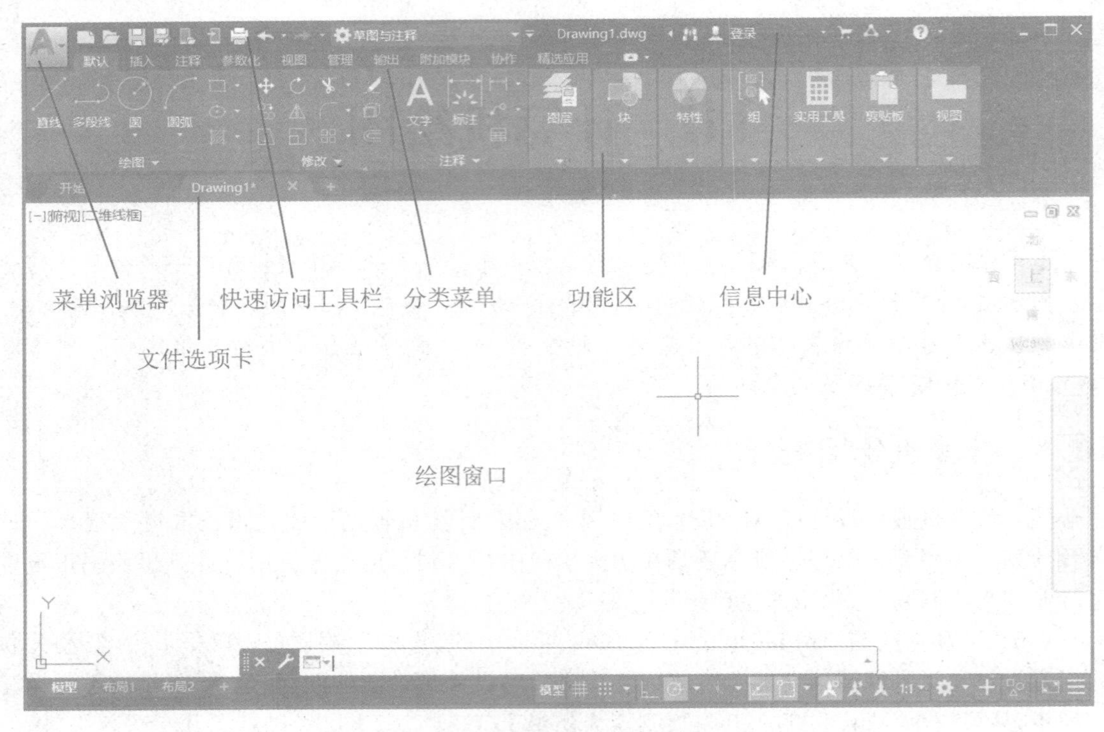

图 10-1　"二维草图与注释"主界面组成

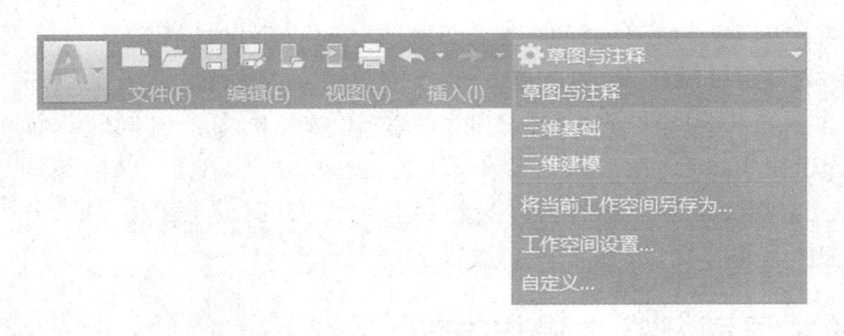

图 10-2　空间切换下拉菜单

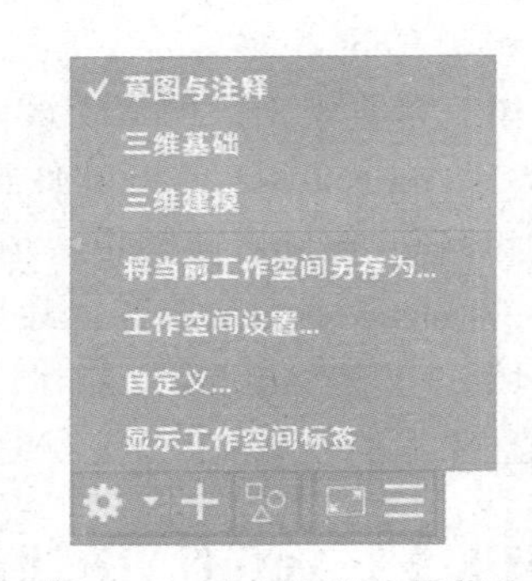

图 10-3　空间切换快捷菜单

对习惯于 AutoCAD 传统界面读者来说，可以采用"AutoCAD 经典"工作空间绘图，其界面主要由"菜单浏览器"按钮、快速访问工具栏、菜单栏、工具栏、命令行、状态栏等元素组成，如图 10-4 所示。AutoCAD 2020 没有提供"AutoCAD 经典"工作界面，但读者可以按照下面介绍的方法设置：

①点击"快速访问工具栏"右侧按钮，弹出下拉菜单，选择 显示菜单栏 。

②点击"工具"菜单→"选项板"，点击"功能区"，将功能区关闭。

③点击"工具"菜单→"工具栏"→"AutoCAD"，把"修改""标准""样式""图层""特性"和"绘图"用鼠标左键点击一下，被选中的"工具栏"会显示在绘图窗口，此时可以用鼠标左键将"工具栏"移动到绘图窗口的上方、左侧或者右侧，如图 10-4 所示。

④点击“快速访问工具栏”右侧按钮，或在状态栏中单击“切换工作空间”按钮，选择将“当前工作空间另存为”→在弹出的对话框中输入“AutoCAD 经典”→保存。

⑤当需要用“AutoCAD 经典”界面绘图时，直接左键点击“状态栏”中按钮，在弹出的菜单中选择“AutoCAD 经典”即可，经典工作界面如图 10-4 所示。

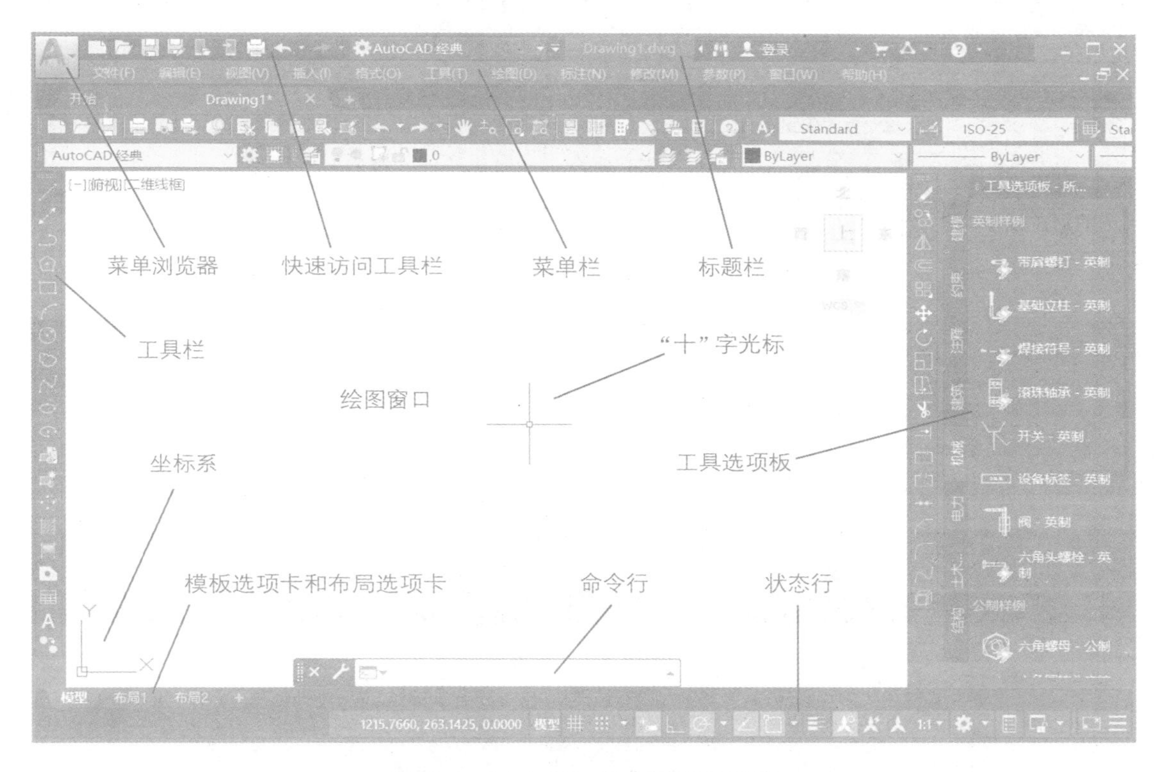

图 10-4　“AutoCAD 经典”主界面组成

(1)标题栏　标题栏位于应用程序窗口的最上面，用于显示当前正在运行的软件名、版本和文件名等信息，如果是 AutoCAD 默认的图形文件，其名称为 Drawing1.dwg（1 是数字，继续新建文档，文件名会按照 Drawing2. dwg、Drawing3. dwg、……的顺序排序）。单击标题栏右端的按钮，可以最小化、最大化或关闭应用程序窗口。

(2)菜单栏　AutoCAD 2020 的菜单栏由“文件”“编辑”“视图”“插入”“格式”“工具”等菜单组成，包括了 AutoCAD 中全部的功能和命令，如图 10-5 所示。点击快速访问工具栏右侧按钮，在弹出快捷菜单中选中 显示菜单栏 命令，即可在“草图与注释”空间中显示“文件”“编辑”“视图”等下拉菜单栏。

(3)工具栏　工具栏是应用程序调用命令的另一种方式，它包含许多由图标表示的命令按钮，如图 10-6 所示。在 AutoCAD 2020 版本中，系统共提供了 50 多个已命名的工具栏。打开 AutoCAD 2020，默认情况下进入“草图与注释”工作空间，工具栏处于关闭状态，可通过点击“工具”菜单→“工具栏”→“AutoCAD”下一级菜单来控制显示或关闭相应的工具栏。如果要显示当前隐藏的工具栏，还可在任意工具栏上单击右键，此时将弹出“工具栏”快捷菜单，如图10-7所示，点击工具栏的名字即可。

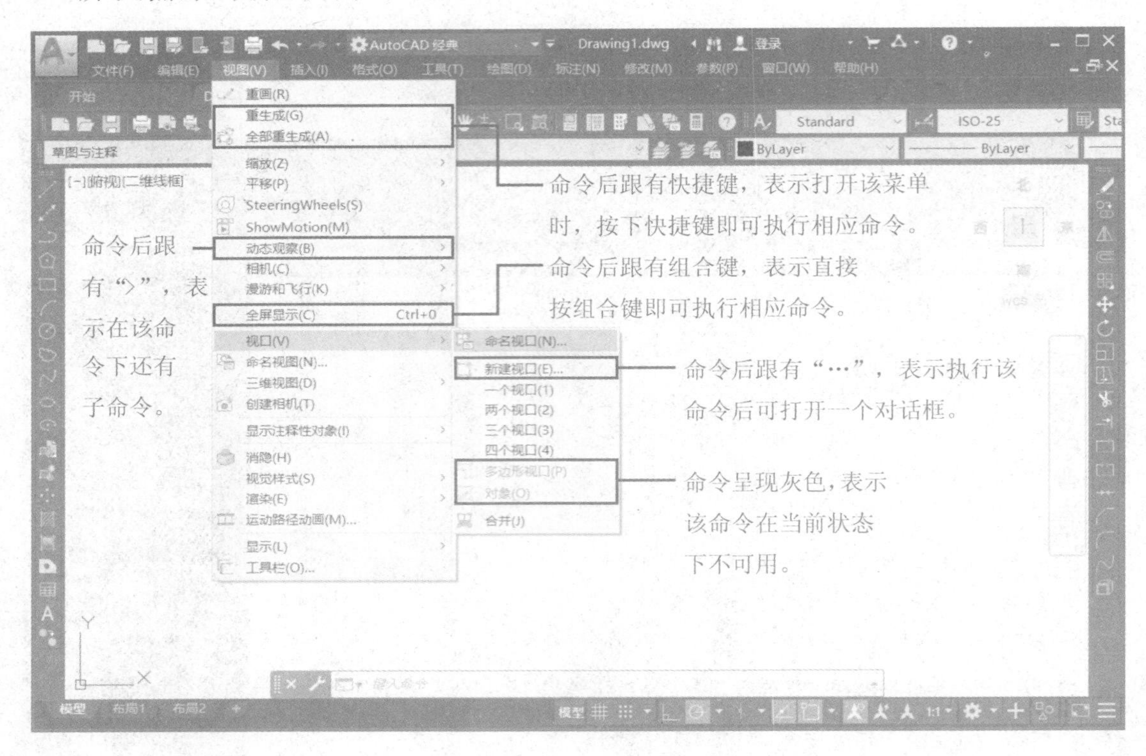

图 10-5　下拉菜单

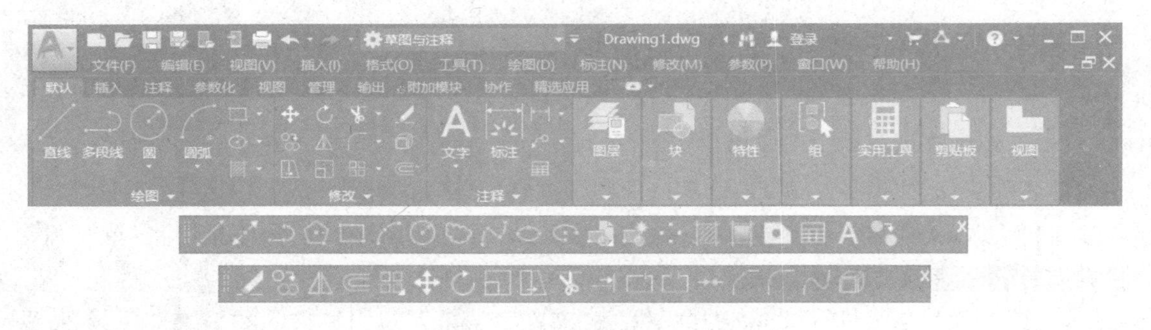

图 10-6　工具栏

(4)绘图窗口　在 AutoCAD 中，绘图窗口是用户绘图的工作区域，所有的绘图结果都反映在这个窗口中。可根据需要关闭相应工具栏，以增大绘图空间。如果图纸比较大，需要查看未显示部分时，可以单击窗口右边与下边滚动条上的箭头，或拖动滚动条上的滑块来移动图纸。

在绘图窗口左下角还显示了当前使用的坐标系类型以及坐标原点、X 轴、Y 轴、Z 轴的方向等。默认情况下，坐标系为世界坐标系(WCS)。

绘图窗口的下方有 模型 布局1 选项卡，单击其标签可以在二者之间进行切换。

(5)命令行 命令行窗口位于绘图窗口的底部，用于接收用户输入的命令，并显示 AutoCAD 提示信息，如图 10-8 所示。

(6)状态行 状态行用来显示 AutoCAD 当前的状态，如当前光标的坐标、命令和按钮的说明等，如图 10-9 所示。

在绘图窗口中移动光标时，状态行的“坐标”区将动态地显示当前坐标值。坐标显示取决于所选择的模式和程序中运行的命令，共有“相对”“绝对”和“无”3 种模式。

状态行中还包括如“捕捉”“栅格”“正交”“极轴”“对象捕捉”“对象追踪”“线宽”“模型”(或“图纸”)等 29 个功能按钮。

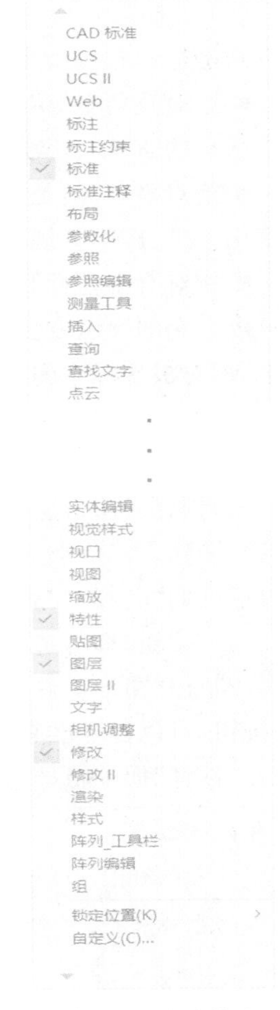

图 10-7 快捷菜单

10.2.1.2 坐标系

(1)两种坐标系 坐标(x,y)是表示点的最基本方法。在 AutoCAD 中，坐标系分为世界坐标系(WCS)和用户坐标系(UCS)。两种坐标系下都可以通过坐标(x,y)来精确定位点。

默认情况下，在开始绘制新图形时，当前坐标系为世界坐标系(WCS)，它包括 X 轴和 Y 轴。WCS 坐标轴的交汇处显示“□”形标记，但坐标原点并不在坐标系的交汇点，而位于图形窗口的左下角，所有的位移都是相对于原点计算的，并且沿 X 轴正向及 Y 轴正向的位移规定为正方向。为了能够更好地辅助绘图，经常需要修改坐标系的原点和方向，这时世界坐标系将变为用户坐标系(UCS)。选择“工具”菜单→“新建 UCS”命令，利用它的子命令可以方便地创建 UCS 坐标系。

图 10-8 命令行

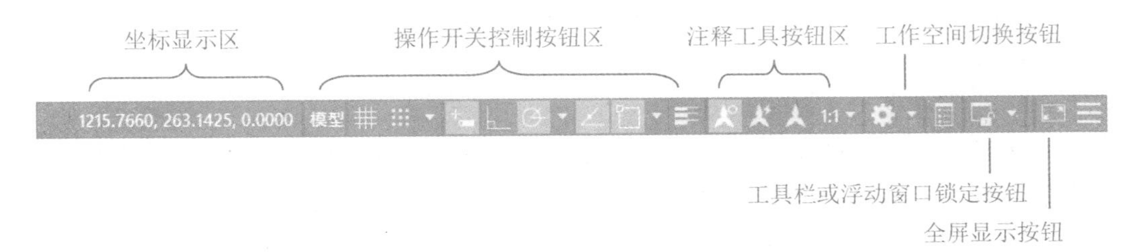

图 10-9 状态行

(2) 坐标的表示方法　在 AutoCAD 中,点的坐标可以使用绝对直角坐标、绝对极坐标、相对直角坐标和相对极坐标 4 种方法表示,它们的特点如下。

■ 绝对直角坐标:是从点(0,0)或(0,0,0)出发的位移,可使用分数、小数或科学记数等形式表示点的 X 轴、Y 轴、Z 轴坐标值,坐标间用逗号隔开,如点(7,3)和(3,5,8)等。

■ 绝对极坐标:是从点(0,0)或(0,0,0)出发的位移,但给定的是距离和角度,其中距离和角度用“<”分开,且规定 X 轴正向为 0°,Y 轴正向为 90°,如点(4<60)、(3<30)等。

■ 相对直角坐标和相对极坐标:相对坐标是指相对于某一点的 X 轴和 Y 轴位移,或距离和角度。它的表示方法是在绝对坐标表达方式前加上“@”符号,如(@−13,8)和(@11<24)。其中,相对极坐标中的角度是新点和上一点连线与 X 轴之间的夹角。

10.2.2　图形文件管理

(1)创建新图形文件　选择“文件”菜单→“新建”命令(New),或在“标准”工具栏中单击“新建”按钮,可以创建新图形文件,此时将打开“选择样板”对话框,如图 10-10 所示。可以在该对话框的“名称”列表框中选中某一样板文件,在“预览”框中将显示该样板的预览图像。单击“打开”按钮,即可选中样板文件创建新图形。

(2)打开图形文件　选择“文件”菜单→“打开”命令(Open),或在“标准”工具栏中单击“打开”按钮,可以打开已有的图形文件,此时将打开“选择文件”对话框。选择需要打开的图形文件,在“预览”框中将显示出该图形的预览图像。默认情况下,打开的文件格式为“.dwg”。

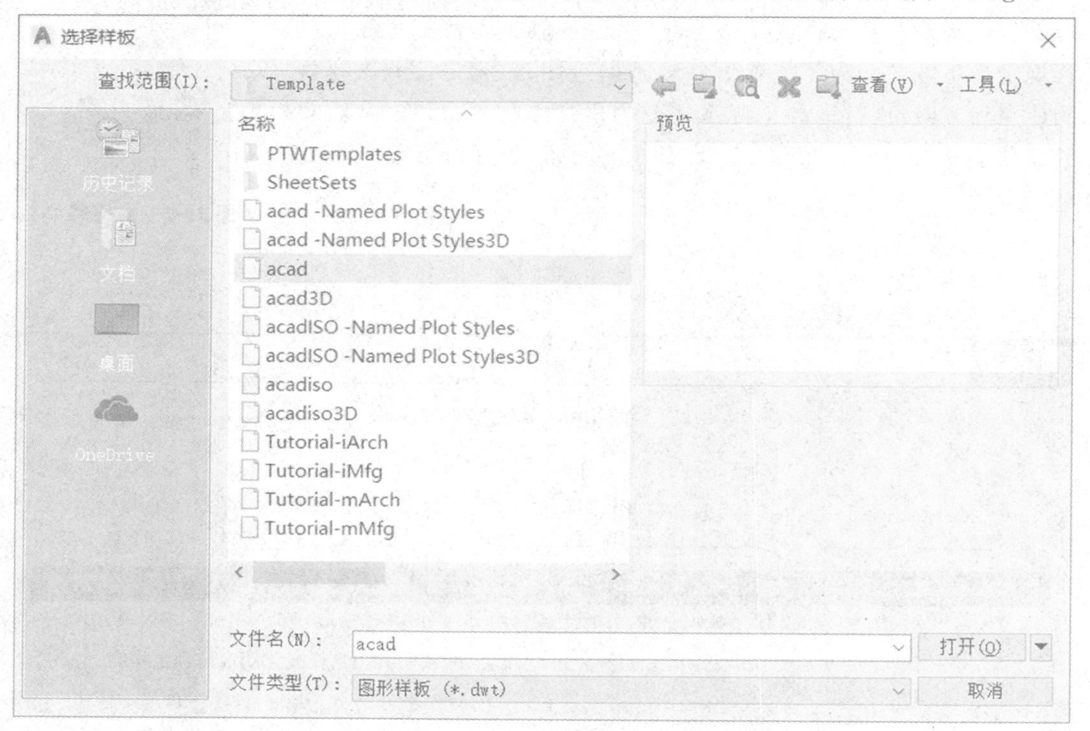

图 10-10　“选择样板”对话框

(3)保存图形文件　选择“文件”菜单→“保存”命令(Qsave)或在“标准”工具栏中单击“保存”按钮，以当前使用的文件名保存图形；也可选择“文件”→“另存为”命令(Saveas)，将当前图形以新的名称保存。默认情况下，文件以“AutoCAD 2018 图形(＊.dwg)”格式保存，也可以在“文件类型”下拉列表框中选择其他格式，如 AutoCAD 2007/LT 2007 图形(＊.dwg)、AutoCAD 图形标准(＊.dws)、AutoCAD 图形样板(＊.dwt)等格式。

(4)关闭图形文件　选择“文件”→“关闭”命令(Close)，或在绘图窗口中单击“关闭”按钮，可以关闭当前图形文件。如果当前图形没有存盘，系统将弹出警告对话框，询问是否保存文件。此时，单击“是(Y)”按钮或按 Enter 键，可以保存当前图形文件并将其关闭；单击“否(N)”按钮，可以关闭当前图形文件但不存盘；单击“取消”按钮，图形文件既不保存也不关闭。

10.2.3　AutoCAD 2020 命令的输入方式

在 AutoCAD 中，菜单命令、工具按钮、命令和系统变量大多是相互对应的。可以选择某一菜单命令，或单击某个工具按钮，或在命令行中输入命令和系统变量来执行相应命令。

(1)使用鼠标操作执行命令　在 AutoCAD 中，鼠标键是按照下述规则定义的。

■ 拾取键：通常指鼠标左键，用于指定屏幕上的点，也可以用来选择 Windows 对象、AutoCAD 对象、工具栏按钮和菜单命令等。

■ Enter 键：指鼠标右键，相当于 Enter 键，用于结束当前使用的命令，此时系统将根据当前绘图状态而弹出不同的快捷菜单。

■ 弹出菜单：当使用 Shift 键和鼠标右键的组合时，系统将弹出一个快捷菜单，用于设置捕捉点的方法。对于 3 键鼠标，弹出按钮通常是鼠标的中间按钮。

(2)使用菜单输入命令　单击菜单名，出现下拉菜单，选择所需命令，单击该命令即可。在绘图区域、工具栏、状态行、模型与布局选项卡上右击时，将弹出一个快捷菜单，该菜单中的命令与 AutoCAD 当前状态相关。使用它们可以在不启动菜单栏的情况下快速、高效地完成某些操作。

(3)使用工具栏按钮执行命令　在工具栏中点击命令图标按钮执行相应的命令。

(4)使用命令行执行命令　在 AutoCAD 中，可以在“命令行”中输入命令、对象参数等内容；可以使用 BackSpace 或 Delete 键删除命令行中的文字；还可以选中命令历史，将其粘贴到命令行中。

10.2.4　精确绘制图形

为了精确绘制图形，AutoCAD 系统为读者提供了多种绘图的辅助功能。这些辅助工具能够帮助读者快速、准确地定位某些特殊点(如端点、中点、圆心等)和特殊位置(如水平位置、垂直位置)。这些工具包括栅格、捕捉、正交、对象捕捉、对象追踪、对象捕捉追踪、极轴、动态输入等，它们主要集中显示在状态行的辅助工具栏上，如图 10-11 所示。

10.2.4.1　点的捕捉

手工绘图时要用直尺、圆规等工具来定位一个点，利用这些点来画图，例如交点和切点等。

绘图的精确与否，其首要条件就是要精确定下点的位置。

AutoCAD 软件提供了“对象捕捉”工具栏，如图 10-11 和图 10-12 所示。利用这一工具，“十”字光标可被强制性精确地定位在已有对象的特定点和特定位置上。通过选择“工具”菜单→“草图设置”命令，打开如图 10-13 所示的对话框来设置捕捉选项。

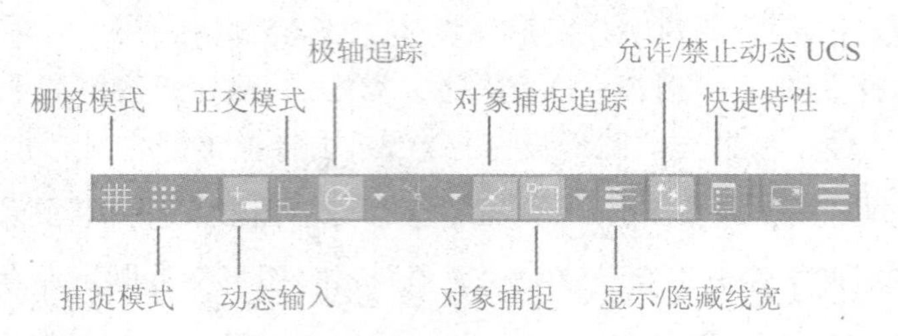

图 10-11 操作开关控制按钮

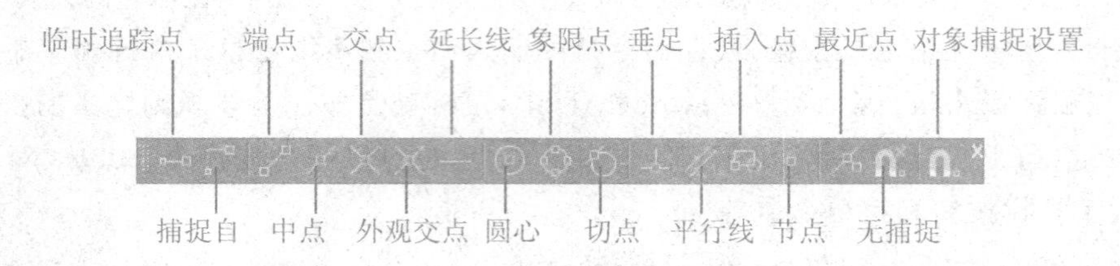

草图设置

捕捉和栅格 极轴追踪 对象捕捉 三维对象捕捉 动态输入 快捷特性 选择循环

☑启用对象捕捉 (F3)(O) ☑启用对象捕捉追踪 (F11)(K)

对象捕捉模式

☑端点(E) ☑延长线(X) 全部选择

☐中点(M) ☐插入点(S) 全部清除

☑圆心(C) ☐垂足(P)

☐几何中心(G) ☐切点(N)

☐节点(D) ☐最近点(R)

☐象限点(Q) ☐外观交点(A)

☑交点(I) ☐平行线(L)

要从对象捕捉点追踪，请在命令执行期间将光标悬停于该点上。当移动光标时，会出现追踪矢量。要停止追踪，请再次将光标悬停于该点上。

选项(T)... 确定 取消 帮助(H)

图 10-13 “对象捕捉”对话框

10.2.4.2 设置捕捉和栅格

使用“捕捉”和“栅格”功能，可用来精确定位点，提高绘图效率。“捕捉”用于设定鼠标光标移动的间距。“栅格”是一些标定位置的小点，起坐标纸的作用，可以提供直观的距离和位置参照。

(1)打开或关闭捕捉和栅格

要打开或关闭“捕捉”和“栅格”功能，可以选择以下几种方法：

■ 在 AutoCAD 程序窗口的状态栏中，单击“捕捉”和“栅格”按钮，如图 10-11 所示。

■ 按F7键打开或关闭栅格，按F9键打开或关闭捕捉。

■ 选择“工具”菜单→“草图设置”命令，打开“草图设置”对话框，在“捕捉和栅格”选项卡中选中或取消“启用捕捉”和“启用栅格”复选框。

(2)设置捕捉和栅格参数

利用“草图设置”对话框中的“捕捉和栅格”选项卡，可以设置捕捉和栅格的相关参数，各选项的功能如下：

■ “捕捉”选项组：设置捕捉间距、捕捉角度以及捕捉基点坐标。

■ “栅格”选项组：设置栅格间距。如果栅格的 X 轴和 Y 轴间距值为 0，则栅格采用捕捉 X 轴和 Y 轴间距的值。

■ “捕捉类型和样式”选项组：可以设置捕捉类型和样式。

■ “栅格行为”选项组：用于设置“视觉样式”下栅格线的显示样式(三维线框除外)。

10.2.4.3 使用正交模式

AutoCAD 提供的正交模式也可用来精确定位点，它将定点设备的输入限制为水平或垂直。在正交模式下，可以方便地绘出与当前 X 轴或 Y 轴平行的线段。在 AutoCAD 程序窗口的状态栏中单击“正交”按钮或按F8键，可以打开或关闭正交方式。

10.2.4.4 使用对象捕捉

在 AutoCAD 中，可以通过“对象捕捉”工具栏和“草图设置”对话框等方式调用对象捕捉功能，迅速、准确地捕捉到某些特殊点，从而精确地绘制图形。选择需要的子命令，再把光标移到要捕捉对象的特征点附近，即可捕捉到相应的对象特征点。

10.2.4.5 使用自动追踪

在 AutoCAD 中，自动追踪可按指定角度绘制对象，或者绘制与其他对象有特定关系的对象。自动追踪功能分极轴追踪和对象捕捉追踪两种。

极轴追踪是按事先给定的角度增量来追踪特征点。而对象捕捉追踪则按与对象的某种特定关系来追踪，这种特定的关系确定了一个未知角度。也就是说，如果事先知道要追踪的方向(角度)，则使用极轴追踪；如果事先不知道具体的追踪方向(角度)，但知道与其他对象的某种关系(如相交)，则用对象捕捉追踪。极轴追踪和对象捕捉追踪可以同时使用。

10.2.4.6 使用动态输入

在 AutoCAD 2020 中，使用动态输入功能可以在指针位置处显示标注输入和命令提示等信息，从而极大地方便了绘图。

(1)启用指针输入　在“草图设置”对话框的“动态输入”选项卡中，如图 10-14 所示，选中

“启用指针输入”复选框可以启用指针输入功能。可以在“指针输入”选项组中单击“设置”按钮，使用打开的“指针输入设置”对话框设置指针的格式和可见性，如图10-15所示。

(2)显示动态提示　在“草图设置”对话框的“动态输入”选项卡中，选中“动态提示”选项组中的“在‘十’字光标附近显示命令提示和命令输入”复选框，可以在光标附近显示命令提示，如图10-16所示。

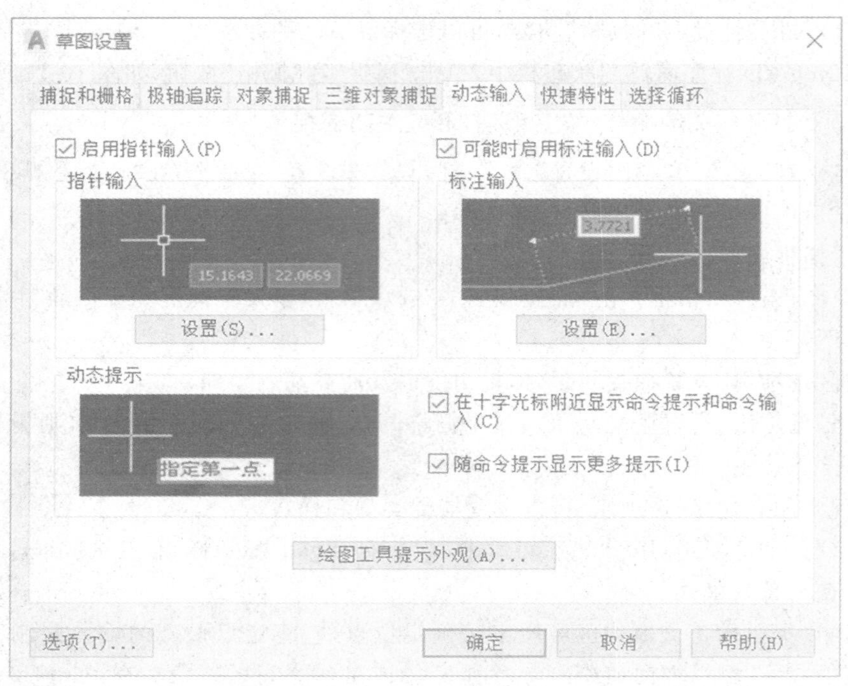

图10-14　动态输入设置

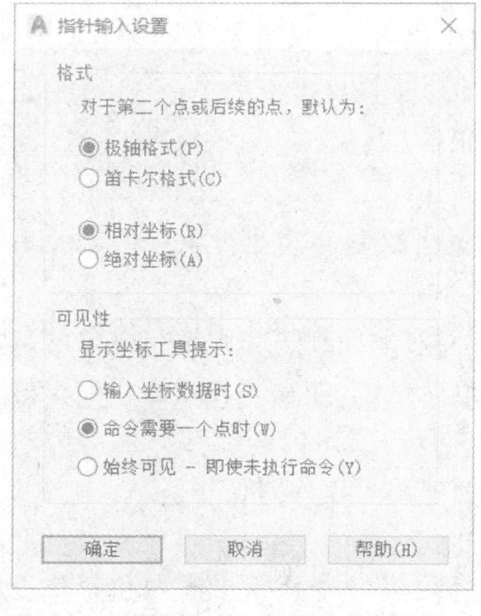

图10-15　“指针输入设置”对话框

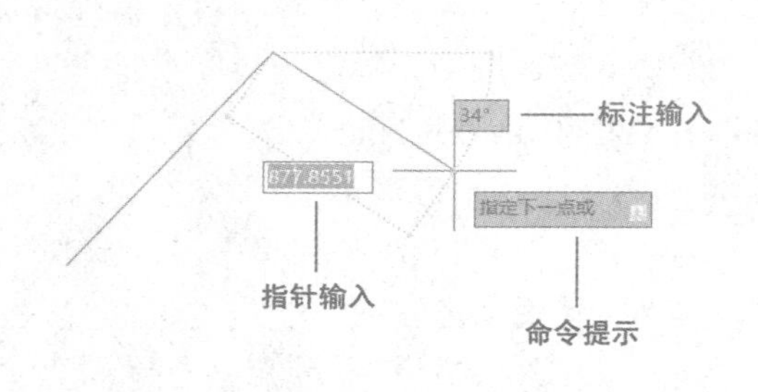

图10-16　草图动态提示

10.2.5 放大或缩小当前视窗对象

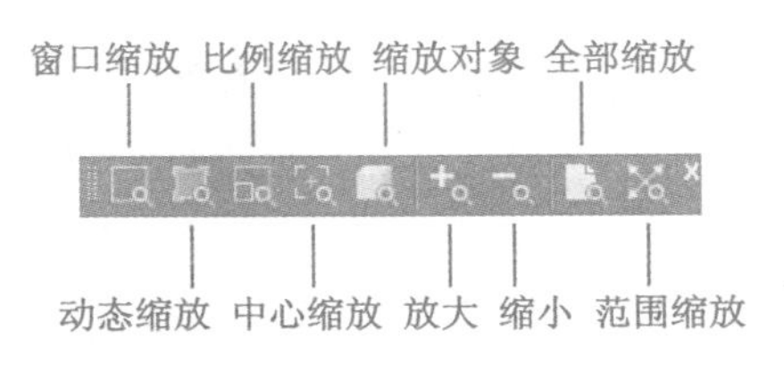

图 10-17 “缩放”工具栏

缩放视图可以减少或增加图形对象的屏幕显示尺寸，但对象的真实尺寸保持不变。通过改变显示区域和图形对象的大小可以更准确、更详细地绘图。

选择“视图”菜单→“缩放”命令（Zoom）中的子命令或使用“缩放”工具栏，可以缩放视图，如图 10-17 所示。常用的缩放命令或工具有“全部”“比例”“窗口”“动态”和“中心”。

命令：Zoom

指定窗口的角点，输入比例因子（nX 或 nXP），或者

[全部(A)/中心(C)/动态(D)/范围(E)/上一个(P)/比例(S)/窗口(W)/对象(O)]<实时>：

(1)全部缩放　选择“视图”菜单→“缩放”→“全部”命令，或在“标准”工具栏中单击按钮，进入全部缩放模式，在当前视口中缩放显示整个图形。

(2)比例缩放　选择“视图”菜单→“缩放”→“比例”命令，或在“标准”工具栏中单击按钮，执行比例缩放。要指定相对的显示比例，可输入带 x 的比例因子。例如，输入 $2x$ 将显示比当前视图大 2 倍的视图。

(3)窗口缩放　选择“视图”菜单→“缩放”→“窗口”命令，或在“标准”工具栏中单击按钮，可在屏幕上拾取两个对角点以确定一个矩形窗口，之后系统将矩形范围内的图形放大至整个屏幕。

(4)动态缩放　选择“视图”菜单→“缩放”→“动态”命令或在“标准”工具栏中单击按钮，可以动态缩放视图。当进入动态缩放模式时，在屏幕中将显示一个带“×”的矩形方框。单击鼠标左键，此时选择窗口中心的“×”消失，显示一个位于右边框的方向箭头，拖动鼠标可改变选择窗口的大小，以确定选择区域大小，最后按下 Enter 键，即可缩放图形。

(5)设置视图中心　选择“视图”菜单→“缩放”→“中心”命令或在“标准”工具栏中单击按钮，在图形中指定一点，然后指定一个缩放比例因子或者指定高度值来显示一个新视图，而选择的点将作为该新视图的中心点。如果输入的数值比默认值小，则会增大图像；如果输入的数值比默认值大，则会缩小图像。

10.3 绘图前的准备

在使用 AutoCAD 绘图前，经常要对绘图环境的某些参数进行设置，从而提高绘图效率。

10.3.1 设置图形单位和精度

在中文版 AutoCAD 2020 中，用户可以选择“格式”菜单→“单位”命令，在打开的“图形单位”对话框中设置绘图时使用的长度单位、角度单位以及单位的显示格式和精度等参数，如图 10-18 所示。

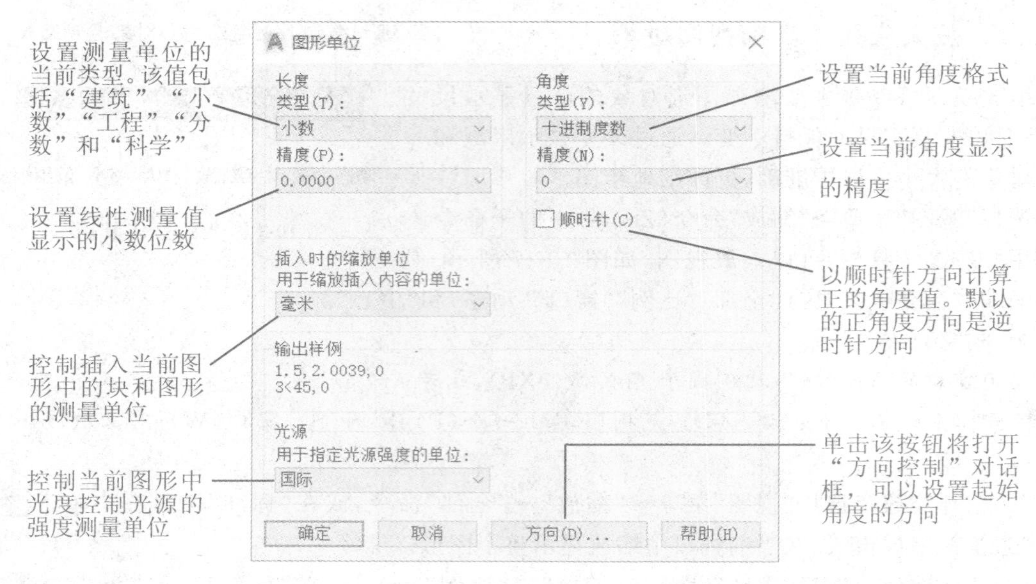

图 10-18 “图形单位”对话框

10.3.2 设置绘图界限

使用 Limits 命令或单击“菜单浏览器”按钮，在弹出的菜单中选择“格式”菜单→“图形界限”命令(Limits)来设置图形界限(图形界限，即是在模型空间中设置一个想象的矩形绘图区域)。它确定的区域是可见栅格指示的区域，也是选择“视图”菜单→“缩放”→“全部”命令时决定显示多大图形的一个参数，如图 10-19 所示。

10.3.3 设置参数选项

单击“菜单浏览器”按钮，在弹出的菜单中单击“选项”按钮(Options)，打开“选项”对话框。在该对话框中包含“文件”“显示”“打开和保存”“打印和发布”“系统”等 10 个选项卡，如图 10-20 所示。用户可以根据个人需要设置绘图环境。

10.3.4 AutoCAD 的图层

图层是 AutoCAD 软件组织和管理图形的工具。所有图形对象都具有图层、颜色、线型和线宽这 4 个基本属性。使用不同的图层、不同的颜色、不同的线型和线宽绘制不同的对象和元素，可以方便控制对象的显示和编辑，从而提高绘制复杂图形的效率和准确性。

10.3.4.1 “图层特性管理器”对话框的组成

选择“格式”菜单→“图层”命令，打开“图层特性管理器”对话框，如图 10-21 所示。它包括：新建图层，删除图层和置为当前等内容。

10.3.4.2 创建新图层

开始绘制新图形时，AutoCAD 将自动创建一个名为 0 的特殊图层。默认情况下，图层 0 将被指定使用 7 号颜色、Continuous 线型、“默认”线宽及 Normal 打印样式，0 层不能被删除或

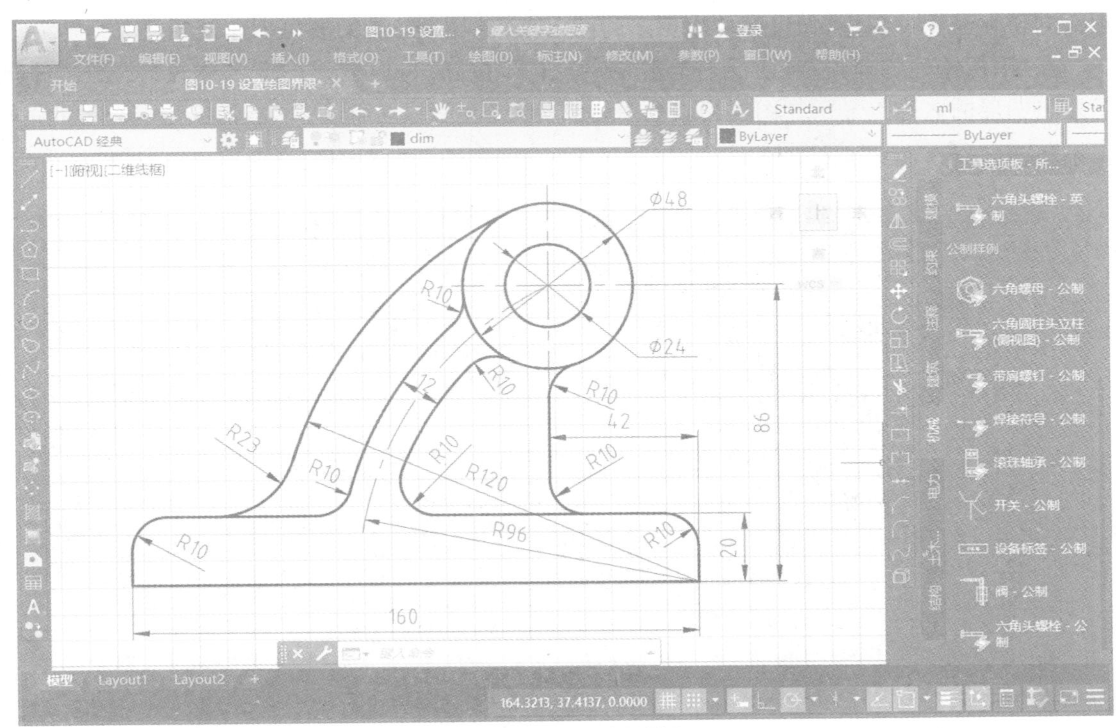

图 10-19 设置绘图界限

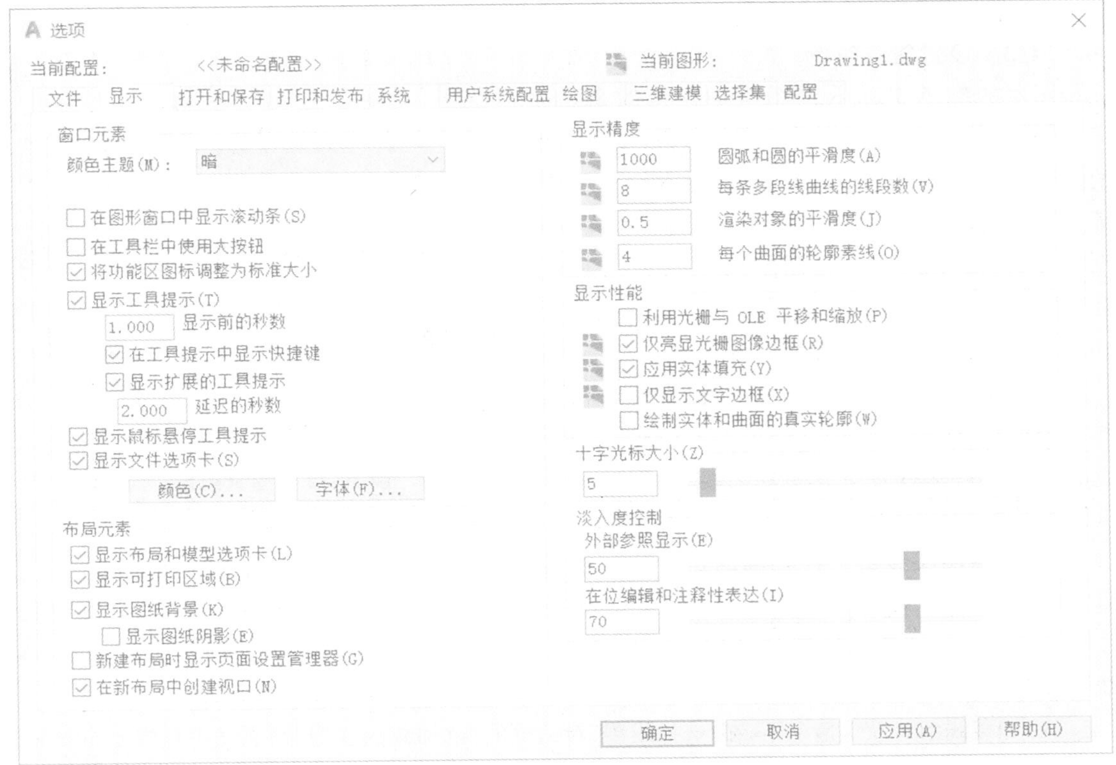

图 10-20 “选项”对话框

重命名。在绘图过程中,如果要使用更多的图层来组织图形,就需要先创建新图层。

在“图层特性管理器”对话框中单击“新建图层”按钮,可以创建一个名称为“图层 1”的新图层。图层的名称将显示在图层列表框中,如果要更改图层名称,可单击该图层名,然后输入一个新的图层名并按 Enter 键即可。

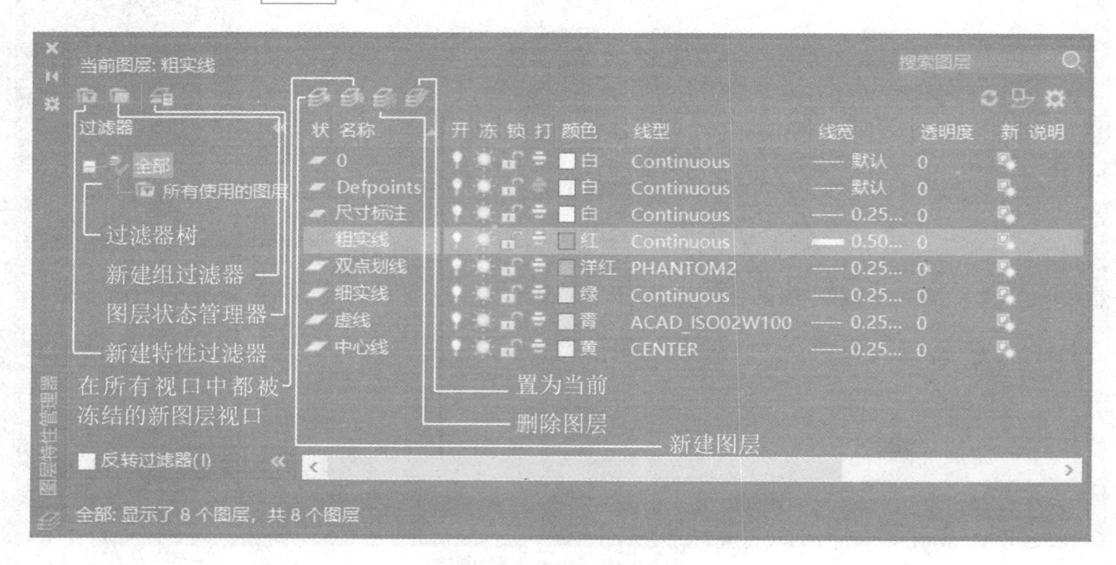

图 10-21 图层特性管理器

10.3.4.3 设置图层颜色

图层的颜色实际上是图层中图形对象的颜色。对不同的图层可以设置相同的颜色,也可以设置不同的颜色,绘制复杂图形时就可以很容易区分图形的各部分。新建图层后,要改变图层的颜色,可在“图层特性管理器”对话框中单击图层的“颜色”列对应的图标,打开“选择颜色”对话框,如图 10-22 所示。

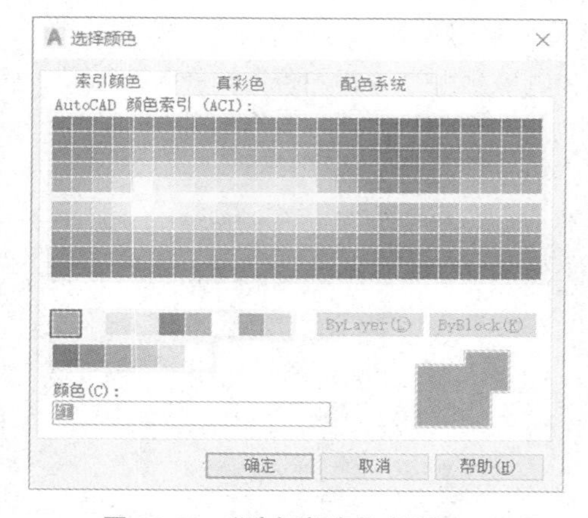

图 10-22 “选择颜色”对话框

10.3.4.4 使用与管理线型

线型是指图形基本元素中线条的组成和显示方式,如虚线和实线等。在 AutoCAD 中既有简单线型,也有由一些特殊符号组成的复杂线型,以满足不同国家或行业标准的要求。

(1)设置图层线型 在绘制图形时要使用线型来区分图形元素,这就需要对线型进行设置。默认情况下,图层的线型为 Continuous。要改变线型,可在图层列表中单击“线型”列的 Continuous,打开“选择线型”对话框,如图 10-23 所示,在“已加载的线型”列表框中选择一种线型,然后单击“确定”按钮。

(2)加载线型 默认情况下,在“选择线型”对话框的“已加载的线型”列表框中只有 Continuous 1 种线型,如果要使用其他线型,必须将其添加到“已加载的线型”列表框中。可单击“加载”按钮打开"加载或重载线型"对话框，从当前线型库中选择需要加载的线型，然后单击"确定"按钮，如图 10-24 所示。

图 10-23 设置图层线型

图 10-24 "加载或重载线型"对话框

(3)设置线型比例　选择"格式"菜单→"线型"命令，打开"线型管理器"对话框，可设置图形中的线型比例，从而改变非连续线型的外观，如图 10-25 所示。

10.3.4.5 设置图层线宽

要设置图层的线宽，可以在"图层特性管理器"对话框的"线宽"列表中单击该图层对应的线宽"——默认"，打开"线宽"对话框，如图 10-26 所示，有 20 多种线宽可供选择。也可以选择"格式"菜单→"线宽"命令，打开"线宽设置"对话框，如图 10-27 所示，通过调整线宽比例，使图形中的线宽显示更宽或更窄。

图 10-25 "线性管理器"对话框

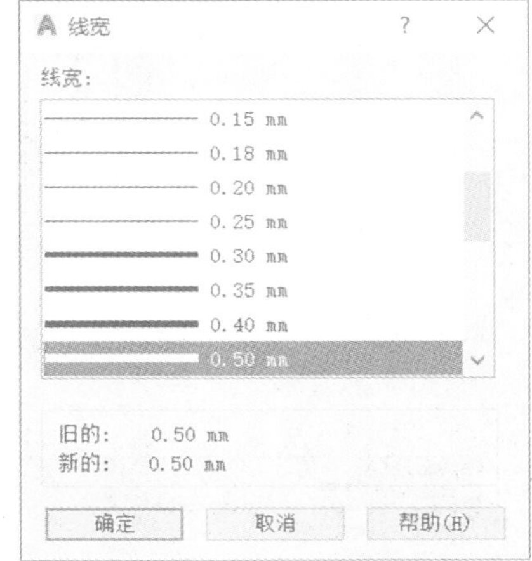

图 10-26 "线宽"对话框

10.3.4.6 图层的其他操作

使用"图层特性管理器"对话框还可以对图层进行更多的设置与管理。

(1)设置图层特性　使用图层绘制图形时，新对象的各种特性将默认为随层，由当前图层的默认设置决定。也可以单独设置对象的特性，新设置的特性将覆盖原来随层的特性。在"图

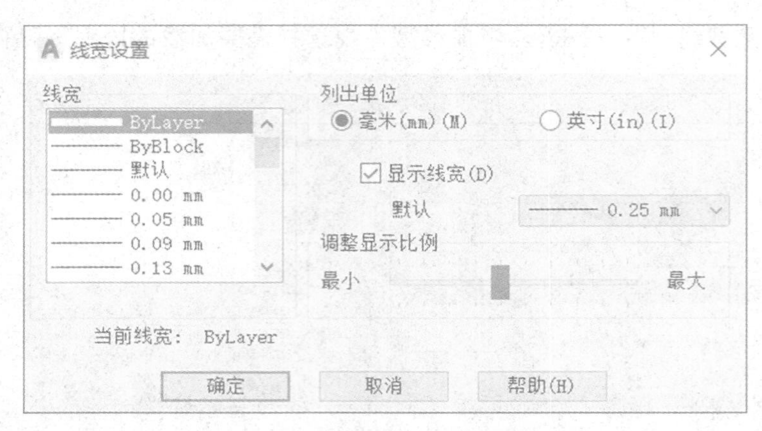

图 10-27 "线宽设置"对话框

层特性管理器"对话框中,如图 10-21 所示,每个图层都包含状态、名称、打开/关闭、冻结/解冻、锁定/解锁、线型、颜色、线宽和打印样式等特性。

(2)切换当前层 在"图层特性管理器"对话框的图层列表中,选择某一图层后,单击"置为当前"按钮,即可将该层设置为当前层。

在实际绘图时,为了便于操作,主要通过"图层"工具栏来实现图层切换,这时只需选择要将其设置为当前层的图层名称即可,如图 10-28 所示。此外,"对象特性"工具栏中的主要选项与"图层特性管理器"对话框中的内容相对应,因此也可以用来设置与管理图层特性,如图 10-29 所示。

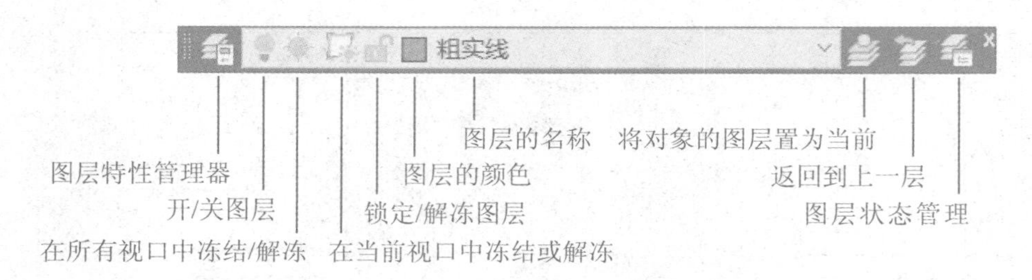

图 10-28 设置当前层

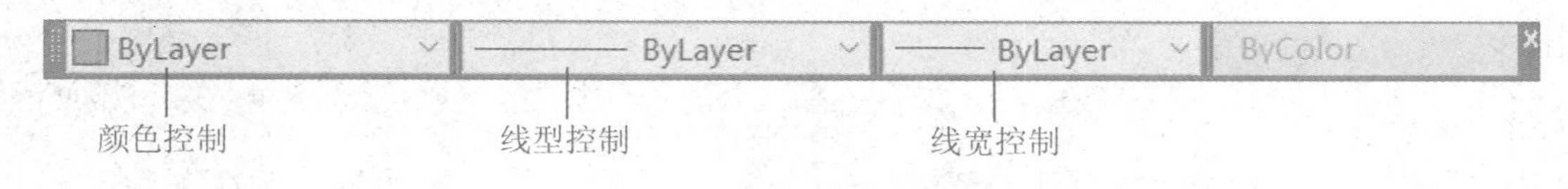

图 10-29 设置对象特性

(3)保存与恢复图层状态 图层设置包括图层状态和图层特性。图层状态包括图层是否打开、冻结、锁定、打印和在新视口中自动冻结。图层特性包括颜色、线型、线宽和打印样式。可以选择要保存的图层状态和图层特性。例如,可以选择只保存图形中图层的"冻结/解冻"设置，忽略所有其他设置。恢复图层状态时，除了每个图层的冻结或解冻设置以外，其他设置仍保持当前设置。在 AutoCAD 2020 中，可以使用“图层状态管理器”对话框来管理所有图层的状态。

(4)改变对象所在图层　在实际绘图中，如果绘制完某一图形元素后，发现该元素并没有绘制在预先设置的图层上，可选中该图形元素，并在“对象特性”工具栏的图层控制下拉列表框中选择预设层名，然后按下 Esc 键来改变对象所在图层。

10.3.5 样板图的建立

样板图是一种“*.dwt”文件，通过使用 AutoCAD 提供的标准样板文件和读者自定义的样板文件，可以避免重复设置绘图环境的各个项目，例如：图形单位、图形界限、图框和标题栏以及图层特性等。

如果根据现有的样板文件创建新图形，则新图形中的修改不会影响样板文件。通常存储在样板文件中的设置包括：单位类型和精度、标题栏、边框和徽标、图层名、捕捉、栅格和正交设置、图形(栅格)界限、标注样式、文字样式、线型和块等内容。

如果现有的样板文件不能满足绘图需求时，则需要读者自定义样板文件，具体方法和步骤如下：

(1)以默认设置建立一个新图形　新建一个 AutoCAD 文件，打开“选择样板”对话框，如图 10-10 所示，打开“acad.dwt”文件。

(2)设置图形单位和精度　选择“格式”菜单→“单位”命令，打开“图形单位”对话框，如图 10-18 所示，采用默认设置。

(3)设置图形界限　选择“格式”菜单→“图形界限”命令，在命令行提示下，输入图形界限左下角的 X、Y 坐标(0,0)和图形界限右上角的 X、Y 坐标(420,297)，设置图形界限。

(4)创建图层，设置线型和颜色　选择“格式”菜单→“图层”命令，打开“图层特性管理器”对话框。单击“新建”按钮，依次建立细实线层、中心线层、尺寸标注层、波浪线层、剖面层、图框层、标题栏层，依次设置每个图层的颜色、线型和线宽属性。设置完成后，单击“确定”按钮，关闭对话框。

(5)样板图及其环境设置完成后，可以将其保存为样板图文件　选择“文件”菜单→“保存”或“文件”→“另存为”命令，打开“保存”→“图形另存为”对话框，如图 10-30 所示。在“文件类型”下拉列表框中选择“AutoCAD 图形样板(*.dwt)”选项，输入文件名“A3 图幅-横放”，单击“保存”按钮保存文件。系统打开“样板选项”对话框，如图 10-31 所示，输入对该模板图形的描述和说明，单击“确定”按钮，完成操作。下次绘图时，可以打开该样板图文件，在此基础上绘图。

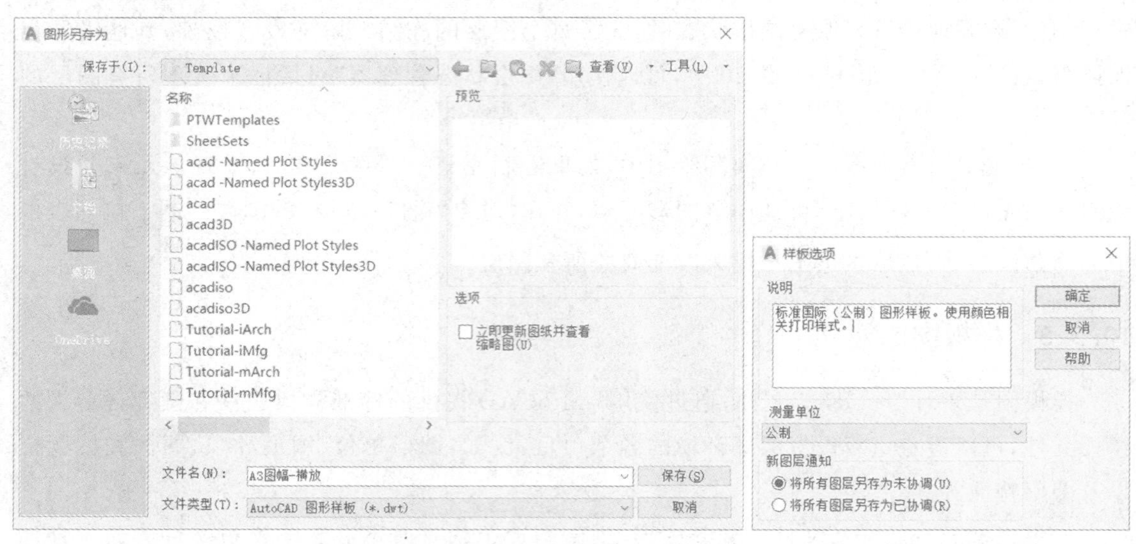

图 10-30 “图形另存为”对话框　　图 10-31 “样板选项”对话框

10.4 AutoCAD 2020 的主要命令

10.4.1 AutoCAD 2020 的绘图命令

无论是简单图形，还是复杂图形，它都是由直线、圆、圆弧等所组成。只要熟练地掌握 AutoCAD 的基本绘图命令，就能绘制出机械图样。

“绘图”工具栏(图 10-32)中的每个工具按钮都与“绘图”菜单中的绘图命令相对应，是图形化的绘图命令，具体功能与操作见表 10-1。

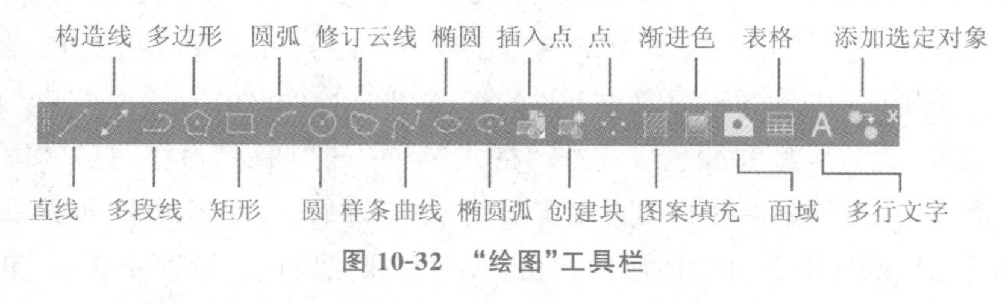

图 10-32 “绘图”工具栏

表 10-1 常用的绘图命令

命令输入	功能及操作示例	说　明
工具图标： 菜单： “绘图”→“直线” 命令行：line↙	Y　X 画直线 命令：_line 指定第一点：10,10 指定下一点或［放弃(U)］：@10,20 指定下一点或［放弃(U)］：@0,−10 指定下一点或［闭合(C)/放弃(U)］：C	1)最初由两点决定一直线，若继续输入第三点，则画出第二条直线，以此类推。 2)坐标输入可采取绝对坐标或相对坐标；第三点为相对坐标输入。 闭合(C)：图形封闭； 放弃(U)：取消刚绘制的直线段。

续表 10-1

命令输入	功能及操作示例	说　明
工具图标： 菜单： "绘图"→"构造线" 命令行：xline ↙	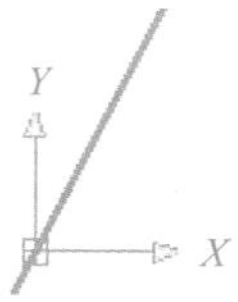 画构造线 命令：_xline 指定点或［水平(H)/垂直(V)/角度(A)/二等分(B)/偏移(O)］：5,10 指定通过点：@15,30 指定通过点：(点击右键结束命令)	构造线没有起点和终点，主要用于绘制辅助线。指定一点为构造线的通过点，再确定另外一点为其第二个通过点；如再确定第三点，则画出通过第一点和第三点的构造线。 水平(H)：绘制水平构造线； 垂直(V)：绘制垂直构造线； 角度(A)：绘制某一倾角构造线； 二等分(B)：绘制将两条直线夹角平分的构造线； 偏移(O)：绘制与某一条直线相平行的构造线，且带有一定的距离。
工具图标： 菜单： "绘图"→"正多边形" 命令行：polygon ↙	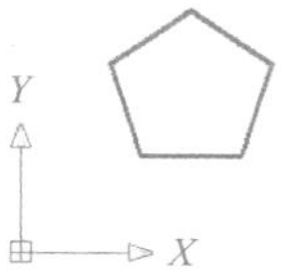 画 3 到 1024 边的正多边形 命令：_polygon 输入边的数目 <4>：5 指定正多边形的中心点或［边(E)］：400,400 输入选项［内接于圆(I)/外切于圆(C)］<I>：I(选择画正多边形的方式) 指定圆的半径：200 (输入半径)	polygon 画正多边形有 3 种方法： 设置外切与圆半径(C)； 设置内接与圆半径(I)； 设置正多边形的边长(E)。
工具图标： 菜单： "绘图"→"矩形" 命令行：rectangle ↙	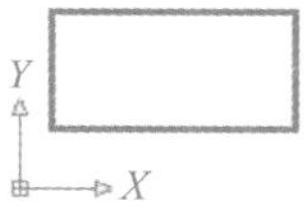 画矩形 命令：_rectangle 指定第一个角点或［倒角(C)/标高(E)/圆角(F)/厚度(T)/宽度(W)］：50,100 指定另一个角点或［面积(A)/尺寸(D)/旋转(R)］：@400,200	该命令可以绘制不同线宽的矩形，以及带圆角的矩形。 1)如果要改变矩形的线框，在提示项中先选(W)； 2)如果要画带有圆角的矩形，在提示项中先选(F)； 3)如果要画带有倒角的矩形，在提示项中先选(C)。 (绘制其他形状的矩形，方法同上)
工具图标： 菜单： "绘图"→"点" 命令行：point ↙	 绘制点 命令：_point 当前点模式：PDMODE=0 PDSIZE=0.0000 (按 Esc 键结束命令)	在 AutoCAD 2020 中，点对象有单点、多点、定数等分和定距等分 4 种。 PDMODE 为点的样式设置命令，左图为 PDMODE=3 的点的样式。 PDSIZE 为点的大小设置命令。

续表 10-1

命令输入	功能及操作示例	说　明
工具图标： 菜单： “绘图”→“圆弧” 命令行：arc↙	画一段圆弧 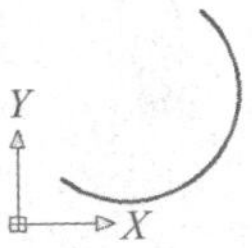 令：_arc 指定圆弧的起点或［圆心(C)］：100,100 指定圆弧的第二个点或［圆心(C)/端点(E)］：c 指定圆弧的圆心：@150,200 指定圆弧的端点或［角度(A)/弦长(L)］：a 指定包含角：175	默认按逆时针画圆弧。若所画圆弧不符合要求，可将起始点及终点倒换次序后重画；如果有 Enter 键回答第一次提问，则以上次所画线或圆弧的中点及方向作为本次所画弧的起点及起始方向。 （绘制圆弧共有 10 种方法，读者可根据需要进行选择）
工具图标： 菜单： “绘图”→“样条曲线” 命令行：spline↙	绘制样条曲线 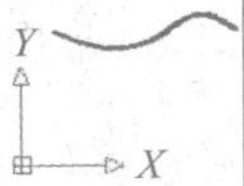 命令：_spline 指定第一个点或［对象(O)］： 指定下一点： 指定下一点或［闭合(C)/拟合公差(F)］＜起点切向＞： 指定下一点或［闭合(C)/拟合公差(F)］＜起点切向＞： 指定起点切向： 指定端点切向：	用输入一系列点和首末点的切线方向画一条样条曲线。机械制图中的波浪线，就需用此命令绘制。 一条波浪线至少要画 4 个点。
工具图标： 菜单： “绘图”→“圆” 命令行：circle↙	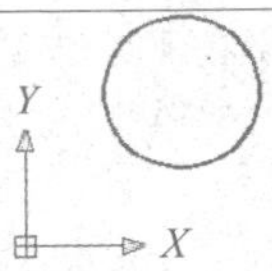 绘制圆 命令：_circle 指定圆的圆心或［三点(3P)/两点(2P)/相切、相切、半径(T)］：100,100 指定圆的半径或［直径(D)］：50	1)半径或直径的大小可直接输入或在屏幕上取两点间的距离； 2)circle 命令主要有以下选项： 2P——用直径的两个端点决定圆； 3P——三点决定圆； TTR——与两物相切配合半径决定圆； C,R——圆心配合半径决定圆； C,D——圆心配合直径决定圆。
工具图标： 菜单： “绘图”→“椭圆” 命令行：ellipse↙	绘制椭圆 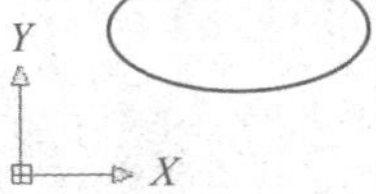 命令：_ellipse 指定椭圆的轴端点或［圆弧(A)/中心点(C)］： 指定轴的另一个端点： 指定另一条半轴长度或［旋转(R)］：	在绘制椭圆和椭圆弧时执行的是同一个命令，即：ellipse。

10.4.2　AutoCAD 2020 的修改命令

在 AutoCAD 中，读者可以使用夹点对图形进行简单编辑，或综合使用“修改”菜单和“修改”工具栏中的多种编辑命令对图形进行较为复杂的编辑。

10.4.2.1　编辑对象的方法

(1)使用夹点编辑对象　在选择对象时，在对象上将显示出若干个蓝色的小方框，这些小方框用来标记被选中对象的夹点，夹点就是对象上的控制点。然后单击其中一个夹点作为基点，可进行拉伸、旋转、移动、缩放及镜像等图形编辑操作。

(2)“修改”菜单用于编辑图形，创建复杂的图形对象　“修改”菜单中包含了 AutoCAD 的大部分编辑命令，通过选择该菜单中的命令或子命令，可以完成对图形的所有编辑操作。

(3)修改工具栏　如图 10-33 所示，“修改”工具栏的每个工具按钮都与“修改”菜单中相应的绘图命令相对应，单击即可执行相应的修改操作，具体功能见表 10-2。

图 10-33　“修改”工具条

表 10-2　常用的实体编辑命令

命令输入	功能及操作示例	图例
工具图标： 菜单： “编辑”→“删除” 命令行：erase↙	删除图形中部分或全部实体 命令：_erase 选择对象：(选择欲删除的实体)	
工具图标： 菜单： “编辑”→“移动” 命令行：move↙	将实体从当前位置移动到另一新位置 命令：_move 选择对象：找到 6 个 指定基点或［位移(D)］＜位移＞：P1 指定第二个点或 ＜使用第一个点作为位移＞：P2	P1　P2
工具图标： 菜单： “编辑”→“复制” 命令行：copy↙	复制一个实体，原实体保持不变 命令：_copy 选择对象：找到 6 个 指定基点或［位移(D)］＜位移＞：指定第二个点或 ＜使用第一个点作为位移＞：P1 指定第二个点或［退出(E)/放弃(U)］＜退出＞：P2	P1　P2

续表 10-2

命令输入	功能及操作示例	图例
工具图标： 菜单： "编辑"→"镜像" 命令行：mirror↙	将实体作镜像复制，原实体可保留也可删除 命令：_mirror 选择对象：指定对角点：找到 6 个 选择对象： 指定镜像线的第一点：指定镜像线的第二点： 要删除源对象吗？[是(Y)/否(N)] <N>：	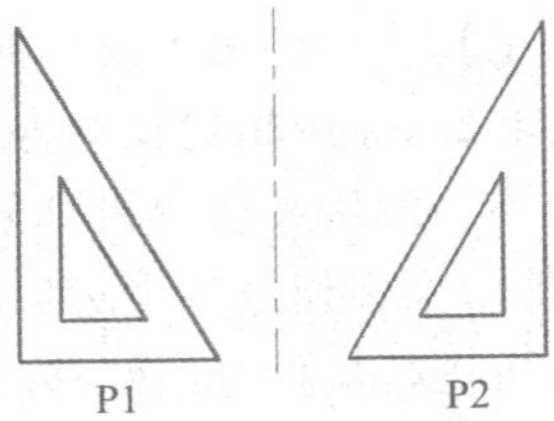 P1　P2
工具图标： 菜单： "编辑"→"阵列" 命令行：array↙	将选中的实体按矩形或环形排列方式进行复制，产生的每个目标可单独处理。具体设置如图 10-34 所示。 需要注意的是，在对被选中的实体进行环形阵列时，如果选中"特性"选项板里"旋转项目"，则旋转被阵列实体，选择"方向"，不旋转被阵列的实体，如右图。	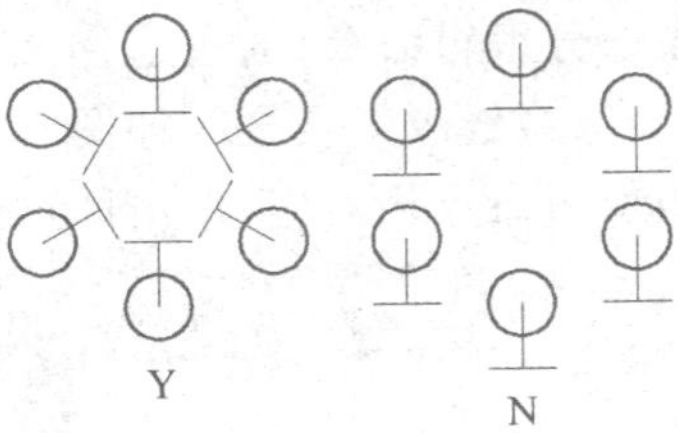 Y　N 阵列时随旋转中心旋转吗？
工具图标： 菜单： "编辑"→"偏移" 命令行：offset↙	复制一个与选定实体平行并保持距离的是实体到指定的那一边 命令：_offset 当前设置：删除源＝否 图层＝源 OFFSETGAPTYPE＝0 指定偏移距离或 [通过(T)/删除(E)/图层(L)] <10.0000>：10 选择要偏移的对象，或 [退出(E)/放弃(U)] <退出>： 指定要偏移的那一侧上的点，或 [退出(E)/多个(M)/放弃(U)] <退出>： 选择要偏移的对象，或 [退出(E)/放弃(U)] <退出>：	
工具图标： 菜单： "编辑"→"旋转" 命令行：rotate↙	将实体绕某一基准点旋转一定角度。 命令：_rotate UCS 当前的正角方向：ANGDIR＝逆时针 ANGBASE＝0 选择对象：找到 6 个 指定基点： 指定旋转角度，或 [复制(C)/参照(R)] <300>：30	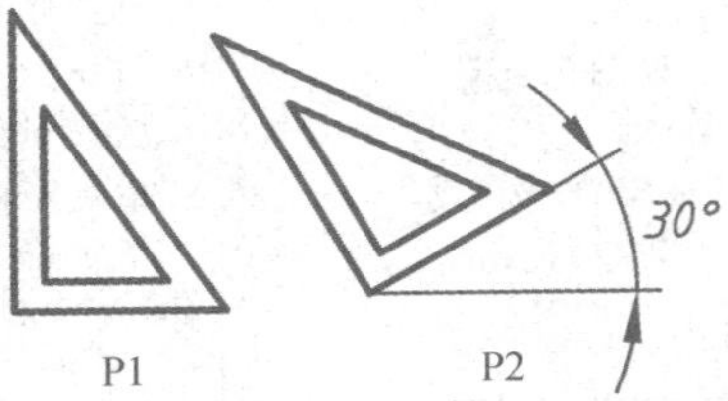 30° P1　P2
工具图标： 菜单： "编辑"→"缩放" 命令行：scale↙	将实体按一定比例放大或缩小。 命令：_scale 选择对象：找到 6 个 指定基点： 指定比例因子或 [复制(C)/参照(R)] <1.0000>：0.5	

续表 10-2

命令输入	功能及操作示例	图例
工具图标： 菜单： “编辑”→“拉伸” 命令行：stretch ↙	移动或拉伸对象，操作方式根据图形对象在选择框中的位置决定。执行该命令时，可以使用“交叉窗口”方式或者“交叉多边形”方式选择对象，然后依次指定位移基点和位移矢量，将会移动全部位于选择窗口之内的对象，而拉伸(或压缩)与选择窗口边界相交的对象。 命令：＊＊ 拉伸 ＊＊ 指定拉伸点或［基点(B)/复制(C)/放弃(U)/退出(X)］：	P1 P2
工具图标： 菜单： “编辑”→“修剪” 命令行：trim ↙	以某些实体作为边界(剪刀)，将另外某些不需要的部分剪掉。 命令：_trim 当前设置：投影＝视图，边＝无 选择剪切边... 选择对象或＜全部选择＞：找到 1 个 选择对象：找到 1 个，总计 2 个 选择对象：找到 1 个，总计 3 个 选择对象： 选择要修剪的对象，或按住 Shift 键选择要延伸的对象，或 ［栏选(F)/窗交(C)/投影(P)/边(E)/删除(R)/放弃(U)］：	修剪前 修剪后 注意：选择被剪切边时，必须选在要删除的部分
工具图标： 菜单： “编辑”→“延伸” 命令行：extend ↙	以某些实体作为边界，将另外一些实体延伸到此边界。 命令：_extend 当前设置：投影＝视图，边＝无 选择边界的边… 选择对象或＜全部选择＞：找到 1 个 选择对象： 选择要延伸的对象，或按住 Shift 键选择要修剪的对象，或 ［栏选(F)/窗交(C)/投影(P)/边(E)/放弃(U)］：	
工具图标： 菜单： “编辑”→“拉长” 命令行：lengthen ↙	修改线段或者圆弧的长度。 命令：_lengthen 选择对象或［增量(DE)/百分数(P)/全部(T)/动态(DY)］：de 输入长度增量或［角度(A)］＜0.0000＞：2 选择要修改的对象或［放弃(U)］：	

续表 10-2

命令输入	功能及操作示例	图例
工具图标： 菜单： “编辑”→“打断于点” 命令行：break↙	将对象在一点处断开成两个对象，它是从“打断”命令中派生出来的。 命令：_break 选择对象： 指定第二个打断点 或 [第一点(F)]：_f 指定第一个打断点： 指定第二个打断点：@	
工具图标： 菜单： “编辑”→“打断” 命令行：break↙	将线、圆、弧和多义线等断开为两段。 命令：_break 选择对象： 指定第二个打断点 或 [第一点(F)]： 说明：1）如果输入“@”表示第二个断点和第一个断点为同一点，相当于将实体分成两段；2）圆和圆弧总是依逆时针方向断开。	
工具图标： 菜单： “编辑”→“合并” 命令行：join↙	连接某一连续图形上的两个部分，或者将某段圆弧闭合为整圆。 命令：_join 选择源对象： 选择圆弧，以合并到源或进行 [闭合(L)]：L 已将圆弧转换为圆。	合并前　　合并后
工具图标： 菜单： “编辑”→“倒角” 命令行：chamfer↙	对两条直线或多义线倒斜角。 命令：_chamfer (“修剪”模式) 当前倒角距离 1＝0.0000，距离 2＝0.0000 选择第一条直线或 [放弃(U)/多段线(P)/距离(D)/角度(A)/修剪(T)/方式(E)/多个(M)]：d 指定第一个倒角距离 <0.0000>：2 指定第二个倒角距离 <2.0000>：2 选择第一条直线或 [放弃(U)/多段线(P)/距离(D)/角度(A)/修剪(T)/方式(E)/多个(M)]： 选择第二条直线，或按住 Shift 键选择要应用角点的直线：	

续表 10-2

命令输入	功能及操作示例	图例
工具图标： 菜单： “编辑”→“圆角” 命令行：fillet ↙	对两实体或多义线进行圆弧连接。 命令：_fillet 当前设置：模式＝修剪，半径＝ 0.0000 选择第一个对象或［放弃(U)/多段线(P)/半径(R)/修剪(T)/多个(M)］：r 指定圆角半径 <0.0000>：2 选择第一个对象或［放弃(U)/多段线(P)/半径(R)/修剪(T)/多个(M)］： 选择第二个对象，或按住 Shift 键选择要应用角点的对象：	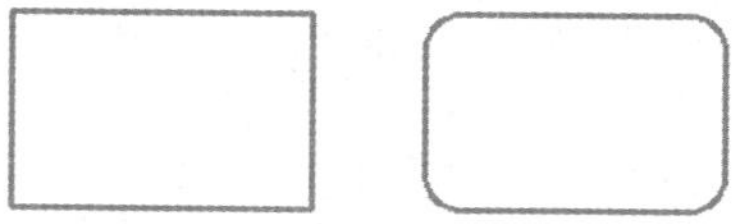
工具图标： 菜单： “编辑”→“分解” 命令行：explode ↙	将矩形、块等由多个对象编组成的组合对象分解成独立的实体。 命令：_explode 选择对象：找到 1 个 选择对象：	

(a) 矩形阵列

(b) 环形阵列

图 10-34 “阵列”对话框

10.4.2.2 编辑对象特性

对象特性包含一般特性和几何特性，一般特性包括对象的颜色、线型、图层及线宽等，几何特性包括对象的尺寸和位置。可以直接在“特性”选项板中设置和修改对象的特性。

(1)打开“特性”选项板 选择“修改”菜单→“特性”命令，或选择“工具”菜单→“选项板”→“特性”命令，也可以在“标准”工具栏中单击“ ”按钮，打开“特性”选项板。

(2)“特性”选项板的功能 如图 10-35(a)、(b)、(c)所示，“特性”选项板中显示了当前选择集中对象的所有特性和特性值，当选中多个对象时，将显示它们的共有特性。可以通过它浏览、修改对象的特性，也可以通过它浏览、修改满足应用程序接口标准的第三方应用程序对象。

(a)

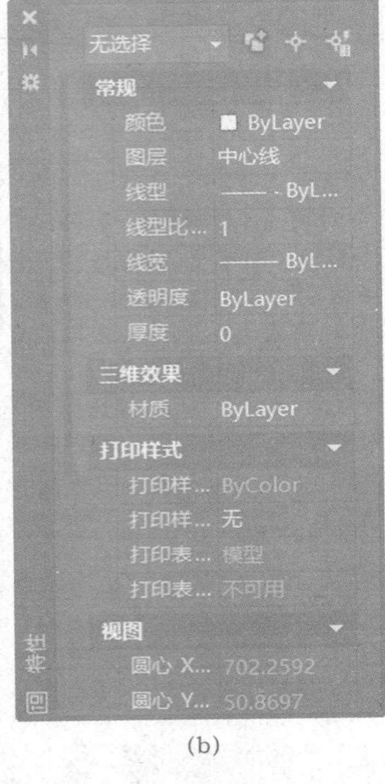

(b)

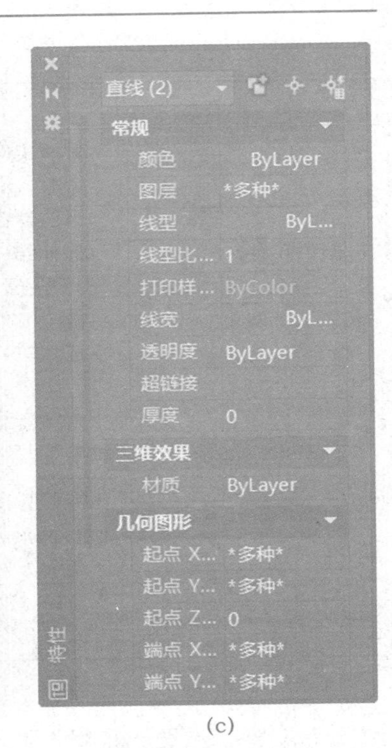

(c)

图 10-35 “特性”选项板

10.4.3 AutoCAD 2020 的尺寸命令

10.4.3.1 添加文字

文字对象是 AutoCAD 图形中很重要的图形元素，是工程图样中不可缺少的组成部分。在一个完整的图样中，通常都包含一些文字注释来标注图样中的一些非图形信息。例如，机械工程图形中的技术要求、装配说明等。

(1)创建文字样式　选择“格式”菜单→“文字样式”命令，打开“文字样式”对话框，如图 10-36 所示。利用该对话框可以修改或创建文字样式，并设置文字的当前样式。

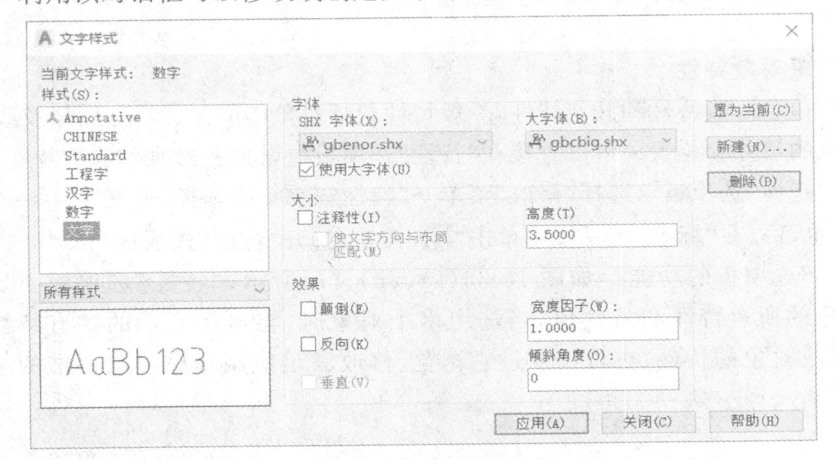

图 10-36 “文字样式”对话框

①设置样式名。“文字样式”对话框中各选项的含义如下：

“样式”列表框：列出当前可以使用的文字样式，默认文字样式为 Standard。

“新建”按钮：单击该按钮打开“新建文字样式”对话框。在“样式名”文本框中输入新建文字样式名称后，单击“确定”按钮可以创建新的文字样式。

“删除”按钮：单击该按钮可以删除某一已有的文字样式，但无法删除已经使用的文字样式和默认的 Standard 样式。

②设置字体。“文字样式”对话框的“字体”选项组用于设置文字样式使用的字体和字高等属性。

“字体名”下拉列表框用于选择字体；“字体样式”下拉列表框用于选择字体格式，如斜体、粗体和常规字体等；“高度”文本框用于设置文字的高度。选中“使用大字体”复选框，“字体名”下拉列表框变为“SHX 字体”下拉列表框，“字体样式”下拉列表框变为“大字体”列表框。

AutoCAD 提供了符合工程标注要求的字体文件：gbenor. shx、gbeitc. shx 和 gbcbig. shx 文件。其中，gbenor. shx 和 gbeitc. shx 文件分别用于标注直体和斜体字母与数字；gbcbig. shx 则用于标注中文。

③设置文字效果。在“文字样式”对话框中，使用“效果”选项组中的选项可以设置文字的颠倒、反向、垂直等显示效果。在“宽度因子”文本框中可以设置文字字符的高度和宽度之比，当“宽度因子”值为 1 时，将按系统定义的高、宽比书写文字；当“宽度因子”小于 1 时，字符会变窄；当“宽度比例”大于 1 时，字符则变宽。在“倾斜角度”文本框中可以设置文字的倾斜角度，角度为 0°时不倾斜；角度为正值时向右倾斜；为负值时向左倾斜。

④预览与应用文字样式。在“文字样式”对话框的“预览”选项组中，可以预览所选择或所设置的文字样式效果。设置完文字样式后，单击“应用”按钮即可应用文字样式。然后单击“关闭”按钮，关闭“文字样式”对话框。

打开“A3 图幅-横放”样板图，在其中设置两种文本样式，即：工程字和数字，具体参数如图 10-37(a)、(b)所示。设置完成后，保存样板文件。

(2)创建单行文字　选择“绘图”菜单→“文字”→“单行文字”命令(Dtext)，或在“文字”工具栏中单击“单行文字”按钮，可以创建单行文字。

①指定文字的起点。默认情况下，通过指定单行文字行基线的起点位置创建文字。如果当前文字样式的高度设置为 0，系统将显示“指定高度：”提示信息，要求指定文字高度，否则不显示该提示信息，而使用“文字样式”对话框中设置的文字高度。

然后系统显示“指定文字的旋转角度 <0>：”提示信息，要求指定文字的旋转角度。文字旋转角度是指文字行排列方向与水平线的夹角，默认角度为 0°。输入文字旋转角度，或按 Enter 键使用默认角度 0°，最后输入文字即可。

②设置对正方式。在 AutoCAD 中，系统为文字提供了多种对正方式。在“指定文字的起点或 [对正(J)/样式(S)]：”提示信息后输入：J，可以设置文字的排列方式，此时命令行显示如下提示信息。

输入对正选项[左(L)/对齐(A)/调整(F)/中心(C)/中间(M)/右(R)/左上(TL)/中(TC)/右上(TR)/左中(ML)/正中(MC)/右中(MR)/左下(BL)/中下(BC)/右下(BR)]<左上(TL)>：

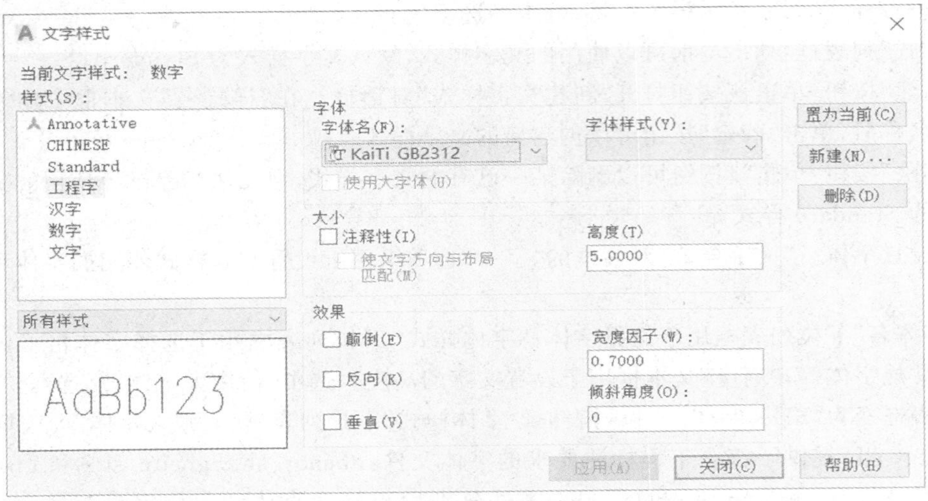

(a)“工程字”设置示例

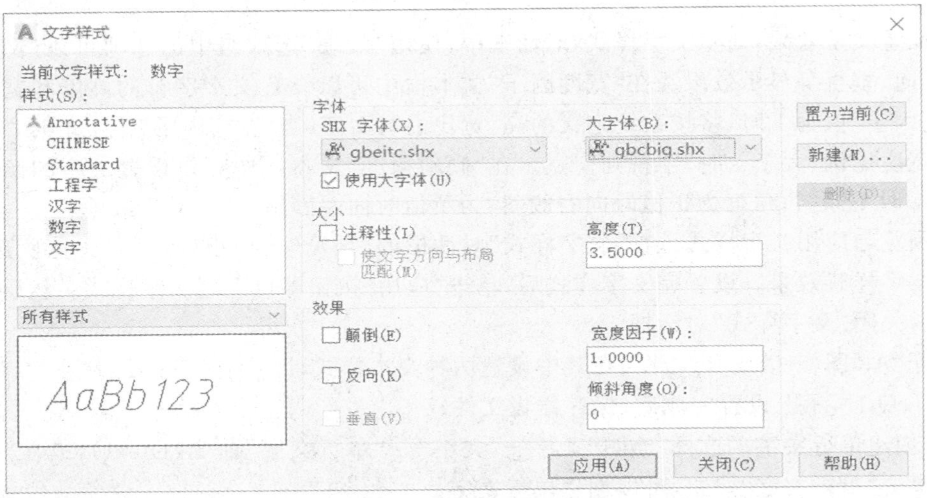

(b)“数字”设置示例

图 10-37 文字设置示例

③设置当前文字样式。

命令:Dtext

“指定文字的起点或[对正(J)/样式(S)]:”提示下输入:S,可以设置当前使用的文字样式。选择该选项时,命令行显示提示信息。输入样式名或[?]<Mytext>:可以直接输入文字样式的名称,也可输入“?”,在“AutoCAD 文本窗口”中显示当前图形已有的文字样式。

④使用文字控制符。在实际设计绘图中,往往需要标注一些特殊的字符。例如,在文字上方或下方添加划线、标注度(°)、±、Φ 等符号。这些特殊字符不能从键盘上直接输入,因此,AutoCAD 提供了相应的控制符,以实现这些标注要求。

常用的特殊字符输入格式如下:%%O 和%%U 分别是上划线与下划线的开关;%%D-表示“°”符号;%%P-表示“±”符号;%%C-表示“Φ”符号。

⑤编辑单行文字。选择“修改”→“对象”→“文字”子菜单中的命令进行设置。各命令的功

能如下：

■“编辑”命令(Ddedit)：选择该命令，然后在绘图窗口中单击需要编辑的单行文字，进入文字编辑状态，可以重新输入文本内容。

■“比例”命令(Scaletext)：选择该命令，然后在绘图窗口中单击需要编辑的单行文字，此时需要输入缩放的基点以及指定新高度、匹配对象(M)或缩放比例(S)。

■“对正”命令(Justifytext)：选择该命令，然后在绘图窗口中单击需要编辑的单行文字，此时可以重新设置文字的对正方式。

(3)创建多行文字　选择“绘图”菜单→“文字”→“多行文字”命令(Mtext)，或在“绘图”工具栏中单击“多行文字”按钮，然后在绘图窗口中指定一个用来放置多行文字的矩形区域，将打开“文字编辑器”选项板和文字输入窗口。利用它们可以设置多行文字的样式、字体及大小等属性。

①使用“文字编辑器”选项板。使用该选项板，可以设置文字样式、文字字体、文字高度、加粗、倾斜或加下划线效果。单击“堆叠/非堆叠”按钮，可以创建堆叠文字。在使用时，需要分别输入分子和分母，中间使用/、# 或^分隔，然后选择这一部分文字，单击“确定”按钮即可。

②输入文字。在多行文字的文字输入窗口中，可以直接输入多行文字。

③编辑多行文字。选择“修改”菜单→“对象”→“文字”→“编辑”命令(Ddedit)，并单击创建的多行文字，打开多行文字编辑窗口，然后参照多行文字的设置方法，修改并编辑文字。也可以在绘图窗口中双击输入的多行文字，或在输入的多行文字上右击，从弹出的快捷菜单中选择“重复编辑多行文字”或“编辑多行文字”命令，打开多行文字编辑窗口。

现在在标题栏中注写文字，具体操作如下：

①按图 10-38 所示的尺寸绘制标题栏。

②在“样式”工具栏上，从文字样式下拉列表框中选择“汉字”(事先设定好，字体可以为“gbenor.shx”，高度为 5)，并且指定当前活动图层为“文字注写”层。

③执行命令 Mtext 或单击“A”按钮，输入文字，如：“制图”。

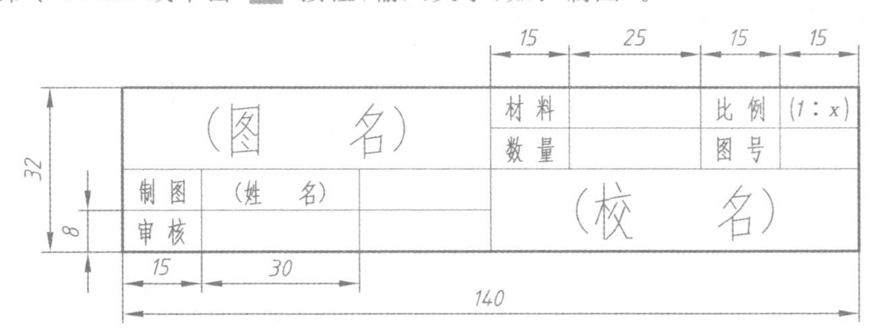

图 10-38 标题栏

命令：_mtext 当前文字样式：“汉字” 当前文字高度：5

指定第一角点：(捕捉输入“制图”所对应线框的左上角点)

指定对角点或[高度(H)/对正(J)/行距(L)/旋转(R)/样式(S)/宽度(W)]：(捕捉输入“制图”所对应线框的右下角点)

此时系统弹出“文字编辑器”选项板，输入文字“制图”，并将这两个字选中，如图 10-39 所示，点击“多行文本对正关系”A按钮，选择“正中”选项，使文字处于整个线框的“正中”位置，点击“确定”，完成栏目文字的填写。

④按照步骤③所介绍的方法填写其他小栏目，填写结果如图 10-38 所示。

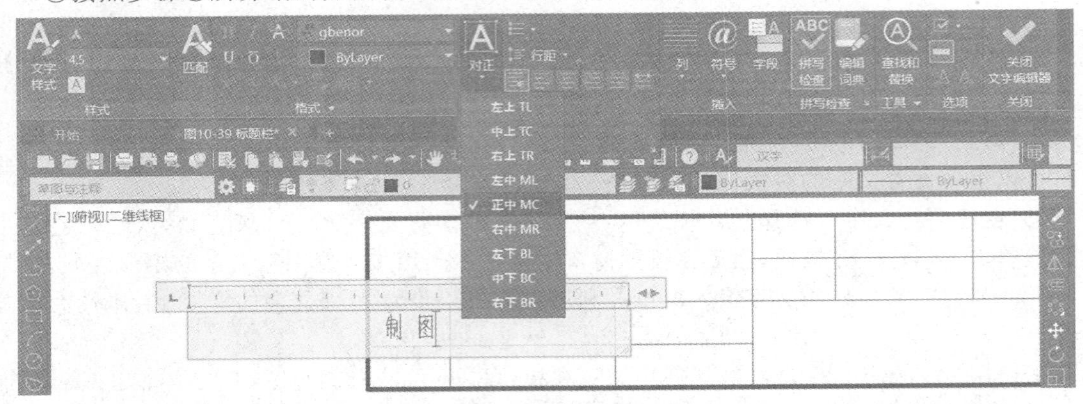

图 10-39 填写标题栏

10.4.3.2 标注尺寸

AutoCAD 2020 包含了一套完整的尺寸标注命令，读者使用它们足以完成图纸中要求的尺寸标注。读者在进行尺寸标注之前，应了解尺寸标注样式的创建和设置方法。

(1)创建尺寸标注的基本步骤　在 AutoCAD 中对图形进行尺寸标注的基本步骤如下：

①选择“格式”菜单→“图层”命令，在打开的“图层特性管理器”对话框中创建一个独立的图层，用于尺寸标注。

②选择“格式”菜单→“文字样式”命令，在打开的“文字样式”对话框中创建一种文字样式，用于尺寸标注。

③选择“格式”菜单→“标注样式”命令，在打开的“标注样式管理器”对话框中设置标准样式。

④使用对象捕捉和标注等功能，对图形中的元素进行标注。

(2)创建标注样式　选择“格式”菜单→“标注样式”命令，打开“标注样式管理器”对话框，如图 10-40 所示。

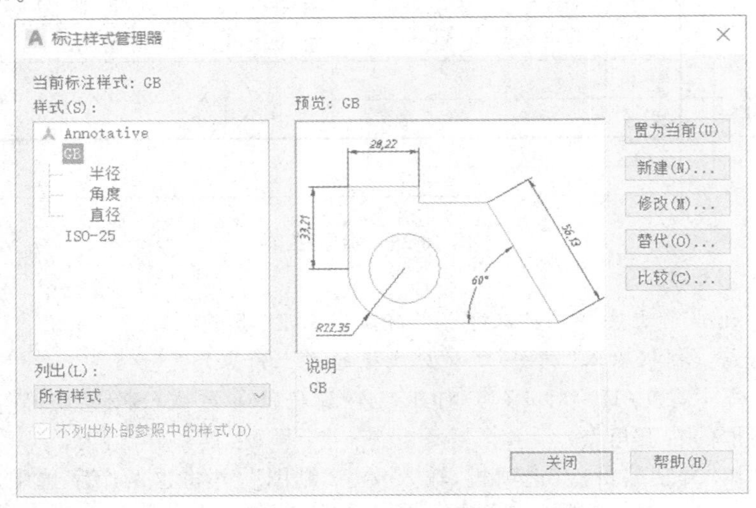

图 10-40 “标注样式管理器”对话框

■“标注样式管理器”对话框各选项的功能如下：

“当前标注样式”：显示当前使用的尺寸标注样式，如果读者没有指定当前样式，AutoCAD自动将缺省的standard样式设置为当前标注样式。“样式”：显示图形中的标注样式，其中当前样式高亮显示。“预览”：显示在样式列表中选中的标注样式的预览图形。“置为当前”：单击该按钮，系统将样式列表中选中的标注样式指定为当前样式。“新建”：单击该按钮，在打开的“创建新标注样式”对话框中即可创建新标注样式。如图10-41所示。

■“创建新标注样式”对话框各选项的功能如下：

“新样式名”：文本框中输入新标注样式的名称；“基础样式”：列表中选择一种已有样式作为新样式的基础，新样式只需修改与其不同的属性；“用于”：下拉列表中可确定新样式的使用范围；“继续”：单击该按钮，打开“新建标注样式”对话框，如图10-42所示。

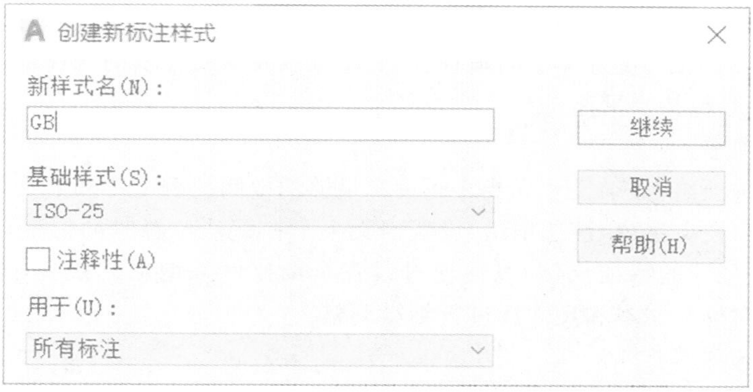

图10-41 “创建新标注样式”对话框

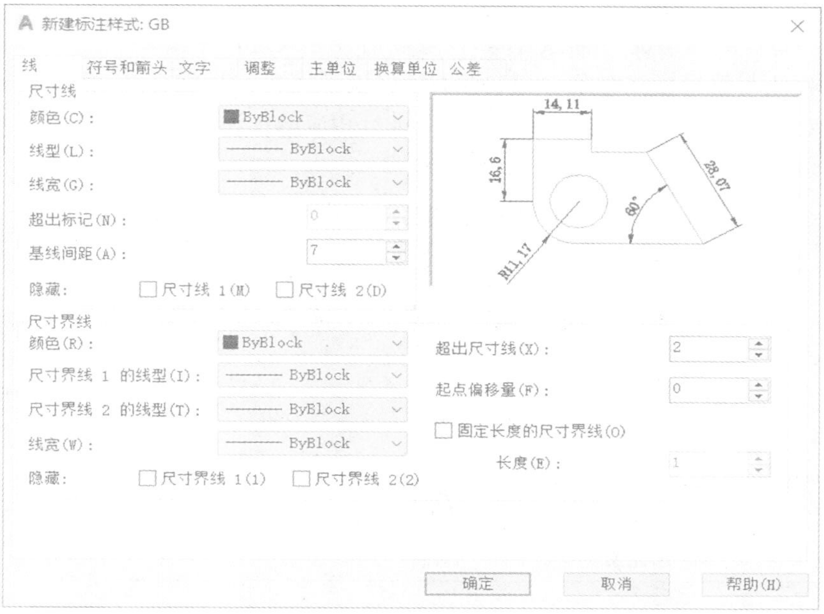

图10-42 “新建标注样式”对话框

其各选项卡功能介绍如下：

■“直线”选项卡：

“尺寸线”选项组：设置尺寸线的颜色、线宽及尺寸线与尺寸线之间的距离等；“尺寸界线”选项组：设置尺寸界线的颜色、线宽以及超出尺寸线的长度等。

■“符号和箭头”：选项卡：

“箭头”选项组：设置尺寸线和引线箭头的类型及尺寸大小等；“圆心标记”选项组：设置圆或圆弧的圆心标记类型，如“标记”“直线”和“无”；“弧长符号”选项组：设置弧长符号显示的位置，包括“标注文字的前缀”“标注文字的上方”和“无”3 种方式；“半径标注折弯”选项组：设置标注圆弧半径时尺寸线的折弯角度大小。

■“文字”选项卡：

“文字外观”选项组：设置文字的样式、颜色、高度和分数高度比例，以及控制是否绘制文字边框；“文字位置”选项组：设置文字的垂直、水平位置以及从尺寸线的偏移量；“文字对齐”选项组：设置标注文字是保持水平还是与尺寸线平行。

■“调整”选项卡：

“调整选项”选项组：如果尺寸界线之间没有足够的空间放置文字和箭头，那么可以将它们从尺寸界线中移出；“文字位置”选项组：设置当文字不在默认位置时的位置；“标注特征比例”选项组：设置标注尺寸的特征比例，以便通过设置全局比例来增加或减少各标注的大小；“优化”选项组：可以对标注文本和尺寸线进行细微调整。

■“主单位”选项卡：

“线性标注”选项组：设置线性标注的单位格式与精度；“测量单位比例”选项组：使用“比例因子”文本框可以设置测量尺寸的缩放比例，AutoCAD 的实际标注值为测量值与该比例的乘积。

■“公差”选项卡：设置是否标注公差，以及以何种方式进行标注。

(3)尺寸标注与编辑标注对象　AutoCAD 提供了完善的标注命令，例如使用“直径”“半径”“角度”“线性”“圆心标记”等标注命令，可以进行相应的标注。

①尺寸标注。常用的尺寸标注命令见表 10-3。

表 10-3　常用的尺寸标注命令

命令输入	功能及操作示例	图例
图例： 菜单：“标注”→“线性” 命令行：dimlinear ↙	线性尺寸标注命令。可用于标注水平、垂直或倾斜的线性尺寸。 命令：_dimlinear 指定第一条尺寸界线原点或 ＜选择对象＞： 指定第二条尺寸界线原点： 指定尺寸线位置或[多行文字(M)/文字(T)/角度(A)/水平(H)/垂直(V)/旋转(R)]： 标注文字＝22	

续表 10-3

命令输入	功能及操作示例	图例
图例： 菜单："标注"→"对齐" 命令行：dimaligned ↙	对齐(平行)型尺寸标注命令。该尺寸的尺寸线平行于两个尺寸界线起点的连线，用于倾斜尺寸的标注。 命令：_dimaligned 指定第一条尺寸界线原点或 ＜选择对象＞： 指定第二条尺寸界线原点： 指定尺寸线位置或[多行文字(M)/文字(T)/角度(A)]： 标注文字 ＝ 10	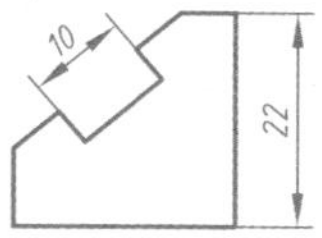 10 22
图例： 菜单："标注"→"弧长" 命令行：dimarc ↙	弧长标注命令。可以标注圆弧线段或多段线圆弧线段部分的弧长。 命令：_dimarc 选择弧线段或多段线弧线段： 指定弧长标注位置或 [多行文字(M)/文字(T)/角度(A)/部分(P)/引线(L)]： 标注文字 ＝ 22	 ⌒22
图例： 菜单："标注"→"基线" 命令行：dimbaseline ↙	基线型尺寸标注命令。用于以同一条尺寸界线为基准，标注多个尺寸。在采用基线方式标注之前，一般应先标注出一个线性尺寸(如右图中尺寸 10)，再执行该命令。 命令：_dimbaseline 指定第二条尺寸界线原点或 [放弃(U)/选择(S)] ＜选择＞： 标注文字 ＝ 23 指定第二条尺寸界线原点或 [放弃(U)/选择(S)] ＜选择＞： 系统重复该提示，Enter 键结束该命令(尺寸线间的距离由尺寸标注样式中基线间距的设置值所决定)。	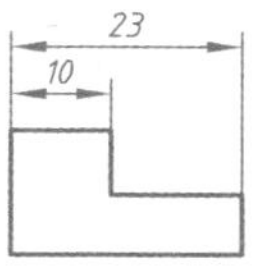 23 10
图例： 菜单："标注"→"连续" 命令行：dimcontinue ↙	连续型尺寸标注命令。用于首、尾相连的尺寸标注，在采用该方式标注之前，应先标注出一个线性尺寸，在执行该命令 命令：_dimcontinue 指定第二条尺寸界线原点或 [放弃(U)/选择(S)] ＜选择＞： 标注文字 ＝ 13 指定第二条尺寸界线原点或 [放弃(U)/选择(S)] ＜选择＞：(系统重复该提示，Enter 键可结束该命令)	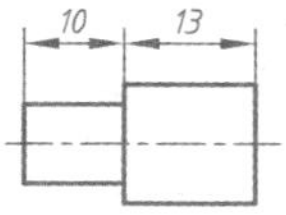 10 13

续表 10-3

命令输入	功能及操作示例	图例
图例： 菜单："标注"→"半径" 命令行：dimradius ↙	半径型尺寸标注命令。用于标注圆和圆弧的半径尺寸 命令：_dimradius 选择圆弧或圆： 标注文字 ＝ 15 指定尺寸线位置或[多行文字(M)/文字(T)/角度(A)]：	 R15
图例： 菜单："标注"→"折弯" 命令行：dimjogged ↙	折弯型尺寸标注命令。可以折弯标注圆和圆弧的半径，但需要指定一个位置代替圆或圆弧的圆心 命令：_dimjogged 选择圆弧或圆： 指定中心位置替代： 标注文字 ＝ 88 指定尺寸线位置或[多行文字(M)/文字(T)/角度(A)]： 指定折弯位置：	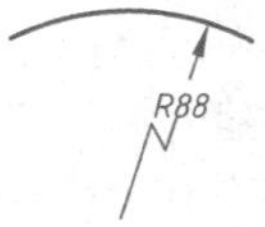 R88
图例： 菜单："标注"→"直径" 命令行：dimdiameter ↙	直径型尺寸标注命令。用于标注指定圆和圆弧的直径尺寸；该命令先选择需要标注的圆和圆弧，然后给出尺寸数字的位置。 当通过"多行文字(M)"和"文字(T)"选项重新确定尺寸文字时，需要在尺寸文字前加前缀%%C，才能使标出的直径尺寸有直径符号 Φ。	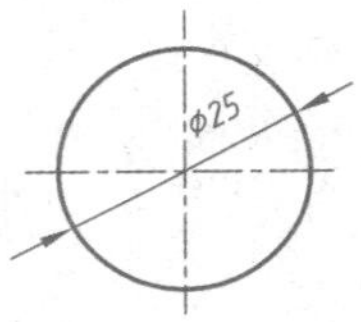 Φ25
图例： 菜单："标注"→"角度" 命令行：dimangular ↙	角度型尺寸标注命令。可以标注圆和圆弧的角度、两条直线间的角度，或者三点间的角度。 命令：_dimangular 选择圆弧、圆、直线或＜指定顶点＞： 选择第二条直线： 指定标注弧线位置或[多行文字(M)/文字(T)/角度(A)]： 标注文字 ＝ 41	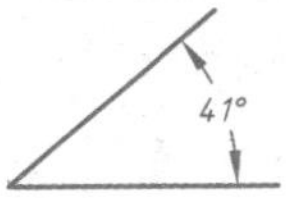 41°
图例： 菜单："标注"→"引线" 命令行：qleader ↙	引线型尺寸标注命令。可以实现多行文本的引出功能旁注指引线，既可以是折线，又可以是样条曲线；旁注指引线的起始端可以有箭头，也可以没有箭头。 执行该命令，命令提示为：指定第一个引线点或[设置(S)]＜设置＞：给定引线起点，若输入 S，则可进行该命令的设置，其设置内容如图 10-43 所示。	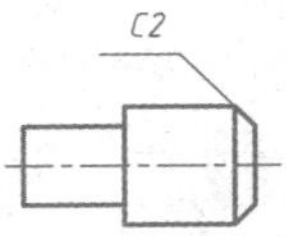 C2
图例： 菜单："标注"→"快速标注" 命令行：qdim ↙	快速标注尺寸命令。该命令可以快速创建成组的基线、连续、阶梯和坐标标注，快速标注多个圆、圆弧，以及编辑现有标注的布局。 命令：_qdim 选择要标注的几何图形：(可选择一个或多个) 指定尺寸线位置或[连续(C)/并列(S)/基线(B)/半径(R)/直径(D)/基准点(P)/编辑(E)/设置(T)]＜连续＞：	

(a)

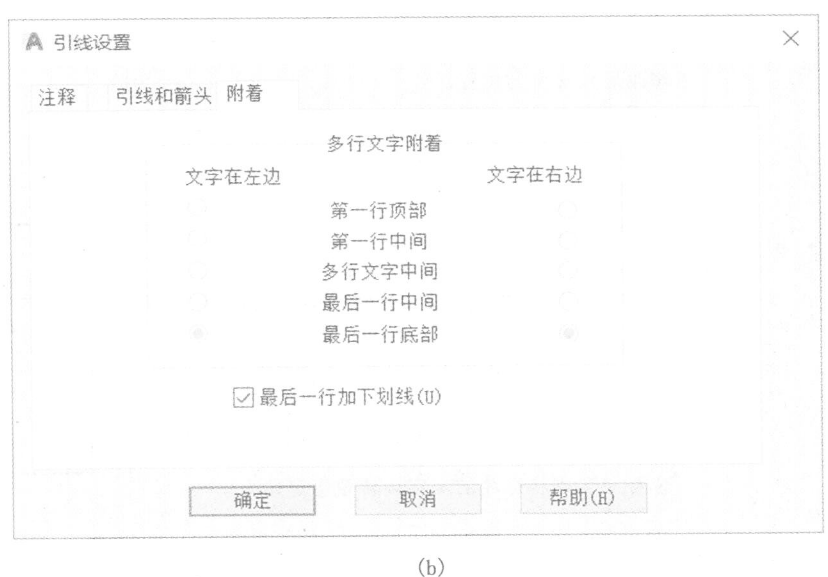

(b)

图 10-43　“引线设置”对话框

②编辑尺寸标注。尺寸标注完成以后，读者可以方便地对其进行编辑修改。例如对已标注对象的文字、位置及样式等内容进行修改，而不必删除所标注的尺寸对象再重新进行标注，具体功能如表 10-4 所示。

表 10-4　尺寸编辑命令

命令输入	说　　明	图　例
图例： 菜单："标注"→"倾斜" 命令行：dimedit↙	编辑标注命令。用于修改尺寸文字的内容，或调整文字的位置或改变尺寸界线的方向等。 命令：_ dimedit 输入标注编辑类型［默认(H)/新建(N)/旋转(R)/倾斜(O)］<默认>： 各项的含义如下： 输入"H"，则按缺省位置、方向放置尺寸文字； 输入"N"，则使用文字编辑对话框，重新修改尺寸文字； 输入"R"，可对尺寸文字进行旋转； 输入"O"，可对尺寸界线的方向进行调整。(如右图)	22 22 ↓ 22 22
图例： 菜单："标注"→"编辑标注文字" 命令行：dimtedit↙	尺寸标注(文字移动和旋转标注)文字编辑命令，用于修改尺寸文字的位置。 命令：_dimtedit 选择标注： 指定标注文字的新位置或［左(L)/右(R)/中心(C)/默认(H)/角度(A)］： 各选项含义如下： 输入"L"，则尺寸文字沿尺寸线左对齐，该选项适用于线性、半径和直径标注(如右图)； 输入"R"，则尺寸文字沿尺寸线左对齐，该选项适用于线性、半径和直径标注； 输入"H"，将标注的文字移至缺省位置； 输入"A"，则将标注的文字旋转至指定角度。	22 22 ↓ 22 22

10.4.3.3　尺寸公差的标注

在零件图中，常见的尺寸公差标注形式如图 10-44 所示。该类公差尺寸的标注应在"标注样式管理器"对话框中进行。在"公差"选项卡(尺寸不需标注公差时，该选项卡公差格式的"方式"选项应设置为"无")中设置。其中：上偏差为＋0.015、下偏差为＋0.002 的设置；上偏差为＋0.021、下偏差为 0 的设置如图 10-45 所示。"ϕ30±0.026"可在尺寸标注时，采用输入文字的形式直接输入。

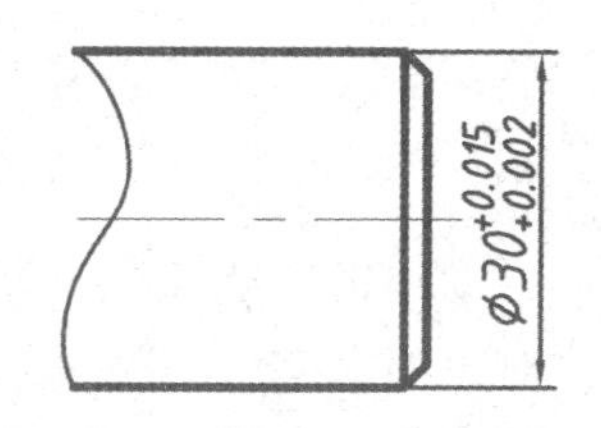

图 10-44　公差标注示例

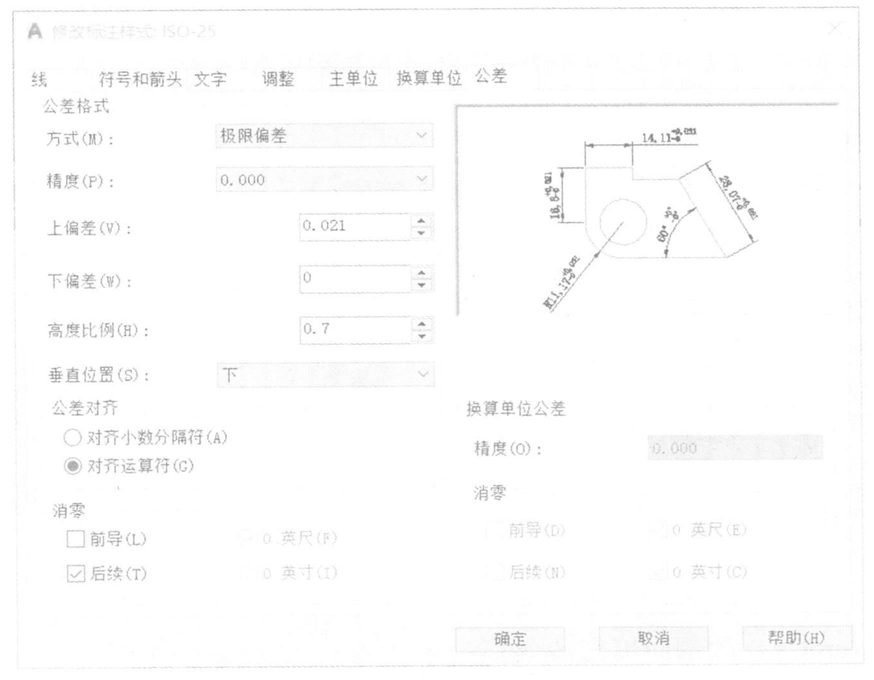

图 10-45　公差标注参数设置

10.4.3.4　形位公差标注

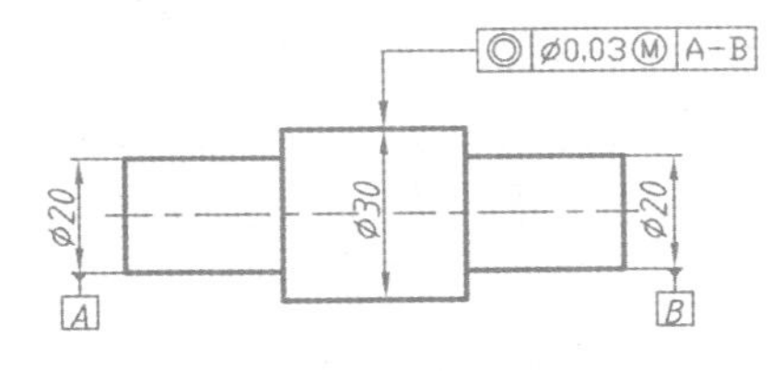

图 10-46　形位公差标注示例

在图样上标注形位公差时采用代号标注。标注形位公差代号，一般可以采用两个命令实现：其一是采用“引线”型尺寸标注命令，注写带引线的形位公差代号；其二是采用“公差命令”，注写不带引线的形位公差代号。

现以轴的同轴度为例，如图 10-46 所示，介绍“引线”型尺寸标注命令标注形位公差的方法。具体操作步骤如下：

(1)执行“qleader”命令。

(2)设置“引线设置”对话框，注写形位公差代号。

在命令提示行中输入“S”，即可调出“引线设置”对话框，如图 10-43 所示。

命令：_qleader

指定第一个引线点或［设置(S)］＜设置＞：S；

指定第一个引线点或［设置(S)］＜设置＞：(选中“注释”选项卡中的“公差”复选框，其他设置为默认)给定被测要素上点；

指定第一个引线点或［设置(S)］＜设置＞：给定指引线上一点；

指定第一个引线点或［设置(S)］＜设置＞：给定折线上一点，并弹出“形位公差”对话框，参数输入如图 10-47 所示。

指定第一个引线点或［设置(S)］＜设置＞：

指定下一点：

指定下一点：点击符号栏，可弹出形位公差项目的“特征符号”窗口，选择相应的项目符号，如图 10-48 所示；在“公差 1”栏内填写公差数值，也可根据需要，点击公差数值前后的“直径符号”或“包容条件代号”；点击“形位公差”对话框中的“确定”按钮，即可在指定标出形位公差代号，标注后的效果如图 10-46 所示。

(3)标注基准代号　采用图块制作方法，将基准代号定义成图块，并标注在基准要素处。

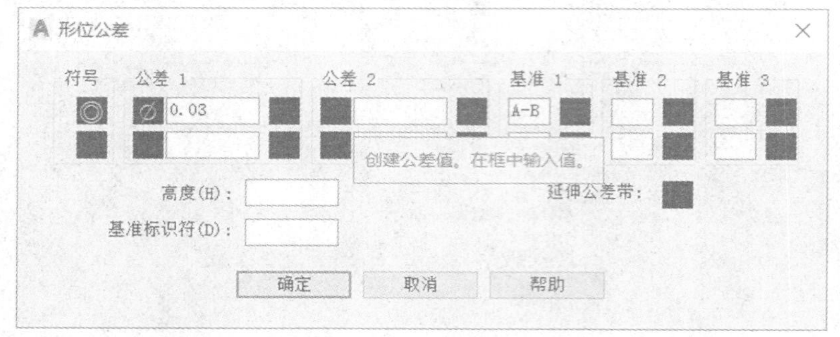

图 10-47　“形位公差”对话框

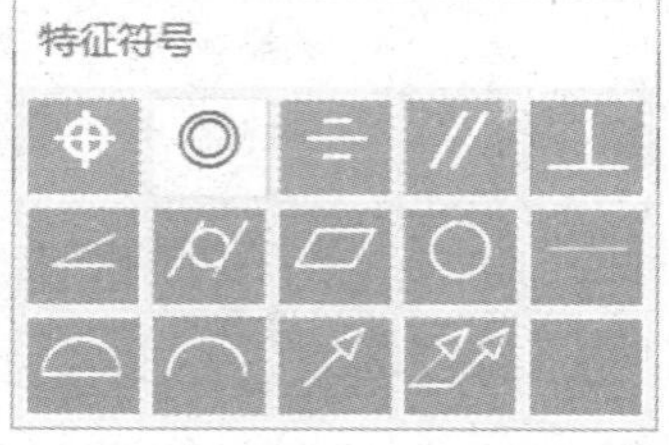

图 10-48　“特征符号”对话框

10.4.4　AutoCAD 的剖面填充命令

10.4.4.1　图案填充

在 AutoCAD 中，图案填充的应用非常广泛。在机械工程图中，可以用图案填充表达一零部件被剖切的区域。

(1)设置图案填充　选择“绘图”菜单→“图案填充”或在“绘图”工具栏中单击▨按钮，打开“图案填充创建”管理器，在其下方偏右侧点击按钮▣，弹出“图案填充和渐变色”对话框，如图 10-49 所示。选择“图案填充”选项卡，可以设置填充时的类型和图案、角度和比例等特性。

■“类型和图案”选项组：

“类型”下拉列表框：设置填充的图案类型，包括“预定义”“用户定义”和“自定义”3 个选项。其中，“预定义”选项，可以使用 AutoCAD 2020 提供的图案；选择“用户定义”选项，则需要临时定义图案，该图案由一组平行线或者相互垂直的两组平行线组成；选择“自定义”选项，可以使用事先定义好的图案。

“图案”下拉列表框：设置填充的图案，当在“类型”下拉列表框中选择“预定义”时该选项可用。“样例”预览窗口：显示当前选中的图案样例，单击所选的样例图案，也可打开“填充图案选项板”对话框选择图案。“自定义图案”下拉列表框：选择自定义图案，在“类型”下拉列表框中选择“自定义”类型时该选项可用。

■“角度和比例”选项组：

“角度”下拉列表框：设置填充图案的旋转角度，每种图案在定义时的旋转角度都为零。“比例”下拉列表框：设置图案填充时的比例值。每种图案在定义时的初始比例为 1，可以根据需要放大或缩小。

“双向”复选框：当在“图案填充”选项卡中的“类型”下拉列表框中选择“用户定义”选项时，选中该复选框，可使用相互垂直的两组平行线填充图形；否则为一组平行线。“相对图纸空间”复选框：设置比例因子是否为相对于图纸空间的比例。

图 10-49 “图案填充和渐变色”对话框

■ “图案填充原点”选项组：

“使用当前原点”单选按钮：可以使用当前 UCS 的原点(0,0)作为图案填充原点。“指定的原点”单选按钮：可以通过指定点作为图案填充原点。其中，单击“单击以设置新原点”按钮 ，可以从绘图窗口中选择某一点作为图案填充原点；选择“默认为边界范围”复选框，可以以填充边界的左下角、右下角、右上角、左上角或圆心作为图案填充原点；选择“存储为默认原点”复选框，可以将指定的点存储为默认的图案填充原点。

■ “边界”选项组：

“拾取点”按钮 ：以拾取点的形式来指定填充区域的边界。单击该按钮切换到绘图窗口，可在需要填充的区域内任意指定一点，系统会自动计算出包围该点的封闭填充边界，同时亮显该边界。如果在拾取点后系统不能形成封闭的填充边界，则会显示错误提示信息。

“选择对象”按钮 ：单击该按钮将切换到绘图窗口，可以通过选择对象的方式来定义填充区域的边界。

“删除边界”按钮：单击该按钮可以取消系统自动计算或读者指定的边界。

“重新创建边界”按钮：重新创建图案填充边界。

■ 其他选项功能：

在“选项”选项组中，“关联”复选框用于创建其边界时随之更新的图案和填充；“创建独立的图案填充”复选框用于创建独立的图案填充；“绘图次序”下拉列表框用于指定图案填充的绘图顺序，图案填充可以放在图案填充边界及所有其他对象之后或之前。

此外，单击“继承特性”按钮，可以将现有图案填充或填充对象的特性应用到其他图案填充或填充对象；单击“预览”按钮，可以使用当前图案填充设置显示当前定义的边界，单击图形或按 Esc 键返回对话框，单击、右击或按 Enter 键接受图案填充。

(2)编辑图案填充　选择“修改”菜单→“对象”→“图案填充”命令，然后在绘图窗口中单击需要编辑的图案填充，或者直接双击要修改的填充图案，这时将打开“图案填充编辑”对话框，修改完成后，点击“确定”按钮即可。

现以图 10-50(a)所示图形为例，介绍剖面线填充过程。

命令：bhatch(点击“拾取点”按钮，开始拾取被填充区域内部点。)

拾取内部点或 [选择对象(S)/删除边界(B)]：正在选择所有对象...

正在选择所有可见对象...

正在分析所选数据...

正在分析内部孤岛...

拾取内部点或 [选择对象(S)/删除边界(B)]：(依次左键拾取线框 1、2、3、4 内部点)

拾取完对象后按 Enter 键，系统弹出“图案填充和渐进色”对话框，填充图案样例选择“ANSI31”，单击“确定”按钮，剖面线填充完毕，如图 10-50(b)所示。

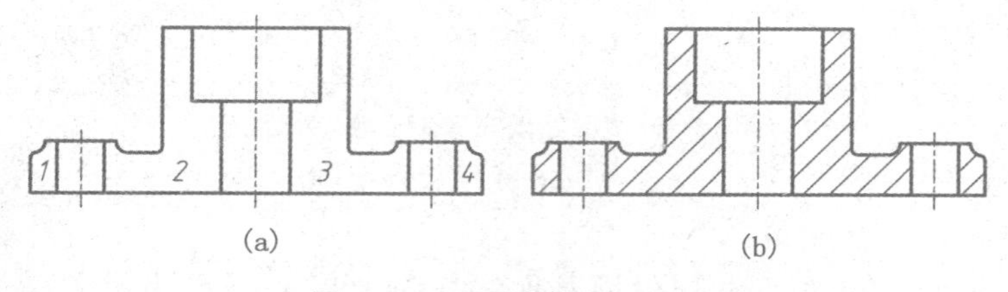

图 10-50　剖面线填充示例

10.4.4.2　图块的创建与设置

在绘制图形时，如果图形中有大量相同或相似的内容，或者所绘制的图形与已有的图形文件相同，则可以把要重复绘制的图形创建成块，并根据需要为块创建属性，指定块的名称、用途及设计者等信息，在需要时将这组对象插入到图中任意指定位置。

(1)创建块　选择“绘图”菜单→“块”→“创建”命令(Block)，或在“绘图”工具栏中单击“创建块”按钮，打开“块定义”对话框，可以将已绘制的对象创建为块。

■ “名称”下拉列表框：块的名称可以是中文或字母、数字、下划线构成的字符串。

■ “基点”选项组：选择一点作为被创建块的基点，可以在对话框中输入基点的坐标值(x，y，z)，也可以单击按钮，在绘图区域选择一点。

■“对象”选项组：选择定义块的内容，单击⌖按钮，在绘图区域选择要转换为块的图形对象。选择完毕后，重新显示对话框，并在选项组最下一行显示：“已选择 X 个对象”，并且被选对象在预览框中显示出来，各项设置如图 10-51 所示。该栏中有 3 个单选按钮，其中，“保留”表示保留构成块的对象；“转换为块”表示将选取的图形对象转换为插入的块；“删除”表示定义块后，将删除生成块定义的对象。

■“设置”选项组：一般情况该选项组内容默认设置就可以。如果要选择其他的单位，则可点击“块单位”下面的“倒三角”，此时出现下拉菜单，并列出所有单位，可根据需要进行选择。如果希望块在被插入后不能被分解，则可将“允许分解”复选框中的“√”去掉。

需要注意的是：AutoCAD 中的块分为两种：“内部块”和“外部块”。这两种块的区别在于：用 Bmake 命令定义的块为“内部块”，它保存于当前图形中，并且只能在当前图形中通过块插入命令被引用；而用 Wblock 命令定义的“外部块”则不同，它会以图形文件的形式保存在硬盘上，可以被所有的图形文件引用，文件名的扩展名为“. dwg”。

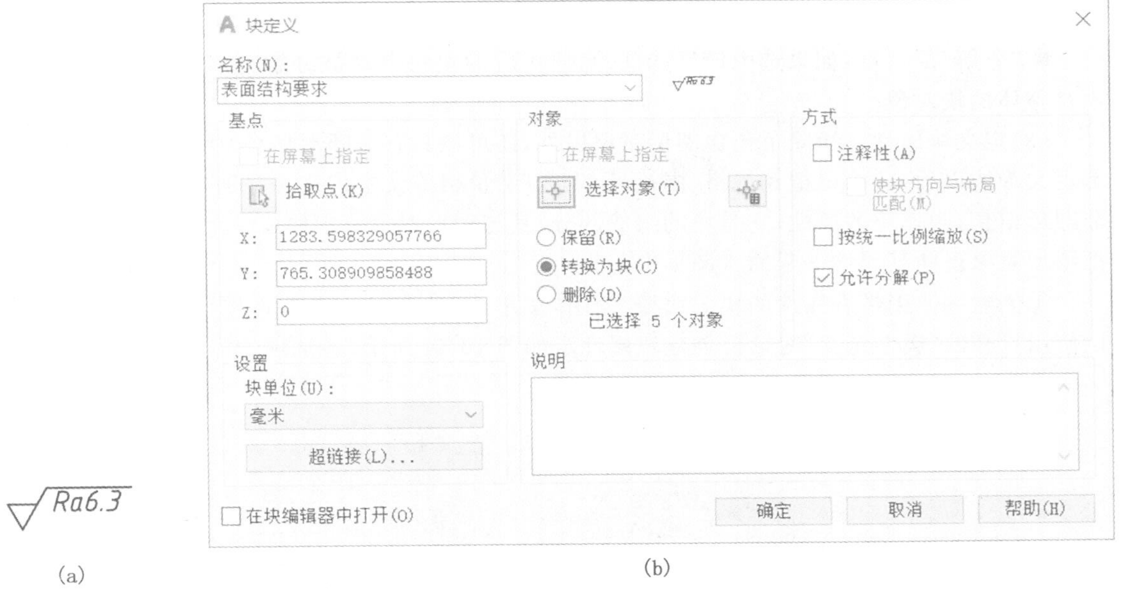

(a) (b)

图 10-51 创建表面结构块

(2)插入块 执行“ClassicInsert”命令，打开如图 10-52 所示的“插入”对话框(该方法为经典插入块方法)。读者可以利用它在图形中插入块或其他图形，并且在插入块的同时还可以改变所插入块或图形的比例与旋转角度。如图 10-53 所示。

■“名称”下拉列表框：输入要插入的块的名称。在下拉列表中列出的块都是“内部块”，如果要选择一个“外部块”，则单击“浏览”按钮，从弹出的“选择文件”对话框中进行选择。

■“插入点”选项组：输入要插入块的基点的坐标值(x，y，z)，或在绘图区域选择一点作为插入点。

■“缩放比例”选项组：设置块插入的比例，默认在 3 个方向上都为 1∶1。可以直接输入比例数值或者通过在屏幕上拖动鼠标来确定。

■“旋转”选项组：输入块插入时的旋转角度。方法参见旋转命令的使用。

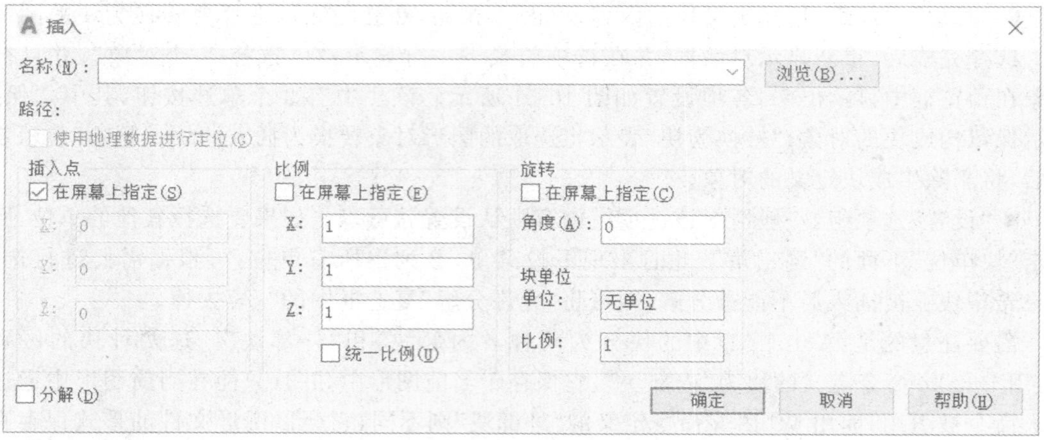

插入
名称(N)：
浏览(B)...
路径：
使用地理数据进行定位(G)
插入点
在屏幕上指定(S)
X: 0
Y: 0
Z: 0
比例
在屏幕上指定(E)
X: 1
Y: 1
Z: 1
统一比例(U)
旋转
在屏幕上指定(C)
角度(A)： 0
块单位
单位： 无单位
比例： 1
分解(D)
确定
取消
帮助(H)

图 10-52 “插入”对话框

■“分解”复选框：如果选中该复选框，则插入后的块将自动被分解为多个单独的对象，而不是整体的块对象。

(3)定义块属性 块除了包含图形对象以外，还可以具有非图形信息，例如，把一个螺栓图形定义为块以后，还可以把其规格、国标号、生产厂、价格等文本信息一并加入块中。块的这些非图形信息，叫作块的属性，它是块的组成部分，其与图形对象一起构成一个整体，在插入块时把图形对象连同其属性一起插入图形中。

①创建并使用带有属性的块。选择“绘图”菜单→“块”→“定义属性”命令(Attdef)，可以使用打开的“属性定义”对话框创建块属性。如图 10-54 所示，各选项功能如下。

Ra6.3

图 10-53 插入块

属性定义
模式
不可见(I)
固定(C)
验证(V)
预设(P)
锁定位置(K)
多行(U)
属性
标记(T)：
提示(M)：
默认(L)：
插入点
在屏幕上指定(O)
X: 0
Y: 0
Z: 0
文字设置
对正(J)： 左对齐
文字样式(S)： Standard
注释性(N)
文字高度(E)： 3.5
旋转(R)： 0
边界宽度(W)： 0
在上一个属性定义下对齐(A)
确定
取消
帮助(H)

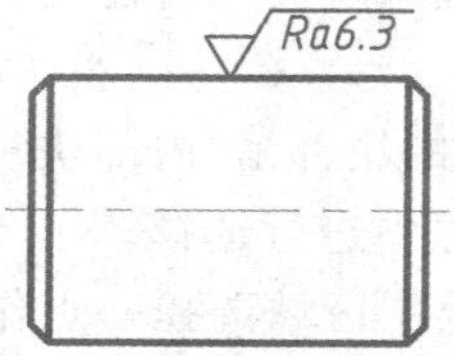

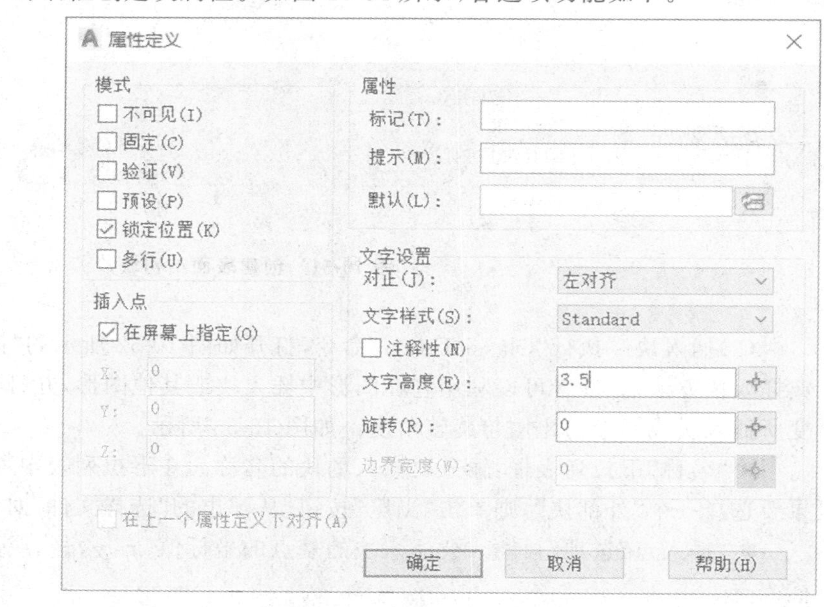

图 10-54 “属性定义”对话框

■ “模式”选项组：其中“不可见”表示属性值不直接显示在图形中；“固定”表示属性值是固定不变的，不能更改；“验证”表示在插入块时不能更改属性值，但是可以通过修改属性的办法来修改。

■ “属性”选项组：用来定义属性。在“标记”和“值”中分别输入属性标记和属性值，“标记”不能空白；在“提示”中输入在命令行显示的提示信息。

■ “插入点”选项组：通过鼠标在屏幕上选取或者直接输入坐标的方法来确定文本在图形中的位置。

■ “文字设置”选项组：用于定义文字的对齐方式、文本样式、字体高度和旋转角度。

②在图形中插入带属性的块。在创建带有附加属性的块时，需要同时选择块属性作为块的成员对象。带有属性的块创建完成后，就可以使用“插入”对话框，在文档中插入该块。

③编辑块属性。选择“修改”菜单→“对象”→“文字”→“编辑”命令(Ddedit)或双击块属性。

选择“修改”菜单→“对象”→“属性”→“单个”命令(Eattedit)，或在“修改Ⅱ”工具栏中单击“编辑属性”按钮，都可以编辑块对象的属性。

10.5 工程图绘制实例

10.5.1 平面图形绘制实例

现以图10-55所示的平面图形为例，介绍平面图形的绘制方法与步骤。

(1)图形分析

①尺寸分析。该图形中的线性尺寸12、34和36，角度尺寸30°以及圆或圆弧尺寸$R3$、$R5$、$R9$、$R12$、$R16$和$3\times\phi10$等均为定形尺寸；尺寸56、12和22等为定位尺寸。

②线段分析。根据尺寸分析的结果，该图形中的圆$\phi10$、圆弧$R12$和$R16$、30°角的边以及34、36所决定的直线段均为已知线段；而圆弧$R3$、$R5$和$R9$均为连接线段。

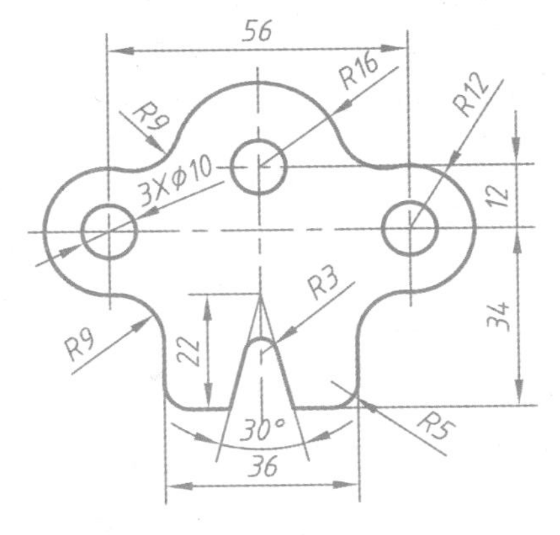

图10-55 二维图形及尺寸

(2)创建样板图 设置绘图初始环境的内容，如绘图单位与界限、图层(线型、颜色、线宽)、字体样式、标注样式等，并以“平面图形.dwt”样板文件保存，以免绘图时重复设置。还可以调用先前建立的“A3图幅-横放.dwt”。

(3)图形绘制 打开“A3图幅-横放.dwt”样板文件，开始绘制图形。平面图形的作图过程如图10-56所示，具体步骤如下。

①绘制图形的基准线及各线段的定位线，如图10-56(a)所示。该步骤的作图提示：

■ 以对称线和中心线为基准线。由于图形左、右对称，故仅需绘制右半部分的图线即可。

■ 选择点划线所在的图层为当前图层。

■ 相互平行的直线段应尽量采用偏移命令作图。

②绘制已知线段及连接线段，如图10-56(b)所示。该步骤的作图提示：

■ 选择粗实线所在的图层为当前图层。

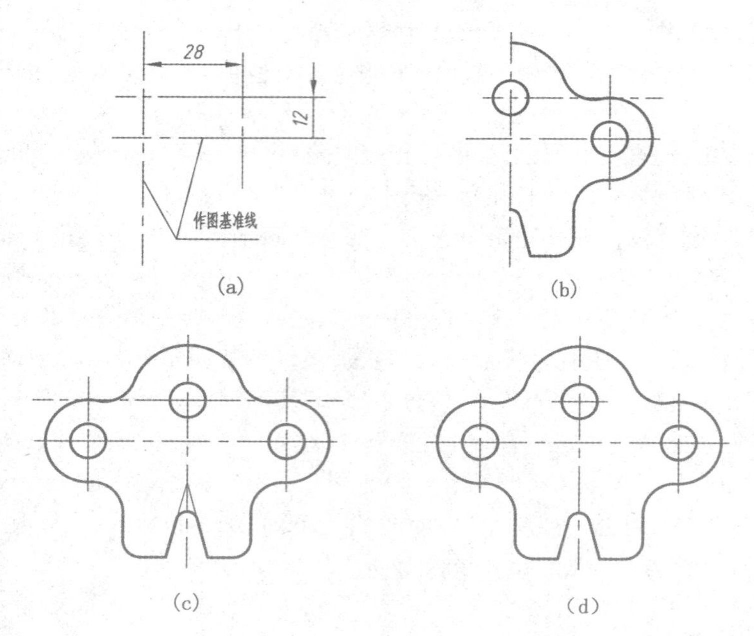

图 10-56 二维图形绘制过程

■ 先画已知线段(如 $R16$、$R12$、$\phi10$),后画连接线段($R9$)。

■ 绘制线段时,应尽量采用对象捕捉方式或采用“先画长,后剪短”的方法作图,以满足图线“线、线相交”的要求。

■ 绘制连接圆弧时,可采用 Fillet 命令作图。

■ 绘制 15°斜线时,其终点数据的输入应灵活地采用数据输入方法,本例采用相对极坐标输入终点的数据(@28<285)。

③修剪或删除多余的图线,如图 10-56(b)所示。

④采用镜像命令绘制左半部分的图形,并绘制圆弧 $R3$,如图 10-56(c)所示。

⑤按制图要求整理各线段(一般采用修剪、夹点编辑等操作),如图 10-56(d)所示。图形绘制完成后保存文件。

10.5.2 零件图绘制实例

零件图一般采用多个视图,视图之间的投影要保证对应关系,所以利用“长对正”“高平齐”及“宽相等”的投影规律作图,是一种通用方法。绘图过程只要充分利用软件的各类作图工具,如:对象捕捉、极轴追踪、对象追踪、图层管理、编辑命令、构造线等命令,结合平时积累的绘图技巧,就能快速、准确地绘制出零件图。

下面以虎钳中的固定钳身为例(图 10-57),说明用 AutoCAD 软件绘制零件图的方法。

(1)看懂零件图样 了解固定钳身的结构特点。

(2)绘图环境设置 (亦可直接调用前面学习时所设置的“A3 图幅-横放”样板图)

①设置图形界限。设置 A3(420×297)大小的图形界限,横放。

②设置对象捕捉模式。绘图过程中使用最多的是端点、交点、圆心点等。

③设置图层。参考图 10-21 设置图层。

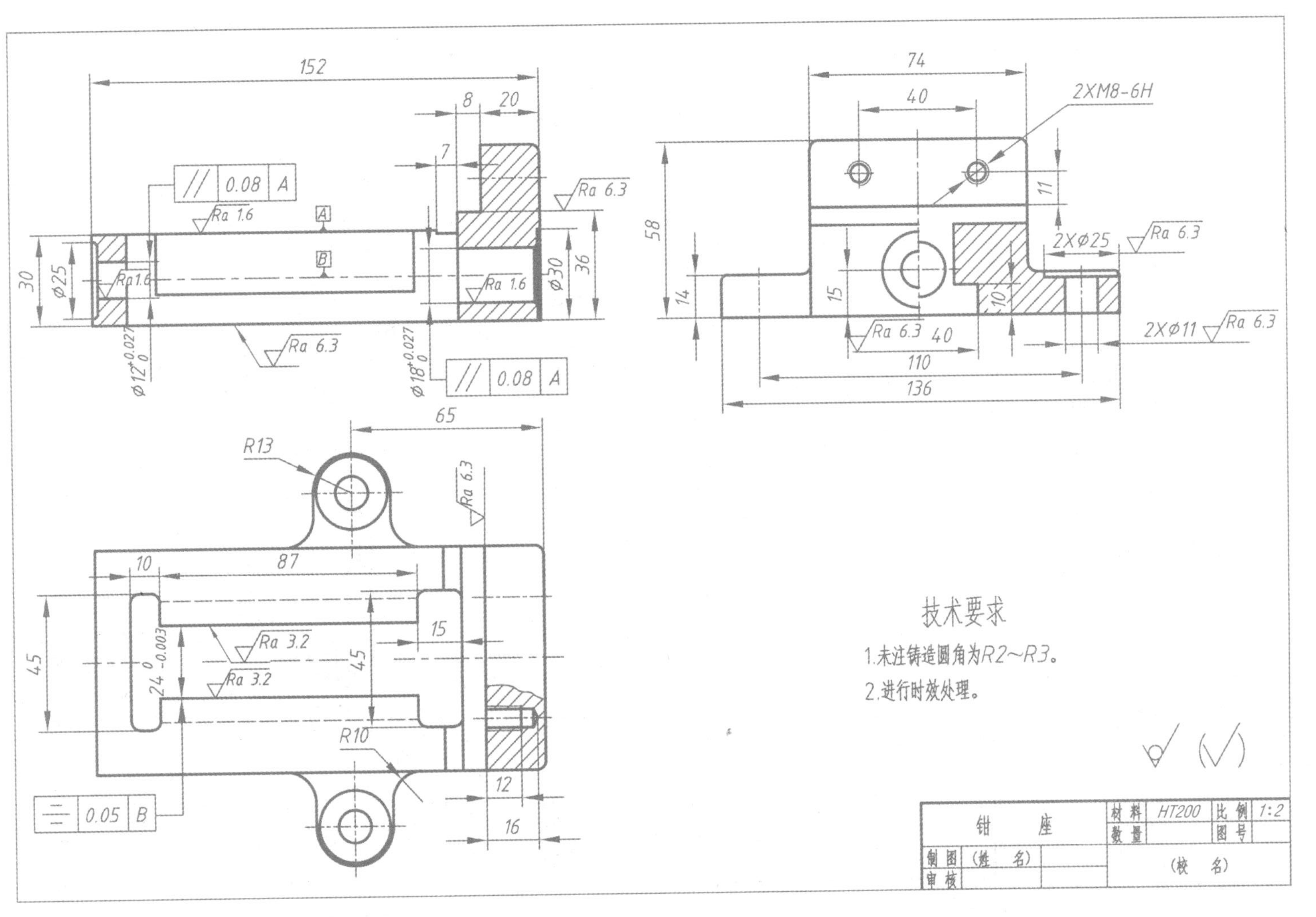

图 10-57 固定钳身零件工作图

(3)绘制图框及标题栏

(4)绘制零件图

①在图面合适的位置绘制3个视图的辅助基准线，如图10-58(b)所示。

②俯视图有对称线，从俯视图入手，在粗实线图层下绘制3个视图。依据所给尺寸，利用偏移修剪，圆和圆弧绘制等命令绘制半个俯视草图，再利用镜像命令，完成整个俯视草图的绘制；依据三视图的投影对应关系，画主视图和左视图。先画主要轮廓线，再画细节，如视图中的螺杆孔、螺钉孔、圆角、倒角及一些细微部分图形，见图10-58(c)；在剖面线图层下作图案填充，完成零件3个视图的绘制，如图10-58(d)所示。

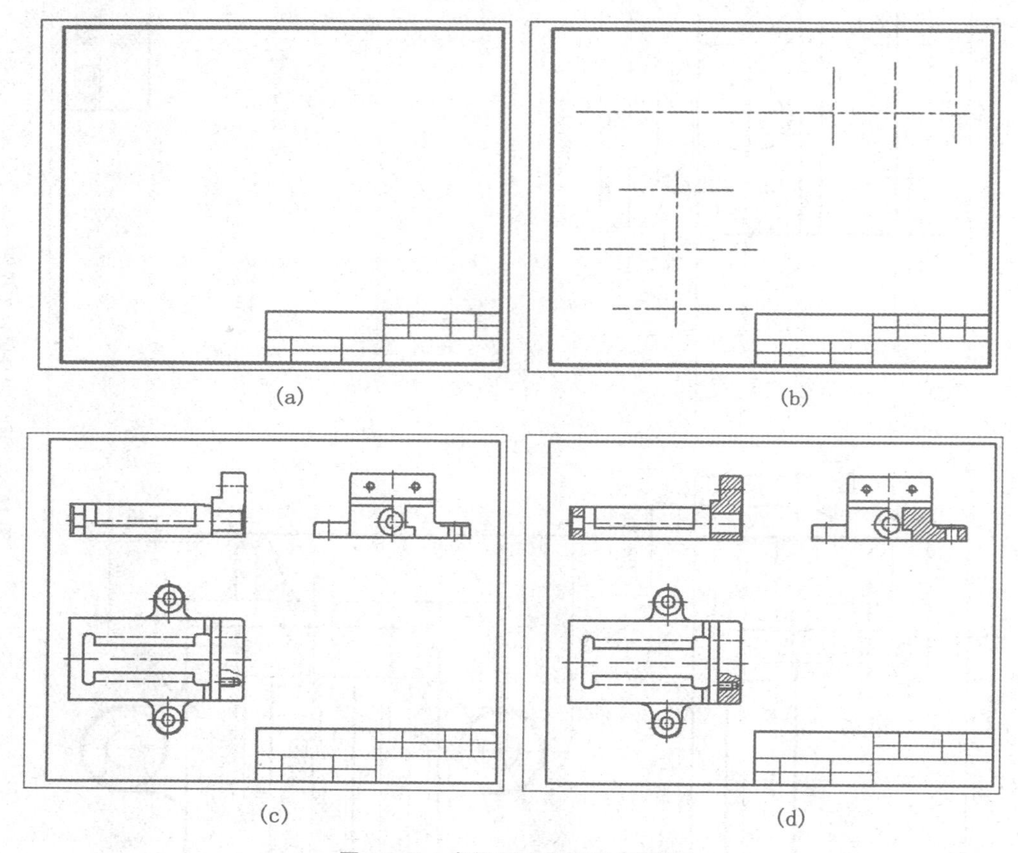

图10-58　虎钳固定钳身绘制过程

(5)标注尺寸及尺寸公差　零件3个视图绘制完成之后，调用尺寸“标注”命令，完成尺寸及尺寸公差的标注。

①文字样式设置。

②标注样式设置：选择“格式”菜单→“标注样式”，打开标注样式对话框，创建标注样式。特别注意：标注样式中，直线和箭头设置、文字设置、调整设置和主单位设置应符合“机械制图”“技术制图”国家标准的有关规定。

■ 水平和垂直线性尺寸标注，如：152、20、8、65、15、87、74、40和11等。

■ 半径标注，如：$R13$、$R10$。

■ 标注孔径，采用线性标注命令，再编辑添加符号 ϕ。如：$\phi25$、$\phi30$、$\phi11$ 等。

■ 标注 $\phi12$ 和 $\phi18$ 的螺杆孔，先用"线性标注"命令标注尺寸，在"特性"中修改前缀及公差，用"编辑标注文字"命令将尺寸文字移到图形外，参见表 10-4。

■ 引线标注钳口螺钉孔及公差。打开引线设置对话框，标注螺钉孔；再选择公差，打开形位公差对话框，标注形位公差。

(6)表面结构标注　画粗糙度符号，创建属性定义，写块，插入粗糙度块，输入属性值。

(7)技术要求　最后利用"多行文字"命令标注技术要求。

(8)填写标题栏中的文字。

10.5.3 装配图绘制实例

在 AutoCAD 中常用以下两种方法实现零件图拼画装配图。

(1)零件图形文件插入法拼画装配图

①先画各个零件图，用定义基点命令 Base 设置插入基点，然后把要用于装配的零件图用 Wblock 命令定义为块文件。

②由零件图拼画装配图。

■ 多个图形文件用插入块命令 Insert 直接插入到同一图形中，插入点为已定义的基点，插入后的图形文件以块的形式存在于当前图形中。

■ 使用 Explode 将图形分解，并进行编辑，使之符合要求。

■ 再用 Trim 命令修剪多余线段，完成装配图拼画。

(2)利用 AutoCAD 2020 的设计中心组合装配图　使用 AutoCAD 设计中心打开多个图形后，就可以像 Windows 的资源管理器一样，通过复制和粘贴功能实现图形之间的图块、图层定义、布局和文字样式等内容的共享，从而简化绘图过程。

①启动 AutoCAD 设计中心的方法。

■ 选择"工具"菜单→"选项板"→"设计中心"。

■ 点击标准工具栏中的"设计中心"图标 ▦。

■ 在命令行输入 Adcenter 命令。

启动该命令后，将打开如图 10-59 所示的"设计中心"选项板，该选项板包括 4 个选项卡："文件夹""打开的图形""历史记录"和"联机设计中心"。

②利用 AutoCAD 设计中心打开图形文件。在"内容显示窗口"(图 10-59)中，用鼠标单击想要打开的图形文件，然后从弹出的快捷菜单中选择"在应用程序窗口中打开"命令，可将所选图形文件在绘图区打开。

③利用 AutoCAD 设计中心插入图形文件。利用 AutoCAD 设计中心，可以将已有的图形文件作为图块插入当前图形中，具体方法为：在"内容显示窗口"中，用鼠标单击要插入的图形文件，按住鼠标左健将其拖动到绘图区后松开，此时系统出现插入块提示信息，读者根据信息进行操作，即可完成图形文件的插入。

将图 10-60 所示的零件图拼画成装配图，如图 10-61 所示。

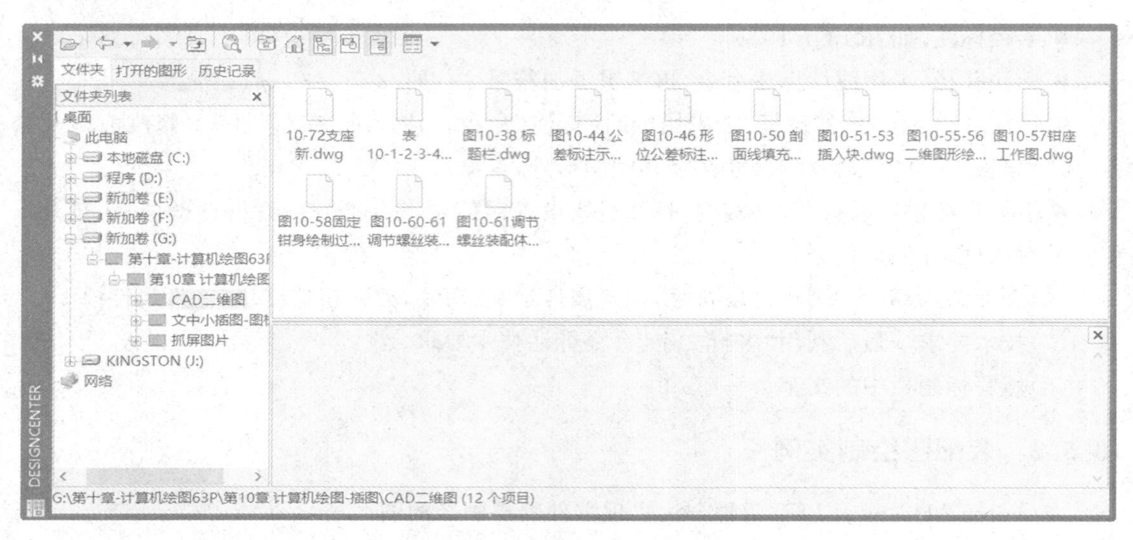

图 10-59 “设计中心”选项版

方法一:用块插入方法拼画装配图。

①将零件图逐一绘制完毕,启用块存盘命令(Wblock)将零件图分别写成单个外部块文件。

②建立装配图的图形文件。选择“A3 图幅-横放”样板文件,建立一张新图,并绘制好标题栏、明细栏。

③将“底座”零件图块插入 A3 图幅中。在命令行中输入“ClassicInsert”块插入命令→显示“插入”对话框→单击“浏览”按钮→显示“选择文件”对话框→打开已保存的零件图,如“底座”→指定比例放大 2 倍→单击“确定”按钮→拖动图形,插入到指定点。

④将“调节螺母”零件图块插入图中。

⑤将“顶尖”零件图块插入图中。

⑥将“螺钉”零件图块插入图中。

⑦利用“Explode”命令分解各零件图块,修剪多余线段完成装配。

⑧编写序号,填写标题栏和明细栏。

⑨检查校核图形,删除多余图线,补画缺漏图线,保存图形。

方法二:利用 AutoCAD 2020 的设计中心组合装配图

①逐一绘制各个零件的零件图,并分别保存为“.dwg”文件。

②选择“A3 图幅-横放”样板文件,建立一张新图,并绘制好标题栏和明细栏。

③执行“Adcenter”命令,打开“设计中心”选项板。在“文件夹”选项卡下,相应的路径中找到“底座”零件图所在的文件夹,单击该文件,则“设计中心”右侧窗口中将显示该文件所有的图块、图层定义、布局和文字样式等信息。

将选中的“底座”零件拖曳到当前打开的图形中,则“底座”被以块对象的形式插入到当前图形中,此时命令行提示指定插入点,x、y、z 比例因子及旋转角度,根据需要设定即可。

④同法插入“调节螺母”“顶尖”和“螺钉”零件图块。

⑤将各个零件按照装配示意图的图示位置进行拼装。

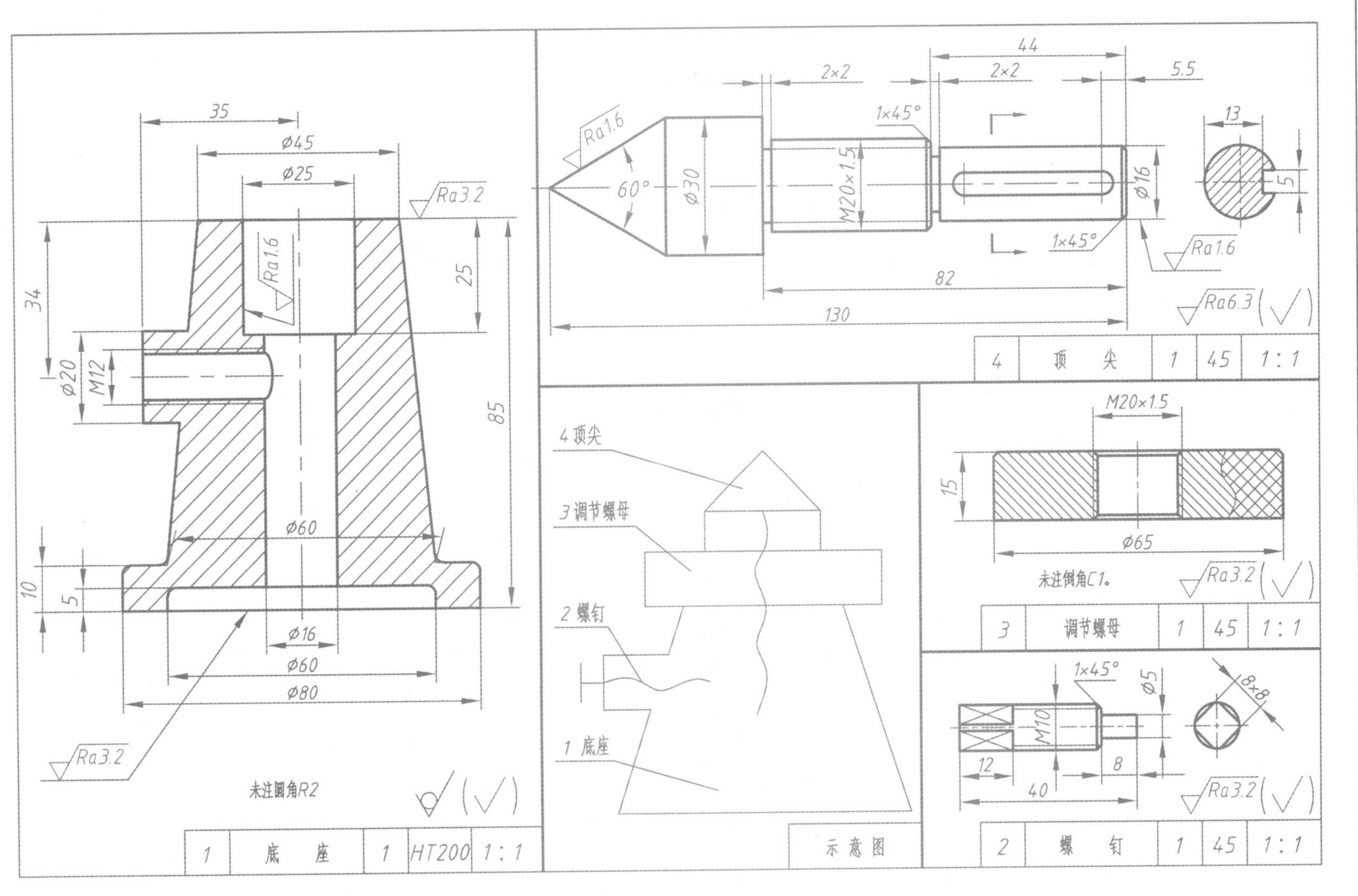

图 10-60 调节螺丝装配体－零件图

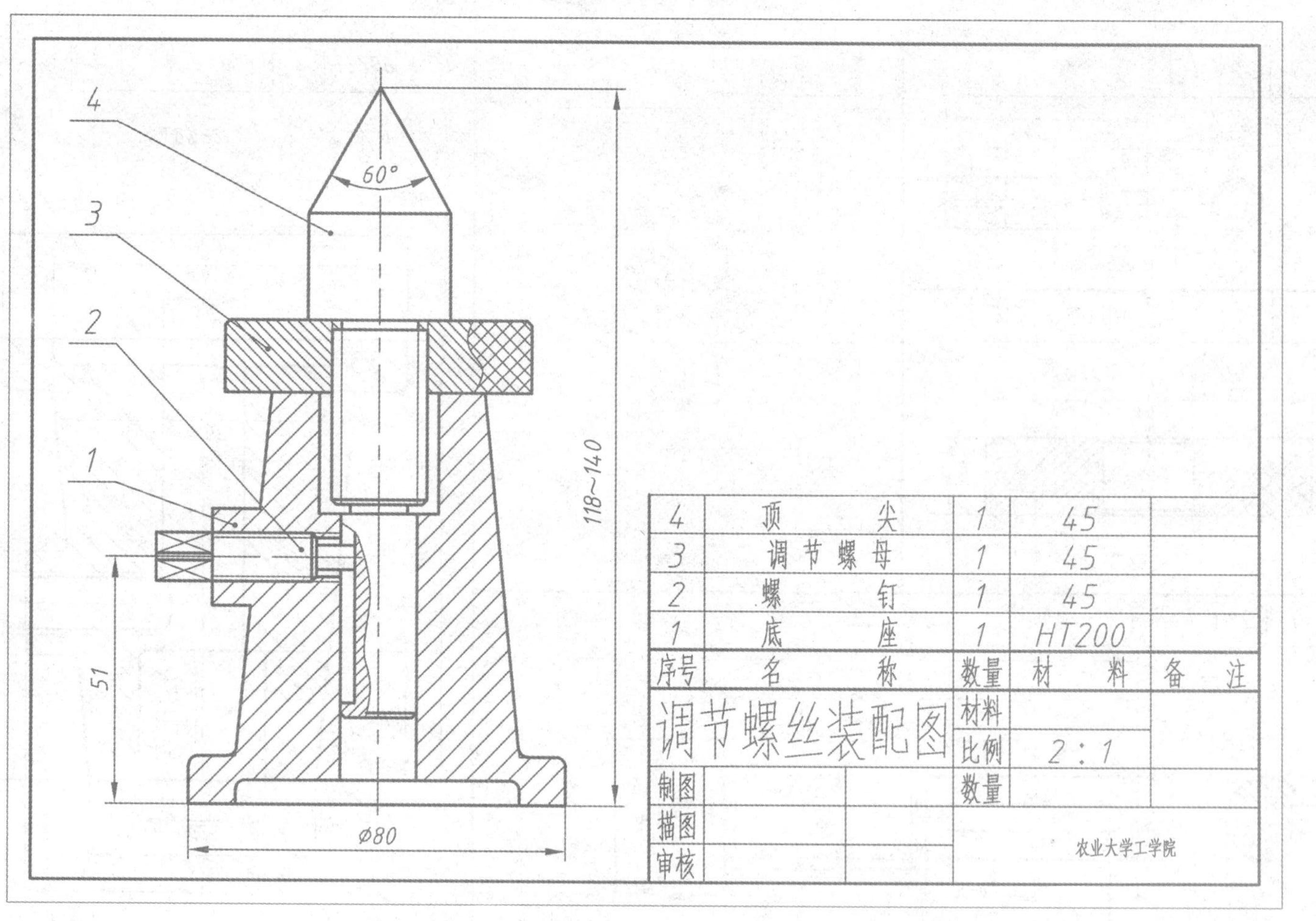

图 10-61　调节螺丝装配体

⑥关闭设计中心，利用“Explode”命令分解各图块，修剪多余线段完成装配。

⑦标注尺寸，注释技术要求。

⑧编写序号，填写标题栏和明细栏。

⑨检查校核图形，删除多余图线，补画缺漏图线，保存图形。结果如图10-61所示。

10.6　三维造型基础

在工程设计和绘图过程中，三维图形应用越来越广泛。AutoCAD可以利用线框模型、曲面模型和实体模型来创建三维图形。

10.6.1　三维立体建模的基本概念

10.6.1.1　三维立体建模的基本方式

(1)线框模型　线框模型是以立体各表面的交线(轮廓线)为描述对象，它没有面与体的特征，因此不可消隐，也不可渲染润饰。立体由直线与曲线组成。

(2)曲面模型　以立体各表面为描述对象，它具有面的特征，可以用网格来近似地构建各种曲面。由于面有里、外之分，有前、后之分，因此会产生遮挡，可以进行消隐处理，也可渲染润饰。它只是一些面的组合，不具备“体”的特征。

(3)实体模型　具有三维实体的各种特征。可以进行布尔运算，可以计算模型的体积、重量、惯性矩等，还可以生成各种剖面，最重要的是它可以与计算机辅助制造相衔接，因此本节的三维立体均用体模型建模。

10.6.1.2　三维建模界面组成

选择“工具”→“工作空间”→“三维建模”命令，或在“工作空间”工具栏的下拉列表框中选择“三维建模”选项，都可以快速切换到“三维建模”工作空间界面，如图10-62所示。默认情况

图10-62　“三维建模”工作界面

下,“栅格”以网格的形式显示,增加了绘图的三维空间感。另外,“面板”选项板集成了“建模”“网络”“实体编辑”等选项组,从而使读者绘制三维图形、观察图形、创建动画、为三维对象附加材质等操作提供了便利的环境。

10.6.1.3 建立用户坐标系

在三维坐标系下,同样可以使用直角坐标或极坐标方法来定义点。此外,在绘制三维图形时,还可使用柱坐标和球坐标来定义点,如图 10-63 所示。

柱坐标系:使用 *XY* 平面的角和沿 *Z* 轴的距离来表示,其格式如下:

■ *XY* 平面距离<*XY* 平面角度,*Z* 坐标(绝对坐标)

如图 10-63(a)所示,坐标 5<30,6 表示距当前 UCS 的原点 5 个单位、在 *XY* 平面中与 *X* 轴成 30°、沿 *Z* 轴 6 个单位的点。

@*XY* 平面距离<*XY* 平面角度,*Z* 坐标(相对坐标)

■ 球坐标系:具有点到原点的距离、在 *XY* 平面上的角度及和 *XY* 平面的夹角 3 个参数,其格式如下:

XYZ 距离<*XY* 平面角度<*XY* 平面的夹角(绝对坐标)

@*XYZ* 距离<*XY* 平面角度<*XY* 平面的夹角(相对坐标)

如图 10-63(b)所示,坐标 8<30<30 表示在 *XY* 平面中距当前 UCS 的原点 8 个单位、在 *XY* 平面中与 *X* 轴成 30°以及在 *Z* 轴正向上与 *XY* 平面成 30°的点。坐标 5<45<15 表示距原点 5 个单位、在 *XY* 平面中与 *X* 轴成 45°、在 *Z* 轴正向上与 *XY* 平面成 15°的点。

■ 三维笛卡尔坐标:通过使用三个坐标值来指定精确的位置:*X*、*Y* 和 *Z*。

输入三维笛卡尔坐标值(*X*,*Y*,*Z*)类似于输入二维坐标值(*X*,*Y*)。除了指定 *X* 和 *Y* 值以外,还需要使用以下格式指定 *Z* 值。

如图 10-63(c)所示,坐标值 (3,2,5) 表示一个沿 *X* 轴正方向 3 个单位、沿 *Y* 轴正方向 2 个单位、沿 *Z* 轴正方向 5 个单位的点。

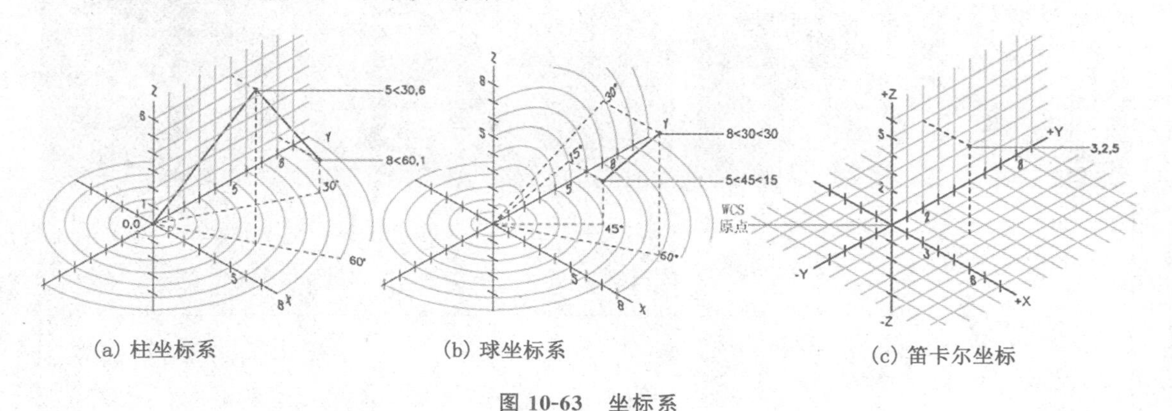

(a) 柱坐标系 (b) 球坐标系 (c) 笛卡尔坐标

图 10-63 坐标系

10.6.1.4 三维图形的观察

要在屏幕上观察一个三维立体,必须确定一个观察实体的视点。视点是指观察图形的方向。

(1)使用“视点预设”对话框设置视点 选择“视图”菜单→“三维视图”→“视点预设”,打开“视点预设”对话框,如图 10-64 所示。

对话框中的左图用于设置原点和视点之间的连线在 *XY* 平面的投影与 *X* 轴正向的夹角；右面的半圆形图用于设置该连线与投影线之间的夹角，在图上直接拾取即可。也可以在“*X* 轴”、“*XY* 平面”两个文本框内输入相应的角度。

单击“设置为平面视图”按钮，可以将坐标系设置为平面视图。默认情况下，观察角度是相对于 WCS 坐标系的。选择“相对于 UCS”单选按钮，可相对于 UCS 坐标系定义角度。

(2)使用罗盘确定视点　选择“视图”→“三维视图”→“视点”，可以为当前视口设置视点。该视点是相对于 WCS 坐标系的。这时可通过屏幕上显示的罗盘定义视点，如图 10-65 所示。

“三轴架”的 3 个轴分别代表 *X* 轴、*Y* 轴和 *Z* 轴的正方向。当光标在坐标球范围内移动时，三维坐标系通过绕 *Z* 轴旋转可调整 *X*、*Y* 轴的方向。坐标球中心及两个同心圆可定义视点和目标点连线与 *X*、*Y*、*Z* 平面的角度。

(3)使用“三维视图”菜单设置视点　选择“视图”→“三维视图”子菜单中的“俯视”“仰视”“左视”“右视”“主视”“后视”“西南等轴测”“东南等轴测”“东北等轴测”和“西北等轴测”，从多个方向来观察图形。

(4)动态观察　在 AutoCAD 2020 中，选择“视图”→“动态观察”命令中的子命令，可以动态观察视图。

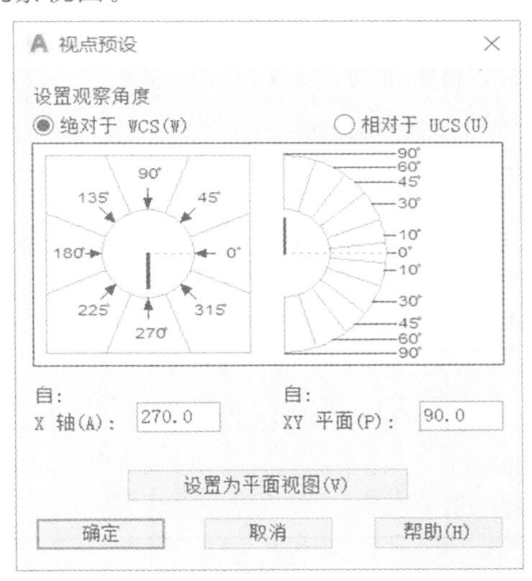

图 10-64　“视点预设”对话框

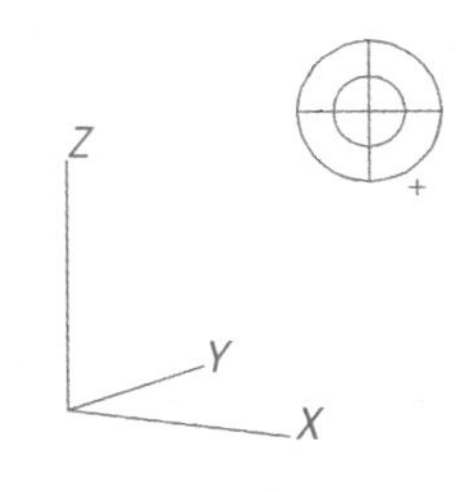

图 10-65　罗盘

10.6.2　三维实体建模的基本方法

10.6.2.1　基本几何体实体建模

AutoCAD 提供了多种基本实体，如：长方体、球体、楔形体、圆柱体、圆锥体、圆环体等，这些基本体建模可以通过执行相应的命令来完成。表 10-5 列出了它们的操作步骤。

10.6.2.2　拉伸建模

用“Extrude”命令可以将很多平面对象拉伸为实体，如：圆、椭圆、封闭的平面多义线等。如果要将非多义线的平面图形拉伸为实体，注意一定要先将它作成面域。如图 10-66 所示的平面图形拉伸生成实体的操作步骤为：

表 10-5 基本实体建模命令

命令输入	操作格式
工具图标： 菜单："绘图"→"建模"→"长方体" 命令行：box↙	命令：_box 指定第一个角点或［中心(C)］： 指定其他角点或［立方体(C)/长度(L)］： 指定高度或［两点(2P)］：
工具图标： 菜单："绘图"→"建模"→"楔形体" 命令行：wedge↙	命令：_wedge 指定第一个角点或［中心(C)］： 指定其他角点或［立方体(C)/长度(L)］： 指定高度或［两点(2P)］＜100.0000＞：
工具图标： 菜单："绘图"→"建模"→"圆锥" 命令行：cone↙	命令：_cone 指定底面的中心点或［三点(3P)/两点(2P)/相切、相切、半径(T)/椭圆(E)］： 指定底面半径或［直径(D)］： 指定高度或［两点(2P)/轴端点(A)/顶面半径(T)］＜50.0000＞：
工具图标： 菜单："绘图"→"建模"→"球" 命令行：sphere↙	命令：_sphere 指定中心点或［三点(3P)/两点(2P)/相切、相切、半径(T)］： 指定半径或［直径(D)］＜80.0000＞：
工具图标： 菜单："绘图"→"建模"→"圆柱体" 命令行：cylinder↙	命令：_cylinder 指定底面的中心点或［三点(3P)/两点(2P)/相切、相切、半径(T)/椭圆(E)］： 指定底面半径或［直径(D)］＜100.0000＞： 指定高度或［两点(2P)/轴端点(A)］＜100.0000＞：
工具图标： 菜单："绘图"→"建模"→"圆环体" 命令行：torus↙	命令：_torus 指定中心点或［三点(3P)/两点(2P)/相切、相切、半径(T)］： 指定半径或［直径(D)］＜50.0000＞： 指定圆管半径或［两点(2P)/直径(D)］：

(1)生成面域

命令：_region(或单击菜单"绘图"菜单→"面域")

选择对象：(选择要生成面域的每条线)

选择对象：指定对角点：找到 8 个［如图 10-66(a)所示］

已提取 1 个环

已创建 1 个面域，如图 10-66(b)所示。

(2)拉伸面域

命令：_extrude

当前线框密度：Isolines＝4

选择要拉伸的对象：找到 1 个（选择要拉伸的面域）

选择要拉伸的对象：

指定拉伸的高度或［方向(D)/路径(P)/倾斜角(T)］<－27>：45［按 Enter 键完成建模，如图 10-66(c)所示。］

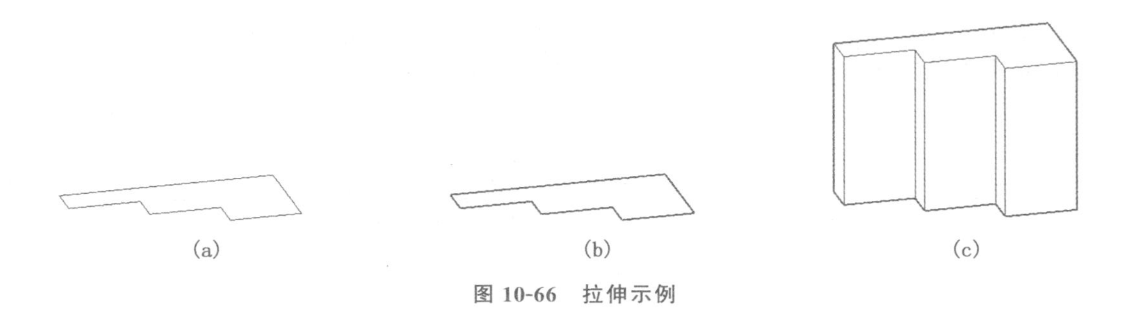

(a)　(b)　(c)

图 10-66　拉伸示例

10.6.2.3　旋转建模

在 AutoCAD 中，可以使用旋转命令，将二维对象绕某一轴旋转生成实体。用于旋转的二维对象可以是封闭多段线、多边形、圆、椭圆、封闭样条曲线、圆环及封闭区域。每次只能旋转一个对象，如图 10-67 所示的平面图形(假设已经生成面域)旋转生成实体的操作步骤为：

命令：_revolve

当前线框密度：Isolines＝4

选择要旋转的对象：找到 1 个［"凸"字形线框，如图 10-67(a)所示］

指定轴起点或根据以下选项之一定义轴［对象(O)/X/Y/Z］<对象>：(指定轴的一个端点，图 10-67(a)所示线的一个端点)

指定轴端点：(指定轴的另外一个端点，图 10-67(a)所示线的另一个端点)

指定旋转角度或［起点角度(ST)］<360>：360(输入旋转角度)

按 Enter 键结束命令，结果如图 10-67(b)。

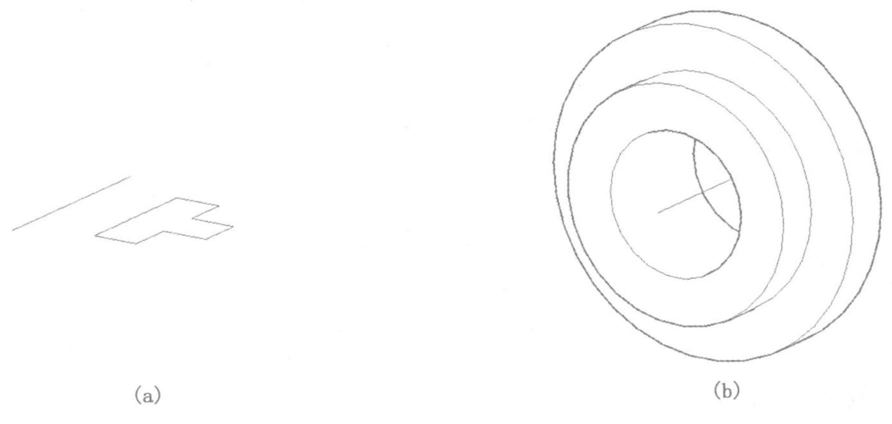

(a)　(b)

图 10-67　旋转示例

10.6.3 三维实体建模的基本命令

10.6.3.1 消隐与重新生成

(1)消隐(Hide)命令　在生成立体图形后，要进行消隐，将实体上看不见的部分消去。

(2)重新生成(Regen)命令　有时为了更新屏幕图形，用该命令重新生成当前视窗屏幕上的图形数据。

10.6.3.2 移动(3Dmove)命令

选择"修改"菜单→"三维操作"→"三维移动"命令(3Dmove)，可以移动三维对象。执行"三维移动"命令时，首先需要指定一个基点，然后指定第二点即可移动三维对象。

命令：3Dmove

选择对象：(选择要移动的对象)

选择对象：(继续选择要移动的对象，或按 Enter 键结束对象选取)

指定基点或［位移(D)］＜位移＞：(指定对象上的一个基点或位移)

指定第二个点或＜使用第一个点作为位移＞：(将对象移动到达的目的点)

10.6.3.3 三维旋转(Rotate3d)命令

选择"修改"菜单→"三维操作"→"三维旋转"命令(Rotate3d)，可以使对象绕三维空间中任意轴(X 轴、Y 轴或 Z 轴)、视图、对象或两点旋转。

命令：Rotate3d

当前正向角度：Angdir＝逆时针 Angbase＝0

选择对象：选择要旋转的源对象，如图 10-68(a)所示。

指定轴上的第一个点或定义轴依据

指定 Y 轴上的点＜0,0,0＞：输入与 Y 轴平行的任意一根轴上的点，如图 10-68(b)所示。

指定旋转角度或［参照(R)］：输入旋转角度(注意正、负)

［对象(O)/最近的(L)/视图(V)/X 轴(X)/Y 轴(Y)/Z 轴(Z)/两点(2)］：O(绕直线 12 旋转，如图 10-68(c)所示)

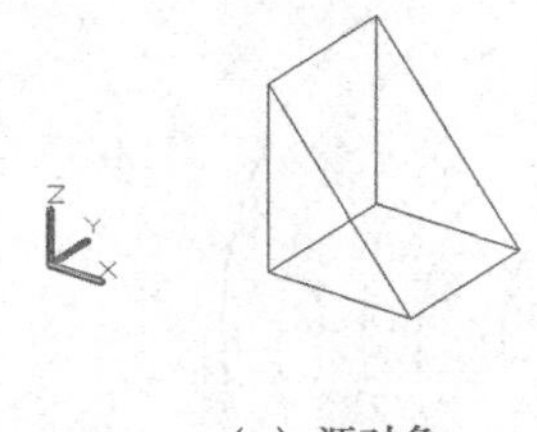

(a) 源对象

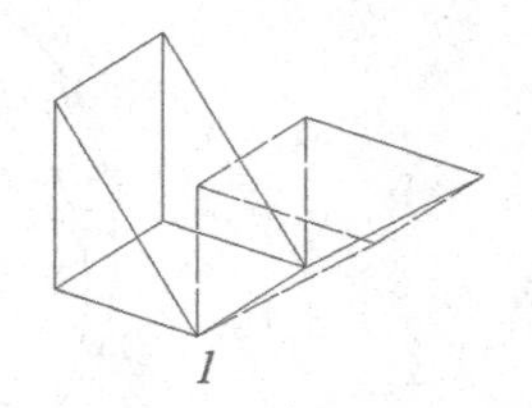

(b) 绕 Y 轴旋转

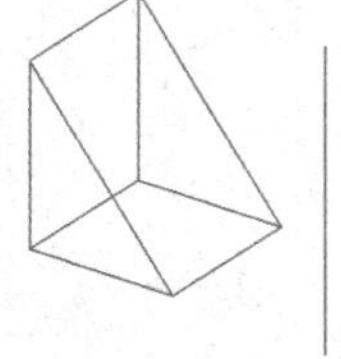

(c) 绕指标对象旋转

图 10-68　旋转示例

10.6.3.4 对齐定位(Align)命令

选择"修改"菜单→"三维操作"→"对齐"命令(Align)，可以对齐对象。

Align 使用一对点(如图 10-69 所示)

指定第一个源点：指定点 (1)

指定第一个目标点：指定点（2）

指定第二个源点：按 Enter 键

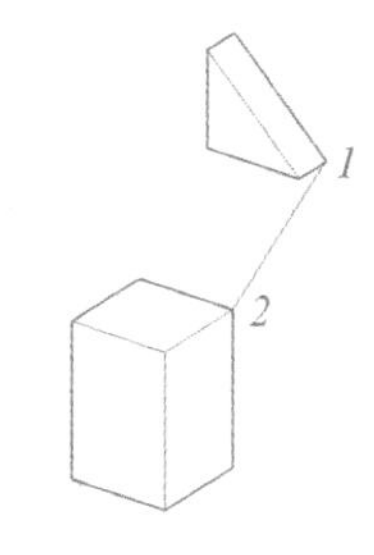

(a) 指定的 2 个点

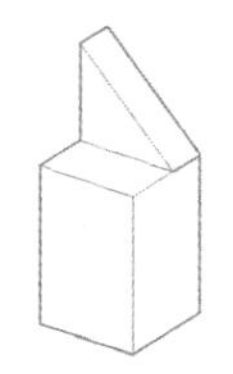

(b) 结果

图 10-69　使用一对点对齐

当只选择一对源点和目标点时，选定对象将从源点(1)移动到目标点(2)。

Align 使用两对点(如图 10-70 所示)

指定第一个源点：指定点（1）

指定第一个目标点：指定点（2）

指定第二个源点：指定点（3）

指定第二个目标点：指定点（4）

指定第三个源点：按 Enter 键

根据对齐点缩放对象［是(Y)/否(N)］＜否＞：输入 Y 或按 Enter 键

当选择两对点时，可以在二维或三维空间移动、旋转和缩放选定对象，以便与其他对象对齐。第一对源点和目标点定义对齐的基点(1,2)、第二对点定义旋转的角度(3,4)。在输入了第二对点后，系统会给出缩放对象的提示，将以第一目标点和第二目标点(2,4)之间的距离作为缩放对象的参考长度。只有使用两对点对齐对象时才能使用缩放。

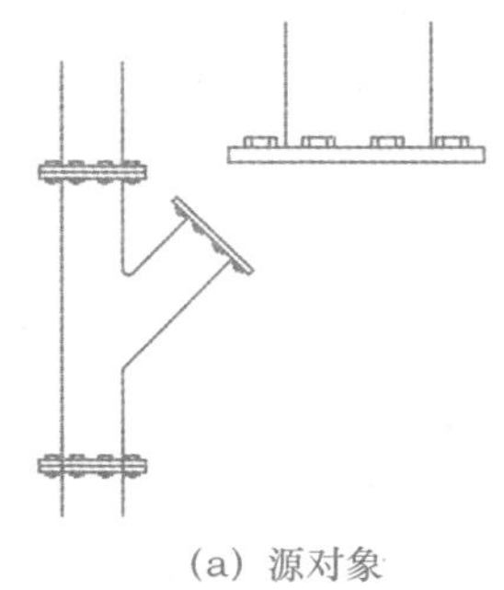

(a) 源对象　　(b) 指定的 4 个点　　(c) 结果

图 10-70　使用两对点对齐

Align 使用三对点(如图 10-71 所示)

指定第一个源点：指定点(1)　　指定第一个目标点：指定点(2)

指定第二个源点：指定点(3)　　指定第二个目标点：指定点(4)

指定第三个源点：指定点(5)　　指定第三个目标点：指定点(6)

当选择三对点时，选定对象可在三维空间移动和旋转，使之与其他对象对齐。选定对象从源点(1)移到目标点(2)。旋转选定对象(1 和 3)，使之与目标对象(2 和 4)对齐。然后再次旋转选定对象(3 和 5)，使之与目标对象(4 和 6)对齐。

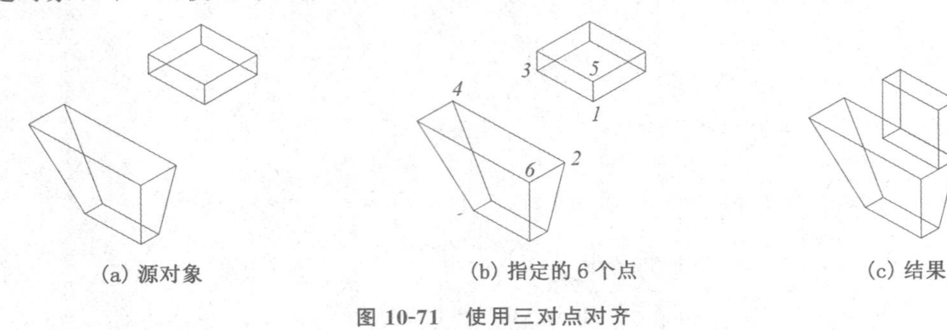

(a) 源对象　(b) 指定的 6 个点　(c) 结果

图 10-71　使用三对点对齐

10.6.4 实体的布尔运算

当具备了创建基本三维实体的能力以后，就可以通过切割、组合、叠加等方式，创建出结构更为复杂的机器零件。布尔运算就是实现制作新的复杂实体的基本方法。布尔运算是一种关系描述系统，用于说明将一个或多个基本实体对象合成一实体时的各组成部分的构成关系。其中求和运算将两个或多个实体对象合成后变成一个新的实体。求交运算是获得两个或多个实体的公共部分，而形成一个新的实体。求差运算可从一个基本实体上减去另一个或多个实体，形成一个新的实体。通过这些运算，可以绘制出与实际加工零件一样的三维模型，十分方便直观。表 10-6 给出了 3 种布尔运算的操作步骤及图例。

表 10-6　布尔运算的操作步骤及图例

命 令	操作格式	图 例
工具图标： 菜单："修改"→"实体编辑"→"并集" 命令行：union↙	命令：_union 选择对象：找到 1 个 选择对象：找到 1 个，总计 2 个 选择对象：(可多次选择，Enter键结束)	1 2
工具图标： 菜单："修改"→"实体编辑"→"交集" 命令行：intersect↙	命令：_intersect 选择对象：找到 1 个 选择对象：找到 1 个，总计 2 个 选择对象：	1 2

续表 10-6

命　令	操作格式	图　例
工具图标： 菜单："修改"→"实体编辑"→"差集" 命令行：subtract ↙	命令：_subtract 选择要从中减去的实体或面域…（选择被减实体） 选择对象：找到 1 个 选择对象： 选择要减去的实体或面域… （选择减掉的实体） 选择对象：找到 1 个	

10.6.5　三维实体建模综合举例

用三维实体建模构造一个零件，主要采用两种方法：形体分析组合法和回转体组合法。

10.6.5.1　形体分析组合法

（1）用形体分析的方法将零件拆成若干基本形体和基本几何体。

（2）如果是基本几何体，可采用基本几何体实体建模，通过长方体、球体、楔形体、圆柱体等命令来实现。

（3）如果是基本形体，可采用两种方法获得：先画出基本形体的平面图形，然后用拉伸成型的"Extrude"命令拉伸成基本形体；将基本形体分解成基本几何体，在用布尔运算命令，并、交、差，将其组合成基本形体。

（4）最后按照规定位置拼装配零件，然后用并、交、差命令，将其组合成零件。

10.6.5.2　回转体组合法

有许多机械零件，其主体是个回转体，因此可以有回转方法形成三维实体。即用"Revolve"命令，将断面形状旋转成一个回转体，然后再将其他结构生成实体。按照规定位置拼装和做布尔运算，组成实体零件。下面以形体分析组合法为例，讲述三维建模的方法和步骤。

例 10-1　构建图 10-72 所示的支座三维实体模型。

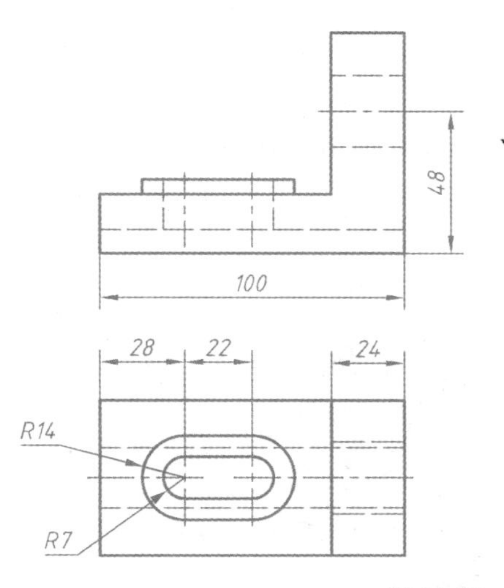

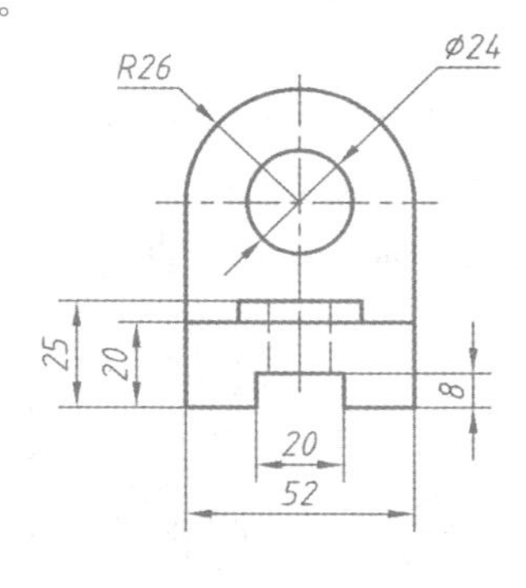

图 10-72　支座

分析:按形体分析法的建模思路,该零件由底板、竖板和长圆形凸台3个构件组成,且它们是叠加在一起的。在这3个构件上又被分别切掉了一部分。作图时可以先绘制出各个构件的原形,再通过布尔运算来完成3个构件的实体模型,最后将三者按相应位置叠加在一起。

(1)绘制各基本构件

①底板。底板原形为长方体,其尺寸为100×52×20,如图10-73(a)所示。

②竖板。竖板原形由两部分叠加形成,即:尺寸为24×52×28的长方体和半径为26,厚度为24的半圆柱,如图10-73(b)所示。

③长圆形凸台。长圆形凸台两侧是半径为14,高为5的半圆柱,中间是尺寸为22×28×5的长方体,如图10-73(c)所示。

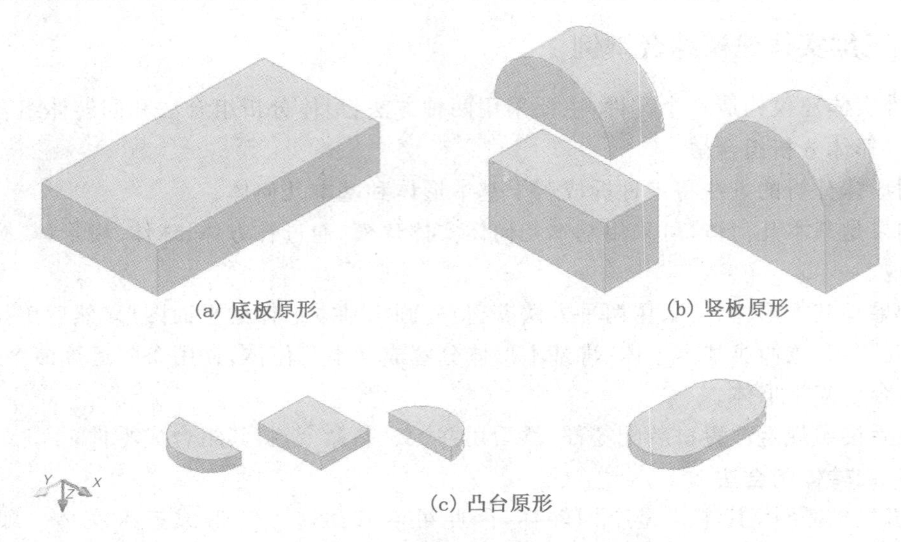

(a) 底板原形　(b) 竖板原形

(c) 凸台原形

图10-73　绘制支座各构件

(2)对基本构件进行布尔运算

①对底板做差集运算

在底板的正下方挖掉一个小的长方体,其尺寸为100×20×8,如图10-74(a)。

②对竖板做差集运算

在竖板的原形体上穿一个直径为24的圆柱孔,如图10-74(b)。

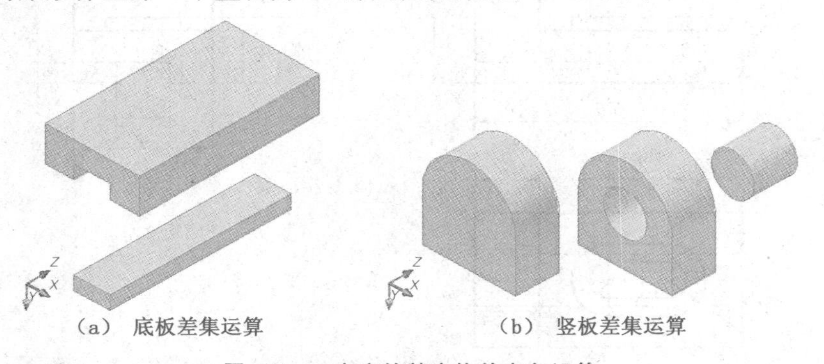

(a)　底板差集运算　(b)　竖板差集运算

图10-74　支座的基本构件布尔运算

③将求差之后的底板、竖板以及凸台作并集运算，如图 10-75(a)所示，形成组合构件。

(3)对组合构件进行差集运算　长圆形凸台与底板叠加后再同时挖切出中间的孔槽，如图 10-75(b)所示，此时完成支座的三维建模。

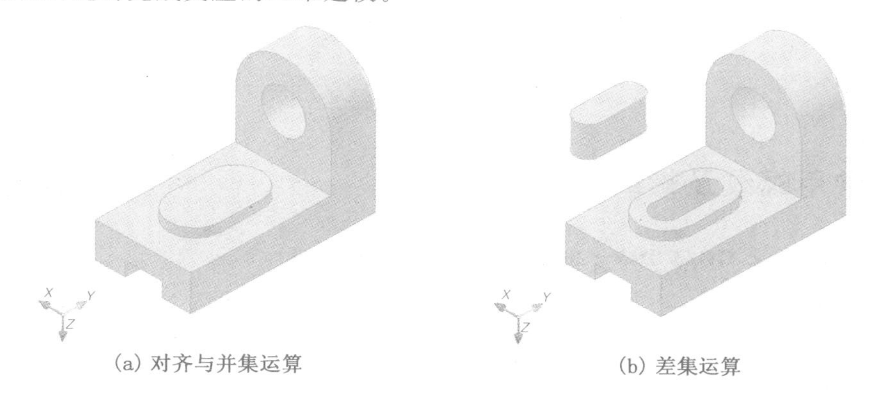

(a) 对齐与并集运算　　(b) 差集运算

图 10-75　组合构件对齐与布尔运算

复习思考题

1. AutoCAD 命令的输入方式有哪几种？该如何输入？
2. 试述执行 AutoCAD 命令过程中输入数据的方法。
3. 什么叫图层？叙述图层的几种状态及其特点。
4. 在辅助作图工具中，正交、捕捉和栅格按钮分别有何功能？
5. 样板文件的作用是什么？一般情况下，样板文件中需要设置哪些内容？
6. 如何用 AutoCAD 软件实现图案填充？
7. 如何用 AutoCAD 软件实现各种尺寸标注？
8. 怎样制作和使用图块？在绘图过程中使用图块有何优点？
9. 利用 AutoCAD 软件可建立哪三种三维模型？它们各有何特点？
10. 什么叫 UCS？UCS 在三维建模的过程中有何作用？

附　　录

附录 1　常用螺纹及螺纹紧固件

1. 普通螺纹(摘自 GB/T 193—2003 和 GB/T 196—2003)

标记示例

公称直径 24 mm,螺距 3 mm,右旋粗牙普通螺纹,公差带代号 5g,其标记为:M24-5g

公称直径 24 mm,螺距 1.5 mm,左旋细牙普通螺纹,公差带代号 7H,长旋合长度,其标记为:M24×1.5-7H-L-LH

内外螺纹旋合的标记:M16-7H/5g

附表 1-1　普通螺纹直径、螺距与基本尺寸　　mm

公称直径 D、d		螺距 P		粗牙小径 D_1、d_1	公称直径 D、d		螺距 P		粗牙小径 D_1、d_1
第一系列	第二系列	粗牙	细牙		第一系列	第二系列	粗牙	细牙	
3		0.5	0.35	2.459	16		2	1.5,1	13.835
4		0.7	0.5	3.242		18	2.5	2,1.5,1	15.294
5		0.8		4.134	20				17.294
6		1	0.75	4.917		22			19.294
8		1.25	1,0.75	6.647	24		3		20.752
10		1.5	1.25,1,0.75	8.376	30		3.5	(3),2,1.5,1	26.211
12		1.75	1.25,1	10.106	36		4	3,2,1.5	31.670
	14	2	1.5,1.25,1	11.835		39			34.670

注:应优先选用第一系列,括号内尺寸尽可能不用。

2. 管螺纹(摘自 GB/T 7307—2001)

55°非密封管螺纹(GB/T 7307—2001)

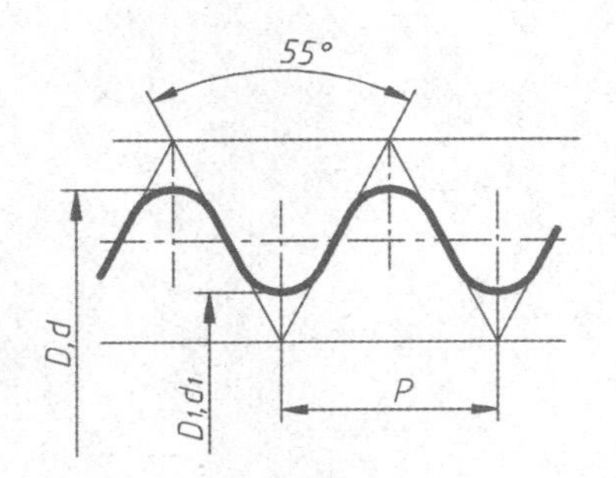

标记示例

尺寸代号为 3 的 A 级右旋圆柱外螺纹的标记:G3A

尺寸代号为 4 的 B 级左旋圆柱外螺纹的标记:G4B-LH

尺寸代号为 2 的左旋圆柱内螺纹的标记:G2LH

附表 1-2　管螺纹尺寸代号及基本尺寸

尺寸代号	每 25.4mm 内牙数 n	螺距 P/mm	大径 $D=d$/mm	小径 $D_1=d_1$/mm	基准距离/mm
1/4	19	1.337	13.157	11.445	6
3/8	19	1.337	16.662	14.950	6.4
1/2	14	1.814	20.955	18.631	8.2
3/4	14	1.814	26.441	24.117	9.5
1	11	2.309	33.249	30.291	10.4
11/4	11	2.309	41.910	38.952	12.7
11/2	11	2.309	47.803	44.845	12.7
2	11	2.309	59.614	56.656	15.9

3. 梯形螺纹（摘自 GB/T 5796.2—2005、GB/T 5796.3—2005 和 GB/T 5796.4—2005）

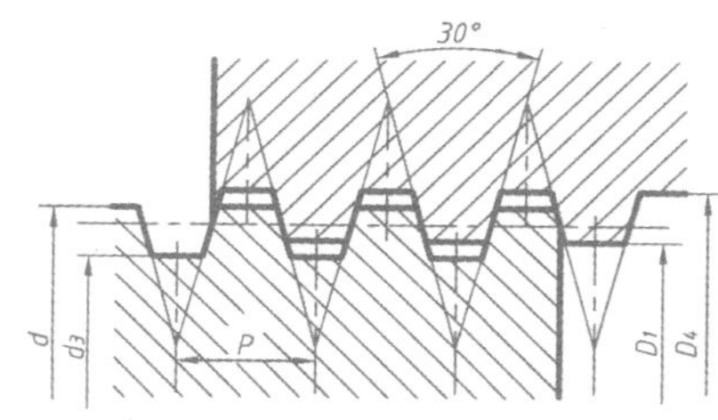

标记示例

公称直径 28 mm、导程和螺距 5 mm 的右旋单线梯形螺纹，中径公差带代号 7H，其标记为：Tr28×5-7H

公称直径 28 mm、导程 10 mm、螺距 5 mm 右旋双线梯形螺纹，中径公差带代号 7e，其标记为：Tr28×10(P5)-7e

公称直径 28 mm、导程 10 mm、螺距 5 mm 左旋双线梯形螺纹，中径公差带代号 7e，长旋合长度，其标记为：Tr28×10(P5)LH-7e-L

附表 1-3　梯形螺纹直径、螺距系列与基本尺寸　　mm

公称直径 d 第一系列	公称直径 d 第二系列	螺距 P	大径 $1D_4$	小径 d_3	小径 D_1
	11	**2**	11.500	8.500	9.000
		3		7.500	8.000
12		2	12.500	9.500	10.000
		3		8.500	9.000
	14	2	14.500	11.500	12.000
		3		10.500	11.000
16		2	16.500	13.500	14.00
		4		11.500	12.000
	18	2	18.500	15.500	16.000
		4		13.500	14.000
20		2	20.500	17.5000	18.000
		4		15.500	16.000
	22	3	22.500	18.500	19.000
		5		16.500	17.000
		8	23.000	13.000	14.000

公称直径 d 第一系列	公称直径 d 第二系列	螺距 P	大径 D_4	小径 d_3	小径 D_1
24		3	24.500	20.500	21.000
		5		18.500	19.000
		8	25.000	15.000	16.000
	26	3	26.000	22.500	23.000
		5		20.500	21.000
		8	27.000	17.000	18.000
28		3	28.500	24.500	25.000
		5		22.500	23.000
		8	29.000	19.000	20.000
	30	3	30.500	26.500	27.000
		6	31.000	23.000	24.000
		10		19.000	20.000
32		3	32.500	28.500	29.000
		6	33.000	25.000	26.000
		10		21.000	22.000

注：①螺纹公差带代号：外螺纹有 9c、8c、8e、7e；内螺纹有 9H、8H、7H。

②优先选用粗黑框内的螺距。

4. 六角头螺栓(A 和 B 级 GB/T 5782—2000)

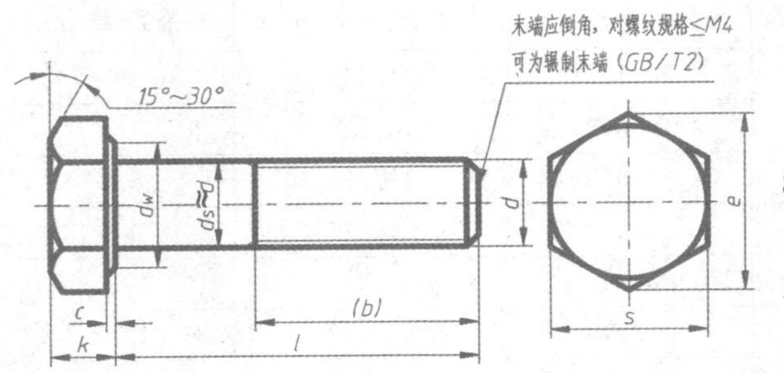

标注示例

螺纹规格 d = M12，公称长度 l = 80 mm，性能等级为 8.8 级，表面氧化、产品等级为 A 级的六角头螺栓，其标记为：螺栓 GB/T 5782 M12×80

附表 1-4 六角头螺栓各部分尺寸 mm

螺纹规格 d			M3	M4	M5	M6	M8	M10	M12	M16	M20	M24	M30	M36
s 公称=max			5.50	7.00	8.00	10.00	13.00	16.00	18.00	24.00	30.00	36.00	46	55.0
k 公称			2	2.8	3.5	4	5.3	6.4	7.5	10	12.5	15	18.7	22.5
c	max		0.4	0.4	0.5	0.5	0.6	0.6	0.6	0.8	0.8	0.8	0.8	0.8
	min		0.15	0.15	0.15	0.15	0.15	0.15	0.15	0.2	0.2	0.2	0.2	0.2
d_w min	产品等级	A	4.57	5.88	6.88	8.88	11.63	14.63	16.63	22.49	28.19	33.61	—	—
		B	4.45	5.74	6.74	8.74	11.47	14.47	16.47	22	27.7	33.25	42.75	51.11
e min	产品等级	A	6.01	7.66	8.79	11.05	14.38	17.77	20.03	26.75	33.53	39.98	—	—
		B	5.88	7.50	8.63	10.89	14.20	17.59	19.85	26.17	32.95	39.55	50.85	51.11
b 参考 GB/T 5782—2000	$l\leqslant 125$		12	14	16	18	22	26	30	38	46	54	66	—
	$125<l\leqslant 200$		18	20	22	24	28	32	36	44	52	60	72	84
	$l>200$		31	33	35	37	41	45	49	57	65	73	85	97
	l 范围		20~30	25~40	25~50	30~60	40~80	45~100	50~120	65~160	80~200	90~240	110~300	140~360
l 系列			2,3,4,5,6,8,10,12,16,20~65(5 进位),70~160(10 进位),180~500(20 进位)											

注：①标准规定螺栓的螺纹规格 d=M1.6~M64。

②产品等级 A、B 是根据公差取值不同而定，A 级公差小，A 级用于 d=1.6~24 mm 和 $l\leqslant 10d$ 或 $l\leqslant 150$ mm 的螺栓，B 级用于 $d>24$ mm 或 $l>10d$ 或 $l>150$ mm 的螺栓。

③材料为钢的螺栓性能等级有 5.6、8.8、9.8、10.9 级。其中 8.8 级为常用。8.8 级前面的数字 8 表示公称抗拉强度(σ_b, N/mm^2)的 1/100，后面数字 8 表示公称屈服点(σ_s, N/mm^2)或公称规定非比例伸长应力($\sigma_{p0.2}$, N/mm^2)与公称抗拉强度(σ_b)的比值(屈强比)的 10 倍。

5. 双头螺柱

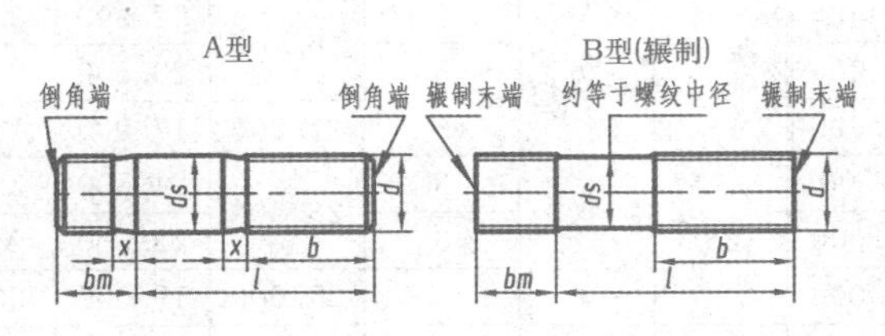

GB/T 897—1988($b_m=1d$)

GB/T 898—1988($b_m=1.25d$)

GB/T 899—1988($b_m=1.5d$)

GB/T 900—1988($b_m=2d$)

标记示例

两端均为粗牙普通螺纹 d=10 mm、l=50 mm、性能等级为 4.8 级、不经表面处理、B 型、$b_m=1d$ 的双头螺柱的标记：螺柱 GB/T 897 M10×50

旋入机体一端为粗牙普通螺纹，旋螺母一端为螺距 P=1 mm 的细牙普通螺纹，d=10 mm，l=50 mm，性能等级为 4.8 级、不经表面处理、A 型、$b_m=1d$ 的双头螺柱的标记：螺柱 GB/T 897 AM10—M10×1×50

旋入机体一端为过渡配合螺纹的第一种配合，旋螺母一端为粗牙普通螺纹，d=10 mm，

$l=50$ mm，性能等级为 8.8 级、镀锌钝化、B 型、$b_m=1d$ 的双头螺柱的标记：螺柱 GB/T 897 B M10－M10×50－8.8－Zn・D

附表 1-5　双头螺柱各部分尺寸　　mm

螺纹规格 d		M3	M4	M5	M6	M8
b_m 公称	GB/T 897—1988			5	6	8
	GB/T 898—1988			6	8	10
	GB/T 899—1988	4.5	6	8	10	12
	GB/T 900—1988	6	8	10	12	16
d_s	max			5	6	8
	min			4.7	5.7	7.64
X				1.5P		
$\frac{l}{b}$		$\frac{16-20}{6}$ $\frac{(22)\sim40}{12}$	$\frac{16\sim(22)}{8}$ $\frac{25\sim40}{14}$	$\frac{16\sim22}{10}$ $\frac{25\sim50}{16}$	$\frac{20\sim(22)}{10}$ $\frac{25\sim30}{14}$ $\frac{(32)\sim(75)}{18}$	$\frac{20\sim(22)}{12}$ $\frac{25\sim30}{16}$ $\frac{(32)\sim(90)}{22}$
螺纹规格 d		M10	M12	M16	M20	M24
b_m 公称	GB/T 897—1988	10	12	16	20	24
	GB/T 898—1988	12	15	20	25	30
	GB/T 899—1988	15	18	24	30	36
	GB/T 900—1988	20	24	32	40	48
d_s	max	10	12	16	20	24
	min	9.64	11.57	15.57	19.48	23.48
X		1.5P				
$\frac{l}{b}$		$\frac{25\sim(28)}{14}$ $\frac{30\sim(38)}{16}$ $\frac{40\sim120}{26}$ $\frac{130}{32}$	$\frac{25\sim30}{16}$ $\frac{(32)\sim40}{20}$ $\frac{45\sim120}{30}$ $\frac{130\sim180}{36}$	$\frac{30\sim(38)}{20}$ $\frac{40\sim(55)}{30}$ $\frac{60\sim120}{38}$ $\frac{130\sim200}{44}$	$\frac{35\sim40}{20}$ $\frac{45\sim(65)}{35}$ $\frac{70\sim120}{46}$ $\frac{130\sim200}{52}$	$\frac{45\sim50}{30}$ $\frac{(55)\sim(75)}{45}$ $\frac{80\sim120}{54}$ $\frac{130\sim200}{6}$

注：①GB/T 897—1988 和 GB/T 898—1988 规定螺柱的螺纹规格 d＝M5～M48，公称长度 l＝16～300 mm；GB/T 899—1988 和 GB/T 900—1988 规定螺柱的螺纹规格 d＝M2～M48，公称长度 l＝12～300 mm。

②螺柱公称长度 l(系列)：12，(14)，16，(18)，20，(22)，25，(28)，30，(32)，35，(38)，40，45，50，(55)，60，(65)，70，(75)，80，(85)，90，(95)，100～260(10 进位)，280，300mm，尽可能不采用括号内的数值。

③材料为钢的螺柱性能等级有 4.8、5.8、6.8、8.8、10.9、12.9 级，其中 4.8 级为常用。

6. 螺钉

(1)开槽沉头螺钉(GB/T 68—2000)

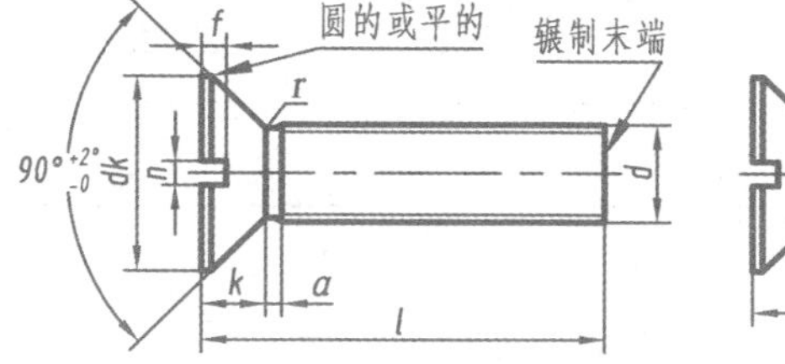

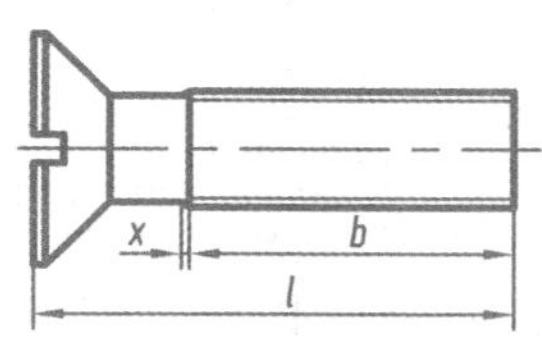

标注示例

螺纹规格 d=M5、公称长度 l=20 mm、性能等级为 4.8 级、不经表面处理的 A 级开槽沉头螺钉的标记：螺钉　GB/T 68 M5×20

附表 1-6　开槽沉头螺钉各部分尺寸(GB/T 68—2000)　　mm

螺纹规格 d	M1.6	M2	M2.5	M3	M4	M5	M6	M8	M10
P	0.35	0.4	0.45	0.5	0.7	0.8	1	1.25	1.5
a max	0.7	0.8	0.9	1	1.4	1.6	2	2.5	3
b min	25	25	25	25	38	38	38	38	38
d_k 理论值 max	3.6	4.4	5.5	6.3	9.4	10.4	12.6	17.3	20
k 公称 max	1	1.2	1.5	1.65	2.7	2.7	3.3	4.65	5
n 公称	0.4	0.5	0.6	0.8	1.2	1.2	1.6	2	2.5
r max	0.4	0.5	0.6	0.8	1	1.3	1.5	2	2.5
t max	0.5	0.6	0.75	0.85	1.3	1.4	1.6	2.3	2.6
x max	0.9	1	1.1	1.25	1.75	2	2.5	3.2	3.8
公称长度 l	2.5～16	3～20	4～25	5～30	6～40	8～50	8～60	10～80	12～80
l 系列	2.5,3,4,5,6,8,10,12,(14),16,20,25,30,35,40,45,50,(55),60,(65),70,(75),80								

注：①括号中的规格尽可能不采用。

②M1.6～M3 的螺钉、公称长度 l≤30 mm，制出全螺纹；M4～M10 的螺钉、公称长度 l≤45 mm，制出全螺纹。

③无螺纹部分杆径约等于螺纹中径或允许等于螺纹大径。

④P 为粗牙螺距。

(2)内六角圆柱头螺钉 GB/T 70.1—2008

标记示例

螺纹规格 d=M5、公称长度 l=20mm、性能等级为 8.8 级、表面氧化的 A 级内六角圆柱头螺钉的标记：螺钉 GB/T 70.1 M5×20

附表 1-7　内六角圆柱头螺钉各部分尺寸　　mm

螺纹规格 d	M2.5	M3	M4	M5	M6	M8	M10	M12	M16	M20	M24	M30	M36
d_k max	4.50	5.50	7.00	8.50	10.00	13.00	16.00	18.00	24.00	30.00	36.00	45.00	54.00
d_a max	3.1	3.6	4.7	5.7	6.8	9.2	11.2	13.7	17.7	22.4	26.4	33.4	39.4
l_f max	0.51	0.51	0.6	0.6	0.68	1.02	1.02	1.45	1.45	2.04	2.04	2.89	2.89
k max	2.50	3.00	4.00	5.00	6.00	8.00	10.00	12.00	16.00	20.00	24.00	30.00	36.00
t min	1.1	1.3	2	2.5	3	4	5	6	8	10	12	15.5	19
e min	2.303	2.873	3.443	4.583	5.723	6.683	9.149	11.429	15.996	19.437	21.734	25.154	30.854
s 公称	2	2.5	3	4	5	6	8	10	14	17	19	22	27
b(参考)	17	18	20	22	24	28	32	36	44	52	60	72	84
l 范围	4～25	5～30	6～40	8～50	10～60	12～80	16～100	20～120	25～160	30～200	40～400	45～200	55～200

注：①标准规定螺钉规格 M1.6～M64。

②公称长度 l(系列)：2.5,3,4,5,6～16(2 进位)，20～65(5 进位)，70～160(10 进位)，180～300(20 进位)mm。

③材料为钢的螺钉性能等级有 8.8、10.9、12.9 级，其中 8.8 级为常用。

(3)开槽圆柱头螺钉(GB/T 65—2000)

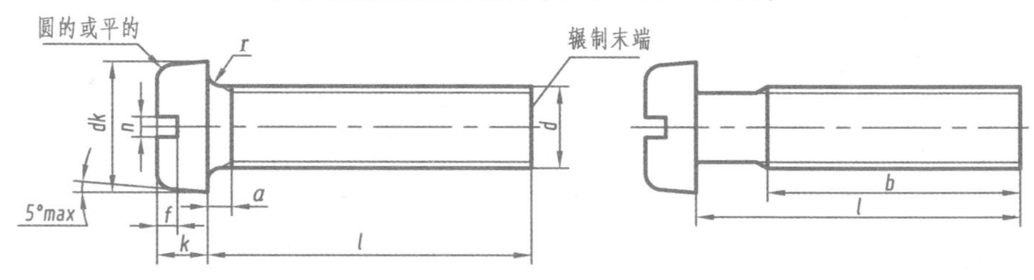

标记示例

螺纹规格 d=M5、公称长度 l=20 mm、性能等级为 4.8 级、不经表面处理的 A 级开槽圆柱头螺钉的标记:螺钉　GB/T 65　M5×20

附表 1-8　开槽圆柱头螺钉各部分尺寸　mm

螺纹规格 d	M3	M4	M5	M6	M8	M10
P(螺距)	0.5	0.7	0.8	1	1.25	1.5
a max	1	1.4	1.6	2	2.5	3
b min	25	38	38	38	38	38
d_k 公称=max	5.5	7	8.5	10	13	16
k 公称=max	2	2.6	3.3	3.9	5	6
n 公称	0.8	1.2	1.2	1.6	2	2.5
t min	0.85	1.1	1.3	1.6	2	2.4
r min	0.1	0.2	0.2	0.25	0.4	0.4
公称长度 l	4～30	5～40	6～50	8～60	10～80	12～80
l 系列	5,6,8,10,12,(14),16,20,25,30,35,40,45,50,(55),60,(65),70,(75),80					

注:①公称长度 l≤40 mm 的螺钉,制出全螺纹。

②标准规定螺纹规格 d=M1.6～M10;公称长度 l=2～80 mm(系列)为:2,3,4,5,6,8,10,12,(14),16,20,25,30,35,40,45,50,(55),60,(65),70,(75),80 mm,尽可能不采用括号中的规格。

③无螺纹部分杆径约等于螺纹中径或允许等于螺纹大径。

④材料为钢的螺钉性能等级有 4.8、5.8 级,其中 4.8 级为常用。

⑤P 为粗牙螺距。

7. Ⅰ型六角螺母

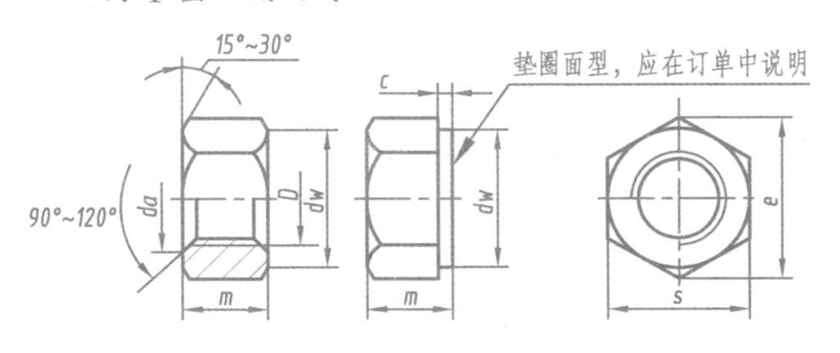

标记示例

螺纹规格 D=M12、性能等级为 8 级、不经表面处理、产品等级为 A 级的 1 型六角螺母的标记:螺母　GB/T 6170 M12

附表 1-9　Ⅰ型六角螺母各部分尺寸(GB/T 6170—2000)　mm

螺纹规格 d		M3	M4	M5	M6	M8	M10	M12	M16	M20	M24	M30	M36
e min		6.01	7.66	8.79	11.05	14.38	17.77	20.03	26.75	32.95	39.55	50.85	60.79
s	公称 max	5.50	7.00	8.00	10.00	13.00	16.00	18.00	24.00	30.00	36	46	55.0
	min	5.32	6.78	7.78	9.78	12.73	15.73	17.73	23.67	29.16	35	45	53.8

续附表 1-9

螺纹规格 d		M3	M4	M5	M6	M8	M10	M12	M16	M20	M24	M30	M36
$c$max		0.40	0.40	0.50	0.50	0.60	0.60	0.60	0.80	0.80	0.80	0.80	0.80
d_w	min	4.6	5.9	6.9	8.9	11.6	14.6	16.6	22.5	27.7	33.2	42.7	51.1
d_a	max	3.45	4.6	5.75	6.75	8.75	10.8	13	17.3	21.6	25.9	32.4	38.9
	min	3.00	4.0	5.00	6.00	8.00	10.0	12	16.0	20.0	24.0	30.0	36.0
m	max	2.40	3.2	4.7	5.2	6.80	8.40	10.80	14.8	18.0	21.5	25.6	31.0
	min	2.15	2.9	4.4	4.9	6.44	8.04	10.37	14.1	16.9	20.2	24.3	29.4

注：A 级用于 $D\leqslant16$；B 级用于 $D>16$。

8. 平垫圈—A 级(GB/T 97.1—2002)、平垫圈倒角型—A 级(GB/T 97.2—2002)

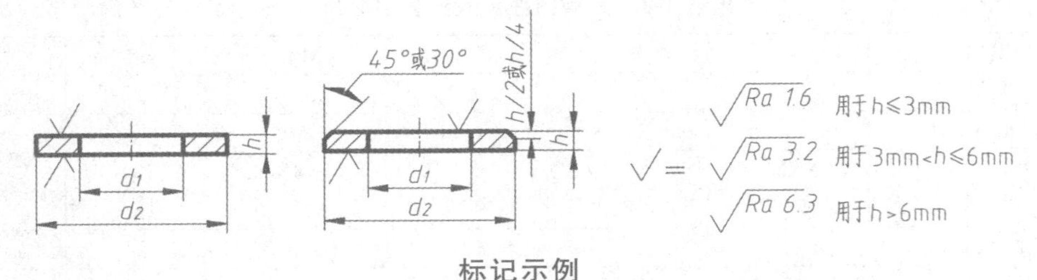

标记示例

标准系列、公称规格 8mm、由钢制造的硬度等级为 200HV 级、不经表面处理、产品等级为 A 级的平垫圈的标记：垫圈 GB/T 97.1 8

标准系列、公称规格 8mm、由 A2 组不锈钢制造的硬度等级为 200HV 级、不经表面处理、产品等级为 A 级的平垫圈的标记：垫圈 GB/T 97.1 8 A2

附表 1-10 垫圈各部分尺寸 mm

公称规格(螺纹大径 d)	2	2.5	3	4	5	6	8	10	12	14	16	20	24	30
内径 d_1 公称(min)	2.2	2.7	3.2	4.3	5.3	6.4	8.4	10.5	13	15	17	21	25	31
外径 d_2 公称(max)	5	6	7	9	10	12	16	20	24	28	30	37	44	56
厚度 h 公称	0.3	0.5	0.5	0.8	1	1.6	1.6	2	2.5	2.5	3	3	4	4

9. 标准型弹簧垫圈(GB/T 93—1987)、轻型弹簧垫圈(GB/T 859—1987)

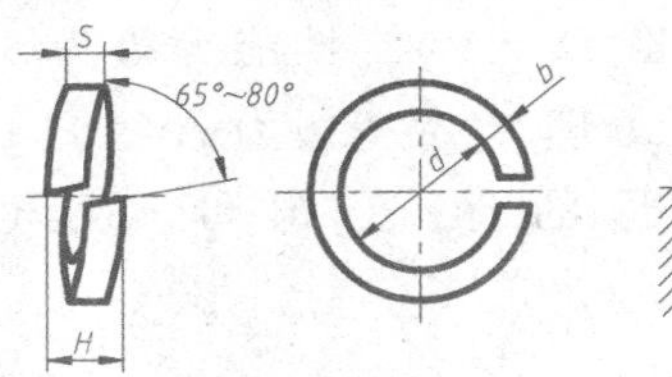

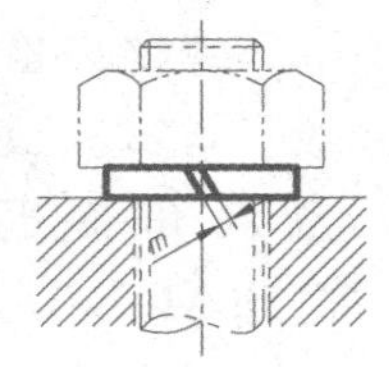

标记示例

规格 16 mm、材料为 65Mn、表面氧化的标准型弹簧垫圈的标记：垫圈 GB/T 93 16

规格 16 mm、材料为 65Mn、表面氧化的轻型弹簧垫圈的标记：垫圈 GB/T 859 16

附表 1-11 标准型弹簧垫圈各部分尺寸 mm

规格(螺纹大径)		2	2.5	3	4	5	6	8	10	12	16	20	24	30	36	42	48
d		2.1	2.6	3.1	4.1	5.1	6.1	8.1	10.2	12.2	16.2	20.2	24.5	30.5	36.5	42.5	48.5
H min	GB/T 93—1987	1	1.3	1.6	2.2	2.6	3.2	4.2	5.2	6.2	8.2	10	12	15	18	21	24
	GB/T 859—1987			1.6	1.6	2.2	2.6	3.2	4	5	6.4	8	10	12			

续附表 1-11

规格(螺纹大径)		2	2.5	3	4	5	6	8	10	12	16	20	24	30	36	42	48
$S(b)$	GB/T 93—1987	0.5	0.65	0.8	1.1	1.3	1.6	2.1	2.6	3.1	4.1	5	6	7.5	9	10.5	12
S	GB/T 859—1987			0.8	0.8	1.1	1.3	1.6	2	2.5	3.2	4	5	6			
$m\leqslant$	GB/T 93—1987	0.25	0.33	0.4	0.55	0.65	0.8	1.05	1.3	1.55	2.05	2.5	3	3.75	4.5	5.25	6
	GB/T 859—1987			0.3	0.4	0.55	0.65	0.8	1	1.25	1.5	2	2.5	3			
b	GB/T 859—1987			1	1.2	1.5	2	2.5	3	3.5	4.5	5.5	7	9			

附录 2　销

(1)圆柱销　不淬硬钢和奥氏体不锈钢(GB/T 119.1—2000)
圆柱销　淬硬钢和马氏体不锈钢(GB/T 119.2—2000)

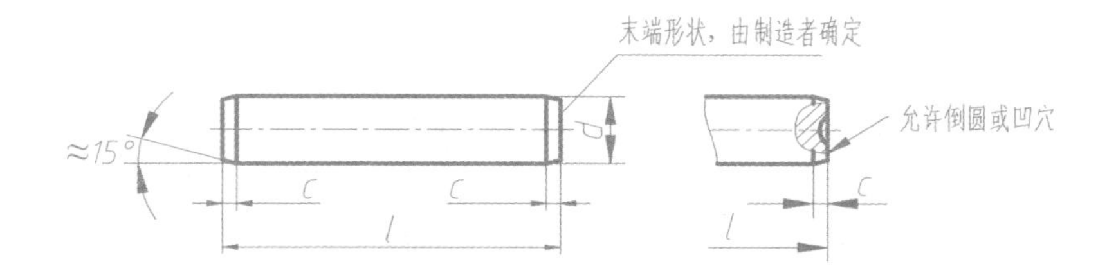

标记示例

公称直径 d=6 mm、公差为 m6、公称长度 l=30 mm、材料为钢、不经淬火、不经表面处理的圆柱销的标记：销 GB/T 119.1　6m6×30

附表 2-1　圆柱销各部分尺寸(GB/T 119.1—2000，GB/T 119.2—2000)　mm

公称直径 d		3	4	5	6	8	10	12	16	20	25	30	40	50
$c\approx$		0.5	0.63	0.8	1.2	1.6	2	2.5	3	3.5	4	5	6.3	8
L 范围	GB/T 119.1	8～30	8～40	10～50	12～60	14～80	18～95	22～140	26～180	35～200	50～200	60～200	80～200	95～200
	GB/T 119.2	8～30	10～40	12～50	14～60	18～80	22～100	26～100	40～100	50～100				
l 系列		2,3,4,5,6～32(2 进位),35～100(5 进位),120～200(20 进位)												

注：①GB/T 119.1—2000 规定圆柱销的公称直径 d=0.6～50 mm，公称长度 l=2～200 mm，公差有 m6 和 h8。

②GB/T 119.2—2000 规定圆柱销的公称直径 d=1～20 mm，公称长度 l=3～100 mm，公差仅有 m6。

③当圆柱销公差为 h8 时，其表面粗糙度 $Ra\leqslant 1.6$ μm。

④公称长度大于 200 mm，按 20 mm 递增。

(2)圆锥销(GB/T 117—2000)

标记示例

公称直径 d=6 mm、公称长度 l=30 mm、材料为 35 钢、热处理硬度 28～38HRC、表面氧化处理的 A 型圆锥销的标记：销 GB/T 117　6×30

附表 2-2 圆锥销各部分尺寸(GB/T 117—2000) mm

公称直径 d	4	5	6	8	10	12	16	20	25	30	40	50
$a\approx$	0.5	0.63	0.8	1	1.2	1.6	2	2.5	3	4	5	6.3
公称长度 l	14～55	18～60	22～90	22～120	26～160	32～180	40～200	45～200	50～200	55～200	60～200	65～200
l 系列	2,3,4,5,6～32(2 进位),35～100(5 进位),120～200(20 进位)											

注:①标准规定圆锥销的公称直径 $d=0.6\sim50$ mm。

②有 A 型和 B 型。A 型为磨削,锥面表面粗糙度 $Ra=0.8$ μm;B 型为切削或冷镦,锥面表面粗糙度 $Ra=3.2$ μm。

③公称长度大于 200 mm,按 20 mm 递增。

附录 3 键

普通型 平键(GB/T 1096—2003)

平键 键槽的剖面尺寸(GB/T 1095—2003)

普通型 平键 GB/T 1096—2003

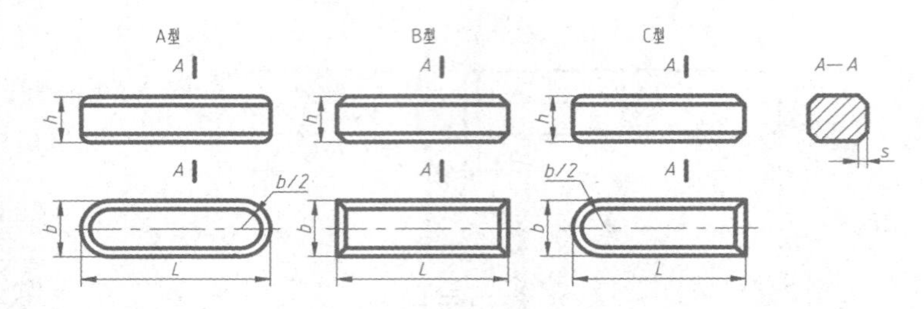

平键 键槽的剖面尺寸 GB/T 1095—2003

平键 键槽的剖面尺寸 GB/T 1095-2003

标记示例

宽度 $b=16$ mm、高度 $h=10$ mm、长度 $L=100$ mm 普通 A 型平键的标记为:GB/T 1096 键 16×10×100

宽度 $b=16$ mm、高度 $h=10$ mm、长度 $L=100$ mm 普通 B 型平键的标记为:GB/T 1096 键 B16×10×100

宽度 $b=16$ mm、高度 $h=10$ mm、长度 $L=100$ mm 普通 C 型平键的标记为:GB/T 1096 键 C16×10×100

附表 3-1　普通平键的尺寸和公差　　mm

键			键槽											
			宽度 b						深度				半径 r	
键尺寸 $b\times h$	倒角或倒圆 s	L 范围	基本尺寸	极限偏差					轴 t_1		毂 t_2			
				正常联结		紧密联结	松联结		基本尺寸	极限偏差	基本尺寸	极限偏差		
				轴 N9	毂 JS9	轴和毂 P9	轴 H9	毂 D10					min	max
2×2	0.16～0.25	6～20	2	−0.004	±0.0125	−0.006	+0.025	+0.060	1.2	+0.1	1.0	+0.1	0.08	0.16
3×3		6～36	3	−0.029		−0.031	0	+0.020	1.8	0	1.4	0		
4×4		8～45	4	0	±0.015	−0.012	+0.030	+0.078	2.5		1.8			
5×5	0.25～0.40	10～56	5	−0.030		−0.042	0	+0.030	3.0		2.3		0.16	0.25
6×6		14～70	6						3.5		2.8			
8×7		18～90	8	0	±0.018	−0.015	+0.036	+0.098	4.0	+0.2	3.3	+0.2		
10×8	0.40～0.60	22～110	10	−0.036		−0.051	0	+0.040	5.0	0	3.3	0	0.25	0.40
12×8		28～140	12	0	±0.0215	−0.018	+0.043	+0.120	5.0		3.3			
14×9		36～160	14	−0.043		−0.061	0	+0.050	5.5		3.8			
16×10		45～180	16						6.0		4.3			
18×11		50～200	18						7.0		4.4			
20×12	0.60～0.80	56～220	20	0	±0.026	−0.022	+0.052	+0.149	7.5		4.9		0.40	0.60
22×14		63～250	22	−0.052		−0.074	0	+0.065	9.0		5.4			
25×14		70～280	25						9.0		5.4			
28×16		80～320	28						10.0		6.4			
L 系列	6,8,10,12,14,16,18,20,22,25,28,32,36,40,45,50,56,63,70,80,90,100,110,125,140,160,180,200,220,250,280,320,360,400,450,500													

注：①标准规定键宽 $b=2\sim100$ mm，公称长度 $L=6\sim500$ mm。

②在零件图中轴槽深用 $d-t_1$ 标注，轮毂槽深用 $d+t_2$ 标注。键槽的极限偏差按 t_1（轴）和 t_2（毂）的极限偏差选取，但轴槽深（$d-t_1$）的极限偏差值应取负号。

③键的材料常用 45 钢。

④轴槽、轮毂槽的键槽宽度 b 两侧面粗糙度参数 Ra 值推荐为 1.6～3.2 μm。

⑤轴槽底面、轮毂槽底面的表面粗糙度参数 Ra 值为 6.3 μm。

附录 4　滚动轴承

附表 4-1　滚动轴承各部分尺寸（GB/T 276—1994，GB/T 297—1994，GB/T 301—1995）　　mm

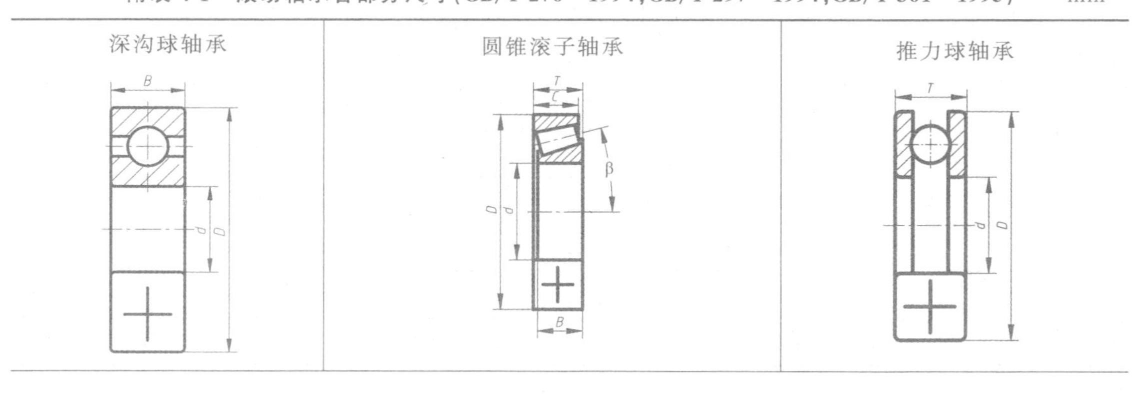

续附表 4-1

标记示例 类型代号 6 内径 d 为 ϕ60 mm、尺寸系列代号为(0)2 的深沟球轴承的标记：滚动轴承 6212 GB/T 276				标记示例 类型代号 3 内径 d 为 ϕ35 mm、尺寸系列代号为 03 的圆锥滚子轴承的标记：滚动轴承 30307 GB/T 297						标记示例 类型代号 5 内径 d 为 ϕ40 mm、尺寸系列代号为 13 的推力球轴承的标记：滚动轴承 51308 GB/T 301				
轴承型号	d	D	B	轴承型号	d	D	B	C	T	轴承型号	d	D	H	$d_{1\min}$
尺寸系列(02)				尺寸系列(02)						尺寸系列(12)				
6202	15	35	11	30203	17	40	12	11	13.25	51202	15	32	12	17
6203	17	40	12	30204	20	47	14	12	15.25	51203	17	35	12	19
6204	20	47	14	30205	25	52	15	13	16.25	51204	20	40	14	22
6205	25	52	15	30206	30	62	16	14	17.25	51205	25	47	15	27
6206	30	62	16	30207	35	72	17	15	18.25	51206	30	52	16	32
6207	35	72	17	30208	40	80	18	16	19.75	51207	35	62	18	37
6208	40	80	18	30209	45	85	19	16	20.75	51208	40	68	19	42
6209	45	85	19	30210	50	90	20	17	21.75	51209	45	73	20	47
6210	50	90	20	30211	55	100	21	18	22.75	51210	50	78	22	52
6211	55	100	21	30212	60	110	22	19	23.75	51211	55	90	25	57
6212	60	110	22	30213	65	120	23	20	24.75	51212	60	95	26	62
尺寸系列(03)				尺寸系列(03)						尺寸系列(13)				
6302	15	42	13	30302	15	42	13	11	14.25	51304	20	47	18	22
6303	17	47	14	30303	17	47	14	12	15.25	51305	25	52	18	27
6304	20	52	15	30304	20	52	15	13	16.25	51306	30	60	21	32
6305	25	62	17	30305	25	62	17	15	18.25	51307	35	68	24	37
6306	30	72	19	30306	30	72	19	16	20.75	51308	40	78	26	42
6307	35	80	21	30307	35	80	21	18	22.75	51309	45	85	28	47
6308	40	90	23	30308	40	90	23	20	25.25	51310	50	95	31	52
6309	45	100	25	30309	45	100	25	22	27.25	51311	55	105	35	57
6310	50	110	27	30310	50	110	27	23	29.25	51312	60	110	35	62
6311	55	120	29	30311	55	120	29	25	31.5	51313	65	115	36	67
6312	60	130	31	30312	60	130	31	26	33.5	51314	70	125	40	72
6313	65	140	33	30313	65	140	33	28	36.0	51315	75	135	44	77

附录5　零件常用标准结构

1. 零件倒圆与倒角(GB/T 6403.4—2008)

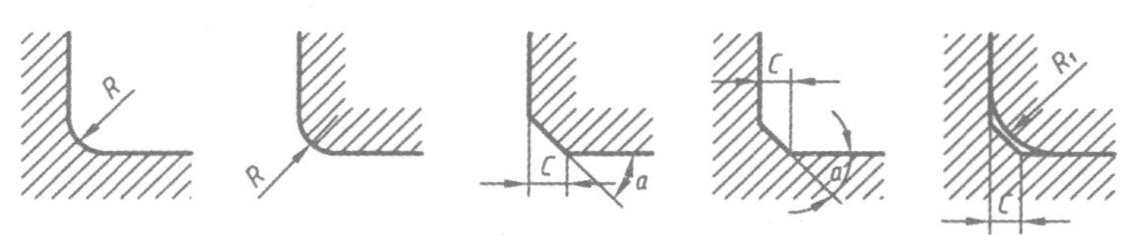

α 一般采用 45°,也可用 30°或 60°。

附表5-1　与直径 ϕ 相应的倒角 C、倒圆 R 的推荐值　mm

ϕ	～3	>3～6	>6～10	>10～18	>18～30	>30～50	>50～80	>80～120	>120～180
C 或 R	0.2	0.4	0.6	0.8	1.0	1.6	2.0	2.5	3.0
ϕ	>180～250	>250～320	>320～400	>400～500	>500～630	>630～800	>800～1000	>1000～1250	>1250～1600
C 或 R	4.0	5.0	6.0	8.0	10	12	16	20	25

附表5-2　内角倒角,外角倒圆时 C 的最大值 C_{max} 与 R_1 的关系　mm

R_1	0.3	0.4	0.5	0.6	0.8	1.0	1.2	1.6	2.0	2.5	3.0	4.0
C_{max}	0.1	0.2	0.2	0.3	0.4	0.5	0.6	0.8	1.0	1.2	1.6	2.0

2. 砂轮越程槽(GB/T 6043.5—2008)

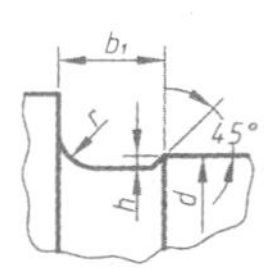
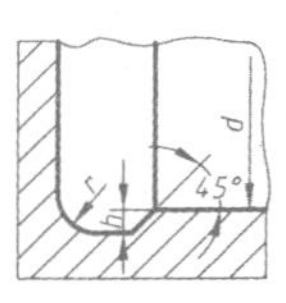
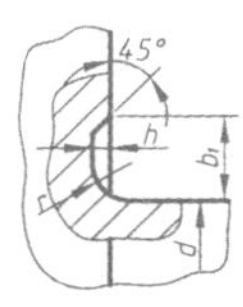
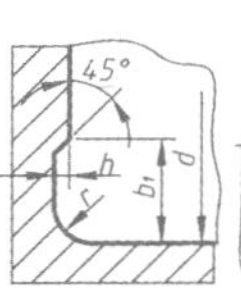
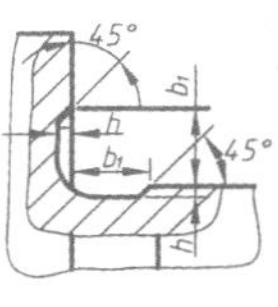
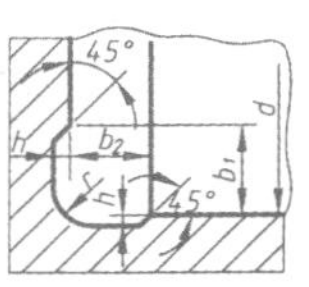

附表5-3　砂轮越程槽的尺寸　mm

<table>
<tr><td>b1</td><td>0.6</td><td>1.0</td><td>1.6</td><td>2.0</td><td>3.0</td><td>4.0</td><td>5.0</td><td>8.0</td><td>10</td></tr>
<tr><td>b2</td><td>2.0</td><td colspan="2">3.0</td><td colspan="2">4.0</td><td colspan="2">5.0</td><td>8.0</td><td>10</td></tr>
<tr><td>h</td><td>0.1</td><td colspan="2">0.2</td><td>0.3</td><td colspan="2">0.4</td><td>0.6</td><td>0.8</td><td>1.2</td></tr>
<tr><td>r</td><td>0.2</td><td colspan="2">0.5</td><td>0.8</td><td colspan="2">1.0</td><td>1.6</td><td>2.0</td><td>3.0</td></tr>
<tr><td>d</td><td colspan="3">～10</td><td colspan="2">>10～50</td><td colspan="2">>50～100</td><td colspan="2">>100</td></tr>
</table>

注:①越程槽内两直线相交处,不允许产生尖角。

②越程槽深度 h 与圆弧半径 r,要满足 $r\leqslant 3h$。

附录6 极限与配合

附表6-1 轴的基本偏差数值

基本尺寸 mm		基本偏差数值															
		上偏差 *es*												下偏差 *ei*			
大于	至	所有标准公差等级												IT5和IT6	IT7	IT8	IT4和IT7
		a	b	c	cd	d	e	ef	f	fg	g	h	js	j			
—	3	−270	−140	−60	−34	−20	−14	−10	−6	−4	−2	0	偏差$=\pm\frac{ITn}{2}$,式中ITn是IT值数	−2	−4	−6	0
3	6	−270	−140	−70	−46	−30	−20	−14	−10	−6	−4	0		−2	−4		+1
6	10	−280	−150	−80	−56	−40	−25	−18	−13	−8	−5	0		−2	−5		+1
10	14	−290	−150	−95		−50	−32		−16		−6	0		−3	−6		+1
14	18																
18	24	−300	−160	−110		−62	−40		−20		−7	0		−4	−8		+2
24	30																
30	40	−310	−170	−120		−80	−50		−25		−9	0		−5	−10		+2
40	50	−320	−180	−130													
50	65	−340	−190	−140		−100	−60		−30		−10	0		−7	−12		+2
65	80	−360	−200	−150													
80	100	−380	−210	−170		−120	−72		−36		−12	0		−9	−15		+3
100	120	−410	−240	−180													
120	140	−460	−260	−200		−145	−85		−43		−14	0		−11	−18		+3
140	160	−520	−280	−210													
160	180	−580	−310	−230													
180	200	−660	−340	−240		−170	−100		−50		−15	0		−13	−21		+4
200	225	−740	−380	−260													
225	250	−820	−420	−280													
250	280	−920	−480	−300		−190	−110		−56		−17	0		−16	−26		+4
280	315	−1050	−540	−330													
315	355	−1200	−600	−360		−210	−125		−63		−18	0		−18	−28		+4
355	400	−1350	−680	−400													
400	450	−1500	−760	−440		−230	−135		−68		−20	0		−20	−32		+5
450	500	−1650	−840	−480													
500	560					−260	−145		76		−22	0					0
560	630																
630	710					−290	−160		80		24	0					0
710	800																
800	900					−320	−170		86		−26	0					0
900	1 000																
1 000	1 120					−350	−195		98		−28	0					0
1 120	1 250																
1 250	1 400					−390	−220		110		−30	0					0
1 400	1 600																
1 600	1 800					−430	−240		−120		−32	0					0
1 800	2 000																
2 000	2 240					−480	−260		130		−34	0					0
2 240	2 500																
2 500	2 800					−520	−290		145		−38	0					0
2 800	3 150																

注:①基本尺寸小于或等于1 mm时,基本偏差 a 和 b 均不采用。

②公差带js7至js11,若ITn值数是奇数,则取偏差$=\pm\frac{ITn-1}{2}$。

（GB /T 1800.4—1998）　　μm

基本偏差数值														
下　偏　差 *ei*														
≤IT3 >IT7	所有标准公差等级													
k	m	n	p	r	s	t	u	v	x	y	z	za	zb	zc
0	+2	+4	+6	+10	+14		+18		+20		+26	+32	+40	+60
0	+4	+8	+12	+15	+19		+23		+28		+35	+42	+50	+80
0	+6	+10	+15	+19	+23		+28		+34		+42	+52	+67	+97
0	+7	+12	+18	+23	+28		+33		+40		+50	+64	+90	+130
								+39	+45		+60	+77	+108	+150
0	+8	+15	+22	+28	+35		+41	+47	+54	+63	+73	+98	+136	+188
						+41	+48	+55	+64	+75	+88	+118	+160	+218
0	+9	+17	+26	+34	+43	+48	+60	+68	+80	+94	+112	+148	+200	+274
						+54	+70	+81	+97	+114	+136	+180	+242	+325
0	+11	+20	+32	+41	+53	+66	+87	+102	+122	+144	+172	+226	+300	+405
				+43	+59	+75	+102	+120	+146	+174	+210	+274	+360	+480
0	+13	+23	+37	+51	+71	+91	+124	+146	+178	+214	+258	+335	+445	+585
				+54	+79	+104	+144	+172	+210	+254	+310	+400	+525	+690
0	+15	+27	+43	+63	+92	+122	+170	+202	+248	+300	+365	+470	+620	+800
				+65	+100	+134	+190	+228	+280	+340	+415	+535	+700	+900
				+68	+108	+146	+210	+252	+310	+380	+465	+600	+780	+1000
0	+18	+31	+50	+77	+122	+166	+236	+284	+350	+425	+520	+670	+880	+1150
				+80	+130	+180	+258	+310	+385	+470	+575	+740	+960	+1250
				+84	+140	+196	+284	+340	+425	+520	+640	+820	+1050	+1350
0	+20	+34	+56	+94	+157	+218	+315	+385	+475	+580	+710	+920	+1200	+1550
				+98	+170	+240	+350	+425	+525	+650	+790	+1000	+1300	+1700
0	+21	+37	+62	+108	+190	+268	+390	+475	+590	+730	+900	+1 150	+1 500	+1 900
				+114	+208	+294	+435	+530	+660	+820	+1 000	+1 300	+1 650	+2 100
0	+23	+40	+68	+126	+232	+330	+490	+494	+740	+920	+1 100	+1 450	+1 850	+2 400
				+132	+252	+360	+540	+660	+820	+1 000	+1 250	+1 600	+2 100	+2 600
0	+26	+44	+78	+150	+280	+400	+600							
				+155	+310	+450	+660							
0	+30	+50	+88	+175	+340	+500	+740							
				+185	+380	+560	+840							
0	+34	+56	+100	+210	+430	+620	+940							
				+220	+470	+680	+1 050							
0	+40	+66	+120	+250	+520	+780	+1 150							
				+260	+580	+840	+1 300							
0	+48	+78	+140	+300	+640	+960	+1 450							
				+330	+720	+1 050	+1 600							
0	+58	+92	+170	+370	+820	+1 200	+1 850							
				+400	+920	+1 350	+2 000							
0	+68	+110	+195	+440	+1 000	+1 500	+2 300							
				+460	+1 100	+1 560	+2 500							
0	+76	+135	+240	+550	+1 250	+1 900	+2 900							
				+580	+1 400	+2 100	+3 200							

附表 6-2 孔的基本偏差数值

基本尺寸 mm		基本偏差																				
		下偏差 *EI*												上偏差 *ES*								
		所有标准公差等级												IT6	IT7	IT8	≤IT8	>IT8	≤IT8	>IT8	≤IT8	>IT8
大于	至	A	B	C	CD	D	E	EF	F	FG	G	H	JS	J			K		M		N	
—	+3	+270	+140	+60	+34	+20	+14	+10	+6	+4	+2	0	偏差 $=\pm\frac{ITn}{2}$，式中 IT*n* 是 IT 值数	+2	+4	+6	0	0	-2	-2	-4	-4
3	6	+270	+140	+70	+46	+30	+20	+14	+10	+6	+4	0		+2	+4	+10	-1+Δ		-4+Δ	-4	-8+Δ	0
6	10	+280	+150	+80	+56	+40	+25	+18	+13	+8	+5	0		+2	+5	+12	-1+Δ		-6+Δ	-6	-10+Δ	0
10	14	+290	+150	+95		+50	+32		+16		+6	0		+3	+6	+15	-1+Δ		-7+Δ	-7	-12+Δ	0
14	18																					
18	24	+300	+160	+110		+62	+40		+20		+7	0		+4	+8	+20	-2+Δ		-8+Δ	-8	-15+Δ	0
24	30																					
30	40	+310	+170	+120		+80	+50		+25		+9	0		+5	+10	+24	-2+Δ		-9+Δ	-9	-17+Δ	0
40	50	+320	+180	+130																		
50	65	+340	+190	+140		+100	+60		+30		+10	0		+7	+12	+28	-2+Δ		-11+Δ	-11	-20+Δ	0
65	80	+360	+200	+150																		
80	100	+380	+210	+170		+120	+72		+36		+12	0		+9	+15	+34	-3+Δ		-13+Δ	-13	-23+Δ	0
100	120	+410	+240	+180																		
120	140	+460	+260	+200		+145	+85		+43		+14	0		+11	+18	+41	-3+Δ		-15+Δ	-15	-27+Δ	0
140	160	+520	+280	+210																		
160	180	+580	+310	+230		+170	+100		+50		+15	0										
180	200	+660	+340	+240										+13	+21	+47	-4+Δ		-17+Δ	-17	-31+Δ	0
200	225	+740	+380	+260																		
225	250	+820	+420	+280		+190	+110		+56		+17	0										
250	280	+920	+480	+300										+16	+26	+55	-4+Δ		-20+Δ	-20	-34+Δ	0
280	315	+1 050	+540	+330																		
315	355	+1 200	+600	+360		+210	+125		+63		+18	0		+18	+28	+60	-4+Δ		-21+Δ	-21	-37+Δ	0
355	400	+1 350	+680	+400																		
400	450	+1 500	+760	+440		+230	+135		+68		+20	0		+20	+32	+66	-5+Δ		-23+Δ	-23	-40+Δ	0
450	500	+1 650	+840	+480																		
500	560					+260	+145		76		+22	0					0		-26		-44	
560	630																					
630	710					+290	+160		80		24	0					0		-30		-50	
710	800																					
800	900					+320	+170		86		+26	0					0		-34		-56	
900	1 000																					
1 000	1 120					+350	+195		98		+28	0					0		-48		-65	
1 120	1 250																					
1 250	1 400					+390	+220		110		+30	0					0		-48		-78	
1 400	1 600																					
1 600	1 800					+430	+240		+120		+32	0					0		-58		-92	
1 800	2 000																					
2 000	2 240					+480	+260		130		+34	0					0		-68		-110	
2 240	2 500																					
2 500	2 800					+520	+290		145		+38	0					0		-76		-135	
2 800	3 150																					

注：①基本尺寸小于或等于 1mm 时，基本偏差 *A* 和 *B* 及大于 IT8 的 *N* 均不采用。

②公差带 JS7 至 JS11，若 IT*n* 值数是奇数，则取偏差 $=\pm\frac{ITn-1}{2}$

③对小于或等于 IT8 的 *K*、*M*、*N* 和小于或等于 IT7 的 *P* 至 *ZC*，所需 Δ 值从表内右侧选取，例如：18～30 mm 段的 K7：Δ=8 μm，所以 *ES*=-2+8=+6 μm，18～30 mm 段的 S6：Δ=4 μm，所以 *ES*=-35+4=-31 μm。

④特殊情况：250～315 mm 段的 M6，*ES*=-9 μm(代替-11 μm)。

（GB/T1800.3—1998）　μm

数值													Δ值					
上偏差 *ES*																		
≤IT7	标准公差等级大于IT7												标准公差等级					
P-ZC	P	R	S	T	U	V	X	Y	Z	ZA	ZB	ZC	IT3	IT4	IT5	IT6	IT7	IT8
在大于IT7的相应数值上增加一个Δ值	−6	−10	−14		−18		−20		−26	−32	40	60	0	0	0	0	0	0
	−12	−15	−19		−23		−28		−35	−42	−50	−80	1	1.5	1	3	4	6
	−15	−19	−23		−28		−34		−42	−52	−67	−97	1	1.5	2	3	6	7
	−18	−23	−28		−33		−40		−50	−64	−90	−130	1	2	3	3	7	9
						−39	−45		−60	−77	−108	−150						
	−22	−28	−35		−41	−47	−54	−63	−73	−98	−136	−188	1.5	2	3	4	8	12
				−41	−48	−55	−64	−75	−88	−118	−160	−218						
	−26	−34	−43	−48	−60	−68	−80	−94	−112	−136	−200	−274	1.5	3	4	5	9	14
				−54	−70	−81	−97	−114	−136	−148	−242	−325						
	−32	−41	−53	−66	−87	−102	−122	−144	−172	−180	−300	−405	2	3	5	6	11	16
		−43	−59	−75	−102	−120	−146	−174	−210	−226	−360	−480						
	−37	−51	−71	−91	−124	146	−178	−214	−258	−274	−445	−585	2	4	5	7	13	19
		−54	−79	−104	−144	−172	−210	−254	−310	−335	−525	−690						
	−43	−63	−92	−122	−170	−202	−248	−300	−365	−400	−620	−800	3	4	6	7	15	23
		−65	−100	−134	−190	−228	−280	−340	−415	−470	−700	−900						
		−68	−108	−146	−210	−252	−310	−380	−465	−535	−780	−1 000						
	−50	−77	−122	−166	−236	−284	−350	−425	−520	−600	−880	−1 150	3	4	6	9	17	26
		−80	−130	−180	−258	−310	−385	−470	−575	−740	−960	−1 250						
		−84	−140	−196	−284	−340	−425	−520	−640	−820	−1 050	−1 350						
	−56	−94	−158	−218	−315	−385	−475	−580	−710	−920	−1 200	−1 550	4	4	7	9	20	29
		−98	−170	−240	−350	−425	−525	−650	−790	−1 000	−1 300	−1 700						
	−62	−108	−190	−268	−390	−475	−590	−730	−900	−1 150	−1 500	−1 900	4	5	7	11	21	32
		−114	−208	−294	−435	−530	−660	−820	−1 000	−1 300	−1 650	−2 100						
	−68	−126	−232	−330	−490	−595	−740	−920	−1 100	−1 450	−1 850	−2 400	5	5	7	13	23	34
		−132	−252	−360	−540	−660	−820	−1 000	−1 250	−1600	−2 100	−2 600						
	−78	−150	−280	−400	−600													
		−155	−310	−450	−660													
	−88	−175	−340	−500	−740													
		−185	−380	−560	−840													
	−100	−210	−430	−620	−940													
		−220	−470	−680	−1 050													
		−250	−520	−780	−1 150													
	−120	−260	−580	−810	−1 300													
	−140	−300	−640	−960	−1 450													
		−300	−720	−1 050	−1 600													
	−170	−370	−820	−1 200	−1 850													
		−400	−920	−1 350	−2 000													
	−195	−440	−1000	−1 500	−2 300													
		−460	−1100	−1 650	−2 500													
	−240	−550	−1250	−1 900	−2 900													
		−580	−1400	−2 100	−3 200													

附表 6-3 轴的极限偏差数值

基本尺寸/mm		常用及优先公差带												
		a	b		c			d				e		
大于	至	11	11	12	9	10	⑩	8	⑨	10	11	7	8	9
—	3	-270 -330	-140 -200	-140 -240	-60 -85	-60 -100	-60 -120	-20 -34	-20 -45	-20 -60	-20 -30	-14 -24	-14 -28	-14 -30
3	6	-270 -345	-140 -215	-140 -260	-70 -100	-70 -118	-70 -145	-30 -48	-30 -60	-30 -78	-30 -105	-20 -32	-20 -38	-20 -50
6	10	-280 -370	-150 -240	-150 -300	-80 -116	-80 -138	-80 -170	-40 -62	-40 -76	-40 -98	-40 -130	-25 -40	-25 -47	-25 -61
10	14	-290 -400	-150 -260	-150 -330	-95 -138	-95 -165	-95 -205	-50 -77	-50 -93	-50 -120	-50 -160	-32 -50	-32 -59	-32 -75
14	18													
18	24	-300 -430	-160 -290	-160 -370	-110 -162	-110 -194	-110 -240	-65 -98	-65 -117	-65 -149	-65 -195	-40 -61	-40 -73	-40 -92
24	30													
30	40	-310 -470	-170 -330	-170 -420	-120 -182	-120 -220	-120 -280	-80 -119	-80 -142	-80 -180	-80 -240	-50 -75	-50 -112	-50 -189
40	50	-320 -480	-180 -340	-180 -430	-130 -192	-130 -230	-130 -290							
50	65	-340 -530	-190 -380	-190 -490	-140 -214	-140 -260	-140 -330	-100 -146	-100 -174	-100 -220	-100 -290	-60 -90	-60 -106	-60 -134
65	80	-360 -550	-200 -390	-200 -500	-150 -224	-150 -270	-150 -340							
80	100	-380 -600	-220 -440	-220 -570	-170 -257	-170 -310	-170 -390	-120 -174	-120 -207	-120 -260	-120 -340	-72 -107	-72 -126	-72 -159
100	120	-410 -630	-240 -460	-240 -590	-180 -267	-180 -320	-180 -400							
120	140	-460 -710	-260 -510	-260 -660	-200 -300	-200 -360	-200 -450	-145 -208	-145 -245	-145 -305	-145 -395	-85 -125	-85 -148	-85 -185
140	160	-520 -770	-280 -530	-280 -680	-210 -310	-210 -370	-210 -460							
160	180	-580 -830	-310 -560	-310 -710	-230 -330	-230 -390	-230 -480							
180	200	-660 -950	-340 -630	-340 -800	-240 -355	-240 -425	-240 -530	-170 -242	-170 -285	-170 -355	-170 -460	-100 -146	-100 -172	-100 -215
200	225	-740 -1030	-380 -670	-380 -840	-260 -375	-260 -445	-260 -550							
225	250	-820 -1110	-420 -710	-420 -880	-280 -395	-280 -465	-280 -570							
250	280	-920 -1240	-480 -800	-480 -1000	-300 -430	-300 -510	-300 -620	-190 -271	-190 -320	-190 -400	-190 -510	-110 -162	-110 -191	-110 -240
280	315	-1 050 -1 370	-540 -860	-540 -1 060	-330 -460	-330 -540	-330 -650							
315	355	-1 200 -1 560	-600 -960	-600 -1 170	-360 -500	-360 -590	-360 -720	-210 -299	-210 -350	-210 -440	-210 -570	-125 -182	-125 -214	-125 -265
355	400	-1 350 -1 710	-680 -1 040	-680 -1 250	-400 -540	-400 -630	-400 -760							
400	450	-1 500 -1 900	-760 -1 160	-760 -1 390	-440 -595	-440 -690	-440 -840	-230 -327	-230 -385	-230 -480	-230 -630	-135 -198	-135 -232	-135 -200
450	500	-1 650 -2 050	-840 -1 240	-840 -1 470	-480 -635	-480 -730	-480 -880							

（GB/T 1801—1999）　μm

（带圈优先公差带）

f					g			h							
5	6	⑦	8	9	5	⑥	7	5	⑥	⑦	8	⑨	10	11	12
-6 -10	-6 -12	-6 -16	-6 -20	-6 -31	-2 -6	-2 -8	-2 -12	0 -4	0 -6	0 -10	0 -14	0 -25	0 -40	0 -60	0 -100
-10 -15	-10 -18	-10 -22	-10 -28	-10 -40	-4 -9	-4 -12	-4 -16	0 -5	0 -8	0 -12	0 -18	0 -30	0 -48	0 -75	0 -120
-13 -19	-13 -22	-13 -28	-13 -35	-13 -49	-5 -⑩	-5 -14	-5 -20	0 -6	0 -9	0 -15	0 -22	0 -36	0 -58	0 -90	0 -150
-16 -24	-16 -27	-16 -34	-16 -43	-16 -59	-6 -14	-6 -17	-6 -24	0 -8	0 -11	0 -18	0 -27	0 -43	0 -70	0 -110	0 -180
-20 -29	-20 -33	-20 -41	-20 -53	-20 -72	-7 -16	-7 -20	-7 -28	0 -9	0 -13	0 -21	0 -33	0 -52	0 -84	0 -130	0 -210
-25 -36	-25 -41	-25 -50	-25 -64	-25 -87	-9 -20	-9 -25	-9 -34	0 -11	0 -16	0 -25	0 -39	0 -62	0 -100	0 -160	0 -250
-30 -43	-30 -49	-30 -60	-30 -76	-30 -104	-10 -23	-10 -29	-10 -40	0 -13	0 -19	0 -30	0 -46	0 -74	0 -120	0 -190	0 -300
-36 -51	-36 -58	-36 -71	-36 -90	-36 -123	-12 -27	-12 -34	-12 -47	0 -15	0 -22	0 -35	0 -54	0 -87	0 -140	0 -220	0 -350
-43 -61	-43 -68	-43 -83	-43 -106	-43 -143	-14 -32	-14 -39	-14 -54	0 -18	0 -25	0 -40	0 -63	0 -100	0 -160	0 -250	0 -400
-50 -70	-50 -79	-50 -96	-50 -122	-50 -165	-15 -35	-15 -44	-15 -61	0 -20	0 -29	0 -46	0 -72	0 -115	0 -185	0 -290	0 -460
-56 -79	-56 -79	-56 -108	-56 -137	-56 -186	-17 -40	-17 -49	-17 -69	0 -23	0 -32	0 -52	0 -81	0 -130	0 -210	0 -320	0 -520
-62 -87	-62 -87	-62 -119	-62 -151	-62 -202	-18 -43	-18 -54	-18 -75	0 -25	0 -36	0 -57	0 -89	0 -140	0 -230	0 -360	0 -570
-68 -95	-68 -95	-68 -131	-68 -165	-68 -223	-20 -47	-20 -60	-20 -83	0 -27	0 -40	0 -63	0 -97	0 -155	0 -250	0 -400	0 -630

续附表 6-3

基本尺寸/mm		常用及优先公差带														
		js			k			m			n			p		
大于	至	5	6	7	5	⑥	7	5	6	7	5	⑥	7	5	⑥	7
—	3	±2	±3	±5	+4 0	+6 0	+10 0	+6 +2	+8 +2	+12 +2	+8 +4	+10 +4	+14 +4	+10 +6	+12 +6	+16 +6
3	6	±2.5	±4	±6	+6 +1	+9 +1	+13 +1	+9 +4	+12 +4	+16 +4	+13 +8	+16 +8	+20 +8	+17 +12	+20 +12	+24 +12
6	10	±3	±4.5	±7	+7 +1	+10 +1	+16 +1	+12 +6	+15 +6	+21 +6	+16 +10	+19 +10	+25 +10	+21 +15	+24 +15	+30 +15
10	14	±24	±5.5	±9	+9 +1	+12 +1	+19 +1	+15 +7	+18 +7	+25 +7	+20 +12	+23 +12	+30 +12	+26 +18	+29 +18	+36 +18
14	18															
18	24	±4.5	±6.5	±10	+11 +2	+15 +2	+23 +2	+17 +8	+21 +8	+29 +8	+24 +15	+28 +15	+36 +15	+31 +22	+35 +22	+43 +22
24	30															
30	40	±5.5	±8	±12	+13 +2	+18 +2	+27 +2	+20 +9	+25 +9	+34 +9	+28 +17	+33 +17	+42 +17	+37 +26	+42 +26	+51 +26
40	50															
50	65	±6.5	±9.5	±15	+15 +2	+21 +2	+32 +2	+24 +11	+30 +11	+41 +11	+33 +20	+39 +20	+50 +20	+45 +32	+51 +32	+62 +32
65	80															
80	100	±7.5	±11	±17	+18 +3	+25 +3	+38 +3	+28 +13	+35 +13	+48 +13	+38 +23	+45 +23	+58 +23	+52 +37	+59 +37	+72 +37
100	120															
120	140	±9	±12.5	±20	+21 +3	+28 +3	+43 +3	+33 +15	+40 +15	+55 +15	+45 +27	+52 +27	+67 +27	+61 +43	+68 +43	+83 +43
140	160															
160	180															
180	200	±10	±14.5	±23	+24 +4	+33 +4	+50 +4	+37 +17	+46 +17	+63 +17	+51 +31	+60 +31	+77 +31	+70 +50	+79 +50	+96 +50
200	225															
225	250															
250	280	±11.5	±16	±26	+27 +4	+36 +4	+56 +4	+43 +20	+52 +20	+72 +20	+57 +34	+66 +34	+86 +34	+79 +56	+88 +56	+108 +56
280	315															
315	355	±12.5	±18	±28	+29 +4	+40 +4	+61 +4	+46 +21	+57 +21	+78 +21	+62 +37	+73 +37	+94 +37	+87 +62	+98 +62	+119 +62
355	400															
400	450	±13.5	±20	±31	+32 +5	+45 +5	+68 +5	+50 +23	+63 +23	+86 +23	+67 +40	+80 +40	+103 +40	+95 +68	+108 +68	+131 +68
450	500															

μm

（带 圈 优 先 公 差 带）

r			s			t			u		v	x	y	z
5	6	7	5	⑥	7	5	6	7	⑥	7	6	6	6	6
+14 +10	+16 +10	+20 +10	+18 +14	+20 +14	+24 +14	—	—	—	+24 +18	+28 +18	—	+26 +20	—	+32 +26
+20 +15	+23 +15	+27 +15	+24 +19	+27 +19	+31 +19	—	—	—	+31 +23	+35 +23	—	+36 +28	—	+43 +35
+25 +19	+28 +19	+34 +19	+29 +23	+32 +23	+38 +23	—	—	—	+37 +28	+43 +28	—	+43 +34	—	+51 +42
+31 +23	+34 +23	+41 +23	+36 +28	+39 +28	+46 +28	—	—	—	+44 +33	+51 +33	—	+51 +40	—	+61 +50
						—	—	—			+50 +39	+56 +45	—	+71 +60
+37 +28	+41 +28	+49 +28	+44 +35	+48 +35	+56 +35	—	—	—	+54 +41	+62 +41	+60 +47	+67 +54	+76 +63	+86 +73
						+50 +41	+54 +41	+62 +41	+61 +48	+69 +48	+68 +55	+77 +64	+88 +75	+101 +88
+45 +34	+50 +34	+59 +34	+54 +43	+59 +43	+68 +43	+59 +48	+64 +48	+73 +48	+76 +60	+85 +60	+84 +68	+96 +80	+110 +94	+128 +112
						+65 +54	+70 +54	+79 +54	+86 +70	+95 +70	+97 +81	+113 +97	+130 +114	+152 +136
+54 +41	+60 +41	+71 +41	+66 +53	+72 +53	+83 +53	+79 +66	+85 +66	+96 +66	+106 +87	+117 +87	+121 +102	+141 +122	+163 +144	+191 +172
+56 +43	+62 +43	+73 +43	+72 +59	+78 +59	+89 +59	+88 +75	+94 +75	+105 +75	+121 +102	+132 +102	+139 +120	+165 +146	+193 +174	+229 +210
+66 +51	+73 +51	+86 +51	+86 +71	+93 +71	+106 +71	+106 +91	+113 +91	+126 +91	+146 +124	+159 +124	+168 +146	+200 +178	+236 +214	+280 +258
+69 +54	+76 +54	+89 +54	+94 +79	+101 +79	+114 +79	+119 +104	+126 +104	+139 +104	+166 +144	+179 +144	+194 +172	+232 +210	+276 +254	+332 +310
+81 +63	+88 +63	+103 +63	+110 +92	+117 +92	+132 +92	+140 +122	+147 +122	+162 +122	+195 +170	+210 +170	+127 +202	+273 +248	+325 +300	+390 +365
+83 +65	+90 +65	+105 +65	+118 +100	+125 +100	+140 +100	+152 +134	+159 +134	+174 +134	+215 +190	+230 +190	+253 +228	+305 +280	+365 +340	+440 +415
+86 +68	+93 +68	+108 +68	+126 +108	+133 +108	+148 +108	+164 +146	+171 +146	+186 +146	+235 +210	+250 +210	+277 +252	+335 +310	+405 +380	+490 +465
+97 +77	+106 +77	+123 +77	+142 +122	+151 +122	+168 +122	+186 +166	+195 +166	+212 +166	+265 +236	+282 +236	+313 +284	+379 +350	+454 +425	+549 +520
+100 +80	+109 +80	+126 +80	+150 +130	+159 +130	+176 +130	+200 +180	+209 +180	+226 +180	+287 +258	+304 +258	+339 +310	+414 +385	+499 +470	+604 +575
+104 +84	+113 +84	+130 +84	+160 +140	+169 +140	+186 +140	+216 +196	+225 +196	+242 +196	+313 +284	+330 +284	+369 +340	+454 +425	+549 +520	+669 +640
+117 +94	+126 +94	+146 +94	+181 +158	+190 +158	+210 +158	+241 +218	+250 +218	+270 +218	+347 +315	+367 +315	+417 +385	+507 +475	+612 +580	+742 +710
+121 +98	+130 +98	+150 +98	+193 +170	+202 +170	+222 +170	+263 +240	+272 +240	+292 +240	+382 +350	+402 +350	+457 +425	+557 +525	+682 +650	+822 +790
+133 +108	+144 +108	+165 +108	+215 +190	+226 +190	+247 +190	+293 +268	+304 +268	+325 +268	+426 +390	+447 +390	+511 +475	+626 +590	+766 +730	+936 +900
+139 +114	+150 +114	+171 +114	+133 +108	+244 +208	+265 +208	+319 +294	+330 +294	+351 +294	+471 +435	+492 +435	+566 +530	+696 +660	+856 +820	+1 036 +1 000
+153 +126	+166 +126	+189 +126	+259 +232	+272 +232	+295 +232	+357 +330	+370 +330	+393 +330	+530 +490	+553 +490	+635 +595	+780 +740	+960 +920	+1 140 +1 100
+159 +132	+172 +132	+195 +132	+279 +252	+292 +252	+315 +252	+387 +360	+400 +360	+423 +360	+580 +540	+603 +540	+700 +660	+860 +820	+1 040 +1 000	+1 290 +1 250

附表 6-4 孔的极限偏差数值

基本尺寸/mm		常用及优先公差带														
		A	B		C	D				E		F				G
大于	至	11	11	12	11	8	⑨	10	11	8	9	6	7	⑧	9	6
—	3	+330 +270	+200 +140	+240 +140	+120 +60	+34 +20	+45 +20	+60 +20	+80 +20	+28 +14	+39 +14	+12 +6	+16 +6	+20 +6	+31 +6	+8 +2
3	6	+345 +270	+215 +140	+260 +140	+145 +70	+48 +30	+60 +30	+78 +30	+105 +30	+38 +20	+50 +20	+18 +10	+22 +10	+28 +10	+40 +10	+12 +4
6	10	+370 +280	+240 +150	+300 +150	+170 +80	+62 +40	+76 +40	+98 +40	+130 +40	+47 +25	+61 +25	+22 +13	+28 +13	+35 +13	+49 +13	+14 +5
10	14	+400 +290	+260 +150	+330 +150	+205 +95	+77 +50	+93 +50	+120 +50	+160 +50	+59 +32	+75 +32	+27 +16	+34 +16	+43 +16	+59 +16	+17 +6
14	18															
18	24	+430 +300	+290 +160	+370 +160	+240 +110	+98 +65	+117 +65	+149 +65	+195 +65	+73 +40	+92 +40	+33 +20	+41 +20	+53 +20	+72 +20	+20 +7
24	30															
30	40	+470 +310	+330 +170	+420 +170	+280 +120	+119 +80	+142 +80	+180 +80	+240 +80	+89 +50	+112 +50	+41 +25	+50 +25	+64 +25	+87 +25	+25 +9
40	50	+480 +320	+340 +180	+430 +180	+290 +130											
50	65	+530 +340	+380 +190	+490 +190	+330 +150	+146 +100	+170 +100	+220 +100	+290 +100	+106 +60	+134 +60	+49 +30	+60 +30	+76 +30	+104 +30	+29 +10
65	80	+550 +360	+390 +200	+500 +200	+340 +150											
80	100	+600 +380	+400 +220	+570 +220	+390 +170	+174 +120	+207 +120	+260 +120	+340 +120	+126 +72	+159 +72	+58 +36	+71 +36	+90 +36	+123 +36	+34 +12
100	120	+630 +410	+460 +240	+590 +240	+400 +180											
120	140	+710 +460	+510 +260	+660 +260	+450 +200	+208 +145	+245 +145	+305 +145	+395 +145	+148 +85	+185 +85	+68 +43	+83 +43	+106 +43	+143 +43	+39 +14
140	160	+770 +520	+530 +280	+680 +280	+460 +210											
160	180	+830 +580	+560 +310	+710 +310	+480 +230											
180	200	+950 +660	+630 +340	+800 +340	+530 +240	+242 +170	+285 +170	+355 +170	+460 +170	+172 +100	+215 +100	+79 +50	+96 +50	+122 +50	+165 +50	+44 +15
200	225	+1030 +740	+670 +380	+840 +380	+550 +260											
225	250	+1110 +820	+710 +420	+880 +420	+570 +280											
250	280	+1 240 +920	+800 +480	+1 000 +480	+620 +300	+271 +190	+320 +190	+400 +190	+510 +190	+191 +110	+240 +110	+88 +56	+108 +56	+137 +56	+186 +56	+49 +17
280	315	+1 370 +1 050	+860 +540	+1 060 +540	+650 +330											
315	355	+1 560 +1 200	+960 +600	+1 170 +600	+720 +360	+299 +210	+350 +210	+440 +210	+570 +210	+214 +125	+265 +125	+98 +62	+119 +62	+151 +62	+202 +62	+54 +18
355	400	+1 710 +1 350	+1 040 +680	+1 250 +680	+760 +400											
400	450	+1 900 +1 500	+1 160 +760	+1 390 +760	+840 +440	+327 +230	+385 +230	+480 +230	+630 +230	+232 +135	+290 +135	+108 +68	+131 +68	+165 +68	+223 +68	+60 +20
450	500	+2 050 +1 650	+1 240 +840	+1 470 +840	+880 +480											

(GB/T 1801—1999)　μm

	H							JS			K			M		
⑦	6	⑦	⑧	⑨	10	11	12	6	7	8	6	⑦	8	6	7	8
+12 +2	+6 0	+10 0	+14 0	+25 0	+40 0	+60 0	+100 0	±3	±5	±7	0 −6	0 −10	0 −14	−2 −8	−2 −12	−2 −16
+16 +4	+8 0	+12 0	+18 0	+30 0	+48 0	+75 0	+120 0	±4	±6	±9	+2 −6	+3 −9	+5 −13	−1 −9	0 −12	+2 −16
+20 +5	+9 0	+15 0	+22 0	+36 0	+58 0	+90 0	+150 0	±4.5	±7	±⑩	+2 −7	+5 −10	+6 −16	−3 −12	0 −15	+1 −21
+24 +6	+11 0	+18 0	+27 0	+43 0	+70 0	+110 0	+180 0	±5.5	±9	±13	+2 −9	+6 −12	+8 −19	−4 −15	0 −18	+2 −25
+28 +7	+13 0	+21 0	+33 0	+52 0	+84 0	+130 0	+210 0	±6.5	±10	±16	+2 −11	+6 −15	+10 −23	−4 −17	0 −21	+4 −29
+34 +9	+16 0	+25 0	+39 0	+62 0	+100 0	+160 0	+250 0	±8	±12	±19	+3 −13	+7 −18	+12 −27	−4 −20	0 −25	+5 −34
+40 +10	+19 0	+30 0	+46 0	+74 0	+120 0	+190 0	+300 0	±9.5	±15	±23	+4 −15	+9 −21	+14 −32	−5 −24	0 −30	+5 −41
+47 +12	+22 0	+35 0	+54 0	+87 0	+140 0	+220 0	+350 0	±11	±17	±27	+4 −18	+10 −25	+16 −38	−6 −28	0 −35	+6 −48
+54 +14	+25 0	+40 0	+63 0	+100 0	+160 0	+250 0	+400 0	±12.5	±20	±31	+4 −21	+12 −28	+20 −43	−8 −33	0 −40	+8 −55
+61 +15	+29 0	+46 0	+72 0	+115 0	+185 0	+290 0	+460 0	±14.5	±23	±36	+5 −24	+13 −33	+22 −50	−8 −37	0 −46	+9 −63
+69 +17	+32 0	+52 0	+81 0	+130 0	+210 0	+320 0	+520 0	±16	±26	±40	+5 −27	+16 −36	+25 −56	−9 −41	0 −52	+9 −72
+75 +18	+36 0	+57 0	+89 0	+140 0	+230 0	+360 0	+570 0	±18	±28	±44	+7 −29	+17 −40	+28 −61	−10 −46	0 −57	+11 −78
+83 +20	+40 0	+63 0	+97 0	+155 0	+250 0	+400 0	+630 0	±20	±31	±48	+8 −32	+18 −45	+29 −68	−10 −50	0 −63	+11 −86

续附表 6-4

μm

基本尺寸/mm		常用及优先公差带											
		N			P		R		S		T		U
大于	至	6	⑦	8	6	⑦	6	7	6	⑦	6	7	⑦
—	3	−4 −10	−4 −14	−4 −18	−6 −12	−6 −16	−10 −16	−10 −20	−14 −20	−14 −24	—	—	−18 −28
3	6	−5 −13	−4 −16	−9 −20	−9 −17	−8 −20	−12 −20	−11 −23	−16 −24	−15 −27	—	—	−19 −31
6	10	−7 −16	−4 −19	−3 −25	−12 −21	−9 −24	−16 −25	−13 −28	−20 −29	−17 −32	—	—	−22 −37
10	14	−9 −20	−5 −23	−3 −30	−15 −26	−11 −29	−20 −31	−16 −34	−25 −35	−21 −39	—	—	−26 −44
14	18												
18	24	−11 −24	−7 −28	−3 −36	−18 −31	−14 −35	−24 −37	−20 −41	−31 −44	−27 −48	—	—	−33 −54
24	30										−37 −50	−33 −54	−40 −61
30	40	−12 −28	−8 −33	−3 −42	−21 −37	−17 −42	−29 −45	−25 −50	−38 −54	−34 −59	−43 −59	−39 −64	−51 −76
40	50										−49 −65	−45 −70	−61 −86
50	65	−14 −33	−9 −39	−4 −50	−26 −45	−21 −51	−35 −54	−30 −60	−47 −66	−42 −72	−60 −79	−55 −85	−76 −106
65	80						−37 −56	−32 −62	−53 −72	−48 −78	−69 −88	−64 −94	−91 −121
80	100	−16 −38	−10 −45	−4 −58	−30 −52	−24 −59	−44 −66	−38 −73	−64 −86	−58 −93	−84 −106	−78 −113	−111 −146
100	120						−47 −69	−41 −76	−72 −94	−66 −101	−97 −119	−91 −126	−131 −166
120	140	−20 −45	−12 −52	−4 −67	−36 −61	−28 −68	−56 −81	−48 −88	−85 −110	−77 −117	−115 −140	−107 −147	−155 −195
140	160						−58 −83	−50 −90	−93 −118	−85 −125	−127 −152	−119 −159	−175 −215
160	180						−61 −86	−53 −93	−101 −126	−93 −133	−139 −164	−131 −171	−195 −235
180	200	−22 −51	−14 −60	−5 −77	−41 −70	−33 −79	−68 −97	−60 −106	−113 −142	−105 −151	−157 −186	−149 −195	−219 −265
200	225						−71 −100	−68 −109	−121 −150	−113 −159	−171 −200	−163 −209	−241 −287
225	250						−75 −104	−67 −113	−131 −160	−123 −169	−187 −216	−179 −225	−267 −313
250	280	−25 −57	−14 −66	−5 −86	−47 −79	−36 −88	−85 −117	−74 −126	−149 −181	−138 −190	−209 −241	−198 −250	−295 −347
280	315						−89 −121	−78 −130	−161 −193	−150 −202	−231 −263	−220 −270	−330 −382
315	355	−26 −62	−16 −73	−5 −94	−51 −87	−41 −98	−97 −133	−87 −144	−179 −215	−169 −226	−257 −293	−247 −304	−369 −426
355	400						−103 −139	−93 −150	−197 −233	−187 −244	−283 −319	−273 −330	−414 −471
400	450	−27 −67	−17 −80	−6 −103	−55 −95	−45 −108	−113 −153	−103 −166	−219 −259	−209 −272	−317 −357	−307 −370	−467 −530
450	500						−119 −159	−109 −172	−239 −279	−229 −292	−347 −387	−337 −400	−517 −580

附录7　常用金属材料、非金属材料与热处理

附表 7-1　常用金属材料

标准编号	名称	牌号	说明	应用举例
GB/T 700—2006	碳素结构钢	Q235(A3)	其牌号由代表屈服强度的字母(Q)、屈服强度值、质量等级符号(A、B、C、D)表示	吊钩、拉杆、车钩、套圈、气缸、齿轮、螺钉、螺母、螺栓、连杆、轮轴、楔、盖及焊接件
GB/T 699—2006	优质碳素结构钢	15	优质碳素结构钢牌号数字表示平均含碳量(以万分之几计),含锰量较高的钢须在数字后表“Mn” 含碳量≤0.25%的碳钢是低碳钢(渗碳钢) 含碳量在0.25%～0.06%之间的碳钢是中碳钢(调质钢) 含碳量大于0.60%的碳钢是高碳钢	常用低碳渗碳钢,用作小轴、小模数齿轮、仿形样板、滚子、销子、摩擦片、套筒、螺钉、螺柱、拉杆、垫圈、起重钩、焊接容器等
		45		用于制造齿轮、齿条、连接杆、蜗杆、销子、透平机叶轮、压缩机和泵的活塞等,可代替渗碳钢作齿轮曲轴、活塞销等,但须表面淬火处理
		65Mn		适于制造弹簧、弹簧垫圈、弹簧环,也可用作机床主轴、弹簧卡头、机床丝杠、铁道钢轨等
GB/T 9439—2010	灰铸铁	HT150	“HT”为“灰铁”二字汉语拼音的第一个字母,数字表示抗拉强度 如HT150表示灰铸铁的抗拉强度 $\sigma b \geqslant 175 \sim 120$ Mpa(2.5 mm<铸件壁厚≤50 mm)	用于制造端盖、齿轮泵体、轴承座、阀壳、管子及管路附件、手轮、一般机床底座、床身、滑座、工作台等
		HT200		用于制造汽缸、齿轮、底架、机体、飞轮、齿条、衬筒、一般机床铸有导轨的床身及中等压力(8 MPa以下)的油缸、液压泵和阀的壳体等
GB/T 11352—2009	铸钢	ZG270—500	“ZG”系“铸钢”二字汉语拼音的第一个字母,后面的第一组数字代表屈服强度值,第二组数字代表抗拉强度值	用途广泛,可用作轧钢机机架、轴承座、连杆、箱体、曲拐、缸体等
GB/T 1176—2013	锡青铜	ZCuSn5Pb5—Zn5	铸造非铁合金牌号的第一个字母“Z”为“铸”字汉语拼音第一个字母。基本金属元素符号及合金化元素符号,按其元素含义含量的递减次序排列在“Z”的后面,含量相等时,按元素符号在周期表中的顺序排列	在较高负荷、中等滑动速度下工作的耐磨、耐腐蚀零件,如轴瓦、衬套、缸套、活塞、离合器、泵体压盖以及蜗轮等

附表 7-2 常用热处理方法

名称	代号	说明	应用
退火	5111	将钢件加热到临界温度以上 30～50° C 以上,保温一段时间,然后缓慢冷却(一般在炉中冷却)	用来消除铸、锻、焊零件的内应力,降低硬度,便于切削加工,细化金属晶粒,改善组织增加韧性
正火	5121	将钢件加热到临界温度以上,保温一段时间,然后在空气中冷却,冷却速度比退火为快	用来处理低碳和中碳结构钢及渗碳零件,使其组织细化,增加强度与韧性,减少内应力,改善切削性能
淬火	5131	将钢件加热到临界温度以上,保温一段时间,然后在水、盐水或油中(个别材料在空气中)急速冷却,使其得到高硬度	用来提高钢的硬度和强度极限。但淬火会引起内应力使钢变脆,所以淬火后必须回火
回火	5141	回火是将淬硬的钢件加热到临界点以下的温度,保温一段时间,然后在空气或油中冷却	用来消除淬火后的脆性和内应力,提高钢的塑性和冲击韧性
调质	5151	淬火后在 450～650℃ 进行高温回火,称为调质	用来使钢获得高的韧性和足够的强度。重要的齿轮、轴及丝杠等零件进行调质处理
发蓝 发黑	发蓝或 发黑	将金属零件放在很浓的碱和氧化剂溶液中加热氧化,使金属表面形成一层氧化铁所组成的保护性薄膜	防腐蚀,美观。用于一般连接的标准件和其他电子类零件
布氏硬度	HB	材料抵抗硬的物体压入其表面的能力称为"硬度"。根据测定的方法不同,可分为布氏硬度、洛氏硬度和维氏硬度	用于退火、正火、调质的零件及铸件的硬度检验
洛氏硬度	HRC		用于经淬火、回火及表面渗氮、渗氮等处理的零件硬度检验
维氏硬度	HV		用于薄层氧化零件的硬度检验

参考文献

[1] 瞿元赏,李海渊,朱文博.机械制图.3版[M].北京:高等教育出版社,2018.
[2] 丁一,王键.工程图学基础.3版[M].北京:高等教育出版社,2018.
[3] 赵建国,何文平,段红杰,等.工程制图.3版[M].北京:高等教育出版社,2018.
[4] 王丹虹,宋洪侠,陈霞.现代工程制图.2版[M].北京:高等教育出版社,2017.
[5] 唐克中,郑镁.画法几何及工程制图.5版[M].北京:高等教育出版社,2017.
[6] 李虹,董黎君,马春生,等.工程制图基础.2版[M].北京:高等教育出版社,2017.
[7] 何建英,阮春红,池建斌,等.画法几何及机械制图.7版[M].北京:高等教育出版社,2016.
[8] 何铭新,钱可强.机械制图.7版[M].北京:高等教育出版社,2016.
[9] 张淑娟,周静卿,赵凤芹.画法几何与机械制图.2版[M].北京:中国农业出版社,2014.
[10] 杜冬梅,崔永军.制图与CAD[M].北京:中国电力出版社,2013.
[11] 马麟,张淑娟,张爱荣.画法几何及机械制图[M].北京:高等教育出版社,2011.
[12] 陆国栋,张树有,谭建荣,等.图学应用教程[M].北京:高等教育出版社,2010.
[13] 张淑娟,全腊珍,杨启勇.工程制图[M].北京:中国农业大学出版社,2010.
[14] 周静卿,张淑娟,赵凤芹.机械制图与计算机绘图[M].北京:中国农业大学出版社,2008.
[15] 李括,刘琦.中文版AutoCAD 2019实用教程[M].北京:清华大学出版社,2018.